工程施工质量问题详解

建筑装饰装修工程

栾海明　主编

中国铁道出版社

2013年·北京

内容提要

本书共分九章，包括：抹灰工程，门窗工程，吊顶工程，轻质隔墙工程，饰面板（砖）工程，幕墙工程，涂饰工程，裱糊与软包工程，细部工程。

本书内容丰富，层次清晰，重点突出，力求做到图文并茂，具有较强的指导性和可读性，可作为建筑装饰装修工程项目技术人员、施工操作人员的参考用书。

图书在版编目(CIP)数据

建筑装饰装修工程/栾海明主编．—北京：中国铁道出版社，2013.3
（工程施工质量问题详解）
ISBN 978-7-113-15783-8

Ⅰ.①建… Ⅱ.①栾… Ⅲ.①建筑装饰—工程装修—工程质量—问题解答 Ⅳ.①TU767-44

中国版本图书馆CIP数据核字(2012)第305347号

书　　名：工程施工质量问题详解
建筑装饰装修工程
作　　者：栾海明

策划编辑：江新锡　陈小刚
责任编辑：冯海燕　　　**电话**：010-51873371
封面设计：郑春鹏
责任校对：孙　玫
责任印制：郭向伟

出版发行：中国铁道出版社（100054，北京市西城区右安门西街8号）
网　　址：http://www.tdpress.com
印　　刷：北京市燕鑫印刷有限公司
版　　次：2013年3月第1版　2013年3月第1次印刷
开　　本：787 mm×1 092 mm　1/16　印张：19.25　字数：483千
书　　号：ISBN 978-7-113-15783-8
定　　价：46.00元

前　言

随着我国改革开放的不断深化，经济的快速发展，人民群众生活水平的日益提高，人们对建筑工程的质量、使用功能等提出了越来越高的要求。因此，工程质量问题引起了全社会的高度重视，工程质量管理成为人们关注的热点。

工程质量是指满足业主需要的，符合国家法律、法规、技术规范标准、设计文件及合同规定的特性综合。一个工程质量问题的发生，既可能因设计计算和施工图纸中存在错误，也可能因施工中出现质量问题，还可能因使用不当，或者由于设计、施工、使用等多种原因的综合作用。要究其原因，则必须依据实际情况，具体问题具体分析。同时，我们要重视工程质量事故的防范和处理，采取有效措施对质量问题加以预防，对出现的质量事故及时分析和处理，避免进一步恶化。

为了尽可能减少质量问题和质量事故的发生，我们必须努力提高施工管理水平，确保工程施工质量。为此，我们组织编写了《工程施工质量问题详解》丛书。本丛书共分7分册，分别为：《建筑地基与基础工程》、《建筑屋（地）面工程》、《建筑电气工程》、《建筑防水工程》、《建筑给水排水及采暖工程》、《建筑结构工程》、《建筑装饰装修工程》。

本丛书主要从现行的施工质量验收标准、标准的施工方法、施工常见质量问题及防治三方面进行阐述。重点介绍了工程标准的施工方法，列举了典型的工程质量问题实例，阐述了防治质量问题发生的方法。在编写过程中，本丛书做到图文并茂、内容精炼、语言通俗，力求突出实践性、科学性与政策性的特点。

本丛书的编写人员主要有栾海明、李志刚、李杰、张婧芳、侯光、王林海、孙占红、宋迎迎、武旭日、张正南、李芳芳、孙培祥、张学宏、孙欢欢、王双敏、王文慧、彭美丽、李仲杰、乔芳芳、张凌、魏文彪、蔡丹丹、许兴云、张亚、白二堂、贾玉梅、王凤宝、曹永刚、张蒙等。

由于我们水平有限，加之编写时间仓促，书中的错误和疏漏在所难免，敬请广大读者不吝赐教和指正！

编　者

2013年3月

目　录

第一章　抹灰工程

第一节　装饰抹灰工程施工

一、施工质量验收标准

装饰抹灰工程施工质量验收标准见表 1-1。

表 1-1　装饰抹灰工程施工质量验收标准

项　目	内　容
主控项目	(1)抹灰前基层表面的尘土、污垢、油渍等应清除干净,并应洒水润湿。 检验方法:检查施工记录。 (2)装饰抹灰工程所用材料的品种和性能应符合设计要求。水泥的凝结时间和安定性复验应合格。砂浆的配合比应符合设计要求。 检验方法:检查产品合格证书、进场验收记录、复验报告和施工记录。 (3)抹灰工程应分层进行。当抹灰总厚度大于或等于 35 mm 时,应采取加强措施。不同材料基体交接处表面的抹灰,应采取防止开裂的加强措施,当采用加强网时,加强网与各基体的搭接宽度不应小于 100 mm。 检验方法:检查隐蔽工程验收记录和施工记录。 (4)各抹灰层之间及抹灰层与基体之间必须黏结牢固,抹灰层应无脱层、空鼓和裂缝。 检验方法:观察;用小锤轻击检查;检查施工记录
一般项目	(1)装饰抹灰工程的表面质量应符合下列规定: 1)水刷石表面应石粒清晰、分布均匀、紧密平整、色泽一致,无掉粒和接槎痕迹。 2)斩假石表面剁纹应均匀顺直、深浅一致,无漏剁处;阳角处应横剁并留出宽窄一致的不剁边条,棱角应无损坏。 3)干粘石表面应色泽一致、不露浆、不漏粘,石粒应黏结牢固、分布均匀,阳角处应无明显黑边。 4)假面砖表面应平整、沟纹清晰、留缝整齐、色泽一致,无掉角、脱皮、起砂等缺陷。 检验方法:观察;手摸检查。 (2)装饰抹灰分格条(缝)的设置应符合设计要求,宽度和深度应均匀,表面应平整光滑,棱角应整齐。 检验方法:观察。 (3)有排水要求的部位应做滴水线(槽)。滴水线(槽)应整齐顺直,滴水线应内高外低,滴水槽的宽度和深度均不应小于 10 mm。 检验方法:观察;尺量检查。 (4)装饰抹灰工程质量允许偏差和检验方法见表 1-2

表 1-2 装饰抹灰工程质量允许偏差和检验方法

项　目	允许偏差(mm)				检验方法
	水刷石	斩假石	干粘石	假面砖	
立面垂直度	5	4	5	5	用 2 m 垂直检测尺检查
表面平整度	3	3	5	4	用 2 m 靠尺和塞尺检查
阳角方正	3	3	4	4	用直角检测尺检查
分格条(缝)直线度	3	3	3	3	拉 5 m 线,不足 5 m 拉通线,用钢直尺检查
墙角、勒脚上口直线度	3	3	—	—	拉 5 m 线,不足 5 m 拉通线,用钢直尺检查

二、标准的施工方法

1. 材料要求

装饰抹灰工程施工的材料要求见表 1-3。

表 1-3 装饰抹灰工程施工的材料要求

材　料	要　求
水刷石抹灰材料	(1)水泥。宜用不低于 32.5 级的矿渣硅酸盐水泥或普通硅酸盐水泥,应用颜色一致的同批产品,超过三个月保存期的水泥不能使用。 (2)砂。砂宜采用中砂,使用前应用 5 mm 筛孔过筛,含泥量不大于 3%。 (3)石子。石子要求采用颗粒坚硬的石英石(俗称水晶石子),不含针片状和其他有害物质,石子的规格宜采用粒径为 4 mm,如采用彩色石子应分类堆放。 (4)石粒浆级配。水泥石粒浆的配合比,依石粒粒径的大小而定,大体上是按体积比:水泥为 1,用大八厘(粒径 8 mm)石粒为 1;中八厘(粒径 6 mm)石粒为 1.25;小八厘(粒径 4 mm)石粒为 1.5。稠度为 5~7 cm。如饰面采用多种彩色石子级配,按统一比例掺量先搅拌均匀,所用石子应事先淘洗干净待用
斩假石装饰抹灰材料	(1)骨料。所用骨料(石子、玻璃、粒砂等)颗粒坚硬,色泽一致,不含杂质,使用前须过筛、洗净、晾干,防止污染。 (2)水泥。32.5 级普通水泥、矿渣水泥,所用水泥是同一批号、同一厂生产、同一颜色。 (3)色粉。有颜色的墙面,应挑选耐碱、耐光的矿物颜料,并与水泥一次干拌均匀,过筛装袋备用
干粘石装饰抹灰材料	(1)石子。石子粒径以小一点为好,但也不宜过小或过大,太小则容易脱落泛浆,过大则需增加黏结层厚度。粒径以 5~6 mm 或 3~4 mm 为宜。使用时,将石子认真淘洗、择渣,晾晒后选出干净房间或袋装予以分类储存备用。 (2)水泥。水泥必须用同一品种,其强度等级不低于 32.5 级,过期水泥不准使用。 (3)砂。砂子最好是中砂或粗砂与中砂混合掺用。中砂平均粒径为 0.35~0.5 mm,要求颗粒坚硬洁净,含泥量不得超过 3%,砂在使用前应过筛。不要用细砂、粉砂,以免影响黏结强度。

续上表

材　料	要　求
干粘石装饰抹灰材料	(4)石灰膏。石灰膏应控制含量,一般灰膏的掺量为水泥用量的1/3～1/2。用量过大,会降低面层砂浆的强度。合格的石灰膏中不得有未熟化的颗粒。 (5)颜料粉。原则上要使用矿物质的颜料粉,如现用的铬黄、铬绿、氧化铁红、氧化铁黄、炭黑、黑铅粉等。不论用哪种颜色粉,进场后都要经过试验。颜色粉的品种、货源、数量要一次进够,在装饰工程中,千万要把住这一关,否则无法保证色调一致。 (6)兑色灰。美术干粘石的色调能否达到均匀一致,主要在于色灰兑得准不准,细不细。具体做法是按照样板配比兑色灰。兑色灰的数量每次要保持一定段落,一定数量,或者一种色泽,防止中途多次兑色灰,容易造成色泽不一致。兑色灰时,要使用大灰槽子,将称量好的水泥及色粉投入后,即进行人工或机械拌和,再过一道箩筛,然后装入水泥袋子,逐包过称,注明色灰品种,封好进库待用
假石砖装饰抹灰材料	(1)水泥。应采用42.5级以上的普通水泥。 (2)砂。中粗、过筛,含泥量不大于3%。 (3)颜料。应采用矿物质颜料,使用时按设计要求和工程用量,与水泥一次性拌均匀,备足,过筛装袋,保存时避免潮湿

2.基层处理与浇水润墙

装饰抹灰工程施工的基层处理和浇水润墙的施工要求见表1-4。

表1-4　基层处理和浇水润墙施工要求

项　目	施工要求
基层处理	(1)墙上的脚手眼和各种管道穿越过的墙洞和楼板洞、剔槽等应用1∶3水泥砂浆填嵌密实或堵砌好。散热器和密集管道等背后的墙面抹灰,应在散热器和管道安装前进行,抹灰面接槎应顺平。 (2)门窗框与立墙交接处应用水泥砂浆或水泥混合砂浆(加少量麻刀)分层嵌塞密实。基体表面的灰尘、污垢、油渍、碱膜、沥青渍、黏结砂浆等均应清除干净,并用水喷洒湿润。 (3)混凝土墙、混凝土梁头、砖墙或加气混凝土墙等基体表面的凸凹处,要剔平或用1∶3水泥砂浆分层补齐,模板钢丝应剪除。 (4)板条墙或顶棚,板条留缝间隙过窄处,应进行处理,一般要求达到7～10 mm(单层板条)。 (5)金属网应铺钉牢固而平整,不得有翘曲、松动现象。 (6)在木结构与砖石结构、木结构与钢筋混凝土结构相接处的基体表面抹灰,应先铺设金属网,并绷紧牢固。金属网与各基体的搭接宽度从缝边起每边不小于100 mm,并应铺钉牢固,不翘曲,如图1-1所示。 (7)平整光滑的混凝土表面,如设计无要求时可不抹灰,用刮腻子处理。如设计有要求或混凝土表面不平,应进行凿毛后方可抹灰。 (8)预制钢筋混凝土楼板顶棚,在抹灰前需用1∶0.3∶3水泥石灰砂浆将板缝勾实

续上表

项　　目	施工要求
浇水润墙	(1)如在刮风季节施工,为防止抹灰面层干裂,在内墙抹灰前,应首先把外门窗封闭(安装一层玻璃或钉一层塑料薄膜),对厚度大于 12 cm 的砖墙,应在抹灰前 1 天浇水,厚 12 cm 砖墙浇一遍水,厚 24 cm 砖墙浇两遍水。 (2)浇水方法是将水管对着砖墙上部缓缓左右移动,使水缓慢从上部沿墙面流下,使墙面全部湿润为一遍。渗水深度可达 8～10 mm 为宜。 (3)若为厚 6 cm 砖墙,则使用喷壶喷一次水即可,但切勿使砖墙处于饱和状态。 (4)在常温下进行外墙抹灰,墙体也要浇两遍水,以防止底层灰的水分很快被墙面吸收而影响底层砂浆与墙面的黏结力。 (5)加气混凝土表面孔隙率大,其毛细管为封闭性和半封闭性,阻碍水分渗透速度,它同砖墙相比,吸水速率约慢 3～4 倍。因此,应提前 2 天进行浇水,每天浇两遍以上,使渗水深度达到 8～10 mm。混凝土墙体吸水率低,抹灰前可以少浇一些

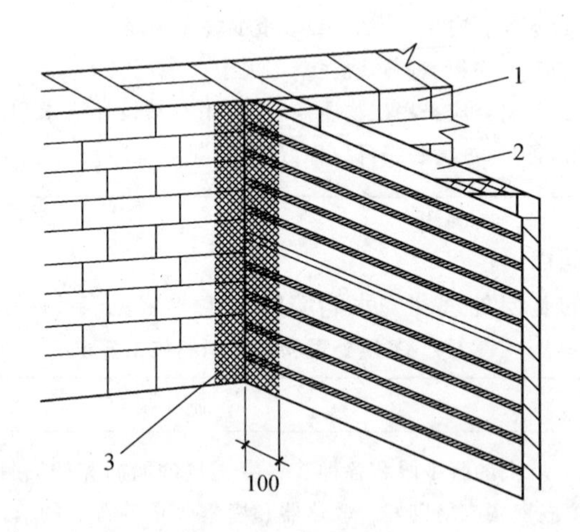

图 1-1　砖结构与木结构相接处基体处理(单位:mm)

1—砖墙;2—木板条墙;3—金属网

质量问题

室内灰线出现变形、结合不牢固现象

质量问题表现

室内灰线发生变形、不顺直,底灰与基层黏结不牢,砂浆缺水开裂、空鼓,灰线表面产生蜂窝和麻面。

质量问题原因

(1)基层处理不干净,有浮灰和污物,浇水不透。

(2)基层湿度差,导致灰线砂浆失水过快。

质量问题

(3)基层抹灰后没有及时养护而产生底灰与基层黏结不牢,砂浆硬化过程缺水造成开裂。

(4)抹灰线的砂浆配合比不当或未涂抹结合层而造成空鼓。

(5)靠尺松动,冲筋损坏,推拉灰线模用力不匀,手扶不稳,导致灰线变形、不顺直。

(6)喂灰不足,推拉灰线模时灰浆挤压不密实,罩面灰稠稀不均,使灰线表面产生蜂窝、麻面。

质量问题预防

(1)灰线必须在墙面的罩面灰施工前进行,且墙面与顶棚的交角必须垂直方正,符合高级抹灰面层的验收标准。

(2)抹灰线底灰之前,应将基层表面清理干净,在施抹前浇水湿润,抹灰线时再洒水一次,保证基层湿润。

(3)灰线线模型体应规整,线条清晰,工作面光滑。按灰线尺寸固定靠尺要平直、牢固,与线模紧密结合。

(4)抹灰线砂浆时,应先抹一层水泥石灰砂浆过渡结合层,并认真控制各层砂浆配合比。同一种砂浆也应分层施抹,喂灰应饱满,推拉挤压要密实,接槎要平整,如有缺陷应用细筋(麻刀)灰修补,再用线模赶平压光,使灰线表面密实、光滑、平顺、均匀,线条清晰,色泽一致。

3.水刷石抹灰施工

水刷石抹灰施工方法见表1-5。

表1-5　水刷石抹灰施工方法

项　目	内　容
抹水泥石粒浆	(1)待中层砂浆6～7成干时,按设计要求弹线分格并粘贴分格条(木分格条应事先在水中浸透),然后,根据中层抹灰的干燥程度浇水湿润。 (2)紧接着用钢抹子满刮水胶比为0.37～0.40的水泥浆一道,随即抹面层水泥石粒浆。面层厚度视石粒粒径而定,通常为石粒粒径的2.5倍。 (3)水泥石粒浆(或水泥石灰膏石粒浆)的稠度应为5～7 cm。要用钢抹子一次抹平,随抹随用钢抹子压紧、揉平,但不应把石粒压得过于紧固。 (4)每一块分格内应从下边抹起,每抹完一格,即用直尺检查其平整度,凸凹处应及时修理,并将露出平面的石粒轻轻拍平。 (5)同一平面的面层要求一次完成,不宜留施工缝。如必须留施工缝时,则应留在分格条的位置上。 (6)抹阳角时,先抹的一侧不宜使用八字靠尺,应将石粒浆抹过转角,然后再抹另一侧。抹另一侧时,用八字靠尺将角靠直找齐,这样可以避免因两侧都用八字靠尺而在阳角处出现明显接槎

续上表

项　目	内　容
修整	(1)罩面后水分稍干，墙面无水光时，先用钢抹子溜一遍，将小孔洞压实、挤严。 (2)分格条边的石粒要略高 1～2 mm。 (3)然后用软毛刷蘸水刷去表面灰浆，阳角部位要往外刷。并用抹子轻轻拍平石粒，再刷一遍，然后再压。 (4)水刷石罩面应分遍拍平压实，石粒应分布均匀而紧密
喷刷	(1)罩面灰浆凝结后(表面略发黑，手指按上去不显指痕)，用刷子刷石粒而刷不掉时，即可开始喷刷。 (2)喷刷分两遍进行，第一遍先用软毛刷子蘸水刷掉面层水泥浆，露出石粒，第二遍随即用手压喷浆机(采用大八厘或中八厘石粒浆时)或喷雾器(采用小八厘石粒浆时)将四周相邻部位喷湿，然后按由上往下的顺序喷水。 (3)喷射要均匀，喷头离墙 10～20 cm，将面层表面及石粒间的水泥浆冲出，使石粒露出表面的尺寸为粒径的 1/2，达到清晰可见、均匀密布即可。然后用清水从上往下全部冲净。 (4)喷水要快慢适度，喷水速度过快会冲不净浑水浆，表面易呈现花斑，过慢则会出现塌坠现象。 (5)喷水时，要及时用软毛刷将水吸去，以防止石粒脱落。分格缝处也要及时吸去滴挂的浮水，以使分格缝保持干净清晰。 (6)如果水刷石面层过了喷刷时间而开始硬结，可用浓度为 3%～5%盐酸稀释溶液洗刷，然后须用清水冲净，否则，会将面层腐蚀成黄色斑点。 (7)冲刷时应做好排水工作，不要让水直接顺墙面往下流淌。一般是将罩面分成几段，每段都抹上阻水的水泥浆挡水，在水泥浆上粘贴油毡或牛皮纸将水外排，使水不直接往下淌。 (8)冲洗大面积墙面时，应采取先罩面先冲洗，后罩面后冲洗的方法，罩面时由上往下，这样既保证上部罩面洗刷方便，也可避免下部罩面受到损坏
起分格条	(1)喷刷后，即可用抹子柄敲击分格条，并用小鸭嘴抹子扎入分格条并上下活动，将其轻轻起出。然后用小溜子找平，用鸡腿刷子刷光理直缝角，并用素灰将缝格修补平直，颜色一致。 (2)外墙窗台、窗楣、雨棚、阳台和压顶、檐口及突出腰线等部位，也与一般抹灰一样，应在上面做流水坡度，下面做滴水槽或滴水线。滴水槽的宽度和深度均不应小于 10 mm。 (3)在高级装饰工程中，往往采用白水泥白石粒水刷面，一般不掺石灰膏。但有时为了改善操作条件，也可掺石灰膏，其掺量不应超过水泥用量的 30%，否则会影响白水泥白石粒浆的强度。白水泥水刷石的操作方法与普通水泥水刷石相同，但要保证使用工具洁净，防止污染。冲刷石子时，水流应比普通水刷石慢些，喷刷更应仔细，防止掉粒。最后要用稀草酸溶液洗一遍，再用清水冲净。 (4)水刷石的石粒除了用经破碎而成的彩色石粒外，也可用小豆石、石屑和粗砂等代替。水刷小豆石，可因地制宜采用河石、海滩白色或浅色豆石，粒径一般在 8～12 mm 左右。水刷砂，一般选用粒径为 1.2～2.5 mm 的粗砂，其面层配合比是水泥：石灰膏：砂＝1：0.2：1.5。砂子须事先过筛洗净，为避免面层过于灰暗，有

续上表

项　目	内　容
起分格条	的在粗砂中掺入30%的白石砂或石英砂。工艺上的区别是砂子粒径比石粒粒径小很多，刷洗时易于将砂粒刷掉，因此要使用软毛刷蘸水刷洗，操作要细致，用水量要少。水刷石屑，一般选用加工彩色石粒下脚料，其面层砂浆配合比及其施工方法与水刷砂相同
养护	水刷石抹完第二天起要经常洒水养护，养护时间不少于7 d，在夏季酷热天施工时，应考虑搭设临时遮阳棚，防止阳光直接辐射，以致水泥早期脱水而影响强度，削弱黏结力
水刷石抹灰成品保护	(1)对施工时粘在门、窗框及其他部位或墙面上的砂浆要及时清理干净，对铝合金门窗膜造成损坏的要及时补粘好保护膜，以防损伤、污染。抹灰前必须对门、窗口采取保护措施。 (2)施工时不得在楼地面和休息平台上拌和灰浆，施工时应对休息平台、地面和楼梯踏步等采取保护措施，以免搬运材料运输过程中造成损坏。 (3)在拆除架子、运输架杆时要制定相应措施，并做好操作人员的交底，加强责任心，避免造成碰撞、损坏墙面或门窗玻璃等。在施工过程中，对搬运材料、机具以及使用小手推车时，要特别小心，不得碰、撞、磕划墙面、门、窗口等。严禁任何人员蹬踩门、窗柜、窗台，以防损坏棱角。 (4)对建筑物的出入口处做好的水刷石，应及时采取保护措施，避免损坏棱角。 (5)对已交活的墙面喷刷新活时要将其覆盖好，特别是大风天施工更要细心保护，以防造成污染。抹完灰后要对已完工墙面及门、窗口加以清洁保护。如门、窗口原保护层面有损坏的要及时修补确保完整直至竣工交验。 (6)当抹灰层未充分凝结硬化前，防止快干、水冲、撞击、振动和挤压，以保证灰层不受损伤和足够的强度，不出现空鼓开裂现象

水刷石墙面局部出现空鼓、裂缝，表面流坠

质量问题表现

水刷石外墙面施工后，墙面局部出现空鼓、裂缝现象；或罩面后产生下滑，流坠。

质量问题原因

(1)基层处理不好，清扫不干净，墙面浇水不透或不均匀，影响底层砂浆与基层的黏结性能。

(2) 一次抹灰太厚或各层抹灰跟得太紧，造成砂浆层内外收缩快慢不同，易产生开裂，甚至起鼓脱落，同时灰层过厚，自重大，易往下坠，拉裂灰层。

质量问题

(3)素水泥浆刮抹不均匀或漏刮,刮素水泥浆后没有紧跟抹水泥石子浆,致使水泥干燥变成了隔离层。

(4)水泥石子浆偏稀或水泥失效,罩面后产生下滑;操作人员技术水平差,反复冲刷增大了罩面砂浆的含水率,可能造成裂缝、空鼓和流坠。

质量问题预防

(1)抹灰前应将基层清扫干净,施工前一天应浇水湿润,要浇透、浇匀。

(2)抹底子灰不宜过厚,抹完用刮杠刮平,搓抹时砂浆还显潮湿、柔和为宜。底子灰应从上到下一次打底完成,并进行一次质量验收,标准同面层,合格后再进行罩面,不允许分段打底随后进行罩面施工。

(3)在抹面层水泥石子浆前,应在底子灰上满刮一道水胶比为0.37~0.4加水泥量的5%~10%108胶的素水泥浆结合层,然后抹面层水泥石子浆,随刮浆随抹面层,不得间隔。素水泥浆如果干燥,不仅起不到结合层的黏结作用,反而变成了隔离层,更易发生空裂。故刮素水泥浆宜在底灰六七成干时进行,如底灰干燥应浇水湿润。

(4)表面光滑的混凝土或加气混凝土墙面,抹灰前应先刷一道108胶素水泥浆黏结层,以增加底灰与基层的黏结能力,可避免空鼓和裂缝。

(5)在气候炎热季节避免面层凝结过快而难于操作,可适当在罩面灰中加石灰膏,其掺量不应超水泥用量的50%。

(6)面层开始凝固时即用软刷蘸清水刷掉面层水泥浆,喷刷时应从上向下(左右应看风向)顺风微倾喷刷,至石子全部外露,表面清晰干净。

4.斩假石装饰抹灰施工

斩假石装饰抹灰的施工方法见表1-6。

表1-6 斩假石装饰抹灰施工方法

项　目	内　容
面层抹灰	(1)砖墙基体底层、中层砂浆用1∶2水泥砂浆。底层和中层表面均应划毛。 (2)涂抹面层砂浆前,要认真浇水湿润中层抹灰,并满刮水胶比为0.37~0.40的素水泥浆一道,按设计要求弹线分格,粘分格条。 (3)面层砂浆一般用2 mm的白色米粒石内掺粒径为0.15~1 mm的30%的白云石屑。材料应统一备料,干拌均匀后备用。 (4)罩面操作一般分两次进行。先薄薄抹一层砂浆,稍收水后再抹一遍砂浆与分格条平齐。用刮尺赶平,待收水后再用木抹子打磨压实,上下顺势溜直,最后用软质扫帚顺着剁纹方向清扫一遍,面层完成后不能受烈日暴晒或遭冰冻,且须进行养护。 (5)养护时间根据气候情况而定,常温下(15℃~30℃)一般为2~3 d,其强度应控制在5 MPa,即水泥强度不大,容易剁得动而石粒又剁不掉的程度为宜。在气温较低时(5℃~15℃),宜养护4~5 d

续上表

项　　目	内　　容
面层斩剁	(1)应先进行试斩，以石粒不脱落为准。 (2)斩剁前，应先弹顺线，相距约 10 cm，按线操作，以免剁纹跑斜。 (3)斩剁时必须保持墙面湿润。如墙面过于干燥，则应予蘸水，但已斩剁完的部分不得蘸水，以免影响外观。 (4)斩假石的质感效果分立纹剁斧和花锤剁斧，可以根据设计选用。 (5)为便于操作及增强其装饰性，棱角与分格缝周边宜留 15～20 mm 镜边。镜边也可以同天然石材处理方式一样，改为横向剁纹。 (6)斩假石操作应自上而下进行，先斩转角和四周边缘，后斩中间墙面。转角和四周边缘的剁纹应与其边棱呈垂直方向，中间墙面斩成垂直纹。 (7)斩斧要保持锋利，斩剁时动作要快并轻重均匀，剁纹深浅要一致。 (8)每斩 1 行随时将分格条取出，同时检查分格缝内灰浆是否饱满、严密，如有缝隙和小孔，应及时用素水泥浆修补平整。 (9)一般台口、方圆柱和简单的门头线脚，操作时大多是先用斩斧将块体四周斩成约 15～30 mm的平行纹圈，再将中间部分斩成棱点或垂直纹。 (10)斩假石的另一种做法是面层用 1∶2.5 石英砂(白云石屑)抹 8～10 mm厚，面层收水后用木抹子搓平，然后用压子压实、压光。水泥终凝后，用手抓耙依着靠尺沿同一方向抓，如图 1-2 所示，称为“拉假石”。抓耙的齿为锯齿形，用 5～6 mm 厚薄钢板制作，齿距的大小和深浅可按实际要求确定。 (11)当采用彩色斩假石施工时，水泥中应掺加适量的矿物颜料，材料应按整个楼栋号一次备齐，并与水泥按比例预先全部干拌均匀备用
养护	面层抹完后，应进行养护，不能受烈日暴晒或遭冰冻

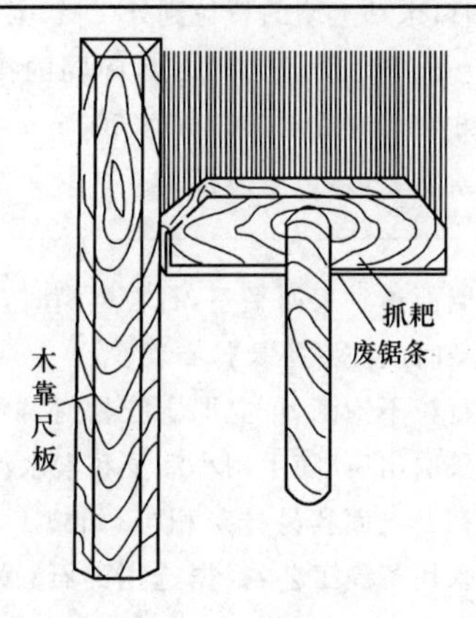

图 1-2　拉假石

5. 干粘石装饰抹灰施工

干粘石装饰抹灰的施工方法见表 1-7。

表 1-7　干粘石装饰抹灰施工方法

项　　目	内　　容
抹黏结层	(1)黏结层很重要，抹前用水湿润中层，黏结层的厚度取决于石子的大小，当石子为小八厘时，黏结层厚 4 mm；中八厘时，黏结层厚度为 6 mm；大八厘时，黏结层厚度为 8 mm。

续上表

项　目	内　容
抹黏结层	(2)湿润后,还应检查干湿情况,对于干得快的部位,应用排刷适度补水,方能开始抹黏结层。 (3)抹黏结层分两道做成:第一道用相同强度等级的水泥素浆薄刮一层,因为薄刮能保证底、面粘牢;第二道抹聚合物水泥砂浆 5~6 mm,然后用靠尺测试,严格执行高刮低添,反之,则不易保护表面平整。 (4)黏结层不宜上下同一厚度,更不宜高于嵌条,一般,下部约 1/3 的高度范围内的黏结层要比上面薄些,整个分块表面又要比嵌条面薄 1 mm 左右,撒上石子压实后,不但平整度可靠,条纹整齐,而且能避免下部鼓包皱皮现象的发生
甩石子	(1)抹好黏结层之后,待干湿情况适宜时即可用手甩石粒。一手拿 40 cm×35 cm×6 cm 木板框下钉 16 目筛网的接料盘,内盛洗净晾干的石粒(干粘石一般多采用小八厘石粒,过 4 mm 筛子,去掉粉末杂质),一手拿木拍,用拍子铲起石粒,并使石粒均匀分布在拍子上,然后反手往墙上甩。甩射面要大,用力要平稳有劲,使石粒均匀地嵌入黏结层砂浆中。如发现有不匀或过稀现象时,应用抹子和手直接补贴,否则会使墙面出现死坑或裂缝。 (2)在黏结砂浆表面均匀地粘上一层石粒后,用抹子或油印橡胶滚轻轻压一下,使石粒嵌入砂浆的深度不小于粒径的 1/2,拍压后石粒表面应平整坚实。拍压时用力不宜过大,否则容易翻浆糊面,出现抹子或滚子轴的印迹。 (3)阳角处应在角的两侧同时操作,否则当一侧石粒粘上去后,在角边处的砂浆收水,另一侧的石粒就不易粘上去,出现明显的接槎黑边,如图 1-3(a)所示。如采取反贴八字尺也会因 45°角处砂浆过薄而产生石粒脱落的现象,如图1-3(b)所示。 (4)甩石粒时,未粘上墙的石粒到处飞溅,易造成浪费。操作时,可用1 000 mm×500 mm×100 mm 木板框下钉 16 目筛网的接料盘,放在操作面下承接散落的石粒。也可用 ϕ6 钢筋弯成 4 000 mm×500 mm 长方形框,装上粗布作为盛料盘,直接将石粒装入,紧靠墙边,边甩边接
起分格条与修整	(1)干粘石墙面达到表面平整,石粒饱满时,即可将分格条取出。 (2)取分格条时应注意不要掉石粒。 (3)如局部石粒不饱满,可立即刷胶黏剂,再甩石粒补齐。 (4)将分格条取出后,随手用小溜子和素水泥浆将分格缝修补好,达到顺直清晰。 (5)由于干粘石表面容易挂灰积尘,如施工不慎,极易产生掉粒,因此,目前的干粘石施工,多采用革新工艺:根据选用的石粒粒径大小决定黏结层厚度,把石渣甩到墙面上并保持石粒分布密实均匀,用抹子把石粒拍入黏结层,然后采取水刷石的冲洗方法,结果使外观像水刷石,实际是将干粘石做法进行了革新
养护和护面	(1)干粘石的面层施工后应加强养护,在养护 24 h 后,应洒水养护 2~3 d。 (2)夏季日照强,气温高,要求有适当的遮阳条件,避免阳光直射,使干粘石凝结有一段养护时间,以提高强度。 (3)砂浆强度未达到足以抵抗外力时,应注意防止脚手架、工具等撞击、触动,以免石子脱落,还要注意防止油漆或砂浆等污染墙面

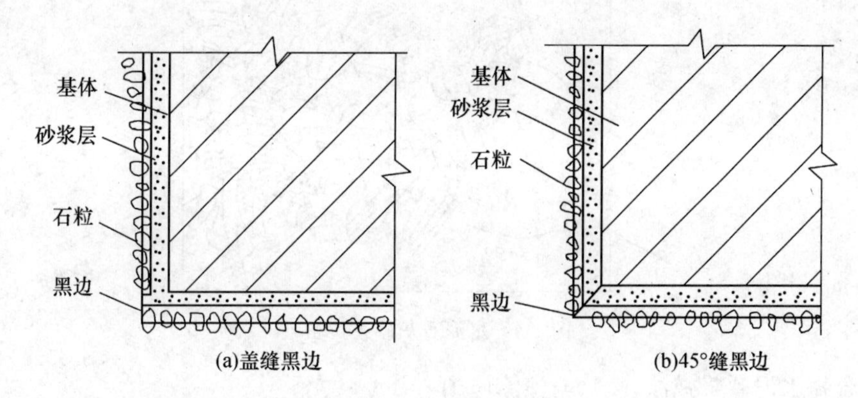

图 1-3　黑边示意图

6. 拉毛灰施工

拉毛灰施工方法见表 1-8。

表 1-8　拉毛灰施工方法

项　目	内　容
基体处理	先清理基层浮灰、砂浆、油污并湿润，再用 1∶3 水泥砂浆抹底层、中层灰，做法同一般抹灰。拉毛罩面用的水泥石灰浆为 1 份水泥，根据拉毛粗细按如下比例分别掺入石灰膏、纸筋和砂子： (1)拉粗花时，掺 5%的石灰膏和石灰膏质量 3%的纸筋； (2)拉中花时，掺 10%～20%的石灰膏和石灰膏质量 3%的纸筋； (3)拉细花时，掺 25%～30%的石灰膏和适量的砂子
纸筋石灰拉毛	纸筋石灰拉毛是两个人同时操作，在湿润的基层上，一人抹罩面砂浆，另一人紧跟后面用硬毛鬃刷往墙上垂直拍拉，拉出毛头。涂抹厚度应以拉毛长度来决定，一般为 4～20 mm，涂抹时应保持厚薄一致
水泥石灰砂浆拉毛	(1)水泥石灰砂浆罩面拉毛时，待中层砂浆 5～6 成干，浇水湿润墙面，刮水泥浆，以保证拉毛面层与中层黏结牢固。 (2)当罩面砂浆使用 1∶0.5∶1 水泥石灰砂浆拉毛时，一般一人在前刮素水泥浆，另一人在后进行抹面层拉毛。拉毛用白麻缠成的圆形麻刷子(麻刷子的直径依拉毛疙瘩的大小而定)，把砂浆向墙面一点一带，带出毛疙瘩来，如图 1-4 所示。 (3)拉粗毛时，在基层上抹 4～5 mm 厚的砂浆，用铁抹子轻触表面用力拉回；拉中等毛头可用铁抹子，也可用硬毛鬃刷拉起，拉细毛时，用鬃刷蘸着砂浆拉成花纹。 (4)拉毛时，在一个平面上，应避免中断留槎，以做到色调一致不露底。 (5)有时设计要求拉毛灰掺入颜料。这时应在抹罩面砂浆前，做出色调对比样板，选样后统一配料
条筋形拉毛	(1)条筋形拉毛做法是在水泥石灰砂浆拉毛的墙面上，用刷条筋专用刷子，蘸 1∶1水泥石灰浆刷出条筋。条筋比拉毛面凸出 2～3 mm，稍干后用钢皮抹子压一下，最后按设计要求刷色浆。 (2)待中层砂浆 6～7 成干时，刮水胶比为 0.37～0.40 的水泥浆，然后抹水泥石灰砂浆面层，随即用硬毛鬃刷拉细毛面，刷条筋。刷条筋前，先在墙面弹垂直线，线与线的距离以 40 cm 左右为宜，作为刷筋的依据。条筋的宽度为 20 mm，间距约 30 mm。刷条筋，宽窄不要太一致，应自然带点毛边，条筋之间的拉毛应保持整洁、清晰

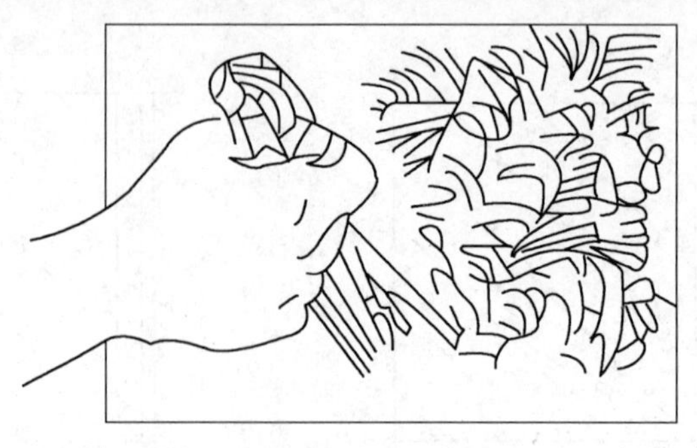

图 1-4　水泥石灰砂浆拉粗毛

7. 聚合物水泥砂浆弹涂、喷涂与滚涂施工

聚合物水泥砂浆弹涂、喷涂与滚涂施工方法见表 1-9。

表 1-9　聚合物水泥砂浆弹涂、喷涂与滚涂施工方法

项　　目	内　　容
弹涂	(1)聚合物水泥弹涂饰面，是在墙体表面刷一道聚合物水泥色浆后，用弹涂器分几遍将不同色彩的聚合物水泥浆弹在已涂刷的涂层上，形成 3～5 mm 的扁圆形花点，再喷罩甲基硅树脂或聚乙烯醇缩丁醛溶液，使面层质感好并有干粘石装饰效果。弹涂较适用于建筑物的外墙面，也可用于顶棚饰面。 (2)施工顺序为：基层打底修补找平→调配色浆、喷刷色浆→弹第一道色点→弹第二道色点→弹点局部找均匀→喷刷罩面材料。 (3)除砖墙基体应先用 1∶3 或 1∶4 水泥砂浆抹找平层并搓平外，一般混凝土等表面比较平整的基体，可直接刷底色浆后弹涂。基体应干燥、平整、棱角规矩。 (4)按配合比调制好弹涂色浆后，将不同颜色的色浆分别装入弹涂器内，按每人操作一种颜色，进行流水作业。弹第一道时，分三次弹匀。色点要接近圆形，直径 2～4 mm。弹涂器内色浆不宜放得过多，色浆过多会使弹点太大，容易流淌；弹涂器内色浆也不宜放得过少，色浆过少则会使弹点太小。如出现流淌和拉丝现象应立即停止操作，调整胶浆的水胶比。对已经出现的问题，应进行整修，并用两道弹点遮盖。色浆的水胶比也应随气温高低的变化进行调节，以确保弹出呈点状的浆粒。待色点干固后，采用喷涂或刷涂的方法，在其表面覆盖一层罩面层。外罩甲基硅树脂要根据施工时的温度在甲基硅树脂中加入 1%～3%乙醇胺固化剂；外罩聚乙烯醇缩丁醛，事先按质量比将一份粉状聚乙烯醇缩丁醛溶于 15～17 份酒精中。罩面时确保弹涂质量的重要工序，必须严格按规定操作
喷涂	(1)在普通水泥砂浆中掺入适量的有机聚合物，即成为聚合物水泥砂浆。掺入有机聚合物的目的是改善普通水泥砂浆的性能。 (2)白水泥砂浆喷涂为形成有色饰面，可掺入一定量的着色颜料。颜料应选用耐光、耐碱的矿物颜料，如氧化铁黄、氧化铁红、氧化铬绿等。不耐光、不耐碱的颜料(如地板黄、颜料绿、铁蓝等)极易褪色，不宜使用。 (3)为避免污水挂流，污染饰面，砂浆中应掺加增水剂，以减少砂浆的吸水率、提高饰面的耐污染性能。拌制砂浆时，根据半日喷涂量秤取水泥和颜料，拌和均匀后，再按比例掺入石屑，干拌均匀。然后依次加入中和的甲基硅醇钠溶液和水，分别依次拌匀。如需掺加石灰膏，应先将石灰膏用少量水调稀后，再加入水泥与石屑的拌和物中。砂浆稠度当波面喷涂时，宜为 13～14 cm；粒状喷涂时为 10～11 cm。

续上表

项　　目	内　　容
喷涂	(4)喷涂前墙面需喷(或刷)一道胶黏剂水溶液,使喷涂层与基层黏结牢固,并使基层吸水率基本保持一致,以免喷涂后饰面花纹大小不一致,局部出浆、流淌。喷涂时,空气压缩机压力宜稳定在 0.6 MPa 左右。喷枪或喷斗应垂直墙面,粒状喷涂时距墙面约 30～50 mm,波面喷涂时距墙面约 50～100 cm。粒状喷涂一般两遍成活,第一遍要求喷涂均匀,厚度掌握在 1.5 mm 左右。过2～3 h后喷第二遍,第二遍应连续成活,要求喷的颜色一致,颗粒均匀,不出浆,涂层总厚度应控制在 3 mm 左右。波面喷涂一般三遍成活,第一遍基层变色即可,不要太厚,如有凹凸不平时,可用木抹子顺平;第二遍喷至浆不流为止;第三遍喷至全部泛出水泥浆而又不流淌,表面均匀呈波状,颜色一致为止。涂层总厚度控制在 3～4 mm。波面喷涂应连续操作,不到分格缝处不得停歇,以免产生浮砂,造成明显接槎。在各遍喷涂过程中,如有局部小块流淌,可用木抹子刮掉多余砂浆并抹平,若大面积流淌,应刮掉重喷
滚涂	(1)滚涂是将聚合物水泥砂浆涂抹在墙表面,用滚子滚出花纹。滚涂为手工操作,工效较低,但所需设备简单,操作时不污染门窗和墙面,因此适宜于外墙装饰,对于局部美化更为适用。 (2)墙面底、中层抹灰与一般抹灰相同。中层一般用 1∶3 水泥砂浆,表面搓平密实,然后根据图纸要求,将尺寸分匀以确定分格条位置,弹线后贴分格条。 (3)滚涂操作分干滚和湿滚两种,干滚时滚子不蘸水。滚涂时要掌握底层的干湿度,如吸水较快应适当洒水润湿,洒水量以滚涂操作时砂浆不流为宜。操作时需两个人合作,一人在前面涂抹灰浆,用抹子紧压刮一遍,再用抹子顺平;另一人拿辊子滚拉,并紧随前者,否则由于吸水过快而拉不出毛来。辊子运动不要太快,手用力要均匀一致,上下左右滚匀,要随时对照试样调整花纹,以取得花纹一致。滚拉要求上下顺直,一气呵成,并注意随时清洗滚筒,使之不沾砂浆,保持干净。滚拉方向应始终保持由上往下运动,使滚出的花纹呈现自然向下的流水坡度,以避免日后积尘而使墙面脏污。滚拉完活后,将分格条取下。如果要求做阳角,一般在大面成活后,再进行捋角

8.水磨石施工

水磨石的施工方法见表 1-10。

表 1-10　水磨石施工方法

项　　目	内　　容
抹水泥石子浆	(1)在 1∶3 水泥砂浆上抹水泥石子浆,待其硬化后磨光即成水磨石面层。 (2)现制水磨石墙裙和踢脚线所用的水泥石子浆配合比一般为 1∶(1.25～1.5),石子常用小八厘或中八厘,厚度一般为 8 mm,若按设计要求掺颜料着色时,颜料掺量不宜超过水泥质量的 3%。 (3)施工时先将中层洒水润湿,然后抹一道素水泥浆作为黏结层,厚约 1～2 mm。随即抹水泥石子浆,要求抹平。待稍收水后再压实,并将浆压出,使石子大面显露,棱角压平。然后用毛刷蘸水上下刷一遍,将表面的水泥浆轻轻刷去,但切勿刷得太深,使全部石子均匀地露出即可。

续上表

项　目	内　容
抹水泥石子浆	(4)当水泥石子浆抹完后，常温下一般要经过24～36 h后即可开磨，具体开磨时间以磨时石子不松动、不脱落、表面不过硬为准。初磨一般用60号粗砂轮，边磨边浇水，先竖磨再横磨，磨到露出石子后，再用80号或100号细砂轮磨一遍，用清水冲净。随后用同颜色的水泥浆擦一遍，将砂眼填满，如有石子掉落，则应将其补上，然后加以养护
养护及打蜡	(1)养护2～3 d后，用80号或100号砂轮按上述方法磨第二遍，磨完后再擦一遍同颜色的水泥浆。隔2～3 d后用150号或180号油石磨第三遍，然后再用220号或280号油石磨光，用清水冲净，经检查合格后随即擦草酸(即乙二酸)。擦草酸的目的是通过酸洗处理将石子表面残存的水泥浆全部清除掉，使石子显露清晰，将来打蜡时使蜡能较好地与磨石子面层相结合。擦草酸时，先将固体草酸加水稀释(一般5 kg草酸加水100 kg)，然后用小扫帚蘸草酸洒在水磨石面上，随即用280号油石磨至出白浆为止，冲水洗净后，用麻丝或碎布擦干。 (2)待面层干燥发白后，即可打蜡，用碎布将成蜡(一般用地板蜡加煤油稀释作为磨石子用蜡)薄薄地擦一遍，然后用干布擦匀，隔2 h后再用干布擦光打亮。 (3)完工的水磨石表面应平整、光滑，石子显露均匀，不得有砂眼、磨纹和漏磨处。 (4)水磨石开磨时间与温度关系及水磨石墙面一般做法见表1-11及表1-12

表1-11　水磨石开磨时间与温度关系

平均温度(℃)	开磨时间(d)	
	机械磨	人工磨
20～30	3～4	2～3
10～20	4～5	3～4
5～10	5～6	4～5

表1-12　现浇水磨石墙面研磨做法

研磨遍数	总厚度(mm)	研磨方法	备注
头遍	8	磨头遍用60～80号金刚石，粗磨至石子外露为准，用水冲洗稍干后，擦同色水泥浆养护约2 d	(1)1∶3水泥砂浆打底。 (2)刮素水泥浆一道。 (3)用1∶1或1∶2.5水泥石碴浆罩面。 (4)试磨时石子不松动即可开始磨面
第二遍		磨第二遍用100～150号金刚石，洒水后开磨至表面平滑，用水冲洗后养护2 d	
第三遍		磨第三遍用180～240号金刚石或油石，洒水细磨至表面光亮，用水冲洗擦干	
酸洗及打蜡		涂擦草酸，再用280号油石细磨，出白浆为止，冲洗后晾干，待墙面干燥发白后进行打蜡	

三、施工质量控制要求

1. 水刷石抹灰施工

水刷石装饰抹灰分层做法的施工质量控制要求见表 1-13。

表 1-13　水刷石装饰抹灰分层做法质量控制要求

名称	分层做法	厚度(mm)	操作要求
外墙水刷石	第一层：1∶3 水泥砂浆打底 第二层：刮素水泥浆一遍 第三层：1∶1 水泥大八厘石渣罩面	1 12 8～12	(1)清理基层抹底灰。将墙面基层浮土清扫干净，并充分洒水湿润。为使底灰与墙体黏结牢固，应先刷水泥浆一遍，随即用 1∶3 水泥砂浆抹底灰。 (2)弹线分格、粘钉木条。底灰抹好后即进行弹线分格，要求横条大小均匀，竖条对称一致。把用水浸湿的分格木条粘钉在分格线上，以防抹灰后分格条发生膨胀，影响质量。分格条要粘钉平直，接缝严密，面层做完后，应立即起出分格条。 (3)抹面层石渣浆。面层抹灰应在底层硬化后进行，一般先薄薄刮一层素水泥浆，随即用钢抹子抹水泥石渣浆。抹完 1 块后用直尺检查，及时增补。每一个分格内从下边抹起，边抹，边拍打揉平。特别要注意阴、阳角水泥石渣浆的涂抹，要拍平压实，避免出现黑边。 (4)面层开始凝固时，即用刷子蘸水刷掉(或用喷雾器喷水冲掉)面层水泥浆至石子外露
	第一层：1∶3 水泥砂浆打底 第二层：刮素水泥浆一遍 第三层：1∶1.25 水泥中八厘石渣浆罩面	12 1 8～12	
	第一层：1∶3 水泥砂浆打底 第二层：刮素水泥浆一遍 第三层：1∶1.5 水泥小八厘石渣浆罩面	12 1 8～12	
外墙水洗豆石砂	第一层：1∶3 水泥砂浆打底 第二层：刮素水泥浆一遍 第三层：1∶1.5 水泥小豆石(粒径 5～8 mm)浆罩面	12 1 8～12	
外墙水刷砂	第一层：1∶3 水泥砂浆打底 第二层：刮素水泥浆一遍 第三层：1∶2 水泥绿豆砂罩面	12 1 8～12	
	第一层：1∶3 水泥砂浆打底 第二层：刮素水泥浆一遍 第三层：1∶0.2∶1.5 水泥石灰混合砂浆罩面	12 1 8～12	

2. 斩假石抹灰施工

斩假石抹灰施工质量控制要求见表 1-14。

表 1-14　斩假石抹灰施工质量控制要求

项　目	内　容
弹线剁斩	(1) 斩假石抹灰施工时应弹线剁斩，相距 10 cm，按线操作，以免剁纹跑斜。在水泥石渣浆到一定强度时，可进行试剁，以石子不脱落为准。 (2)斩剁小面积时，应用单刀剁齐；剁大面积时，应用多刀剁齐。斧刃厚度根据剁纹宽窄要求确定。

续上表

项　目	内　容
弹线剁斩	(3)斩剁时必须保持墙面湿润,如墙面过于干燥,应予蘸水,但剁完部分不得蘸水,以免影响外观。为了美观,剁棱角及分格缝周边留 15～20 mm 不剁。 (4)斩剁的顺序应由上到下,由左到右进行。先剁转角和四周边缘,后剁中间墙面。转角和四周剁水平纹,中间剁垂直纹。若墙面有分格条时,每剁一行应随时将上面和竖向分格条取出,并及时用水泥浆将分块内的缝隙、小孔修补平整。 (5)斩剁时,先轻剁一遍,再盖着前一遍的斧纹剁深痕,用力必须均匀,移动速度一致,不得有漏剁
墙面剁斩	(1)墙角、柱子边棱,宜横剁出边缘横斩纹或留出窄小边条(从边口进 30～40 mm)不剁。剁边缘时应用锐利小斧轻剁,防止掉角掉边。 (2)用细斧剁斩一般墙面时,各格块体的中间部分均剁成垂直纹,纹路应相应平行,上下各行之间均匀一致;用细斧剁斩墙面雕花饰时,剁纹应随花纹走势而变化,不允许留下横平竖直的斧纹,花饰周围的平面上应剁成垂直纹

3. 干粘石抹灰施工

干粘石抹灰施工质量控制要求见表 1-15。

表 1-15　干粘石抹灰施工质量控制要求

项　目	内　容
施工准备	(1)干粘石所用材料的产地、品种、批号应力求一致。同一墙面所用色调的砂浆,要做到统一配料以求色泽一致。施工前一次性将水泥和颜料拌均匀,并装于纸袋中储存,随时备用。 石粒粒径过小,则容易进入砂浆内形成泛浆,影响美观。当下部拍进或压进小粒径的石粒后,其面上如不再有石粒,则与缺粒一样难看。如在其上面再拍或压一层小石粒,就会因拍或压进太少,黏结不牢。 石粒粒径过大,则不易拍或压入黏结层内,特别是拍或压入的深度达不到 1/2 粒径时,会影响牢固。此种现象在局部黏结层过薄处更显著,容易形成一片石粒稀或无石粒的现象。 (2)干粘石面层应做在干硬、平整而又粗糙的中层砂浆面层上
抹中层砂浆	(1)在粘或喷石粒前,中层砂浆表面应先用水湿润,并刷水胶比为 0.40～0.50的水泥浆一遍。随即涂抹水泥石灰膏或水泥石灰混合砂浆黏结层。黏结层砂浆的厚度宜为石粒粒径的 1～1.2 倍,一般是 4～6 mm。砂浆稠度不大于8 cm,石粒嵌入砂浆的深度不应小于石粒粒径的 1/2,以保证石粒黏结牢固。 干粘石的石粒粘得过浅、泛浆,都会影响美观,在施工操作时,干粘石的粒径、黏结层砂浆的厚度应掌握好。对石渣粒,要过筛洗净、晾干、去掉粉末,选用颜色规格一致的石粒,粘贴一个施工段。这样,石粒的牢度一致,色泽均匀,墙面平整美观。 (2)干粘石粘贴在中层砂浆面上,并应做到横平竖直,接头严密。分格应宽窄一致,厚薄均匀

续上表

项　目	内　容
抹底层墙面	房屋的底层墙面，人、物经常接触，干粘石的部分石粒可能被碰掉。石渣粒掉后，干粘石面层就会发花和变模糊，影响整体装饰效果。干粘石石粒拍或压入黏结层的深度比水刷石浅，石渣粒外露棱角多，底层用干粘石易损伤人体或衣物；干粘石面层粗糙，易受污染，且底层易受雨水滴溅，尘土飞扬。所以房屋的底层墙面不宜使用干粘石

4. 拉毛灰施工

拉毛灰施工质量控制要求见表1-16。

表1-16　拉毛灰施工质量控制要求

项　目	内　容
拉毛灰	毛灰用于外墙时其底层、中层砂浆应用1∶3水泥砂浆；用于内墙可采用1∶0.5∶4的混合砂浆（水泥∶石灰膏∶砂）。拉毛灰的面层采用水泥和石灰纸筋砂浆，拉毛的粗细以砂浆稠度大小来控制。拉粗毛用稠砂浆，拉细毛则用稀砂浆。施工前可找一块墙面先试拉后再确定配比和稠度
拉细毛	拉细毛用白麻缠绕成的“刷子”，“刷子”直径以拉毛疙瘩大小而定，拉时垂直墙面依次一点一拉，轻缓地拉出一个个毛头
拉中、粗毛	拉中毛要用硬鬃毛刷；拉粗毛则是用铁抹子轻按在墙面灰浆上吸附后顺势慢慢拉起，拉出毛头。如有毛头尖过分高，可用铁板轻轻压平毛头

5. 聚合物水泥砂浆滚涂施工

聚合物水泥砂浆滚涂施工质量控制要求见表1-17。

表1-17　聚合物水泥砂浆滚涂施工质量控制要求

项　目	内　容
滚涂	面层厚度为2～3 mm，要求底层顺直平整，以保证面层达到应有的效果。滚涂时如出现砂浆过干的情况，不得在滚面上洒水，应在灰桶内加水将灰浆拌和，并注意灰浆稠度力求一致。使用中发现砂浆沉淀，要及时拌匀再用
分段施工	每日按分格分段施工，不能留接槎缝，不得事后修补，否则会产生花纹和颜色不一致的现象
配料	配料需专人掌握，严格按配合比配料，控制用水量。特别是彩色砂浆，应对其配合比、面层湿度、砂子粒径、含水率、砂浆稠度、滚拉次数等方面进行认真掌握

第二节　一般抹灰工程施工

一、施工质量验收标准及施工质量控制要求

(1)一般抹灰工程施工质量验收标准见表1-18。

表 1-18　一般抹灰工程施工质量验收标准

项　　目	内　　容
主控项目	(1)抹灰前基层表面的尘土、污垢、油渍等应清除干净,并应洒水润湿。 检验方法:检查施工记录。 (2)一般抹灰所用材料的品种和性能应符合设计要求。水泥的凝结时间和安定性复验应合格。砂浆的配合比应符合设计要求。 检验方法:检查产品合格证书、进场验收记录、复验报告和施工记录。 (3)抹灰工程应分层进行。当抹灰总厚度大于或等于 35 mm 时,应采取加强措施。不同材料基体交接处表面的抹灰,应采取防止开裂的加强措施,当采用加强网时,加强网与各基体的搭接宽度不应小于 100 mm。 检验方法:检查隐蔽工程验收记录和施工记录。 (4)抹灰层与基层之间及各抹灰层之间必须黏结牢固,抹灰层应无脱层、空鼓,面层应无爆灰和裂缝。 检验方法:观察;用小锤轻击检查;检查施工记录
一般项目	(1)一般抹灰工程的表面质量应符合下列规定: 1)普通抹灰表面应光滑、洁净、接槎平整,分格缝应清晰; 2)高级抹灰表面应光滑、洁净、颜色均匀、无抹纹,分格缝和灰线应清晰美观。 检验方法:观察;手摸检查。 (2)护角、孔洞、槽、盒周围的抹灰表面应整齐、光滑;管道后面的抹灰表面应平整。 检验方法:观察。 (3)抹灰层的总厚度应符合设计要求:水泥砂浆不得抹在石灰砂浆层上;罩面石膏灰不得抹在水泥砂浆层上。 检验方法:检查施工记录。 (4)抹灰分格缝的设置应符合设计要求,宽度和深度应均匀,表面应光滑,棱角应整齐。 检验方法:观察;尺量检查。 (5)有排水要求的部位应做滴水线(槽)。滴水线(槽)应整齐顺直,滴水线应内高外低,滴水槽的宽度和深度均不应小于 10 mm。 检验方法:观察;尺量检查。 (6)一般抹灰工程质量的允许偏差和检验方法见表 1-19

表 1-19　一般抹灰工程质量允许偏差和检验方法

序号	项　　目	允许偏差(mm)		检验方法
		普通抹灰	高级抹灰	
1	立面垂直度	4	3	用 2 m 垂直检测尺检查
2	表面平整度	4	3	用 2 m 靠尺和塞尺检查
3	阴阳角方正	4	3	用直角检测尺检查
4	分格条(缝)直线度	4	3	拉 5 m 线,不足 5 m 拉通线用钢直尺检查
5	墙裙、勒脚上口直线度	4	3	拉 5 m 线,不足 5 m 拉通线用钢直尺检查

注:1. 普通抹灰,本表第三项阴角方正可不检查。

2. 顶棚抹灰,本表第二项表面平整度可不检查,但应平顺。

(2)墙面抹灰施工质量控制要求见表1-20。

表1-20　内墙抹灰施工质量控制要求

名称	适用范围	分层做法	厚度(mm)	施工要点和注意事项
石灰砂浆抹灰	砖墙基体	(1)1∶2∶8(石灰膏∶砂∶黏土)砂浆抹底层、中层。 (2)1∶(2～2.5)石灰砂浆面层压光	13 6	应待前一层7～8成干后,方可涂抹下一层
		(1)1∶2.5石灰砂浆抹底层。 (2)1∶2.5石灰砂浆抹中层。 (3)在中层还潮湿时刮石灰膏	7～9 7～9 1	(1)分层抹灰方法如前所述。 (2)中层石灰砂浆用木抹子搓平稍干后,立即用钢抹子来回刮石灰膏,达到表面光滑平整,无砂眼,无裂纹,愈薄愈好。 (3)石灰膏刮后2 h,未干前再压实压光一次
石灰砂浆抹灰	砖墙基体	(1)1∶2.5石灰膏砂浆抹底层。 (2)1∶2.5石灰砂浆抹中层。 (3)刮大白腻子	7～9 7～9 1	(1)中层石灰砂浆用木抹子搓平后,再用钢抹子压光。 (2)满刮大腻子2遍,砂纸打磨
		(1)1∶3石灰砂浆抹底层。 (2)1∶3石灰砂浆抹中层。 (3)1∶1石灰木屑(或谷壳)抹面	7 7 10	(1)锯木屑过5 mm孔筛,使用前将石灰膏与木屑拌和均匀,经24 h钙化,使木屑纤维软化。 (2)适用于有吸声要求的房间
	加气混凝土条板基体	(1)1∶3石灰砂浆抹底、中层。 (2)待中层灰稍干,用1∶1石灰砂浆随抹随搓平压光	13 6	—
		(1)1∶3石灰砂浆抹底层。 (2)1∶3石灰砂浆抹中层。 (3)刮石灰膏	7 7 1	墙面浇水湿润
水泥混合砂浆抹灰	砖墙基体	(1)1∶1∶6水泥白灰砂浆抹底层。 (2)1∶1∶6水泥白灰砂浆抹中层。 (3)刮石灰膏或大白腻子	7～9 7～9 1	(1)刮石灰膏和大白腻子,见石灰砂浆抹灰。 (2)应待前一层抹灰凝结后,方可涂抹下一层
		1∶1∶3∶5(水泥∶石灰膏∶砂子∶木屑)分2遍成活,木抹子搓平	15～18	(1)适用于有吸声要求的房间。 (2)木屑处理同石灰砂浆抹灰
纸筋石灰或麻刀石灰抹灰	混凝土大板或大模板建筑内墙基体	(1)聚合物水泥砂浆或水泥混合砂浆喷毛打底。 (2)纸筋石灰或麻刀石灰罩面	1～3 2或3	—

续上表

名称	适用范围	分层做法	厚度(mm)	施工要点和注意事项
纸筋石灰或麻刀石灰抹灰	加气混凝土砌块或条板基体	(1)1∶3∶9水泥石灰砂浆抹底层。 (2)1∶3石灰砂浆抹中层。 (3)纸筋石灰或麻刀石灰罩面	3 7～9 2或3	基层处理与聚合物水泥砂浆相同
		(1)1∶0.2∶3水泥石灰砂浆喷涂成小拉毛。 (2)1∶0.5∶4水泥石灰浆找平(或采用机械喷涂抹灰)。 (3)纸筋石灰或麻刀石灰罩面	3～5 7～9 2或3	(1)基层处理与聚合物水泥砂浆相同。 (2)小拉毛完后,应喷水养护2～3 d。 (3)待中层6～7成干时,喷水湿润后进行罩面
纸筋石灰或麻刀石灰抹灰	加气混凝土条板基体	(1)1∶3石灰砂浆抹底层。 (2)1∶3石灰砂浆抹中层。 (3)纸筋石灰或麻刀石灰罩面	4 4 2或3	—
	板条、苇箔、金属网墙	(1)麻刀石灰或纸筋石灰砂浆抹底层。 (2)麻刀石灰或纸筋石灰砂浆抹中层。 (3)1∶2.5石灰砂浆(略掺麻刀)找平。 (4)纸筋石灰或麻刀石灰抹面层	2～6 3～6 2～3 2或3	—
石膏灰抹灰	高级装修的墙面	(1)(1∶2)～(1∶3)麻刀石灰抹底层。 (2)同(1)配比抹中层。 (3)13∶6∶4(石膏粉∶水∶石灰膏)罩面分两遍成活,在第一遍未收水时即进行第二遍抹灰,随即用钢抹子修补压光两遍,最后用钢抹子溜光至表面密实光滑为止	6 7 2～3	(1)底层、中层灰用麻刀石灰,应在20 d前消化备用,其中麻刀为白麻丝,石灰宜用2∶8块灰,配合比为:麻刀∶石灰=7.5∶1 300(质量比)。 (2)石膏一般宜用乙级建筑石膏,结硬时间为5 min左右,4 900孔筛余量不大于10%。 (3)基层不宜用水泥砂浆或混合砂浆打底,亦不得掺用氯盐,以防返潮面层脱落

续上表

名称	适用范围	分层做法	厚度(mm)	施工要点和注意事项
水砂面层抹灰	适用于高级建筑墙面	(1)(1∶2)～(1∶3)麻刀石灰砂浆抹底层、中层(要求表面平整垂直)。 (2)水砂抹面分两遍抹成，应在第一遍砂浆略有吸水即进行第二遍。第一遍竖向抹，第二遍横向抹(抹水砂前，底子灰如有缺陷应修补完整，待墙干燥一致方能进行水砂抹面，否则将使其表面颜色不均。墙面要均匀洒水，充分湿润，门窗玻璃必须装好，防止面层水分蒸发过快而产生龟裂)。水砂抹完后，用钢抹子压2遍，最后用钢抹子先横向后竖向溜光至表面密实光滑为止 (3)同"石膏灰抹灰"分层做法	13 2～13 2～3	(1)水砂，即沿海地区的细砂，其平均粒径为0.15 mm，容重为1 050 N/m³，使用时用清水淘洗除去污泥杂质，含泥量小于2%为宜。石灰必须是洁白块灰，不允许有灰末子，氯化钙含量不小于75%的二级石灰。 (2)水砂砂浆拌制。块灰随淋随沥浆(用3 mm径筛来过滤)，将淘洗，清洁的砂和沥浆过的热灰浆进行拌和。拌和后水砂呈淡灰色为宜。稠度为12.5 cm。热灰浆∶水砂=1∶0.75(质量比)，每1 m² 水砂砂浆约用水砂750 kg，块灰300 kg。 (3)使用热灰浆拌和目的在于使砂内盐分尽快蒸发，防止墙面产生龟裂。水砂拌和后置于池内进行消化3～7 d后方可使用

注：1. 本表所列配合比无注明者均为体积比。

2. 水泥强度等级32.5级以上。石灰为含水率50%的石灰膏。

(3)顶棚抹灰施工质量控制要求见表1-21。

表1-21 顶棚分层抹灰施工质量控制要求

类型	分层	做法	配合比(体积比)	厚度(mm)	说明
现浇钢筋混凝土楼板顶棚抹灰	底层 中层 面层	水泥石灰砂浆 水泥石灰砂浆 纸筋(麻刀)石灰	1∶0.5∶1 1∶3∶9 —	2 6 2～3	(1)纸筋石灰配比为白灰膏∶纸筋=100∶1.2(质量比)。 (2)麻刀石灰配合比为白灰膏∶细麻刀=100∶1.7(质量比)
	底层 中层 面层	水泥纸筋灰砂浆 水泥纸筋灰砂浆 纸筋石灰	1∶0.2∶4 1∶0.2∶4 	2～3 10 2	
预制钢筋混凝土楼板顶棚抹灰	底层 中层 面层	水泥石灰砂浆 水泥石灰砂浆 纸筋(或麻刀)石灰	1∶0.5∶1 1∶3∶9 —	2 6 2～3	抹灰前，要填实抹平预制板缝，底层、中层抹灰要连续操作
	底层 中层 面层	水泥石灰砂浆 水泥石灰砂浆 纸筋灰	1∶0.5∶4 1∶0.5∶4 —	4 4 2	抹灰前，应处理好预制板缝，底层、中层抹灰要连续操作

续上表

类型	分层	做法	配合比（体积比）	厚度（mm）	说明
预制钢筋混凝土楼板顶棚抹灰	底层 中层 面层	水泥纸筋砂浆 水泥纸筋砂浆 水泥细纸筋灰	1∶0.3∶6 1∶0.3∶6 1∶0.2∶6	7 7 5	适用于机械喷涂抹灰
	底层 中层 面层	水泥砂浆（加2%水泥重聚酯酸乙烯乳液） 水泥石灰砂浆 纸筋灰	1∶1 — 1∶3∶9	2 6 2	(1)适用于高级装饰工程。 (2)底层抹灰应养护2～3 d后，再抹中层灰
板条金属吊顶抹灰	底层 中层 找平层 面层	纸筋（麻刀）石灰砂浆 纸筋（麻刀）石灰砂浆 石灰砂浆（略掺麻刀） 纸筋（麻刀）石灰砂浆	1∶2.5	3～6 3～6 2～3 2～3	底层砂浆应压入板条缝和网眼内，形成转角；加钉长350～450 mm的麻丝束，间距为≤300 mm梅花形布置，按扇形抹进中层砂浆中
钢板网吊顶抹灰	底层 中层 面层	石灰水泥砂浆（略掺麻刀） 麻刀石灰砂浆 细纸筋灰罩面	1∶0.2∶2	10～14 4～6 2～3	(1)在龙骨上用U形钉麻丝束，麻丝束长350～400 mm，间隔400 mm；底层灰分3遍抹，每遍将麻丝的1/3抹入灰浆中。 (2)在木龙骨筋上加钉直径6 mm的钢筋，将钢板网绑扎在钢筋上，增加钢板网刚度，防止变形收缩，减少裂缝、起壳和脱落

二、标准的施工方法

1. 材料要求

一般抹灰工程施工的材料要求见表1-22。

表1-22　一般抹灰工程施工的材料要求

材料	要求
水	搅拌用水按《混凝土用水标准》(JGJ 63—2006)的规定执行。混凝土拌和用水水质要求应符合表1-23的要求，对于设计使用年限为100年的结构混凝土，氯离子含量不得超过500 mg/L；对于使用钢丝或经热处理钢筋的预应力混凝土，氯离子含量不得超过350 mg/L
砂	(1)砂宜选用坚硬、抗风化性强、洁净的中粗砂，不宜使用海砂。 (2)砂的实际颗粒级配与表1-24中的累计筛余相比，除公称粒径为5.00 mm和630 μm的累计筛余外，其余公称粒径的累计筛余可稍有超出分界线，但总超出量不应大于5%。

续上表

材　料	要　求
砂	当天然砂的实际颗粒级配不符合要求时，宜采取相应的技术措施，并经试验证明能确保混凝土质量后，方允许使用。 配制混凝土时宜优先选用Ⅱ区砂。当采用Ⅰ区砂时，应提高砂率，并保持足够的水泥用量，满足混凝土和易性；当采用Ⅲ区砂时，宜适当降低砂率；当采用特细砂时，应符合相应的规定。配制泵送混凝土，宜选用中砂。 (3)砂的质量要求应符合表1-25～表1-30的规定。对于有抗冻、抗渗或其他特殊要求的小于或等于C25的混凝土用砂，其含泥量不应大于3.0%，含泥块量不应大于1.0%，云母含量不应大于1.0%，贝壳含量不应大于5%
粉刷石膏	(1)粉刷石膏是二水硫酸钙经脱水或无水硫酸钙经煅烧和(或)激发，其生成物半水硫酸钙和Ⅱ型无水硫酸钙单独或两者混合后掺入外加剂，也可加入骨料制成的抹灰材料。其质量应符合现行标准《粉刷石膏》(JC/T 517—2004)规定。 (2)粉刷石膏按其用途分类见表1-31。 (3)粉刷石膏的细度以1.0 mm和0.2 mm方孔筛的筛余百分数计，细度数值见表1-32。 (4)粉刷石膏的保水率应不小于表1-33规定的数值。 (5)粉刷石膏的强度不能小于表1-34规定的值

表1-23　混凝土拌和用水水质要求

项　目	预应力混凝土	钢筋混凝土	素混凝土
pH值	≥5.0	≥4.5	≥4.5
不溶物(mg/L)	≤2 000	≤2 000	≤5 000
可溶物(mg/L)	≤2 000	≤5 000	≤10 000
Cl^-(mg/L)	≤500	≤1 000	≤3 500
SO_4^{2-}(mg/L)	≤600	≤2 000	≤2 700
碱含量(mg/L)	≤1 500	≤1 500	≤1 500

注：碱含量按$Na_2O+0.658K_2O$计算来表示。采用非碱活性骨料时，可不检验碱含量。

表1-24　砂的颗粒级配

砂的分类	天然砂			机制砂		
级配区	1区	2区	3区	1区	2区	3区
方筛孔	累计筛余(%)					
4.75 mm	10～0	10～0	10～0	10～0	10～0	10～0
2.36 mm	35～5	25～0	15～0	35～5	25～0	15～0
1.18 mm	65～35	50～10	25～0	65～35	50～10	25～0

续上表

砂的分类	天然砂			机制砂		
级配区	1区	2区	3区	1区	2区	3区
方筛孔	累计筛余(%)					
600 μm	85～71	70～41	40～16	85～71	70～41	40～16
300 μm	95～80	92～70	85～55	95～80	92～70	85～55
150 μm	100～90	100～90	100～90	97～85	94～80	94～75

表 1-25　天然砂中含泥量

类　　别	Ⅰ	Ⅱ	Ⅲ
含泥量(按质量计)(%)	≤1.0	≤3.0	≤5.0

表 1-26　天然砂中泥块含量

类　　别	Ⅰ	Ⅱ	Ⅲ
泥块含量(按质量计)(%)	0	≤1.0	≤2.0

表 1-27　机制砂的石粉含量　(%)

项　　目	类　　别		
	Ⅰ	Ⅱ	Ⅲ
MB<1.4(合格)	≤10.0		
MB≥1.4(合格)	≤1.0	≤3.0	≤5.0

表 1-28　砂的坚固性指标

类　　别	Ⅰ	Ⅱ	Ⅲ
质量损失(%)	≤8		≤10

表 1-29　有害物质限量

类　　别	Ⅰ	Ⅱ	Ⅲ
云母(按质量计)(%)	≤1.0	≤2.0	
轻物质(按质量计)(%)	≤1.0		
有机物	合格		
硫化物及硫酸盐(按 SO_3 质量计)(%)	≤0.5		
氯化物(以氯离子质量计)(%)	≤0.01	≤0.02	≤0.06

表 1-30　海砂中贝壳含量

类　　别	Ⅰ	Ⅱ	Ⅲ
贝壳(按质量计)(%)	≤3.0	≤5.0	≤8.0

表 1-31　粉刷石膏分类与代号

类别	面层粉刷石膏	底层粉刷石膏	保温层粉刷石膏
代号	F	B	T

表 1-32　粉刷石膏细度数值　(%)

产品类别	面层粉刷石膏	底层和保温层粉刷石膏
1.0 mm 方孔筛筛余	0	—
0.2 mm 方孔筛筛余	≤40	

表 1-33　粉刷石膏的保水率　(%)

产品类别	面层粉刷石膏	底层粉刷石膏	保温层粉刷石膏
保水率	90	75	60

表 1-34　粉刷石膏的强度　(单位:kPa)

产品类别	面层粉刷石膏	底层粉刷石膏	保温层粉刷石膏
抗折强度	3.0	2.0	—
抗压强度	6.0	4.0	0.6
剪切黏结强度	0.4	0.3	—

表 1-35　粉刷石膏的料浆配合比　(单位:kg)

材料名称 工程部位	面层粉刷石膏		现场配底层粉刷石膏			现场配保温层粉刷石膏			备注
	水	粉	水	粉	砂	水	粉	珍珠岩	
顶棚	0.40	1	0.52	1	1.0	—	—	—	珍珠岩的堆积密度为 100 kg/m³
混凝土	0.42	1	0.64	1	2.0	0.80	1	0.3	
黏土砖	0.42	1	0.70	1	2.5	0.80	1	0.3	
加气混凝土	0.42	1	0.70	1	2.5	0.80	1	0.3	
石膏板	0.42	1	0.64	1	2.0	0.80	1	0.3	

注:1. 表中配合比仅适用于手工抹灰,料浆性能应满足国家现行行业标准《粉刷石膏》(JC/T 517—2004)第 5 节的相关要求。

2. 由于环境温度、湿度不同,基层吸水率不同,现场配底层粉刷石膏加砂量不同,用水量有较大差别,水粉比可由试验确定。

3. 机械喷涂必须采用工厂生产的粉刷石膏:面层粉刷石膏的水∶粉=(0.45～0.48)∶1;底层粉刷石膏的水∶粉∶砂=0.4∶1∶1;保温层的粉刷石膏的水粉比则根据不同保温材料试配而定。

2.内墙抹灰

(1)内墙抹灰施工工艺见表 1-36。

表 1-36 内墙抹灰施工工艺

项　目	内　容
做标志块	先用托线板全面检查墙体表面的垂直平整程度,根据检查的实际情况并兼顾抹灰总的平均厚度,决定墙面抹灰厚度。接着在 2 m 左右高度,距墙两边阴角 10～20 cm处,用底层抹灰砂浆(也可用 1∶3 水泥砂浆或 1∶3∶9 混合砂浆)各做一个标准标志块(灰饼),厚度为抹灰层厚度(一般为 1～1.5 cm),大小为 5 cm×5 cm。以这两个标准标志块为依据,再用托线板靠、吊垂直确定墙下部对应的两个标志块厚度,其位置在踢脚板上口,使上下两个标志块在一条垂直线上。标准标志块做好后,再在标志块附近墙面钉上钉子,拴上小线并拉水平通线(注意小线要离开标志块1 mm),然后按间距 1.2～1.5 m 左右加做若干个标志块,如图 1-5 所示,凡窗口、垛角处必须做标志块
标筋	标筋也叫冲筋,出柱头,就是在上下两个标志块之间先抹出一条长梯形灰埂,其宽度为 10 cm 左右,厚度与标志块相平,作为墙面抹底子灰填平的标准。做法是在两个标志块中间先抹一层,再抹第二遍凸出成八字形,要比灰饼凸出1 cm左右,然后用木杠紧贴灰饼按照左上右下的方向来回搓,直至把标筋搓得与标志块一样平为止。同时要将标筋的两边用刮尺修成斜面,使其与抹灰层接搓顺平。标筋用砂浆,应与抹灰底层砂浆相同,标筋做法如图 1-5 所示。操作时应先检查木杠是否受潮变形,如果有变形应及时修理,以防止标筋不平
阴阳角找方	中级抹灰要求阳角找方。对于除门窗口外,还有阳角的房间,则首先要将房间大致规方。方法是先在阳角一侧墙做基线,用方尺将阳角先规方,然后在墙角弹出抹灰准线,并在准线上下两端挂通线做标志块。 高级抹灰要求阴阳角都要找方,阴阳角两边都要弹基线,为了便于做角和保证阴阳角方正垂直,必须在阴阳角两边都要做标志块和标筋
门窗洞口做护角	室内墙面、柱面的阳角和门窗洞口的阳角抹灰要求线条清晰、挺直,并防止碰坏。因此,不论设计有无规定,都需要做护角。护角做好后,也起到标筋的作用。 护角应抹 1∶1 的水泥砂浆,一般高度不应低于 2 m,护角每侧宽度不小于 50 mm,如图 1-6 所示。 抹护角时,以墙面标志块为依据,首先要将阳角用方尺规方,靠门框一边,以门框离墙面的空隙为准,另一边以标志块厚度为据。最好在地面上画好准线,按准线粘好靠尺板,并用托线吊直,方尺找方。然后,在靠尺板的另一边墙角面分层抹 1∶2 水泥砂浆,护角线的外角与靠尺板外口平齐;一边抹好后,再把靠尺板移到已抹好护角的一边,用钢筋卡子稳住,用线锤将靠尺板吊直,将护角的另一面分层抹好。轻轻地将靠尺板拿下,待护角的棱角稍干时,用阳角抹子和水泥浆捋出小圆角。最后在墙面用靠尺板按要求尺寸沿角留出 5 cm,将多余砂浆以 40°斜面切掉(切斜面的目的是为在墙面抹灰时,便于与护角接搓),墙面和门框等落地灰应清理干净。窗洞口一般虽不要求做护角,但同样也要方正一致,棱角分明,平整光滑。操作方法与做护角相同。窗口正面应按大墙面标志块抹灰,侧面应根据窗框所留灰口确定抹灰厚度,同样应使用八字靠尺找方吊正,分层涂抹。阳角处也应用阳角抹子捋出小圆角
抹灰	抹灰方法见表 1-37

表 1-37　抹灰施工方法

项　　目	内　　容
底层和中层抹灰	底层与中层抹灰在标志块、标筋及门窗口做好护角后即可进行。方法是将砂浆抹于墙面 2 个标筋之间，底层要低于标筋，待收水后再进行中层抹灰，其厚度以垫平标筋为准，并使其略高于标筋。中层砂浆抹后，即用中、短木杠按标筋刮平。使用木杠时，人站成骑马式，双手紧握木杠，均匀用力，由下往上移动，并使木杠沿前进方向的一边略微翘起，手腕要活。局部凹陷处应补抹砂浆，然后再刮，直至普通平直为止(图 1-7)。紧接着用木抹子搓磨一遍，使表面平整密实。 墙的阴角，先用方尺上下核对方正，然后用阴角器上下抽动扯平，使室内四角方正，如图 1-8 所示。 抹底子灰的时间应掌握好，不要过早也不要过迟。一般情况下，标筋抹完就可以装档刮平。但要注意如果筋软，则容易将标筋刮坏产生凸凹现象，也不宜在标筋有强度时再装档刮平，因为待墙面砂浆收缩后，会出现标筋高于墙面的现象，由此产生抹灰面不平等质量通病。 当层高小于 3.2 m 时，一般先抹下面一步架，然后搭架子再抹上一步架。抹上一步架可不做标筋，而是在用木杠刮平时，紧贴在已经抹好的砂浆上作为刮平的依据。当层高大于 3.2 m 时，一般是从上往下抹。如果后做地面、墙裙和踢脚板，则要将墙裙、踢脚板准线上口 5 cm 处的砂浆切成直槎。墙面要清理干净，并及时清除落地灰
面层抹灰	(1)室内常用的面层材料有麻刀石灰、纸筋石灰、石膏灰等。应分层涂抹，每遍厚度为1～2 mm，经赶平压实后，面层总厚度对于麻刀石灰不得大于 3 mm，对于纸筋石灰、石膏灰不得大于 2 mm。罩面时应待底子灰 5～6 成干后进行。如底子灰过于干燥应先浇水湿润，分纵、横涂抹 2 遍，最后用钢抹子压光，不得留抹纹。 (2)纸筋石灰或麻刀石灰抹面层。纸筋石灰面层，一般应在中层砂浆 6～7 成干后进行(手按不软，但有指印)。如底层砂浆过于干燥，应先洒水湿润，再抹面层。抹灰操作一般使用钢抹子或塑料抹子，2 遍成活，厚度为 2～3 mm。一般由阴角或阳角开始，自左向右进行，2 个人配合操作。一人先竖向(或横向)薄薄抹一层，要使纸筋石灰与中层紧密结合，另一人横向(或竖向)抹第二层(2 个人抹灰的方向应垂直)，抹平，并要压光溜平。压平后，如用排笔或扫帚蘸水横刷一遍，使表面色泽一致，用钢皮抹子再压实、揉平，抹光一次，则面层更为细腻光滑。阴阳角分别用阴阳角抹子捋光，随手用毛刷子蘸水将门窗边口阳角、墙裙和踢脚板上口刷净。纸筋石灰罩面的另一种做法：涂抹 2 遍后，稍干就用压子式塑料抹子顺抹子纹压光。经过一段时间，再进行检查，起泡处重新压平。麻刀石灰面层抹灰的操作方法与纸筋石灰抹面层的操作方法相同。但麻刀与纸筋纤维的粗细有很大区别，纸筋容易捣烂，能形成纸浆状，故制成的纸筋石灰比较细腻，用它做罩面灰厚度可不超过2 mm。而麻刀的纤维比较粗，且不易捣烂，用它制成的麻刀石灰抹面，若厚度按要求不大于 3 mm 则比较困难，如果厚了，则面层易产生收缩裂缝，影响工程质量，为此应采取上述 2 个人操作的方法。 (3)石灰砂浆面层，应在中层砂浆 5～6 成干时进行。如中层较干时，需洒水湿润后再进行。操作时，先用钢抹子抹灰，再用刮尺由下向上刮平，然后用木抹子搓平，最后用钢抹子压光成活。

续上表

项　目	内　　容
面层抹灰	(4)内墙面面层可不抹罩面灰，而采用刮大白腻子。其优点是操作简单，节约用料。面层刮大白腻子，一般应在中层砂浆干透，表面坚硬呈灰白色，且没有水迹及潮湿痕迹，用铲刀刻划显白印时进行。大白腻子配比为：大白粉：滑石粉：聚酯乙烯乳液：羧甲基纤维素溶液（浓度5%）＝60：40：(2～4)：75（质量比）。调配时，大白粉、滑石粉、羧甲基纤维素溶液应提前按配合比搅匀浸泡。面层刮大白腻子一般不少于2遍，总厚度1 mm左右。操作时，使用钢片或橡胶刮板，每遍按同一方向往返刮。 (5)头道腻子刮完后，在基层已修补过的部位应进行复补找平，待腻子干后，用0号砂纸磨平，扫净浮灰。待头遍腻子干燥后，再进行第二遍。要求表面平整，纹理质感均匀一致。阴阳角找直的方法是在角的两侧平面满刮找平后，再用直尺检查，当两个相邻的面刮平并相互垂直后，角也就找直了

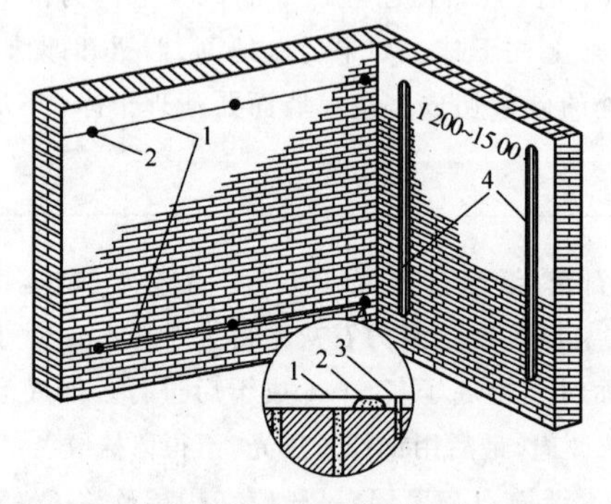

图 1-5　挂线做标志块及标筋（单位：mm）
1—引线；2—灰饼（标志块）；
3—钉子；4—冲筋

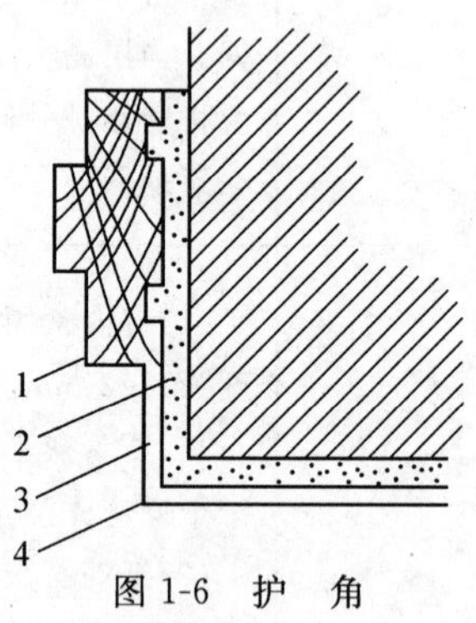

图 1-6　护　角
1—窗口；2—墙面抹灰；3—面层；4—水泥护角

图 1-7　刮杠示意图

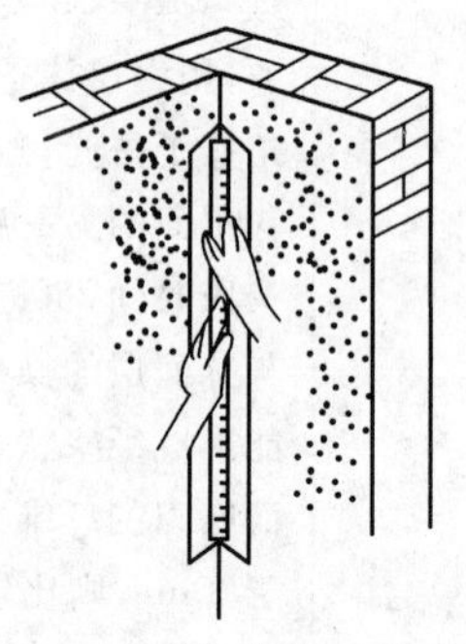
图 1-8　阴角的扯平找直

质量问题

出现抹灰空鼓、裂缝，表面不平整现象

质量问题表现

(1)抹灰后过一段时间，往往在不同基层墙面交接处，基层平整度偏差较大的部位，墙裙、踢脚板上口以及线盒周围、砖混结构顶层两山头、圈梁与砖砌体相交等处出现空鼓、裂缝情况。

(2)抹灰表面不平整，阴阳角不方正、不垂直。

质量问题原因

(1)出现抹灰空鼓、裂缝的原因：

1)基层清理不干净或处理不当，墙面浇水不透；

2)基层偏差较大，一次抹灰过厚；

3)配制砂浆和原材料质量不好，使用不当；

4)抹灰面积大，未做分格技术处理，温度变化大；

5)施工时温度低，抹灰后受冻。

(2)出现抹灰表面不平整，阴阳角不方正、不垂直的原因：

1)抹灰前没有按规矩找方、挂线、做灰饼、冲筋；

2)冲筋距阴阳角距离较远，起不到作用。

质量问题预防

(1)避免出现抹灰空鼓、裂缝的措施：

1)抹灰前，应先将基层表面处理平整、清理干净，并于施工前一天浇水湿透；

2)罩面抹灰后要等其收水后再进行压活，防止罩面后即压，跟得太紧易产生气泡和抹纹；

3)拌和的砂子灰及罩面灰所用的石灰膏和生石灰粉必须要充分地熟化，不能有未熟化的颗粒；

4)控制各抹灰层的厚度，避免一次抹灰层过厚。不同材料基体交接处表面的抹灰，应采用加强网防止开裂，搭接宽度不小于100 mm；

5)应加强对抹灰层的养护，减少收缩，外墙抹灰一般面积较大，为了不显接槎，又防止抹灰开裂，应设置分格缝；

6)低温条件施工应注意工作环境温度，低于5℃时，不宜进行抹灰施工。

(2)避免出事现抹灰表面不平整，阴阳角不方正、不垂直的措施：

1)抹灰前必须抹灰饼，找规矩，使其保证墙面的垂直和平整，将其灰饼用灰层联系成灰筋，以灰筋为标准，按其厚度抹平；

2)抹灰前应在阴阳角及门窗洞口处抹灰饼，找垂直及方正，并在立墙面弹好抹灰层的线，控制好抹灰厚度。

(2)内墙细部抹灰施工方法见表 1-38。

表 1-38　内墙细部抹灰施工方法

项　目	内　容
踢脚板	厨房、厕所的墙脚等经常潮湿和易碰撞的部位,要求防水、防潮且坚硬。因此,抹灰时往往在室内设踢脚板,厕所、厨房设墙裙。通常用 1∶3 水泥砂浆抹底、中层,用 1∶2 或 1∶2.5 水泥砂浆抹面层。抹灰时根据墙的水平基线用墨斗或粉线包弹出踢脚板、墙裙或勒脚高度尺寸水平线,并根据墙面抹灰大致厚度,决定勒脚板的厚度。凡阳角处,用方尺规方,最好在阳角处弹上直角线。规矩找好后,将基层处理干净,浇水润湿,按弹好的水平线,将八字靠尺板粘嵌在上口,靠尺板表面正好是踢脚板的抹灰面,用 1∶3 水泥砂浆抹底层、中层,再用木抹子搓平、扫毛、浇水养护。待底层、中层砂浆 6～7 成干时,就应进行面层抹灰。面层用 1∶2.5 水泥砂浆先薄刮一遍,再抹第二遍,先抹平八字靠尺、搓平、压光,然后粘好八字靠尺,用小阳角抹子捋光上口,再用压子压光。另一种方法是在抹底层、中层砂浆时,先不嵌靠尺板,而在抹完罩面灰后用粉线包弹出踢脚板的高度尺寸线,把靠尺板靠在线上口用抹子切齐,再用小阳角抹子捋光上口,然后再压光
柱抹灰	方柱抹灰施工要求见表 1-39。圆柱抹灰施工要求见表 1-40
梁抹灰	(1)清理基层。梁抹灰室内一般多用水泥混合砂浆抹底层、中层,再用纸筋石灰或麻刀石灰罩面、压光;室外梁常用水泥砂浆或混合砂浆。抹灰前应认真清理梁的两侧及底面,清除模板的隔离剂,用水湿润后刷水泥素浆或洒一道比例为 1∶1 的水泥砂浆。 (2)找规矩。顺梁的方向弹出梁的中心线,根据弹好的线,控制梁两个侧面抹灰的厚度。梁底面两个侧面也应当挂水平线,水平线由梁往下 1 cm 左右,扯直后看梁底水平高低情况,阳角方正,决定梁底抹灰厚度。 (3)做灰饼。可在梁的两端侧面下口做灰饼,以梁底抹灰厚度为依据,从梁一端侧面的下口往另一端拉 1 根水平线,使梁两端的两个侧面灰饼保持在一个立面上。 (4)抹灰时,可采用反贴八字靠尺板的方法,先将靠尺卡固在梁底面边口,先抹梁的两个侧面,抹完后再在梁两侧面下口卡固八字靠尺,再抹底面。抹灰方法与顶棚相同。抹完后,立即用阳角抹子把阳角捋光
楼梯抹灰	楼梯抹灰前,除将楼梯踏步、栏板等基体清理刷净外,还要将设置钢或木栏杆、扶手等预埋件用细石混凝土灌实。然后根据休息平台的水平线(标高)和楼面标高,按上下两头踏步口,在楼梯侧面墙上和栏板上弹一道踏级分步标准线,如图 1-9 所示。抹灰时,将踏步角对在斜线上,或者弹出踏步的宽度与高度再铺抹
灰线抹灰	灰线是室内装饰线,它的种类、样式很多,其宽窄各不相同。灰线常见于高级装修房间的顶棚四周、灯的周围及舞台口、柱垛阳角等处。抹灰线前,应先按设计的灰线形式和尺寸,制作木质灰线模具,模具里面宜包 26 号薄钢板。模具应成型准确、模面平滑。灰线模具分死模、活模、圆形灰线活模和灰线接角尺等。一般灰线都是采用分层做法。 第一层黏结层用 1∶1∶1 的水泥混合砂浆薄薄地抹一层。

续上表

项　　目	内　　容
灰线抹灰	第二层垫层用1∶1∶4的水泥混合砂浆并略掺一些麻刀（纸筋），其厚度要根据灰线尺寸来定。 第三层出灰线用1∶2石灰砂浆（砂子过3 mm筛孔），也可稍掺一些水泥，薄薄地抹一层。这层灰是为了灰线的成形，棱角基本整齐。 第四层是罩面灰，其厚度约为2 mm，应分数遍连续涂抹，表面应赶平、修整、压花。第一遍用普通纸筋灰，第二遍用过窗纱筛子的细纸筋灰

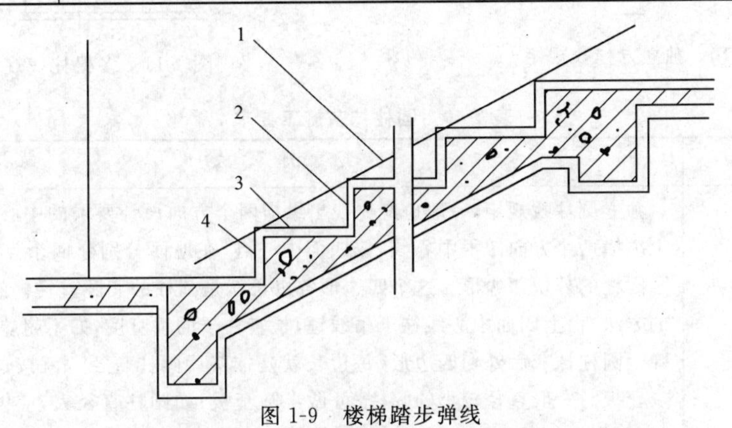

图1-9　楼梯踏步弹线

1—分步标准斜线；2—踏步宽度和高度线；3—踏步板；4—踢脚板

表1-39　方柱抹灰施工要求

项　　目	内　　容
基层处理	首先将砖柱、钢筋混凝土柱表面清扫干净、浇水润湿。在抹混凝土柱前可刷素水泥浆一遍，然后找规矩。如果方柱为独立柱，应按设计图纸所标志的柱轴线，测量出柱子的几何尺寸和位置，在楼地面上弹上垂直2个方向的中心线，并放上抹灰后的柱子边线（注意阳角都要规方），然后在柱顶卡固上短靠尺，拴上线锤往下垂吊，并调整线锤对准地面上的四角边线，检查柱子各方向的垂直情况和平整度。如果不超差，那么在柱四角距地坪和顶棚各15 cm左右处做灰饼，如图1-10所示。如果柱面超差，则应进行处理，再找规矩做灰饼
找中心线、做灰饼	当有2根或2根以上的柱子时，应先根据柱子的间距找出各柱中心线，用墨斗在柱子的4个立面弹上中心线，然后在一排柱子两侧（即最外的2个）柱子的正面上外边角（距顶棚15 cm左右）做灰饼，再以此灰饼为准，垂直挂线做下外边角的灰饼；然后上下拉水平通线做所有柱子正面上下两边灰饼，每个柱子正面上下左右共做4个。根据正面的灰饼的位置，用套板套在两端柱子的反面，再做2个上边的灰饼，如图1-11(a)所示。 根据这个灰饼，上下拉水平通线，做各柱反面灰饼。正面、反面灰饼做完后，用套板中心对准柱子正面或反面中心线，做柱两侧的灰饼，如图1-11(b)所示
抹灰	柱子四面灰饼做好后，应先往侧面卡固八字靠尺，抹正、反面，再把八字靠尺卡固正、反面，再抹两侧面，底层、中层抹灰要用短木刮平，木抹子搓平，第二天抹面层，压光

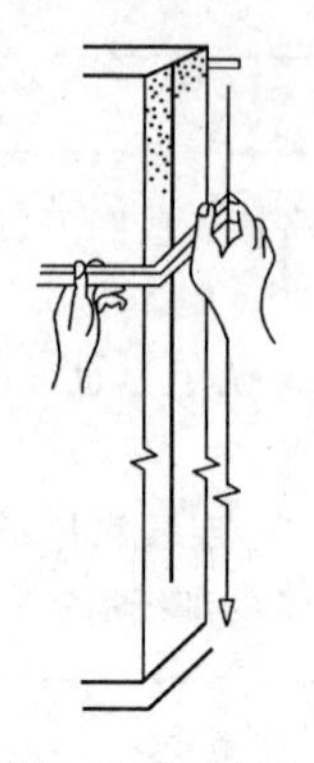

图 1-10　独立方柱找规矩

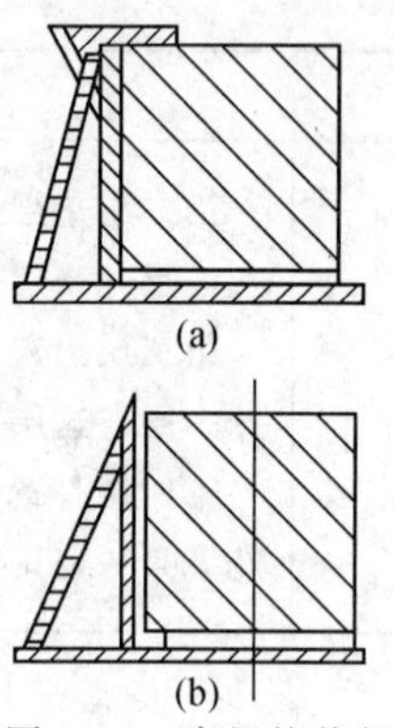

图 1-11　多根柱找规矩

表 1-40　圆柱抹灰施工要求

项　目	内　容
找规矩	独立圆柱找规矩，一般也应先找出纵横两个方向设计要求的中心线，并在柱上弹上纵横两个方向四根中心线，按四面中心点，在地面分别弹四个点的切线，就形成了圆柱的外切四边形。这个四边形各边长就是圆柱的实际直径。然后用缺口木板的方法，由上四面中心线往下吊线锤，检查柱子的垂直度，如不超差，先在地面上再弹上圆柱抹灰后外切四边形(每边长就是抹灰后圆柱直径)，就按这个制作圆柱抹灰套板。一般直径较小的圆柱，可做半圆套板；如圆柱直径大，应做四分之一圆套板，套板里口可包上铁皮，如图 1-12 所示。 圆柱为两根以上或成排时，找规矩应与方柱一样。要先找出柱纵、横中心线，并分别都弹到柱上。以各柱进出的误差大小及垂直平整误差，决定抹灰厚度。而后，先按独立圆柱做标志块的方法，做两端头柱子的正侧面四面的标志块，并制作圆形抹灰套板。然后拉通线，做中间各柱正、背面标志块。再用圆柱抹灰套板(柱子直径比较大时，可做一套标准圆形套板，以便做标志块用)，卡在柱上，套板中心对准柱中心线，分别做中间各柱侧面上下的标志块，然后抹标志块
抹灰	抹灰分层做法与方柱相同，抹灰时用长木杠随抹随找圆，随时用抹灰圆形套板核对，当抹面层灰时，应用圆形套板沿柱上下滑动，将抹灰层扯抹成圆形，最后再由上至下滑磨抽平，如图 1-13 所示

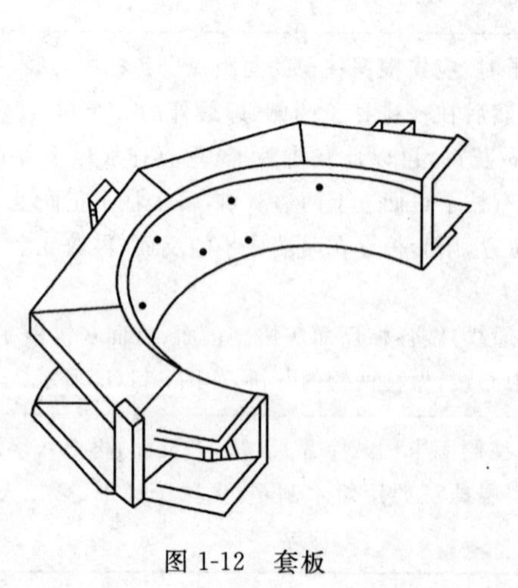

图 1-12　套板

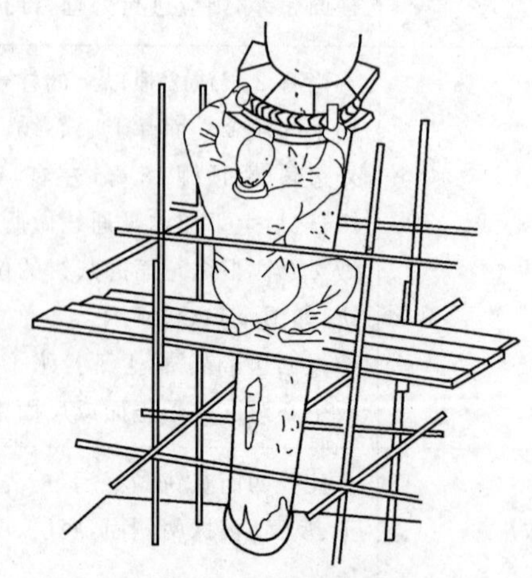

图 1-13　圆柱抹灰

3. 外墙抹灰

(1)外墙抹灰施工工艺见表 1-41。

表 1-41　外墙抹灰施工工艺

项　目	内　容
挂线、做灰饼、冲筋	外墙面抹灰与内墙抹灰一样要挂线做标志块和标筋。但因外墙面由檐口到地面,抹灰看面大,门窗、阳台、明柱、腰线等看面都要横平竖直,而抹灰操作则必须一步架一步架往下抹。因此,外墙抹灰照规矩要在四角先挂好由上至下垂直通线(多层及高层楼房应用钢丝线垂下),然后确定大致的抹灰厚度,每步架大角两侧弹上控制线,再拉水平通线,并弹水平线做标志块,然后做标筋
粘分格条	在室外抹灰时,为了增加墙面美观,避免罩面砂浆收缩后产生裂缝,一般均用分格条分格。具体做法是在底子灰抹完后根据尺寸用粉线包弹出分格线。分格条使用前要在水中泡透,以免分格条使用时变形,并便于粘贴。分格条因本身水分蒸发而收缩,能使分格条两侧的灰口整齐。根据分格线长度将分格条尺寸分好,然后用钢抹子将素水泥浆抹在分格条的背面,水平分格线宜粘在水平线的下口,垂直分格线粘贴在垂线的左侧,这样易于观察,操作比较方便。粘贴完一条竖线或横线分格条后,应用直尺校正,并将分格条两侧用水泥浆抹成八字形斜角(若是水平线应先抹下口)。 如当天抹面层的分格条,两侧八字形斜角可抹成 45°角,如图 1-14(a)所示。如当天不抹面的"隔夜条"两侧八字形斜角应抹得陡一些,成 60°角,如图1-14(b)所示。罩面时须两遍成活,先薄薄刮一遍,再抹两遍,抹平分格条,然后根据分格厚度刮杠、搓平、压光。当天粘的分格条在压光后即可起出,并用水泥浆把缝子勾齐。隔夜条不能当时起条,需在水泥浆达到强度后再起出。分格线不得有错缝和掉棱掉角,其缝宽和深度应均匀一致

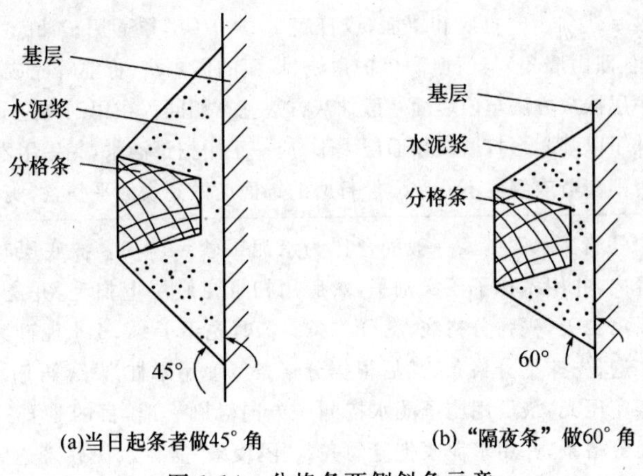

(a)当日起条者做45°角　　(b)"隔夜条"做60°角

图 1-14　分格条两侧斜角示意

质量问题

突出墙面部位在水平或垂直方向不在一条直线上

质量问题表现

工程竣工后，实测或目测阳台(或雨棚、窗台)等突出墙面的工程部位，发现水平或垂直方向不在一条直线上。

质量问题原因

(1)混凝土基层或砖砌层偏差大。

(2)抹灰前未采取整体测量控制措施。

质量问题预防

(1)结构施工中，现浇混凝土或结构安装都应在水平和垂直两个方向拉通线，找平找直，减少结构安装偏差。

(2)砌砖中应由瓦工利用靠尺板和铅笔在墙面上(间距 2～3 m)画立线，控制游丁走缝(包括混水墙)，砌筑上一层窗口时应向下层吊线，保证各层窗口边缘一致。

(3)安装外窗框前应先找出窗口垂直方向的中心线和窗台的水平通线，按中心线和水平线立窗框。

(4)抹灰前应横竖拉通线找平、找直、找方正后并贴灰饼，然后按灰饼冲筋抹灰。

(2)外墙一般抹灰的饰面做法见表 1-42。

表 1-42　外墙一般抹灰的饰面做法

项　目	内　容
抹水泥混合砂浆饰面	外墙的抹灰层要求有一定的防水性能，一般采用水泥混合砂浆(水泥：石子：砂＝1：1：6)打底和罩面，或打底用 1：1：6，罩面用 1：0.5：4。在基层处理四大角(即山墙角)与门窗洞口护角线、墙面的标志块、标筋等完成后即可进行。其底层、中层抹灰方法与内墙面一般抹灰方法基本相同。在用刮尺赶平，砂浆收水后，应用木抹子以圆圈形打磨。如面层太干，应一手用扫帚洒水，一手用木抹子打磨，不得干磨，否则会造成颜色不一致。经打磨的饰面应做到表面平整，密实，抹纹顺直，色泽均匀
抹水泥砂浆饰面	外墙抹水泥砂浆一般配合比为水泥：砂＝1：3。抹底层时，必须把砂浆压入灰缝内，并用木抹子压实刮平，然后用扫帚在底层上扫毛，并浇水养护。底层砂浆抹后第二天，先弹分格线，粘分格条。抹时先用 1：2.5 水泥砂浆薄刮第一遍，再抹第二遍，先抹平分格条，然后根据分格条厚度用木杠刮平，再用木抹子搓平，用钢抹子揉实压光，最后用刷子蘸水按同一方向轻刷一遍，目的是要达到颜色一致，然后起出分格条，并用水泥浆把缝勾齐。"隔夜条"需在水泥砂浆达到强度之后再起出来。如底子灰较干，罩面灰纹不易压光，而用劲过大又会造成罩面灰与底层分离空鼓，所以应洒水后再压。当底层较湿，罩面灰收水较慢，当天不能压光成活时，可撒干水泥砂粘在罩面灰上吸水，待干水泥砂吸水后，把这层水泥砂刮掉再压光。水泥砂浆罩面成活 24 h 后，要浇水养护 3 d

续上表

项　　目	内　　容
加气混凝土墙体的抹灰饰面	(1)基层表面处理的方法是多样的,设计者和施工者可根据本地材料及施工方法的特点加以选择。如采用浇水润湿墙面,如前所述,浇水量以渗入砌块内深度8～10 mm为宜,每遍浇水之间应有间歇,在常温下不得少于15 min。浇水面要均匀,不得漏面(做室内粉刷时应以喷水为宜)。抹灰前最后一遍浇水(或喷水),宜在抹灰前1 h进行,浇水后可立即刷素水泥浆,刷素水泥浆后可立即抹灰,不得在素水泥浆干燥后再进行抹灰。如采用在基层刷胶,应注意刷胶均匀、全面、不得漏刷。所使用的胶料可根据当地情况采用价廉而对水泥砂浆不起不良反应的胶料即可。如采用将基体表面刮糙的方法,可用铁抹子在墙面刮成鱼鳞状,表面粗糙,与底面黏结良好,厚度3～5 mm。在基层表面处理完毕后,应立即进行抹底灰。 (2)底灰材料应选用与加气混凝土材性相适应的抹灰材料,如强度、弹性模量和收缩值等应与加气混凝土材性接近。一般是用1∶3∶9水泥混合砂浆薄抹第一层,接着用1∶3石灰砂浆抹第二遍。底层厚度为3～5 mm,中层厚度为8～10 mm,按照标筋,用大杠刮平,用木抹子搓平。 (3)每层每次抹灰厚度应小于10 mm,如找平有困难需增加厚度,则应分层、分次逐步加厚,每次间隔时间,应待第一次抹灰层终凝后进行,切忌连续流水作业。 (4)砂浆要求。大面抹灰前的“冲筋”砂浆,埋设管线、暗线外的修补找平砂浆,应与大面抹灰材料一致,切忌采用高等级的砂浆。 (5)各种砂浆与墙面黏结力应符合以下要求: 1)1∶3砂子灰(石灰砂浆)≥0.8 kg/cm²; 2)1∶1∶6水泥石灰砂浆≥2.0 kg/cm²; 3)1∶3∶9水泥石灰砂浆≥1.5 kg/cm²。 (6)在加气混凝土表面上抹灰时,避免空鼓开裂的措施有三种,一是在基层上涂刷一层“界面处理剂”,封闭基层;二是在砂浆中掺入胶结材料,以改善砂浆的黏结性能;三是涂刷“防裂剂”。将基层表面清理干净,提前用水湿润,即可抹底灰,待底层灰修整、压光并收水时,在底灰表面及时刷或喷一道专用的防裂剂,接着抹中层灰。按照同样的方法,在中层表面刷或喷一道专用防裂剂后再抹面层灰。如果在其面层上再罩一道防裂剂,若湿而不流,则效果更佳

(3)外墙细部抹灰施工方法见表1-43。

表1-43　外墙细部抹灰施工方法

项　　目	内　　容
阳台	抹灰前要注意清理基层,把混凝土基层清扫干净并用水冲洗,用钢丝刷子将基层刷到露出混凝土新槎。阳台抹灰找规矩的方法是由最上层阳台突出的阳角及靠墙的阴角往下挂线锤,找出上下各层阳台进出误差及左右垂直误差,以大多数阳台进出尺寸及左右边线尺寸为依据,误差小的,可以上下左右顺一下,误差太大的,则要进行必要的结构处理。对于各相邻阳台要拉水平通线,对于进出及高低差太大的阳台也要进行处理。根据找好的规矩,确定各部位大致抹灰厚度,再逐层逐个找好规矩,做灰饼抹灰。最上层两端最外边两个抹好后,以下都以这两个挂线为准做灰饼。抹灰还应注意排水坡度方向,要顺向阳台两侧的排水孔,不要抹成倒流水。阳台底面抹灰与顶棚抹灰相同,清理基体(层)并使之湿润,刷素水泥浆并分层抹底层,中层抹水泥砂浆,面层有抹纸筋灰的,也有刷白灰水的。阳台上面用1∶3水泥砂浆做面层抹灰。阳台挑梁和阳台梁,也要按规矩抹灰,高低进出要整齐一致,棱角清晰

续上表

项　　目	内　　容
窗台	(1)找规矩。抹灰前,要先检查窗台的平整度,以及与左右上下相邻窗台的关系,窗台与窗框下槛的距离是否满足要求。再将基体清理干净,浇水湿润,用水泥砂浆将下槛间隙填塞密实。 (2)抹灰。应先打底,厚度为 10 mm。先抹立面,后抹平面再抹底面,最后抹侧面。将八字尺卡住,上灰用抹子搓平,第二天用 1∶2 水泥砂浆罩面。 (3)滴水槽(线)。外窗台抹灰,一般应做滴水槽(线),以阻止雨水沿窗台往墙面上流淌,做法是在距底面 2 cm 处粘贴分格条,养护后取掉即成。滴水线的做法是将窗台下边口的直角改成锐角,并将角往下伸约 10 mm,形成滴水线
压顶	压顶一般为女儿墙顶现浇的混凝土板带(也有用砖砌的)。压顶要求表面平整光洁,棱角清晰,水平成线,突出一致。因此,抹灰前一定要拉水平通线,对于高低进出不上线的部位要凿掉或补齐,但因其两面有檐口,在抹灰时一面要做流水坡度,两面都要设滴水线

4. 顶棚抹灰

顶棚抹灰施工方法见表 1-44。

表 1-44　顶棚抹灰施工方法

项　　目	内　　容
基层处理	混凝土顶棚抹灰的基层处理,除应按一般基层处理要求进行处理外,还要检查楼板是否有下沉或裂缝等现象。如为预制混凝土楼板,则应检查其板缝是否已用细石混凝土灌实,若板缝灌不实,顶棚抹灰后会顺板缝产生裂纹。近年来无论是现浇或预制混凝土,都采用大量钢模板,故其表面较光滑,如直接抹灰,砂浆黏结不牢,则抹灰层易出现空鼓、裂缝等现象,为此在抹灰时,应先在清理干净的混凝土表面用扫帚刷水后刮一遍水胶比为 0.37～0.40 的水泥浆进行处理,方可抹灰
顶棚抹灰分层做法	顶棚抹灰一般分 3～4 遍(层)成活,根据抹灰等级(分普通、中级、高级抹灰三个档次)定,每遍抹灰厚度和使用灰浆材料及配合比均有所不同。抹灰层平均总厚度不得大于下列规定: (1)当为板条抹灰及在现浇钢筋混凝土基体下直接抹灰时为 15 mm; (2)当在预制钢筋混凝土基体下直接抹灰时为 18 mm; (3)当为钢板网抹灰时(包括板条钢板网)为 20 mm,越薄越好
顶棚直接抹灰	顶棚直接抹灰的施工方法见表 1-45
顶棚压接抹灰	顶棚压接抹灰的施工方法同顶棚直接抹灰
灰板条吊顶抹灰	灰板条吊顶抹灰的施工方法见表 1-46
钢板网吊顶抹灰	钢板网吊顶抹灰的施工方法见表 1-47

表 1-45　顶棚直接抹灰施工方法

项　目	内　容
准备工作	顶棚直接抹灰是指在现浇钢筋混凝土或预制钢筋混凝土基体下直接抹灰，所以首先必须检查基体有无裂缝或其他缺陷，表面有无油污、不洁或附着杂物（塞模板缝的纸、油毡及钢丝、钉帽等），如为预制钢筋混凝土板，则检查其灌缝砂浆是否密实。其次，必须检查暗埋电线与接线盒或其他一些设施安装件是否已安装和保护完善。如均无问题，即应在基体表面满刷水胶比为0.37～0.40的纯水泥浆一道。如基体表面光滑（模板采用胶合板或钢模板并涂刷脱模剂者，混凝土表面均比较光滑），应涂刷界面处理剂，或凿毛，或甩聚合物水泥砂浆（参考质量配合比为白乳胶：水泥：水＝1：5：1）形成一个一个小疙瘩等进行处理，以增加抹灰层与基体之黏结强度，防止抹灰层剥落、空鼓现象发生。需要强调的是石灰膏应提前熟化透，并经细筛网过滤，未经熟化透的石灰膏不得使用；纸筋应提前除去尘土、泡透、捣烂，按比例掺入石灰膏中使用，罩面灰浆用的纸筋宜机碾磨细后使用；麻刀（丝）要求坚韧、干燥，不含杂质，剪成20～30 mm长并敲打松散，按比例掺入石灰膏中使用
弹线	视设计要求抹灰档次及抹灰面积大小等情况，在墙柱面顶弹出抹灰层控制线。一般小面积普通抹灰顶棚用目测控制其抹灰面平整度及阴阳角顺直即可。大面积高级抹灰顶棚则应找规矩、找水平、做灰饼及冲筋等
分遍成活	顶棚抹灰遍数应越多越好，每遍厚度越薄越好，以能抹平整为准。抹时应一次用力抹灰到位，并初平，不宜翻来覆去扰动，以免引起掉灰，待稍干后再用搓板刮尺等刮平，最后一遍需压光，阴阳角应用角模拉顺直。抹面层灰时可在中层灰六七成干时进行，预制板抹灰时必须沿板缝方向垂直进行，抹水泥类灰浆后需注意洒（喷）水养护（石灰类灰浆自然养护）

表 1-46　灰板条吊顶抹灰施工方法

项　目	内　容
施工工序	清理基层→弹水平线→抹底层灰→抹中层灰→抹面层灰
施工准备	(1)在正式抹灰之前，首先检查钢木骨架。 (2)检查板条顶棚，如有以下缺陷者，必须进行修理： 1)吊杆螺帽松动或吊杆伸出板条底面的； 2)板缝应为 7～10 mm，接头缝应为 3～5 mm，缝隙过大或过小的； 3)灰板条厚度不够，过薄或过厚的； 4)少钉导致不牢，有松动现象的； 5)板条没有按规定错开接缝的等。 以上缺陷经修理后检查合格者，方可抹灰
清理基层	将基层表面的浮灰等杂物清理干净
弹水平线	在顶棚靠墙的四周墙面上，弹出水平线，作为抹灰厚度的标志

续上表

项目	内容
抹底层灰	抹底灰时，应顺着板条方向，从顶棚墙角由前向后抹，用铁抹子刮上麻刀石灰浆或纸筋石灰浆，用力来回压抹，将底灰挤入板条缝隙中，使转角结合牢固，厚度为3～6 mm
抹中层灰	(1)待底灰约七成干，用铁抹子轻敲有整体声时，即可抹中层灰。 (2)用铁抹子横着灰板条方向涂抹，然后用软刮尺横着板条方向找平
抹面层灰	(1)待中层灰七成干后，用钢抹子顺着板条方向罩面，再用软刮尺找平，最后用钢板抹子压光。 (2)为了防止抹灰裂缝和起壳，所用石灰砂浆不宜掺水泥，抹灰层不宜过厚，总厚度应控制在15 mm以内。 (3)抹灰层在凝固前，要注意成品保护。如为屋架下吊顶的，不得有人进顶棚内走动；如为钢筋混凝土楼板下吊顶的，上层楼面禁止锤击或振动，不得渗水，以保证抹灰质量

表 1-47　钢板网吊顶抹灰施工方法

项目		内容
准备工作		必须先检查水、电、管、灯饰等安装工作是否竣工；结构基体是否有足够刚度；当有动荷载时结构基体有否颤动(民用建筑最简单检验方法是多人同时在结构上集中跳动)，如有颤动，易使抹灰层开裂或剥落，宜进行结构加固或采用其他顶棚装饰形式；所用材料是否准备齐全，其中需用麻丝束，宜选用坚韧白麻皮，事先锤软梳散，剪成350～450 mm长，分成小束，用水浸湿
弹线		根据设计吊顶标高、龙骨材料断面高度及抹灰层总厚度，在墙柱面顶四周弹出有关水平线。一般情况下可采用透明水管中充满水的"水柱法"定出两点标高，每两点标高弹线即为水平线。此法简易可行，也较准确。若为高级抹灰顶棚且有梁凸出时，应事先对梁的抹灰层厚度(包括龙骨安装)找规矩，做好相应控制其阴阳角方正、立面垂直、平面平整之标志
安装龙骨	木龙骨安装	木龙骨断面大小需根据不同结构基体、是否有附加荷载等具体情况确定，木材必须干燥，含水率不得超过10%；应选用不易变形及翘曲的木材如杉木等作龙骨；木龙骨如有死节或直径大于5 mm的虫眼，应用同一树种木塞加胶填补完整；应按设计要求进行防火或防腐措施处理；木龙骨安装时应根据弹线标高掌握其平整度，并视跨度大小等情况适当起拱；木龙骨与结构基体悬吊方法一般用 $\phi6 \sim \phi10$ 钢螺杆相互连接固定，次木龙骨可采用3 in(1 in=2.54 cm)或4 in钉穿过次龙骨斜向钉入主龙骨；次龙骨接头和断裂及有较大节疤处，应用双面夹板夹住钉牢并错位使用。龙骨安装时应事先与水电管线、通风口、灯具口等配合好，避免发生矛盾
	金属龙骨安装	钢板网抹灰亦有采用金属作龙骨的，多用于防火要求较高的重要建筑工程

续上表

项　目		内　容
钉固钢筋条及钢板网		当为木龙骨时，可用铁钉或铅丝将 $\phi 6@200$ 钢筋固定在木龙骨上，钢筋需先经机械拉直，与木龙骨固定牢靠；为确保钢筋条不在木龙骨面滑动引起下挠，应将钢筋条两端弯钩，钩住龙骨后再钉牢。当为金属龙骨时，可用电焊将钢筋条焊固在金属龙骨上。钢筋条接头均应错开。钢筋条固定后应平整、无下挠现象。然后用22～20号钢丝将处于绷紧绷平状态下的钢板网绑固于钢筋条下，钢板网的搭接不得小于200 mm，搭接口应选在木龙骨及钢筋条处，以便与之钉牢和绑牢，不得使接头空悬。钢板网拉紧扎牢后，须进行检验，1 m内的凹凸偏差不得大于10 mm
挂麻丝束		将小束麻丝每隔300 mm左右卷挂在钢板网铅丝上，两端纤维垂下长200 mm左右并散开，成梅花点布置，并注意在每龙骨处应适当挂密些
分遍成活	抹底层灰	(1)底层灰用麻刀灰砂浆，体积比为麻刀灰∶砂＝1∶2。 (2)用铁抹子将麻刀灰砂浆压入金属网眼内，形成转角。 (3)底层灰第一遍厚度4～6 mm，将每个麻束的1/3分成燕尾形，均匀粘嵌入砂浆内。 (4)在第一遍底层灰凝结而尚未完全收水时，拉线贴灰饼，灰饼的间距800 mm。 (5)用同样方法刮抹第二遍，厚度同第一遍，再将麻束的1/3粘在砂浆上。 (6)用同样方法抹第三遍底层灰，将剩余的麻丝均匀地粘在砂浆上。 (7)底层抹灰分三遍成活，总厚度控制在15 mm左右
	抹中层灰	(1)抹中层灰用1∶2麻刀灰浆。 (2)在底层灰已经凝结而尚未完全收水时，拉线贴灰饼，按灰饼用木抹子抹平，其厚度4～6 mm
	抹面层灰	(1)在中层灰干燥后，用沥浆灰或者细纸筋灰罩面，厚度2～3 mm，用钢板抹子溜光，平整洁净；也可用石膏罩面，在石膏浆中掺入石灰浆后，一般控制在15～20 min内凝固。 (2)涂抹时，分两遍连续操作，最后用钢板抹子溜光，各层总厚度控制在2.0～2.5 cm。 (3)金属网吊顶顶棚抹灰，为了防止裂缝、起壳等缺陷，在砂浆中不宜掺水泥。如果想掺水泥时，掺量应经试验后慎重确定

第三节　清水砌体勾缝工程施工

一、施工质量验收标准及施工质量控制要求

(1)清水砌体勾缝工程施工质量验收标准见表1-48。

表 1-48 清水砌体勾缝工程施工质量验收标准

项目	内容
主控项目	(1)清水砌体勾缝所用水泥的凝结时间和安定性复验应合格。砂浆的配合比应符合设计要求。 检验方法:检查复验报告和施工记录。 (2)清水砌体勾缝应无漏勾。勾缝材料应黏结牢固、无开裂。 检验方法:观察
一般项目	(1)清水砌体勾缝应横平竖直,交接处应平顺,宽度和深度应均匀,表面应压实抹平。 检验方法:观察;尺量检查。 (2)灰缝应颜色一致,砌体表面应洁净。 检验方法:观察

(2)清水砌体勾缝工程质量控制要求见表 1-49。

表 1-49 清水砌体勾缝工程质量控制要求

项目	内容
勾缝	(1)清水砌体勾缝时应采用矿物质颜料,使用时按设计要求和工程用量,与水泥一次性拌均匀,计量配比准确,应做好样板块,过筛装袋,保存时避免潮湿。 (2)勾缝前,要堵好脚手眼,堵脚手眼的砖要与已砌好的砖墙颜色一致,清扫墙面,洒水湿润。勾缝后,亦应清扫墙面。 (3)勾缝要压实抹光,横平竖直;十字缝处平整,深浅一致。 (4)施工时严禁自上步架或窗口处向灰槽内倒灰,以免溅脏墙面,勾缝时溅落到墙面的砂浆要及时清理干净。 (5)勾缝时应将木门窗框加以保护,门窗框的保护膜不得撕掉
灰缝	(1)同一立面上应用同一批材料,配比正确,应使灰缝颜色一致。 (2)横竖拉线检查灰缝平直,对瞎缝、游丁走缝偏大、水平灰缝不水平、刮缝过浅的,应逐个开缝补齐

二、标准的施工方法

清水砌体勾缝施工方法见表 1-50。

表 1-50 清水砌体勾缝施工方法

项目	内容
堵脚手眼	如采用外脚手架时,勾缝前先将脚手眼内砂浆清理干净,并洒水湿润,再用与原砖墙相同的砖块补砌严实,砂浆饱满度不低于 80%
弹线开缝	(1)先用粉线弹出立缝垂直线,用扁钻按线把立缝偏差较大的部分找齐,开出的立缝上下要顺直,开缝深度约 10 mm,灰缝深度、宽度要一致。 (2)砖墙水平缝和瞎缝也应弹线开直,如果砌砖时划缝太浅或漏划,灰缝应用扁钻或瓦刀剔凿出来,深度应控制在 10～12 mm 之间,并将墙面清扫干净

续上表

项　　目	内　　容
补缝	对于缺棱掉角的砖，还有游丁的立缝，应事先进行修补，颜色必须和砖的颜色一致，可用砖面加水泥拌成 1∶2 水泥浆进行补缝。修补缺棱掉角处表面应加砖面压光
门窗框堵缝	在勾缝前，将窗框周围塞缝作为一道工序，用 1∶3 水泥砂浆并设专人进行堵严、堵实，表面平整、深浅一致。铝合金门窗框周围缝隙应用设计要求的材料填塞，如果窗台砖有破损碰掉的现象，应先补砌完整，再将墙面清理干净
勾缝	(1)在勾缝前一天应将砖墙浇水湿润，勾缝时再浇适量的水，以不出现明水为宜。 (2)勾缝所用的水泥砂浆，配合比为水泥∶砂子＝1∶(1～1.5)，稠度为 3～5 cm，应随拌随用，不能用隔夜砂浆。 (3)墙面勾缝必须做到横平竖直、深浅一致，搭接平整并压实溜光，不得出现丢缝、开裂和黏结不牢等现象。外墙勾缝深度 4～5 mm。 (4)勾缝顺序是从上到下，先勾水平缝，再勾立缝。勾水平缝时应用长溜子，左手拿托灰板，右手拿溜子，将灰板顶在要勾的缝口下边，右手用溜子将灰浆压入缝内，不准用稀砂浆喂缝，同时自左向右随勾缝随移动托灰板，勾完一段后用溜子沿砖缝内溜压密实、平整、深浅一致，托灰板勿污染墙面，保持墙面洁净美观。勾缝时用 2 cm 厚木板在架子上接灰，板子紧贴墙面，及时清理落地灰。勾立缝用短溜子在灰板上刮起，勾入立缝中，压塞密实、平整，立缝要与水平缝交圈且深浅一致。 外清水墙勾凹缝，深度为 4～5 mm，为使凹缝切口整齐，宜将勾缝溜子做成倒梯形断面，如图1-15所示。操作时用溜子将勾缝砂浆压入缝内，并来回压实、上下口切齐。 (5)每步架勾缝完成后，应把墙面清扫干净，应顺着缝先扫水平缝后扫立缝，勾缝不应有接槎不平、毛刺、漏勾等缺陷

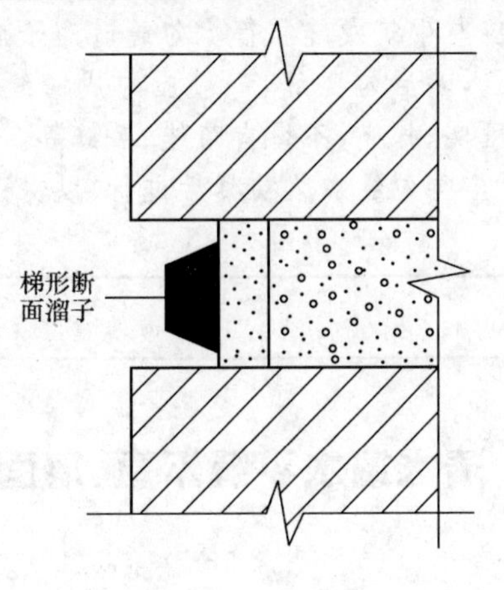

图 1-15　勾缝溜子

质量问题

清水墙勾缝不平整,深浅不一

质量问题表现

(1)在横竖缝接缝处容易形成一个坑或一个鼓包,导致横竖缝不在一平面。

(2)墙面上存在窄缝和瞎缝,勾缝时对窄缝和瞎缝有的漏勾,有的勾不严,勾缝深浅不一,导致容易在此处发生渗漏,同时也影响清水墙的美观。

质量问题原因

(1)清水墙勾缝不平整的原因:

1)勾缝时没有使用专用的溜子施工,而是用小压子代替;

2)勾缝施工顺序不正确;

3)勾缝砂浆污染墙面。

(2)清水墙勾缝深浅不一,出现窄缝和瞎缝的原因:

1)清水墙砌筑质量差,墙面上存在窄缝和瞎缝;

2)勾缝前未按规矩拉线开补找齐,导致对窄缝和瞎缝有漏勾、勾不严、深浅不一等;

3)勾缝时溜子宽度与砌筑灰缝不相符;

4)勾缝完毕,勾缝灰浆未完成初凝,即进行扫墙。

质量问题预防

(1)砌筑质量要好,并按清水墙的质量标准要求进行检查验收。

(2)勾缝前应按规矩拉线,将窄缝、瞎缝按其砌筑时的留缝宽度进行开缝处理,使灰缝横平竖直,宽窄一致。

(3)勾立缝应用专用勾立缝的小溜子并在横竖交接处反复压实。

(4)勾缝时溜子宽度应与砌筑灰缝相符。勾缝时溜子应放平,用力均匀一致。

(5)勾缝时应先勾横缝,然后勾竖缝,一般应勾成凹缝,凹缝深度一般为 3～5 mm,深浅一致,勾好缝应反复压实、抹光,不得有瞎缝、丢缝等。

(6)勾缝完毕,扫墙时应待勾缝灰浆初凝后进行,以保证灰缝密实。清扫时应顺勾缝方向,横竖扫干净。

质量问题

清水墙水平缝不直、墙面凹凸不平

质量问题表现

清水墙的同一条水平缝宽度不一致,个别砖层冒线砌筑;水平缝下垂;墙体中部(两步脚手架交接处)凹凸不平。

质量问题

质量问题原因

(1)砌砖时未采用小面跟线。

(2)挂线长度超长时,未加腰线。

(3)墙体砌至脚手架排木搭设部位时,未预留脚手眼,以消灭“捞活”。

质量问题预防

(1)砌砖应采用小面跟线,因一般砖的小面棱角裁口整齐,表面洁净。用小面跟线不仅能使灰缝均匀,而且可提高砌筑效率。

(2)挂线长度超长15~20 m时,应加腰线。腰线砖探出墙面30~40 mm,将挂线搭在砖面上,由角端检查挂线的平直度,用腰线砖的灰缝厚度调平。

(3)墙体砌至脚手架排木搭设部位时,预留脚手眼,并继续砌至高出脚手板面一层砖,以消灭“捞活”。挂立线应由下面一步架墙面引伸,立线延至下部墙面至少0.5 m。挂立线吊直后,拉紧平线,用线坠吊平线和立线,当线坠与平线、立线相重,即“三线归一”时,则可认为立线正确无误。

第二章　门窗工程

第一节　木门窗制作与安装工程施工

一、施工质量验收标准及施工质量控制要求

(1)木门窗制作与安装工程施工质量验收标准见表2-1。

表2-1　木门窗制作与安装工程施工质量验收标准

项　　目	内　　容
主控项目	(1)木门窗的木材品种、材质等级、规格、尺寸、框扇的线型及人造木板的甲醛含量应符合设计要求。设计未规定材质等级时,所用木材的质量应符合《建筑装饰装修工程质量验收规范》(GB 50210—2001)中附录A的规定。 检验方法:观察;检查材料进场验收记录和复验报告。 (2)木门窗应采用烘干的木材,含水率应符合《建筑木门、木窗》(JG/T 122—2000)的规定。 检验方法:检查材料进场验收记录。 (3)木门窗的防火、防腐、防虫处理应符合设计要求。 检验方法:观察;检查材料进场验收记录。 (4)木门窗的结合处和安装配件处不得有木节或已填补的木节。木门窗如有允许限值以内的死节及直径较大的虫眼时,应用同一材质的木塞加胶填补。对于清漆制品,木塞的木纹和色泽应与制品一致。检验方法:观察。 (5)门窗框和厚度大于50 mm的门窗扇应用双榫连接。榫槽应采用胶料严密嵌合,并应用胶楔加紧。 检验方法:观察;手扳检查。 (6)胶合板门、纤维板门和模压门不得脱胶。胶合板不得刨透表层单板,不得有戗槎。制作胶合板门、纤维板门时,边框和横楞应在同一平面上,面层、边框及横楞应加压胶结。横楞和上、下冒头应各钻两个以上的透气孔,透气孔应通畅。 检验方法:观察。 (7)木门窗的品种、类型、规格、开启方向、安装位置及连接方式应符合设计要求。 检验方法:观察;尺量检查;检查成品门的产品合格证书。 (8)木门窗框的安装必须牢固。预埋木砖的防腐处理、木门窗框固定点的数量、位置及固定方法应符合设计要求。 检验方法:观察;手扳检查;检查隐蔽工程验收记录和施工记录。 (9)木门窗扇必须安装牢固,并应开关灵活,关闭严密,无倒翘。 检验方法:观察;开启和关闭检查;手扳检查。 (10)木门窗配件的型号、规格、数量应符合设计要求,安装应牢固,位置应正确,功能应满足使用要求。 检验方法:观察;开启和关闭检查;手扳检查

续上表

项目	内容
一般项目	(1)木门窗表面应洁净,不得有刨痕、锤印。 检验方法:观察。 (2)木门窗的割角、拼缝应严密平整。门窗框、扇裁口应顺直,刨面应平整。 检验方法:观察。 (3)木门窗上的槽、孔应边缘整齐,无毛刺。 检验方法:观察。 (4)木门窗与墙体间缝隙的填嵌材料应符合设计要求,填嵌应饱满。寒冷地区外门窗(或门窗框)与砌体间的空隙应填充保温材料。 检验方法:轻敲门窗框检查;检查隐蔽工程验收记录和施工记录。 (5)木门窗批水、盖口条、压缝条、密封条的安装应顺直,与门窗结合应牢固、严密。 检验方法:观察;手扳检查。 (6)木门窗制作的允许偏差和检验方法应符合表2-2的规定。 (7)木门窗安装的留缝限值、允许偏差和检验方法应符合表2-3的规定

表2-2 木门窗制作的允许偏差和检验方法

项目	构件名称	允许偏差(mm)		检验方法
		普遍	高级	
翘曲	框	3	2	将框、扇平放在检查平台上,用塞尺检查
	扇	2	2	
对角线长度差	框、扇	3	2	用钢尺检查,框量裁口里角,扇量外角
表面平整度	扇	2	2	用1 m靠尺和塞尺检查
高度、宽度	框	0 −2	0 −1	用钢尺检查,框量裁口里角,扇量外角
	扇	+2 0	+1 0	
裁口、线条结合处高低差	框、扇	1	0.5	用钢直尺和塞尺检查
相邻棂子两端间距	扇	2	1	用钢直尺检查

表2-3 木门窗安装的留缝限值、允许偏差和检验方法

序号	项目	留缝限值(mm)		允许偏差(mm)		检验方法
		普遍	高级	普遍	高级	
1	门窗槽口对角线长度差	—	—	3	2	用钢尺检查
2	门窗框的正、侧面垂直度	—	—	2	1	用1 m垂直检测尺检查
3	框与扇、扇与扇接缝高低差	—	—	2	1	用钢直尺和塞尺检查

续上表

序号	项　目		留缝限值(mm)		允许偏差(mm)		检验方法
			普遍	高级	普遍	高级	
4	门窗扇对口缝		1～2.5	1.5～2	—	—	用塞尺检查
5	工业厂房双扇大门对口缝		2～5	—	—	—	
6	门窗扇与上框间留缝		1～2	1～1.5	—	—	
7	门窗扇与下框间留缝		1～2.5	1～1.5	—	—	
8	窗扇与下框间留缝		2～3	2～2.5	—	—	
9	门扇与下框间留缝		3～5	3～4	—	—	
10	双层门窗内外框间距		—	—	4	3	用钢尺检查
11	无下框时门扇与地面间留缝	外门	4～7	5～6	—	—	用塞尺检查
		内门	5～8	6～7	—	—	
		卫生间门	8～12	8～10	—	—	
		厂房大门	10～20	—	—	—	

(2)木门窗制作与安装工程施工质量控制要求见表2-4。

表2-4　木门窗制作与安装工程施工质量控制要求

项　目	内　容
门窗扇安装	(1)将修刨好的门窗扇,用木楔临时立于门窗框中,排好缝隙后画出铰链位置。铰链位置距上、下边的距离宜是门扇宽度的1/10,这个位置对铰链受力比较有利,又可避开榫头。然后把扇取下来,用扇铲剔出铰链页槽。铰链页槽应外边浅,里边深,其深度应当是把铰链合上后与框、扇平正为准。剔好铰链槽后,将铰链放入,上下铰链各拧一颗螺钉把扇挂上,检查缝隙是否符合要求,扇与框是否齐平,扇能否关住。检查合格后,再把螺钉全部上齐。 (2)门窗扇安装好后要试开,以开到哪里就能停到哪里为好,不能有自开或自关的现象。如果发现门窗扇在高、宽上有短缺的情况,高度上应将补钉的板条钉在下冒头下面,宽度上,在装铰链一边的梃上补钉板条
门窗框安装	(1)门窗框安装前应校正,加钉必要的拉条,避免变形。安装门窗框时,每边固定点不得小于两处,其间距不得大于1.2 m。 (2)为了开关方便,平开扇上、下冒头最好刨成斜面

二、标准的施工方法

1. 材料要求

木门窗制作与安装工程施工的材料要求见表2-5。

表2-5　木门窗制作与安装工程施工的材料要求

材　料	要　求
木材	木门窗的木材应采用窑干法干燥的木材,规定木材含水率不应大于12%。当受

续上表

材　　料	要　　求
木材	条件限制时,除东北落叶松、云南松、马尾松、桦木等易变形的树种外,可采用气干木材,其制作时的含水率不应大于当地的平均含水率
胶料	制作木门窗所用的胶料,宜采用国产酚醛树脂胶和脲醛树脂胶。按木门窗制作所用木材的等级确定,在潮湿地区,Ⅰ级应采用耐水的酚醛树脂胶,Ⅱ、Ⅲ级可采用半耐水的脲醛树脂胶
五金零件	小五金零件的品种、规格、型号、颜色等均应符合设计要求,质量必须合格,地弹簧等五金零件应有出厂合格证

2. 木门窗制作

木门窗的制作方法见表 2-6。

表 2-6　木门窗的制作方法

项　　目	内　　容
木门窗的防火、防腐、防虫处理	木门窗的防火、防腐、防虫处理方法见表 2-7
配料、截料	配料是在放样的基础上进行的,因此,要计算出各部件的尺寸和数量,列出配料单,按配料单进行配料。 配料时,对原材料要进行选择,有腐朽、斜裂节疤的木料,应尽量躲开不用;不干燥的木料不能使用。精打细算,长短搭配;先配长料,后配短料;先配框料,后配扇料。门窗樘料有顺弯时,其弯度一般不超过 4 mm,扭弯者一律不得使用。 配料时,要合理地确定加工余量,各部件的毛料尺寸要比净料尺寸加大些,具体加大量可参考如下。 断面尺寸:单面刨光加大 1～1.5 mm,双面刨光加大 2～3 mm。机械加工时单面刨光加大3 mm,双面刨光加大 5 mm。 长度加工余量见表 2-8。 配料时还要注意木材的缺陷,节疤应躲开眼和榫头的部位,防止凿劈或榫头断掉,起线部位也禁止有节疤。 在选配的木料上按毛料尺寸画出截断、锯开线,考虑到锯解木料的损耗,一般留出 2～3 mm 的损耗量。锯时要注意锯线直,端面平
刨料	刨料时,宜将纹理清晰的里材作为正面,对于樘子料任选一个窄面为正面,对于门、窗框的梃及冒头可只刨面,不刨靠墙的一面;门、窗扇的上冒头和梃也可先刨 3 面,靠樘子的一面待安装时根据缝的大小再进行修刨。刨完后,应按同类型、同规格樘扇分别堆放,上、下对齐。每个正面相合,堆垛下面要垫实平整
画线	画线是根据门窗的构造要求,在各根刨好的木料上画出榫头线、打眼线等。 画线前,先要弄清楚榫、眼的尺寸和形式,什么地方做榫,什么地方凿眼,弄清图纸要求和样板式样,尺寸、规格必须一致,并先做样品,经审查合格后再正式画线。

续上表

项　目	内　容
画线	门窗樘无特殊要求时,可用平肩插。樘梃宽度超过 80 mm 时,要画双实榫;门扇梃厚度超过60 mm时,要画双头榫;60 mm 以下时画单榫。冒头料宽度大于180 mm者,一般画上下双榫,榫眼厚度一般为料厚的 1/4～1/3。半榫眼深度一般不大于料断面的 1/4,冒头拉肩应和榫吻合。 成批画线应在画线架上进行。把门窗料叠放在架子上,将螺钉拧紧固定,然后用丁字尺一次画下来,既准确又迅速,并标志出门窗料的正面或背面。所有榫、眼注明是全眼还是半眼,透榫还是半榫。正面眼线画好后,要将眼线画到背面,并画好倒棱、裁口线,这样所有的线就画好了。要求线要画得清楚、准确、齐全
打眼	打眼之前,应选择等于眼宽的凿刀,凿出的眼顺木纹两侧要直,不得出错槎。先打全眼,后打半眼。全眼要先打背面,凿到 1/2 时,翻转过来再打正面,直到贯穿。眼的正面要留半条里线,反面不留线,但比正面略宽。这样装榫头时,可减少冲击,以免挤裂眼口四周。 成批生产时,要经常核对,检查眼的位置尺寸,以免发生误差
开榫、拉肩	开榫又称倒卯,就是按榫头线纵向锯开。拉肩就是锯掉榫头两旁的肩头,通过开榫和拉肩操作就制成了榫头。 拉肩、开榫要留半个墨线。锯出的榫头要方正、平直,榫眼处完整无损,没有被拉肩操作面锯伤。半榫的长度应比半眼的深度少 2～3 mm。锯成的榫要求方、正,不能伤榫根。楔头倒棱,以防装楔头时将眼背面顶裂
裁口与倒棱	裁口即刨去框的一个方形角部分,供装玻璃用。用裁口刨子或用歪嘴子刨。快刨到要刨的部分时,用单线刨子刨,去掉木屑,刨到为止。裁好的口要求方正平直,不能有戗槎起毛、凹凸不平的现象。倒棱也称为倒八字,即沿框刨去一个三角形部分。倒棱要平直、板实,不能过线。裁口也可用电锯切割,需留1 mm再用单线刨子刨到需求位置为止
拼装与净面	拼装前对部件应进行检查,要求部件方正且平直,线脚整齐分明,表面光滑,尺寸规格、式样符合设计要求,并用细刨将遗留墨线刨光。门窗框的组装,是在一根边梃的眼里,再装上另一边梃:用锤轻轻敲打拼合,敲打时要垫木块防止打坏榫头或留下敲打的痕迹。待整个拼好归方以后,再将所有榫头敲实,锯断露出的榫头,拼装先将楔头粘抹上胶,再用锤轻轻敲打拼合。 门窗扇的组装方法与门窗框基本相同,但木扇有门心板,须先把门心板按尺寸裁好,一般门心板应比门扇边上量得的尺寸小 3～5 mm,门心板的四边去棱,刨光净好。然后,先把 1 根门梃平放,将冒头逐个装入,门心板嵌入冒头与门梃的凹槽内,再将另 1 根门梃的眼对准榫装入,并用锤垫木块敲紧。 门窗框、扇组装好后,为使其成为一个结实的整体,必须在眼中加木楔,将榫在眼中挤紧。木楔长度为榫头的 2/3,宽度比眼宽窄(1/2)′,如 4′眼,楔子宽为 3.5′,楔子头用扁铲顺木纹铲尖,加楔时应先检查门窗框、扇的方正,掌握其歪扭情况,以便加楔时调整、纠正一般每个榫头内必须加 2 个楔子。加楔时,用凿子或斧子把榫头凿出一道缝,将楔子的 2 个面抹上胶插进缝内。敲打楔子要先轻后重,逐步撙入,

续上表

项　目	内　容
拼装与净面	不要用力太猛。当楔子已打不动，眼已扎紧饱满，就不要再敲，以免将木料撙裂。在加楔的过程中，对框、扇要随时用角尺或尺杆卡窜角找方正，并校正框、扇的不平处，加楔时注意纠正。 组装好的门窗、扇用细刨刨平，先刨光面，双扇门窗要配好对，对缝的裁口应刨好，安装前，门窗框靠墙的一面，均要刷一道防腐剂，以增强防腐能力。 为了防止在运输过程中门窗框变形，在门框下端钉上拉杆，拉杆下皮正好是锯口。大的门窗框，在中贯档与梃间要钉八字撑杆，外面4个角也要钉八字撑杆。 门窗框组装、净面后，应按房间编号，按规格分别码放整齐，堆垛下面要垫木块，不准在露天堆放，要用塑料布盖好，以防止日晒雨淋，门窗框进场后应尽快刷一道底油以避免风裂和污染

表 2-7　木门窗的防水、防腐、防虫处理

项　目	内　容
防腐、防虫处理	(1)防护剂应具有毒杀木腐菌和害虫的功能，而不致危及人畜且污染环境，因此对下述防护剂应限制其使用范围。 1)混合防腐油和五氯酚只用于与地面(或土壤)接触的房屋构件防腐和防虫，应用两层可靠的包皮密封，不得用于居住建筑的内部和农用建筑的内部，以防与人畜直接接触；并不得用于储存食品的房屋或能与饮用水接触的处所。 2)含砷的无机盐可用于居住、商业或工业房屋的室内，只需在构件处理完毕后将所有的浮尘清除干净，但不得用于储存食品的房屋或能与饮用水接触的处所。 (2)用防护剂处理木材的方法有浸渍法、喷洒法和涂刷法。浸渍法包括常温浸渍法、冷热槽法和加压处理法。为了保证达到足够的防护剂透入度，锯材、层板胶合木、胶合板及结构复合木材均应采用加压处理法。 常温浸渍法等非加压处理法，只能在腐朽和虫害轻微的使用环境 HJⅠ中应用。 喷洒法和涂刷法只能用于已处理的木材因钻孔、开槽使未吸收防护剂的木材暴露的情况下使用。 (3)用水溶性防护剂处理后的木材，包括层板胶合木、胶合板及结构复合木材均应重新干燥到使用环境所要求的含水率
防火处理	(1)木构件在处理前应加工至最后的截面尺寸，以消除已处理木材再度切割、钻孔的必要性。若有切口和孔眼，应用原来处理用的防护剂涂刷。 (2)木构件需做阻燃处理时，应符合下列规定。 1)阻燃剂的配方和处理方法应遵照国家标准《建筑设计防火规范》(GB 50016—2006)和设计对不同用途和截面尺寸的木构件耐火极限要求选用，但不得采用表面涂刷法。 2)对于长期暴露在潮湿环境中的木构件，经过防火处理后，尚应进行防水处理。 (3)用于锯材的防护剂及其在每级使用环境下最低的保持量见表 2-9。 锯材防护剂透入度见表 2-10。

续上表

项　目	内　容
防火处理	1)刻痕:刻痕是对难于处理的树种木材保证防护剂更均匀透入的一项辅助措施。对于方木和原木每 100 cm^2 至少 80 个刻痕,对于规格木材,刻痕深度5～10 mm。当采用含氨的防护剂(301、302、304 和 306)时可适当减少。构件的所有表面都应刻痕,除非构件侧面有图饰时,只能在宽面刻痕。 2)透入度的确定:当只规定透入深度或边材透入百分率时,应理解为二者之中较小者,例如要求 64 mm 的透入深度除非 85%的边材都已经透入防护剂;当透入深度和边材透入百分率都作规定时,则应取二者之中的较大者,例如要求 10 mm 的透入深度和 90%的边材透入百分率,应理解 10 mm 为最低的透入深度,而超过10 mm 任何边材的 90%必须透入。 一块锯材的最大透入度当从侧边(指窄面)钻取木心时不应大于构件宽度的 1/2,若从宽面钻取木心时,不应大于构件厚度的 1/2。 3)当 20 个木心的平均透入度满足要求,则这批构件应验收。 4)在每一批量中,最少应从 20 个构件中各钻取一个有外层边材的木心。至少有 10 个木心必须最少有 13 mm 的边材渗透防护剂。没有足够边材的木心在确定透入度的百分率时,必须具有边材处理的证据。 (4)用于胶合板或结构复合木材的防护剂及其在每个等级使用环境下最低的保持量见表 2-11 或表 2-12

表 2-8　门窗构件长度加工余量

构件名称	加工余量
门樘立梃	按图纸规格放长 7 cm
门窗樘冒头	按图纸放长 10 cm,无走头时放长 4 cm
门窗樘中冒头、窗樘中竖梃	按图纸规格放长 1 cm
门窗扇梃	按图纸规格放长 4 cm
门窗扇冒头、玻璃棂子	按图纸规格放长 1 cm
门扇中冒头	在 5 根以上者,有 1 根可考虑做半榫
门芯板	按图纸冒头及扇梃内净距放长各 2 cm

表 2-9　锯材的防护剂最低保持量

防护剂			保持量(kg/m^3)			检测区段(mm)	
类型	名　称	计量依据	使用环境			木材厚度	
			HJⅠ	HJⅡ	HJⅢ	<127 mm	≥127 mm
油类	混合防腐油 101 102 103	溶液	128	160	192	0～15	0～25

续上表

防护剂				保持量(kg/m³)			检测区段(mm)	
油溶性	五氯酚	104 105	主要成分	6.4	8.0	8.0	0～15	0～25
	8－羟基 喹啉铜	106		0.32	不推荐	不推荐	0～15	0～25
	环烷酸铜	107	金属铜	0.64	0.96	1.20	0～15	0～25
水溶性	铜铬砷合剂 CCA －A CCA －B CCA －C	201	主要成分	4.0	6.4	9.6	0～15	0～25
	酸性铬酸铜 ACC	202		4.0	8.0	不推荐	0～15	0～25
	氨溶砷酸铜 ACA	203		4.0	6.4	9.6	0～15	0～25
	氨溶砷酸铜锌 ACZA	302		4.0	6.4	9.6	0～15	0～25
	氨溶季氨铜 ACQ-B	304		4.0	6.4	9.6	0～15	0～25
	柠檬酸铜 CC	306		4.0	6.4	不推荐	0～15	0～25
	氨溶季氨铜 ACQ-D	401		4.0	6.4	不推荐	0～15	0～25
	铜唑 CBA-A	403		3.2	不推荐	不推荐	0～15	0～25
	硼酸/硼砂* SBX	501		2.7	不推荐	不推荐	0～15	0～25

注：* 硼酸/硼砂仅限于无白蚁地区的室内木结构。

表 2-10 锯材防护剂透入度检测规定与要求

木材特征	透入深度(mm)或边材吸收率		钻孔采样数量		试样合格率
	木材厚度		油类	其他防护剂	
	＜127 mm	≥127 mm			
不刻痕	64%或 85%	64%或 85%	20	48	80%
刻痕	10%或 90%	13%或 90%	20	48	80%

表 2-11 胶合板的防护剂最低保持量

防护剂			保持量(kg/m³)			检测区段(mm)
类型	名 称	计量依据	使用环境			
			HJⅠ	HJⅡ	HJⅢ	
油类	混合防腐油 101 102 103	溶液	128	160	192	0～16

续上表

防护剂			保持量(kg/m³)			检测区段(mm)
			使用环境			
类型	名称	计量依据	HJⅠ	HJⅡ	HJⅢ	
油溶性	五氯酚 104 105	主要成分	6.4	8.0	9.6	0～16
	8-羟基 喹啉铜 106		0.32	不推荐	不推荐	0～16
	环烷酸铜 107	金属铜	0.64	不推荐	不推荐	0～16
水溶性	铜铬砷 合剂 CCA－A CCA－B CCA－C 201	主要成分	4.0	6.4	9.6	0～16
水溶性	酸性铬酸铜 ACC 202	主要成分	4.0	8.0	不推荐	0～16
	氨溶砷酸铜 ACA 301		4.0	6.4	9.6	0～16
	氨溶砷酸铜锌 ACZA 302		4.0	6.4	9.6	0～16
	氨溶季氨铜 ACQ-B 304		4.0	6.4	不推荐	0～16
	柠檬酸铜 CC 306		4.0	不推荐	不推荐	0～16
	氨溶季氨铜 ACQ-D 401		4.0	6.4	不推荐	0～16
	铜唑 CBA-A 403		3.3	不推荐	不推荐	0～16
	硼酸/硼砂 SBX 501		2.7	不允许	不允许	0～16

表 2-12 结构复合木材的防护剂最低保持量

防护剂			保持量(kg/m³)			检测区段(mm)	
			使用环境			木材厚度	
类型	名称	计量依据	HJⅠ	HJⅡ	HJⅢ	＜127 mm	⩾127 mm
油类	混合防腐油 101 102 103	溶液	128	160	192	0～15	0～25
油溶性	五氯酚 104 105	主要成分	6.4	8.0	9.6	0～15	0～25
	环烷酸铜 107	金属铜	0.64	0.95	1.20	0～15	0～25
水溶性	铜铬砷合剂 CCA－A CCA－B CCA－C 201	主要成分	4.0	6.0	9.6	0～15	0～25
	氨溶砷酸铜 ACA 203		4.0	6.4	9.6	0～15	0～25
	氨溶砷酸铜锌 ACZA 202		4.0	6.4	9.6	0～15	0～25

3.门窗框与扇安装

木门窗框与扇安装方法见表 2-13。

表 2-13　门窗框与扇安装方法

项　目	内　容
门窗框安装	(1)将门窗框用木楔临时固定在门窗洞口内相应位置。 (2)用吊线坠校正框的正、侧面垂直度,用水平尺校正框冒头的水平度。 (3)用砸扁钉帽的钉子钉牢在木砖上。钉帽要冲入木框内 1～2 mm,每块木砖要钉 2 处。 (4)高档硬木门框应用钻打孔木螺钉拧固,并拧进木框 5 mm,并用同等木料补孔
门窗扇安装	(1)量出樘口净尺寸,考虑留缝宽度。确定门窗扇的高、宽尺寸,先画出中间缝处的中线,再画出边线,并保证梃宽一致,应四边画线。 (2)若门窗扇高、宽尺寸过大,则应刨去多余部分。修刨时应先锯余头,再进行修刨。门窗扇为双扇时,应先打叠高低缝,并以开启方向的右扇压左扇。 (3)若门窗扇高、宽尺寸过小时,可在下边或装合页一边用胶和钉子绑钉刨光的木条。钉帽砸扁,钉入木条内 1～2 mm,然后锯掉余头再刨平。 (4)平开扇的底边,中悬扇的上下边,上悬扇的下边,下悬扇的上边等与框接触且容易发生摩擦的边,应刨成 1 mm 斜面。 (5)试装门窗扇时,应先用木楔塞在门窗扇的下边,然后再检查缝隙,并注意窗楞和玻璃芯子是否平直对齐。合格后画出合页的位置线,剔槽装合页

门窗框表面不平、不光、戗槎

质量问题表现

门窗扇表面不平、不光、戗槎,造成门窗框、门窗扇截面尺寸达不到设计要求,影响门窗框、门窗扇的强度和刚度。

质量问题原因

毛料宽度的加工余量不足;毛料厚度的加工余量不足。

质量问题预防

(1)一面刨光者留 3 mm,两面刨光者留 5 mm。

(2)有走头的门窗框冒头,要考虑锚固长度,可加长 200 mm;无走头者,为防止打眼拼装时加楔劈裂,亦应加长 40 mm,其他门窗框中冒头、窗框中竖梃、门窗扇冒头、玻璃棂子应按图纸规格加长 10 mm,门窗扇梃加长 40 mm。

(3)门框立梃要按图纸规格加长 70 mm,以便下端固定在粉刷层内。

质量问题

门(窗)框变形、安装不牢

质量问题表现

(1)门框变形,导致开关不灵,缝隙过大,严重者,门窗扇关不上或关不平,关上后拉不开,无法使用。

(2)门窗框(扇)两相对应对角线长度不相等,门窗框(扇)安装后无法开启和关闭,返工造成浪费,影响工程进度。

(3)门窗框安装后松动,造成边缝空裂无法进行门窗扇的安装。

(4)门窗扇安装好关闭后,扇和框的边框不在同一平面内,扇边高出框边,或者框边高出扇边,影响美观,同时也降低了门窗的密封性能。

质量问题原因

(1)造成门框变形的原因:木材含水率过大;木料选材不当;加工制作时未考虑木材的各种天然缺陷;成品重叠堆放时未垫平;成品受潮。

(2)造成门窗框(扇)窜角的原因:门窗框(扇)制作加工时,打眼不方正;门窗制作好后,未在边梃和上槛间一边钉上临时斜撑;未在冒头上加楔校正。

(3)造成门窗框安装不牢、松动的原因:预埋的木砖间距过大,半砖墙或轻质隔墙使用普通木砖;预留的门窗洞口尺寸过大,使框与墙体间缝隙过大;门窗口塞灰不实不严。

(4)造成框与扇接触面不平的原因:在制作门窗框时,裁口的宽度与门窗扇的边梃厚度不适应;在安装门窗扇前,未根据实测窗框裁口尺寸画线。

质量问题预防

(1)防止门框变形的措施。

1)应使用烘干的木材,含水率应符合《建筑木门、木窗》(JG/T 122—2000)的规定。

2)应正确选用木材,选用标准参见《建筑装饰装修工程质量验收规范》(GB 50210—2001)中的附录A。

3)根据木材的变形规律合理锯材。

4)对于缺少中横档、下槛的门框,其边梃的翘曲应将凸面置于靠墙一侧,利用墙体限制其变形。

5)门框重叠堆放时,应放置在平整的位置上,以免变形。

6)门窗框进场后应立即涂刷一遍底油,安装前应涂上防腐剂,防止以后变形。

质量问题

(2)避免门窗框(扇)窜角的措施。

1)门窗框(扇)制作加工时,打眼要方正。用打眼机打眼时,台面要与钻头垂直。夹紧木料,使木料底面紧贴台面,以免偏斜。试打合格后,再成批加工。拼装时,榫插入眼,先规方后再打入,严格控制窜角不超过规定数值。

2)门窗框制作好后,应在边梃和上槛间一边钉上1根临时斜撑,使门窗框变成一个不变形的稳定体系,在外力作用下,仍可保持原有的几何形状,防止门窗框在搬运过程中由于受到外力作用而发生窜角。

3)门窗扇轻微窜角,可在冒头上加楔校正,加楔位置如图2-1所示。

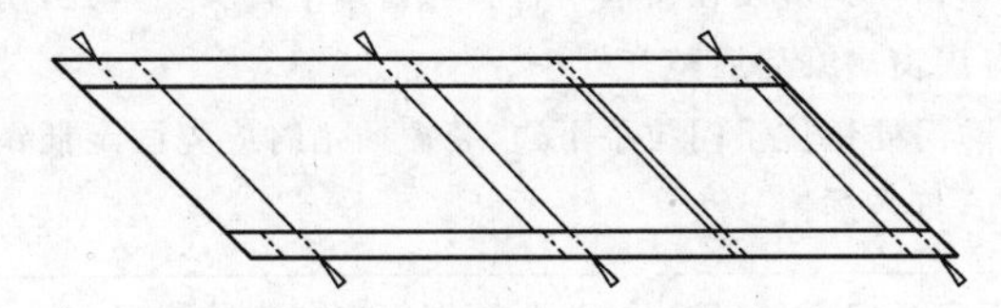

图2-1 门窗扇冒头加楔位置

(3)避免门窗框安装不牢、松动的措施。

1)木砖的位置、数量应按照图纸及有关规定设置,不可缺少。一般2 m高以内的门窗每边不少于3块;2 m高以上的门窗框,每边木砖的间距不大于1 m。

2)较大的门窗框或硬木门窗框要用铁掳子与墙体结合。

3)门窗洞口每边空隙不应超过20 mm,如超过20 mm,钉子要加长,并在木砖与门窗框之间加垫木,保证钉子钉进木砖50 mm。门窗框与木砖结合时,每一木砖要钉长100 mm钉子2个,而且上下要错开,垫木必须通过钉子钉牢。

4)门框安好后,要做好成品保护,防止推车时碰撞,必须将其门框后缝隙嵌实,并达到强度。

5)严禁将门窗框作为脚手板的支撑或提升重物的支点,防止将门窗框损坏和变形。

(4)避免框与扇接触面不平的措施。

1)在制作门窗框时,裁口的宽度必须与门窗扇的边梃厚度相适应,裁出的口要宽窄一致,顺直平整,边角方正。

2)在安装门窗扇前,根据实测门窗框裁口尺寸画线,按线将门窗扇锯正刨光,使表面平整顺直,边缘嵌入框的裁口槽内,缝隙合适,接触面平整。

3)对门窗框与扇接触面不平的可按以下方法处理:

①如扇面高出框面不超过2 mm时,可将门窗扇的边梃适当刨削至基本平整。

②如扇面高出框面超过2 mm时,可将裁口宽度适当加宽至与扇梃厚度吻合。

③如局部不平,可根据情况进行刨削平整。

4.木门窗配件安装

木门窗配件安装方法见表2-14。

表 2-14　木门窗配件安装方法

项　　目	内　　容
五金零件安装	(1)所有小五金必须用木螺钉固定安装，严禁用铁钉代替。使用木螺钉时，先用手锤钉入全长的 1/3，接着用螺钉旋具拧入。当木门窗为硬木时，先钻孔径为木螺钉直径 0.9 倍的孔，孔深为木螺钉全长的 2/3，然后再拧入木螺钉。 (2)小五金应安装齐全，位置适宜，固定可靠
门锁、拉手及门插销安装	(1)铰链距门窗扇上下两端的距离为扇高的 1/10，且避开上下冒头，安好后必须灵活。 (2)门锁距地面约高 0.9～1.05 m，应错开中冒头和边梃的榫头。 (3)门窗拉手应位于门窗扇中线以下，窗拉手距地面宜为 1.5～1.6 m。 (4)窗风钩应装在窗框下冒头与窗扇下冒头夹角处，使窗开启后成 90°角，并使上下各层窗扇开启后整齐划一。 (5)门插销位于门拉手下边，装窗插销时应先固定插销底板，再关窗打插销压痕、凿孔，打入插销
门吸安装	门扇开启后易碰墙的门，为固定门扇应安装门吸

第二节　塑料门窗安装工程施工

一、施工质量验收标准及施工质量控制要求

(1)塑料门窗安装工程施工质量验收标准见表 2-15。

表 2-15　塑料门窗安装工程施工质量验收标准

项　　目	内　　容
主控项目	(1)塑料门窗的品种、类型、规格、尺寸、开启方向、安装位置、连接方式及填嵌密封处理应符合设计要求，内衬增强型钢的壁厚及设置应符合国家现行产品标准的质量要求。 检验方法：观察；尺量检查；检查产品合格证书、性能检测报告、进场验收记录和复验报告；检查隐蔽工程验收记录。 (2)塑料门窗框、副框和扇的安装必须牢固。固定片或膨胀螺栓的数量与位置应正确，连接方式应符合设计要求。固定点应距窗角、中横框、中竖框 150～200 mm，固定点间距应不大于 600 mm。 检验方法：观察；手扳检查；检查隐蔽工程验收记录。 (3)塑料门窗拼樘料内衬增强型钢的规格、壁厚必须符合设计要求，型钢应与型材内腔紧密吻合，其两端必须与洞口固定牢固。窗框必须与拼樘料连接紧密，固定点间距应不大于 600 mm。 检验方法：观察；手扳检查；尺量检查；检查进场验收记录。 (4)塑料门窗扇应开关灵活、关闭严密，无倒翘。推拉门窗扇必须有防脱落措施。 检验方法：观察；开启和关闭检查；手扳检查。

续上表

项　　目	内　　容
主控项目	(5)塑料门窗配件的型号、规格、数量应符合设计要求，安装应牢固，位置应正确，功能应满足使用要求。 检验方法：观察；手扳检查；尺量检查。 (6)塑料门窗框与墙体间缝隙应采用闭孔弹性材料填嵌饱满，表面应采用密封胶密封。密封胶应黏结牢固，表面应光滑、顺直、无裂纹。 检验方法：观察；检查隐蔽工程验收记录
一般项目	(1)塑料门窗表面应洁净、平整、光滑，大面应无划痕、碰伤。 检验方法：观察。 (2)塑料门窗扇的密封条不得脱槽。旋转窗间隙应基本均匀。 (3)塑料门窗扇的开关力应符合下列规定。 1)平开门窗扇平铰链的开关力应不大于80 N；滑撑铰链的开关力应不大于 80 N，并不小于 30 N。 2)推拉门窗扇的开关力应不大于 100 N。 检验方法：观察；用弹簧秤检查。 (4)玻璃密封条与玻璃及玻璃槽口的接缝应平整，不得卷边、脱槽。 检验方法：观察。 (5)排水孔应畅通，位置和数量应符合设计要求。 检验方法：观察。 (6)塑料门窗安装的允许偏差和检验方法应符合表 2-16 的规定

表 2-16　塑料门窗安装的允许偏差和检验方法

项　　目		允许偏差(mm)	检验方法
门窗槽口宽度、高度	≤1 500 mm	2	用钢尺检查
	＞1 500 mm	3	
门窗槽口对角线长度差	≤2 000 mm	3	用钢尺检查
	＞2 000 mm	5	
门窗框的正、侧面垂直度		3	用 1 m 垂直检测尺检查
门窗框的水平度		3	用 1 m 水平尺和塞尺检查
门窗横框标高		5	用钢尺检查
门窗竖向偏离中心		5	用钢尺检查
双层门窗内外框间距		4	用钢尺检查
同樘平开门窗相邻扇高度差		2	用钢尺检查
平开门窗铰链部位配合间隙		+2 −1	用钢尺检查
推拉门窗与框搭接量		+1.5 −2.5	用钢尺检查
推拉门窗与竖框平行度		2	用钢尺检查

(2)塑料门窗安装工程施工质量控制要求见表2-17。

表2-17 塑料门窗安装工程施工质量控制要求

项　目	内　容
五金配件安装	门窗安装五金配件时,应钻孔后用自攻螺钉拧入,不得直接锤击钉入
门窗安装	(1)门窗框、副框和扇的安装必须牢固。固定片或膨胀螺栓的数量与位置应正确,连接方式应符合相关规范要求。 (2)安装组合窗时应将两窗框与拼樘料卡接,卡接后应用紧固件双向拧紧,其间距应小于或等于600 mm,紧固件端头及拼樘料与窗框间的缝隙应用嵌缝膏进行密封处理。拼樘料型钢两端必须与洞口固定牢固。 (3)门窗框与墙体间缝隙不得用水泥砂浆填塞,应采用弹性材料填嵌饱满,表面应用密封胶密封

二、标准的施工方法

1.固定窗框

固定窗框的方法见表2-18。

表2-18 固定窗框的方法

项　目		内　容
固定方法	直接固定法	即木砖固定法。窗洞施工时预先埋入防腐木砖,将塑料窗框送入洞口定位后,用木螺钉穿过窗框异型材与木砖连接,从而把窗框与基体固定。对于小型塑料窗,也可采用在基体上钻孔,塞入尼龙胀管的方法,即用螺钉将窗框与基体连接
	连接件固定法	在塑料窗异型材的窗框靠墙一侧的凹槽内或凸出部位,事先安装"之"字形铁件做连接件。塑料窗放入窗洞并调整对中后,再用木楔临时稳固定位,然后将连接铁件的伸出端用射钉或胀铆螺栓固定于洞壁基体
	假框法	先在窗洞口内安装一个与塑料窗框相配的"冂"形镀锌铁皮金属框,然后将塑料窗框固定其上,最后以盖缝条对接及边缘部分进行遮盖和装饰。或者是当旧木窗改为塑料窗时,把旧窗框保留,待抹灰饰面完成后立即将塑料窗框固定其上,最后加盖封口。此做法的优点是可以较好地避免其他施工对塑料窗框的损伤,并能提高塑料窗安装效率,如图2-2所示
连接点位置的确定		在确定塑料窗框与墙体之间的连接点的位置和数量时,应主要从力的传递和PVC窗的伸缩变形两个方面来考虑,连接点的位置应能使窗扇通过铰链而作用于窗框的力尽可能直接地传递给墙体。连接点的数量,由于目前多采用离散固定的方法,因此,必须要有足够多的固定点,以避免塑料窗在温度、应力、风压及其他静载的作用下产生变形。并且,连接点的位置和数量还必须适应PVC变形较大的特点(线膨胀系数5×10^{-3} m/(m·℃),冬夏最大伸缩量一般为1.7 mm/m),以保证在塑料窗与墙体之间的微小位移不会影响到窗户的性能及连接本身。在具体布置连接点时,首先应保证在与铰链水平的位置上设连接点。并应注意,相邻两连接点之间的距离不应≥700 mm。此外,在转角、直档及有搭钩处的间距应更小一些。为

续上表

项　　目	内　　容
连接点位置的确定	了适应型材的线性膨胀,一般不允许在有横档或竖梃的地方设框墙连接点,相邻的连接点应该在距其 150 mm 处。根据上述原则,即可确定连接点的位置和数量,框墙连接点的布置如图 2-3 所示

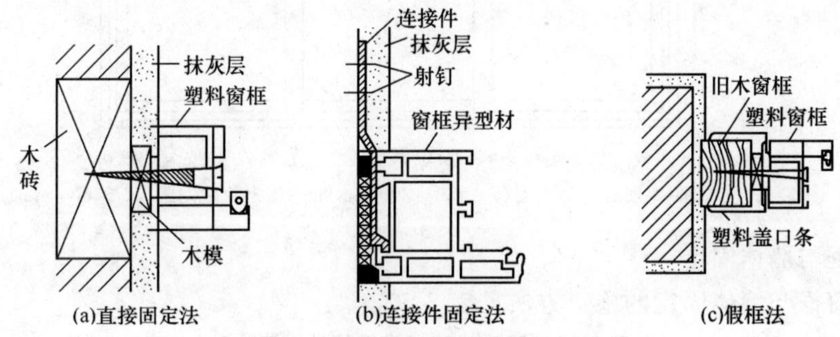

图 2-2　塑料窗框与墙体的连接固定

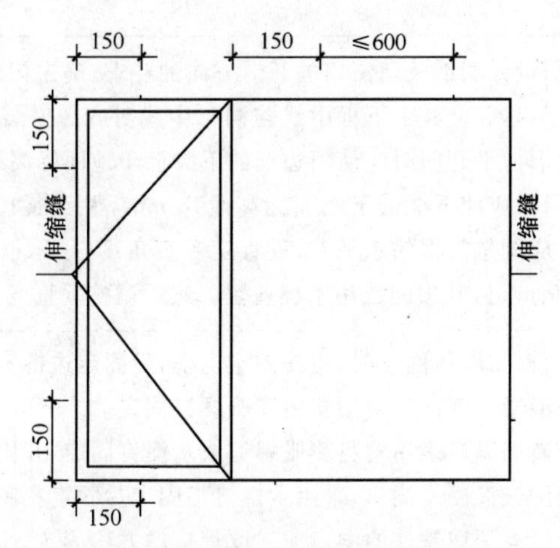

图 2-3　框墙连接点的布置(单位:mm)

2. 安装固定片

塑料门窗固定片的安装方法见表 2-19。

表 2-19　塑料门窗固定片的安装方法

项　　目	内　　容
固定片安装	检查门窗框上下边的位置及其内外朝向,并确认无误后,再安固定片。安装时应先采用直径为 $\phi 3.2$ 的钻头钻孔,然后将十字槽盘头自攻 M4×20 mm螺钉拧入,严禁直接锤击钉入
固定片位置的确定	固定片的位置应距门窗角、中竖框、中横框 150～200 mm,固定片之间的间距应不大于600 mm。不得将固定片直接装在中横框、中竖框的挡头上,如图 2-4所示

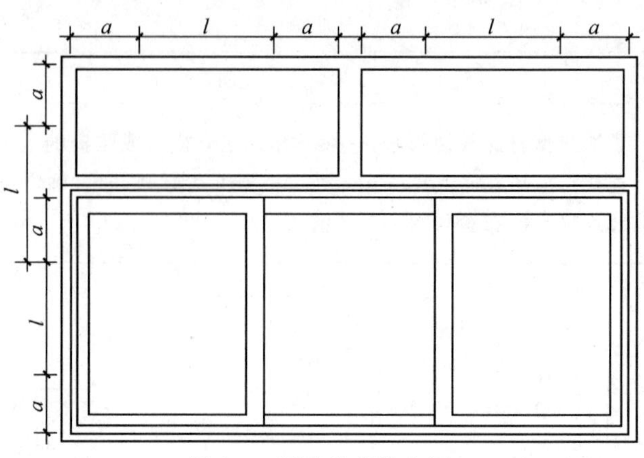

图 2-4 固定片安装位置

a—端头(或中框)距固定片的距离(a=150～200 mm);l—固定片之间距离(l≤600 mm)

3.门窗框与墙体固定

塑料门窗框与墙体固定的施工方法见表 2-20。

表 2-20 塑料门窗框与墙体的固定方法

项目	内容
安装位置确定	根据设计图纸及门窗扇的开启方向的要求,确定门窗框的安装位置,并把门窗框装入洞口,并使其上下框中线与洞口中线对齐。安装时应采取防止门窗变形的措施,无下框平开门时应使两边框的下脚低于地面标高线 30 mm,带下框的平开门或推拉门时应使下框低于地面标高线10 mm,然后将上框的一个固定片固定在墙体上,并应调整门框的水平度、垂直度和直角度,用木楔做临时固定。当下框长度大于 0.9 m 时,其中间也用木楔塞紧。然后调整垂直度、水平度及直角度。
门窗与墙体固定	当门窗与墙体固定时,应先固定上框,后固定边框。固定方法如下: (1)混凝土墙洞口采用塑料膨胀螺钉固定。 (2)砖墙洞口采用塑料膨胀螺钉或水泥钉固定,并固定在胶黏圆木上。 (3)加气混凝土洞口,采用木螺钉将固定片固定在胶黏圆木上。 (4)设有预埋铁件的洞口应采取焊接的方法固定,也可先在预埋件上按拧紧固件规格打基孔,然后用紧固件固定。 (5)设有防腐木砖的墙面,采用木螺钉把固定片固定在防腐木砖上。 (6)窗下框与墙体的固定可将固定片直接伸入墙体预留孔内,并用砂浆填实。 塑料门窗拼樘料内补加强型钢,其规格必须符合设计要求。拼樘料与墙体连接时,其两端必须与洞口固定牢固

塑料门窗扇变形

质量问题表现

门窗框变形后与洞口边的缝隙变得大小不均,影响门窗框的固定,门窗扇变形后

质量问题

无法装玻璃，无法保证门窗的正常使用。

质量问题原因

(1)门窗本身有变形，未进行严格检验。

(2)安装螺丝有松有紧。

(3)门窗框四周用了水泥浆填塞。

(4)安装好后，受了很大的外力。

质量问题预防

(1)门窗框经检验合格进场，应放在托架上运输、起吊。不得将抬杠穿入框内抬运。

(2)门窗框与预留洞口之间的缝隙应用轻质保温材封堵，不能过猛用力填塞，防止产生变形。

(3)安装门窗框扇后应注意成品保护，不可用作脚手架支点，也不可用来作上下外架子的施工通道，防止损坏。

质量问题

塑料门窗固定方法不当

质量问题表现

(1)塑料门窗框与洞口墙体固定时，用钉子直接钉入墙体内固定，长时间使用后钉子发生锈蚀、松动，使连接受到损坏。

(2)门窗四周未填软质材料，框边未注密封胶。塑料门窗是用热塑性塑料型材制作，如果门窗四周未填软质材料，框边未注密封胶，将导致塑料门窗受热膨胀时挤压变形，影响门窗开启，受冷收缩时门窗框与水泥砂浆间出现缝隙，降低门窗的气密性、水密性和隔声性能。

质量问题原因

(1)未认真领会图纸、规范和施工工艺标准。

(2)施工技术交底不清。

(3)门框固定顺序不正确。

(4)塑料门窗同混凝土洞口墙体固定时，用钉子将固定片直接钉入墙体内固定。

(5)固定片安装位置不正确。

(6)软质材料填塞过满，导致无法涂密封胶。

质量问题

质量问题预防

(1)当塑料门窗同洞口墙体固定时,先固定上框后固定边框。

(2)塑料门窗框同混凝土洞口墙体固定时,可采用射钉或塑料膨胀螺钉固定;用在砖砌或轻质隔墙洞口墙体时,应在砌筑时预先埋入预制混凝土块,然后再用塑料膨胀螺钉或射钉固定,不得用钉子将固定片直接钉入墙体内固定。

(3)固定片安装位置距门窗框角、中横框、中竖框 150～200 mm,固定片之间的距离应不大于 600 mm,如图 2-4 所示。

(4)塑料门窗框与洞口墙体间缝隙应采用闭孔泡沫塑料、发泡聚苯乙烯等弹性材料分层填塞严密,但不宜过紧。

(5)对于保温、隔声性能等级要求较高的工程,应采用相应的隔热、隔声材料填塞。

(6)在粉刷门窗套时,门窗框外侧应镶贴 5 mm×8 mm 木条,粉刷灰浆凝固后取出木条形成凹槽,待干燥清理凹槽浮灰、垃圾后,凹槽内涂刷基层处理剂并嵌填防水密封胶,要填嵌饱满、密实,表面压光、洁净。

4. 嵌缝密封

塑料门窗框嵌缝密封施工方法见表 2-21。

表 2-21　嵌缝密封施工方法

项　目	内　　容
密封处理	应将门窗框或两窗框与拼樘料卡接,并用紧固件双向扣紧,其间距不大于 600 mm;紧固件端头及拼樘料与窗框之间缝隙用嵌缝油膏密封处理
嵌缝	(1)门窗框与洞口之间的伸缩缝内腔应采用闭孔泡沫塑料、发泡聚苯乙烯等弹性材料分层填塞。之后去掉临时固定用的木楔,其空隙用相同材料填塞。 (2)门窗洞内外侧与门窗框之间缝隙的处理如下。 1)普通单玻璃窗、门:洞口内外侧与门窗框之间用水泥砂浆或麻刀白灰浆填实抹平;靠近铰链一侧,灰浆压住门、窗框的厚度以不影响扇的开启为限,待水泥砂浆或麻刀灰浆硬化后,外侧用嵌缝膏进行密封处理。 2)保温、隔声门窗:洞口内侧与窗框之间用水泥砂浆或麻刀白灰浆填实抹平;当外侧抹灰时,应用片材将抹灰层与门、窗框临时隔开,其厚度为 5 mm,抹灰层应超出门、窗框,其厚度以不影响扇的开启为限。待外抹灰层硬化后,撤去片材,将嵌缝膏挤入抹灰层与门窗框缝隙内

5.玻璃与门、窗扇安装

玻璃与门、窗扇的安装方法见表2-22。

表2-22　玻璃与门、窗扇安装方法

项　目	内　容
门、窗扇安装	(1)平开门、窗。应先剔好框上的铰链槽,再将门、窗扇装入框中,调整扇与框的配合位置,并用铰链将其固定,然后复查开关是否灵活自如。 (2)推拉门、窗。由于推拉门、窗扇与框不连接,因此对可拆卸的推拉扇,应先安装好玻璃后再安装门、窗扇。 (3)对出厂时框、扇连在一起的平开塑料门、窗,可将其直接安装,然后再检查开闭是否灵活自如,如发现问题,则应进行必要的调整
玻璃安装	(1)玻璃不得与玻璃槽直接接触,应在玻璃四边垫上不同厚度的玻璃垫块(图2-5)。边框上的垫块应用聚氯乙烯胶加以固定。 (2)将玻璃装进框扇内,然后用玻璃压条将其固定。 (3)安装双层玻璃时,玻璃夹层四周应嵌入隔条,中隔条应保证密封,不变形、不脱落;玻璃槽及玻璃内表面应干燥、清洁。 (4)镀膜玻璃应装在玻璃的最外层;单面镀膜层应朝向室内

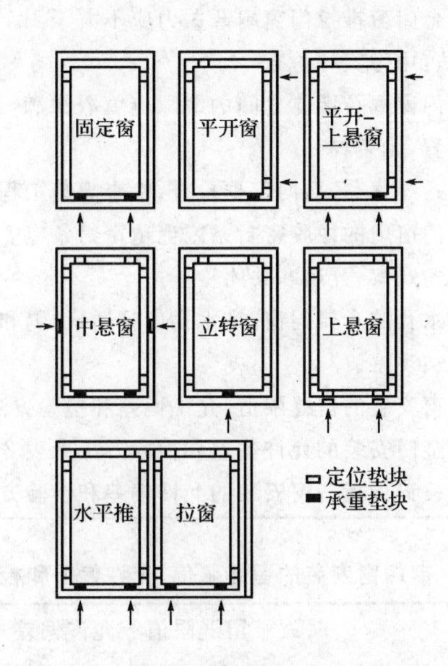

图2-5　承重垫块和定位垫块的布置

第三节　金属门窗安装工程施工

一、施工质量验收标准及施工质量控制要求

(1)金属门窗安装工程施工质量验收标准见表2-23。

表 2-23　金属门窗安装工程施工质量验收标准

项　目	内　容
主控项目	(1)金属门窗的品种、类型、规格、尺寸、性能、开启方向、安装位置、连接方式及铝合金门窗的型材壁厚应符合设计要求。金属门窗的防腐处理及填嵌、密封处理应符合设计要求。 检验方法:观察;尺量检查;检查产品合格证书、性能检测报告、进场验收记录和复验报告;检查隐蔽工程验收记录。 (2)金属门窗框和副框的安装必须牢固。预埋件的数量、位置、埋设方式、与框的连接方式必须符合设计要求。 检验方法:手扳检查;检查隐蔽工程验收记录。 (3)金属门窗扇必须安装牢固,并应开关灵活、关闭严密,无倒翘。推拉门窗扇必须有防脱落措施。 检验方法:观察;开启和关闭检查;手扳检查。 (4)金属门窗配件的型号、规格、数量应符合设计要求,安装应牢固,位置应正确,功能应满足使用要求。 检验方法:观察;开启和关闭检查;手扳检查
一般项目	(1)金属门窗表面应洁净、平整、光滑、色泽一致,无锈蚀。大面应无划痕、碰伤。漆膜或保护层应连续。 检验方法:观察。 (2)铝合金门窗推拉门窗扇开关力应不大于 100 N。 检验方法:用弹簧秤检查。 (3)金属门窗框与墙体之间的缝隙应填嵌饱满,并采用密封胶密封。密封胶表面应光滑、顺直,无裂纹。 检验方法:观察;轻敲门窗框检查;检查隐蔽工程验收记录。 (4)金属门窗扇的橡胶密封条或毛毡密封条应安装完好,不得脱槽。 检验方法:观察;开启和关闭检查。 (5)有排水孔的金属门窗,排水孔应畅通,位置和数量应符合设计要求。 检验方法:观察。 (6)钢门窗安装的留缝限值、允许偏差和检验方法见表 2-24。 (7)铝合金门安装的允许偏差和检验方法见表 2-25。 (8)涂色镀锌钢板门窗安装的允许偏差和检验方法见表 2-26

表 2-24　钢门窗安装的留缝限值、允许偏差和检验方法

项　目		留缝限值(mm)	允许偏差(mm)	检验方法
门窗槽口宽度、高度	≤1 500 mm	—	2.5	用钢尺检查
	>1 500 mm	—	3.5	
门窗槽口对角线长度差	≤2 000 mm	—	5	
	>2 000 mm	—	6	
门窗框的正、侧面垂直度		—	3	用 1 m 垂直检测尺检查

续上表

项　　目	留缝限值(mm)	允许偏差(mm)	检验方法
门窗框的水平度	—	3	用 1 m 水平尺和塞尺检查
门窗横框标高	—	5	用钢尺检查
门窗竖向偏离中心	—	4	用钢尺检查
双层门窗内外框间距	—	5	用钢尺检查
门窗框、扇配合间隙	≤2	—	用塞尺检查
无下框时门扇与地面间留缝	4～8	—	用塞尺检查

表 2-25　铝合金门安装的允许偏差和检验方法

项　　目		允许偏差(mm)	检验方法
门窗槽口宽度、高度	≤1 500 mm	1.5	用钢尺检查
	＞1 500 mm	2	
门窗槽口对角线长度差	≤2 000 mm	3	
	＞2 000 mm	4	
门窗框的正、侧面垂直度		2.5	用 1 m 垂直检测尺检查
门窗框的水平度		2	用 1 m 水平尺和塞尺检查
门窗横框标高		5	用钢尺检查
门窗竖向偏离中心		5	用钢尺检查
双层门窗内外框间距		4	用钢尺检查
推拉门窗扇与框搭接量		1.5	用钢直尺检查

表 2-26　涂色镀锌钢板门窗安装的允许偏差和检验方法

项　　目		允许偏差(mm)	检验方法
门窗槽口宽度、高度	≤1 500 mm	2	用钢尺检查
	＞1 500 mm	3	
门窗槽口对角线长度差	≤2 000 mm	4	
	＞2 000 mm	5	
门窗框的正、侧面垂直度		3	用垂直检测尺检查
门窗横框的水平度		3	用 1 m 水平尺和塞尺检查

续上表

项　　目	允许偏差(mm)	检验方法
门窗横框标高	5	用钢尺检查
门窗竖向偏离中心	5	用钢尺检查
双层门窗内外框间距	4	用钢尺检查
推拉门窗扇与框搭接量	2	用钢直尺检查

(2)金属门窗安装工程施工质量控制要求见表2-27。

表2-27　金属门窗安装工程施工质量控制要求

项　　目	内　　容
钢门窗安装	(1)安装前应按设计要求核对钢门窗的规格、型号、形式及开启方向、开启形式等,均应符合设计要求。并观察检查钢门窗质量,发现有变形、损坏的,应先校正、整型。 (2)钢门窗附件安装,必须在墙面、顶棚等抹灰完成后,并在安装玻璃之前进行,以避免附件的污染、损坏。 (3)钢门窗安装的位置、开启方向等必须符合设计要求,安装时应根据主体工程的标高控制线、墙中心线、上下层窗口垂直控制线确定和校正钢门窗的标高、位置。进行室内外抹灰前,应按灰饼再校正一次门窗,以确保钢门窗与外墙面的进出尺寸一致。 (4)钢门窗安装必须按设计要求将钢门窗的铁脚、拼樘料等铁件牢固地埋入混凝土及砖墙内,并应做好隐蔽记录。 (5)钢门窗框与墙体间缝用1∶(2.5～3)水泥砂浆四周填嵌密实,防止周围渗水,不得采用石灰砂浆或混合砂浆填嵌,拼樘料(拼管、拼铁)与钢门窗框的拼合处,应满填油灰,以防止拼缝处渗水。 (6)钢门窗附件安装前,应检查钢门窗扇质量,对附件安装有影响的应先校正,然后再安装附件。附件安装必须齐全、位置正确,安装牢固、启闭灵活
铝合金门窗安装	(1)安装的位置、开启方向及标高应符合设计要求。在安装前,对标高、预留窗洞口的基准线要进行复核,以确保安装位置的正确。 (2)铝合金门窗与墙体等主体结构连接固定的方法应按设计要求。框与墙体等的固定,一般采用不锈钢或经防腐处理的铁件连接,严禁用电焊直接与框焊接。框安装后,必须在抹灰或装饰工作前,对安装的牢固程度,预埋件的数量、位置、埋设连接方法和防腐处理等进行检查,并做好隐蔽记录。 (3)附件安装应待抹灰工作完成后进行,以避免污染、损坏。 (4)框与墙体间缝填嵌的材料应符合设计要求,并应填嵌饱满密实,表面应平整、光滑、无裂缝。如设计未明确规定时,宜在外表面留5～8 mm深槽口填嵌嵌缝油膏,以避免框边收缩而产生缝隙,导致渗水。嵌缝油膏的表面应平整、光滑。 (5)铝合金门窗的安装可以在墙体饰面装饰前进行,但是要注意铝合金型材表面的保护,除了靠墙面以外,一般都贴有保护性胶纸。窗扇的安装则要在其他工程完工之后进行,安装时要考虑窗贴脸、滴水坡板与窗框的连接,这些附件都应在室内、室外装饰面层施工前或同时进行。

续上表

项　　目	内　　容
铝合金门窗安装	(6)铝合金门窗安装后要平整、方正,在安装的过程中应使用吊线或角尺检测,尤其是在填塞门窗口缝之前,应重点检查门窗框的各向垂直度,待各口缝的塞灰具有一定的强度之后再拔去木楔和固定物。对于污染铝合金表面的灰浆与污物要及时擦去
涂色镀锌钢板门窗安装	(1)涂色镀锌钢板门窗及其附件质量必须符合设计要求,必须符合国家和行业标准的规定,应检查其出厂合格证及产品验收凭证。 (2)对于带副框或不带副框门窗类型品种、安装位置和开启方向,必须符合设计要求。 (3)要在塞缝前通过观察和手扳检查门窗安装是否牢固;预埋件的数量、位置、埋设连接方法等必须符合设计要求

二、标准的施工方法

1. 钢门窗安装

钢门窗安装方法见表 2-28。

表 2-28　钢门窗安装方法

项　　目	内　　容
弹控制线	钢门窗安装前,应在距地面、楼面 500 mm 高的墙面上弹一条水平控制线;再按门窗的安装标高、尺寸和开启方向,在墙体预留洞口四周弹出门窗落位线。如为双层钢窗,钢窗之间的距离应符合设计规定或生产厂家的产品要求,如设计无具体规定,两窗扇之间的净距应不小于 100 mm
立钢门窗及校正	将钢门窗塞入洞口内,用对拔木楔(或称木榫)做临时固定。木楔固定钢门窗的位置,应设置于门窗四角和框梃端部(图 2-6),否则容易产生变形。此后即用水平尺、吊线锤及对角线尺量等方法,校正门窗框的水平与垂直度,同时调整木楔,使门窗达到横平竖直、高低一致。待同一墙面相邻的门窗就位固定后,再拉水平通线找齐;上下层窗框吊线应找垂直,以做到左右通平、上下层顺直
门窗框固定	钢门窗框的固定方法在实际工程中多有不同,最常用的一种做法是采用3 mm×(12～18) mm×(100～150) mm 的扁钢铁脚,其一端与预埋铁件焊牢,或是用细石混凝土或水泥砂浆埋入墙内,另一端用螺钉与门窗框拧紧。此外,也有的用一端带有倒刺形状的圆铁埋入墙内,另一端用装有母螺钉圆头螺钉将门窗框旋牢。 还有一种做法是先把门窗以对拔木楔临时固定于洞口内,再用电钻(钻头 ϕ5.5)通过门窗框上的 ϕ7 孔眼在墙体上钻 ϕ5.6～ϕ5.8 的孔,孔深约为 35 mm,把预制的 ϕ6 钢钉强行打入孔内挤紧,固定钢门窗后拔除木楔并在周边抹灰(洞口尺寸与钢门窗边距应小于 3 mm,木楔应先拆两侧后拔除上下,但在灰缝和镶砖处不能采用此法,不允许先立樘后进行砌筑或浇筑)。 无论采用何种做法固定钢门窗框,均应注意以下问题。 (1)必须认真检查其平整度和对角线,务必保证平整方正,否则会给安装带来困难。 (2)严格查对钢门窗的上、下冒头及扇的开启方向,以避免装配时发生错误。

续上表

项　　目	内　　容
门窗框固定	(3)钢门窗的连接件、配件应预先核查配套,否则会影响安装速度和工程质量。 当采用铁脚固定钢门窗时,铁脚埋设洞必须用 1∶2 水泥砂浆或细石混凝土填塞严实,并注意浇水养护。待填洞材料达一定强度后,再用水泥砂浆嵌实门窗框四周的缝隙,砂浆凝固后取出木楔并再次堵嵌水泥砂浆,水泥砂浆凝固前,不得在门窗上进行任何作业
安装五金配件	(1)钢门窗五金配件的选用要求。实腹钢门、钢窗与空腹钢门、钢窗的五金配件各有不同要求,具体见表 2-29～表 2-32。 (2)检查窗扇开启是否灵活,关闭是否严密,如有问题必须调整后再安装。 (3)在开关零件的螺孔处配置合适的螺钉,将螺钉拧紧。当拧不进去时,检查孔内是否有多余物。若有,将其剔除后再拧紧螺钉。当螺钉与螺孔位置不吻合时,可略挪动位置,重新螺纹后再安装。 (4)钢门锁的安装按说明书及施工图要求进行,安好后锁应开关灵活
安装橡胶密封条	氯丁海绵橡胶密封条是通过胶带贴在门窗框的大面内侧。胶条有两种,一种是 K 型,适用于 25A 空腹钢门窗;另一种是 S 型,适应于 32 mm 实腹钢门窗的密闭,胶带是由细纱布双面涂胶,并用聚乙烯薄膜做隔离层。粘贴时,首先将胶带粘贴于门窗框大面内侧,然后剥除隔离层,再将密封条粘贴在胶带上
安装纱门窗	先对纱门和纱窗扇进行检查,如有变形应及时校正,高、宽大于 1 400 mm 的纱扇,在装纱前要将纱扇中部用木条做临时支撑,以防扇纱凹陷影响使用。在检查压纱条和纱扇配套设施后,应将纱裁割得比实际尺寸长出 50 mm,即可以绷纱。绷纱时先用机螺钉拧入上下压纱条再装两侧压纱条,切除多余纱头,再将机螺钉的螺纹剔平并用钢板锉锉平,待纱门窗扇装纱完成后,于交工前再将纱门窗扇安装在钢门窗框上。最后,在纱门上安装护纱条和拉手

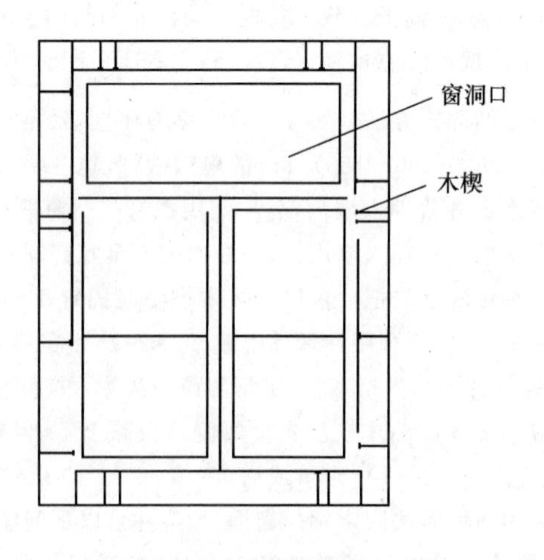

图 2-6　木楔的位置

表 2-29　实腹钢门部分五金零件选用表

分类	代号	名称	规格(mm)	适用窗料	应用范围	附注
铁质零件	221	纱门拉手	100	32	用于内开纱门	(1)铁质零件表面镀锌后钝化处理。 (2)409插销拉手仅用于一般民用宿舍阳台门，不配门锁的钢门
	347	门风钩	184	32、40	用于外开阳台门	
	407	暗插销	375	32、40	用于双开扇的门	
	409	插销拉手	120	32、40	用于单户阳台或不配门锁的钢门	
钢质零件	116	平页合页	90	40	用于特殊要求的钢门	钢门弹子锁32料钢门配9471或9422，40料钢门配9477或9478
	118	长页合页	90	40	—	
	222	纱门拉手	100	32	用于内开纱门	
	408	暗插销	375	32、40	用于双开扇的门	
	420A～423B	弹子门锁	—	32、40	—	

表 2-30　实腹钢窗部分五金零件选用表

分类	代号	名称	规格(mm)	适用窗料	应用范围	附注
铁质零件	201A 202A	左执手 右执手	—	25、32	外开启平开窗	(1)铁质零件表面镀锌后钝化处理。 (2)330、332双臂外撑和336双臂内撑用的5 mm×16 mm撑杆和滑动杆，采用冷拉扁钢加工。 (3)330、332双臂外撑仅用于双层窗的外层向外开启的平开窗。 (4)201B斜形轧头由制造厂铆在窗上出厂
	201B 202B	左执手 右执手	—	25、32	内开启的双扇或单扇平开窗	
	201C 202C	左执手 右执手	—	25、32	内开启的带固定的平开窗	
	301	上套眼撑	255	25、32	上悬窗	
	302	下套眼撑	235～255	25、32	用平页合页或角型合页的外开启平开窗	
	330	双臂外撑	240	25、32	用平页合页的外开启平开窗	
	332	双臂外撑	280	25、32	用角型合页的外开启平开窗	
	336	双臂内撑	240	25、32	用平页合页的内开启平开窗	
	205A 206A	左执手 右执手	—	32、40	外开启平开窗	
	205B 206B	左执手 右执手	—	32、40	内开启的双扇或单扇平开窗	
	205C 206C	左执手 右执手	—	32、40	内开启的带固定平开窗	

续上表

分类	代号	名称	规格(mm)	适用窗料	应用范围	附注
钢质零件	209A 210A	联动左执手 联动右执手	—	32、40	窗扇高度在1 500 mm以上的外开启平开窗	(1)铜质零件表面需打砂抛光,装配后涂特种淡金水一层以免变色;铁质附件表面镀锌钝化处理。 (2)330、331、332、333双臂外撑,适用双层窗的外层向外开启窗。 (3)铜质零件亦可用925锌合金代用,表面镀铜、镍、铬抛光或做墨色
	209B 210B	联动左执手 联动右执手	—	32、40	窗扇高度在1 500 mm以上的双扇或单扇内开启平开窗	
	209C 210C	联动左执手 联动右执手	—	32、40	窗扇高度在1 500 mm以上的带固定的内开启平开窗	
	306	上套眼撑	255	32、40	上悬窗	
	307	下套眼撑	235～255	32、40	用平页合页或角型合页的外开启平开窗	
	330	双臂外撑	240	32	用平页合页的外开启平开窗	
	331	双臂外撑	260	40	用平页合页的外开启平开窗	
	332	双臂外撑	280	32	用角型合页的外开启平开窗	
	333	双臂外撑	310	40	用角型合页的外开启平开窗	
	336	双臂外撑	240	32、40	用平页合页的内开启平开窗	

表 2-31　空腹钢门部分五金零件选用表

分类	代号	名称	规格(mm)	应用范围
铁质零件	ML30—01	平页合页	80	单开,双开,无亮子,带亮子门
	ML31—01	上套眼撑	255	单双,双开,带亮子上悬窗门
	ML30—02	下悬窗左合页	42	单开,双开,带亮子下悬窗门
	ML30	下悬窗右合页	42	单开,双开,带亮子下悬窗门
	—	下悬窗左连杆	240	单开,双开,带亮子下悬窗门
	02 右	下悬窗右连杆	240	单开,双开,带亮子下悬窗门
	ML32	蝴蝶插销	—	单开,双开,带亮子下悬窗门
	—	暗插销	500	双开,无亮子门
	01 左	暗插销	300	双开,无亮子,带亮子上、下悬固定窗门
	ML32			单开,双开钢门
	01 右	单头插芯门锁	—	单开,双开钢纱门
	ML33—01	纱门拉手	—	单开,双开钢门纱门
	ML36—02	纱门弹簧合页	46～52	

表 2-32　空腹钢窗部分五金零件选用表

分类	名称	规格(mm)	适用范围
铁质零件	圆心合页	57	用于中悬扇、中悬平开扇
	平页合页	57	用于中悬平开扇、平开扇、平开扇带腰窗扇
	角型(或长页)	44	用于中悬平开扇、平开扇带腰窗扇
	合页	260	用于平开扇带腰窗扇
	套栓上撑档	235～260	用于中悬平开扇、平开带腰窗扇
	套栓下撑档	—	用于中悬平开扇、平开带腰窗扇
	外开执手	—	用于平开扇、平开带腰窗扇
	内开执手	50～60	用于中悬扇、中悬平开扇
	蝴蝶插销	52	用于平开扇
	扣窗扣钩	125～100	用于平开扇
	扣窗上撑档	260	用于平开扇
	扣窗下撑档(左)	240	用于平开扇
	扣窗下撑档(右)	240	用于平开扇

质量问题

钢门窗框不方正、翘曲变形

质量问题表现

钢门窗框变形、开关不灵活，关闭不严密，或者扇与框摩擦和卡碰。

质量问题原因

(1)钢门窗制作质量粗糙，本身翘曲不平。

(2)钢门窗无出厂合格证。

(3)搬运、装卸时不注意保护，造成变形。

(4)施工中不注意保护，造成变形。

质量问题预防

(1)钢门窗应有出厂合格证。安装前必须逐樘进行检查，如有翘曲、变形或脱焊应进行调直校正或补焊后方可安装。

(2)门窗框应放在托架上运输、起吊。不得将抬杠穿入框内抬运。

(3)门窗安装后，严禁在门窗上搭设脚手板或吊挂重物。

(4)施工时若采用门窗洞口作材料运输出入口，门窗框宜后安装，若先安装要做好保护措施。

2. 铝合金门窗安装

铝合金门窗安装方法见表 2-33。

表 2-33 铝合金门窗安装方法

项　　目	内　　容
防腐处理	(1)门窗框四周外表面的防腐处理设计有要求时，应按设计要求处理。如果设计没有要求时，可涂刷防腐涂料或粘贴塑料薄膜进行保护，以免水泥砂浆直接与铝合金门窗表面接触，产生电化学反应，腐蚀铝合金门窗。 (2)安装铝合金门窗时，如果采用连接铁件固定，则连接铁件、固定件等应用金属零件安装，最好用不锈钢件，否则必须进行防腐处理，以免产生电化学反应，腐蚀铝合金门窗
检查门窗洞口和预埋件	铝合金门窗的安装同普通钢门窗、涂色镀锌钢板门窗及塑料门窗的安装一样，必须采用后塞口的方法，严禁边安装边砌口或是先安装后砌口。当设计有预埋铁件时，门窗安装前应复查预留洞口尺寸及预埋件的埋设位置，如与设计不符合应予以纠正。门窗洞口的允许偏差：高度和宽度为 5 mm；对角线长度差为 5 mm；洞下口面水平标高为 5 mm；垂直度偏差不超过 1.5/1 000；洞口的中心线与建筑物基准轴线偏差不大于 5 mm。洞口预埋件的间距必须与门窗框上连接件的位置配套，门窗框上的连接件间距一般为 500 mm，但转角部位的连接件位置距转角边缘应为 100～200 mm。门窗洞口墙体厚度方向的预埋件中心线，如设计无规定时，其位置距内墙面：38～60 系列为 100 mm；90～100 系列为 150 mm
放线	(1)在洞口弹出门、窗位置线，门、窗可以立于墙的中心线部位，也可将门、窗立于内侧，使门、窗框表面与饰面平。不过，将门、窗立于洞口中心线的做法用得较多，因为这样便于室内装饰收口处理。特别是有内窗台板时，这样处理更好。 (2)对于门，除了上面提到的确定位置外，还要特别注意室内地面的标高。地弹簧的表面，应该与室内地面饰面标高一致。 (3)同一立面的门窗的水平及垂直方向应该做到整齐一致。这样，应先检查预留洞口的偏差。对于尺寸偏差较大的部位，应及时提请有关单位，并采取妥善措施处理
铝合金门、窗框安装	(1)按照在洞口上弹出的门、窗位置线，根据设计要求，将门、窗框立于墙的中心线部位或内侧，使门、窗框表面与饰面层相适应。 (2)将铝合金门、窗框临时用木楔固定，待检查立面垂直、左右间隙大小、上下位置一致，均符合要求后，再将镀锌锚板固定在门、窗洞口内。 (3)铝合金门、窗框上的锚固板与墙体的固定方法有射钉固定法、膨胀螺钉固定法以及燕尾铁脚固定法等，如图 2-7 所示。 (4)锚固板是铝合金门、窗框与墙体固定的连接件，锚固板的一端固定在门、窗框的外侧，另一端固定在密实的洞口墙体内。锚固板的形状如图 2-8 所示。 (5)锚固板应固定牢固，不得有松动现象，锚固板的间距不应大于 500 mm。如有条件时，锚固板方向宜在内、外交错布置。 (6)带型窗、大型窗的拼接处，如需增设角钢或槽钢加固，则其上、下部要与预埋钢板焊接，预埋件可按 1 000 mm 间距在洞口内均匀设置。 (7)严禁在铝合金门、窗框上连接地线以进行焊接工作，当固定铁码与洞口预埋件焊接时，门、窗框上要盖上橡胶石棉布，避免焊接时烧伤门窗。

续上表

项　　目	内　　容
铝合金门、窗框安装	(8)铝合金门、窗框与洞口的间隙,应采用矿棉条或玻璃棉毡条分层填塞,缝隙表面留 5～8 mm 深的槽口,填嵌密封材料。在施工中注意不得损坏门窗上面的保护膜;如表面沾上了水泥砂浆,则应随时擦净,以免腐蚀铝合金,影响外表美观。 (9)严禁利用安装完毕的门、窗框搭设和捆绑脚手架,避免损坏门、窗框。 (10)全部竣工后,剥去门、窗框上的保护膜,如有油污、脏物,可用醋酸乙酯擦洗(醋酸乙酯系易燃品,操作时应特别注意防火)
铝合金门、窗扇安装	(1)铝合金门、窗扇的安装应在室内外装修基本完成后进行。 (2)推拉门、窗扇的安装。将配好的门、窗扇分内扇和外扇,先将外扇插入上滑道的外槽内,自然下落于对应的下滑道的外滑道内,然后再用同样的方法安装内扇。 (3)对于可调导向轮的安装。应在门、窗扇安装之后调整导向轮,调节门、窗扇在滑道上的高度并使门、窗扇与边框间平行。 (4)平开门、窗扇的安装。应先把合页按要求位置固定在铝合金门、窗框上,然后将门、窗扇嵌入框内作临时固定,调整合适后,再将门、窗扇固定在合页上,必须保证上、下两个转动部分在同一个轴线上。 (5)地弹簧门扇的安装。应先将地弹簧主机埋设在地面上,并浇筑混凝土使其固定。主机轴应与中横档上的顶轴在同一垂线上,主机表面与地面齐平。待混凝土达到设计强度后,调节上门顶轴,将门扇装上,最后调整门扇间隙及门扇开启速度,如图 2-9 所示

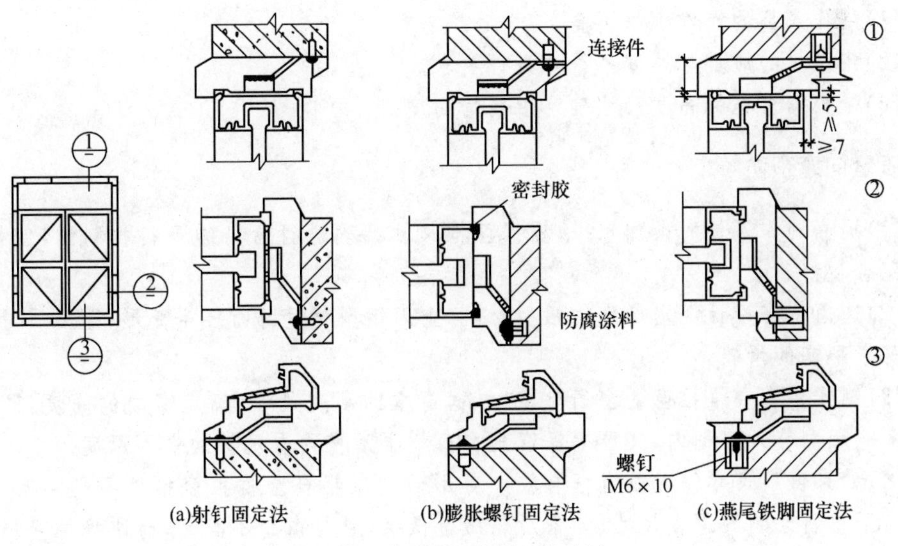

图 2-7　锚固板与墙体固定方法

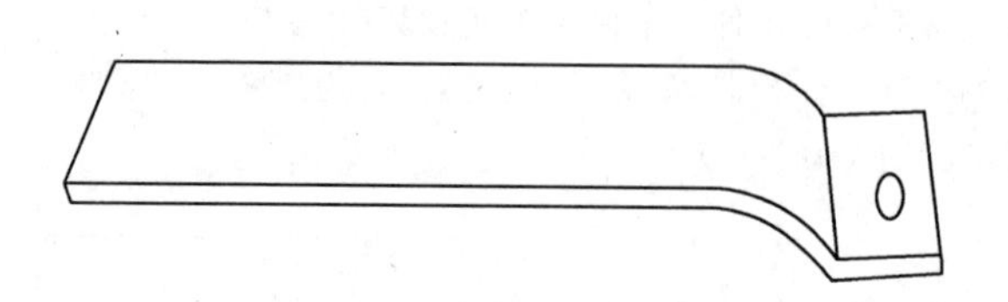

图 2-8 锚固板示意图

(厚度 1.5 mm,长度可根据需要加工)

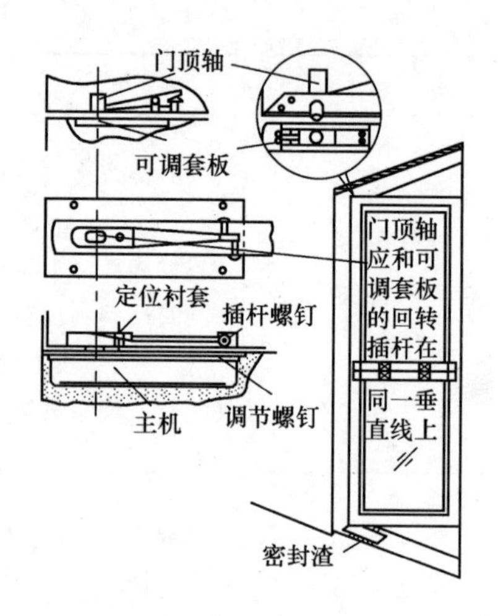

图 2-9 地弹簧门扇安装

质量问题

铝合金窗扇推拉不灵活,窗扇脱轨、坠落

质量问题表现

铝合金推拉窗在使用一段时间后出现推拉不灵活,甚至出现窗扇推拉不动的情况。或造成滑轮脱轨,使铝合金窗扇推拉受阻,甚至出现铝合金窗扇坠落。

质量问题原因

(1)制作人员的操作水平不高。

(2)铝型材的质量与厚度不符合设计要求。

(3)未根据窗框的高度尺寸确定窗扇的高度。

质量问题预防

(1)提高制作人员的操作水平,根据窗框尺寸精确进行窗扇的下料和制作,使框、扇尺寸配合良好。

(2)选用符合设计规定厚度的铝型材,防止因铝型材过薄而产生变形;选用质量优良且与窗扇配套的滑轮。

(3)制作铝合金推拉窗的窗扇时,应根据窗框的高度尺寸,确定窗扇的高度,既要保证窗扇能顺利装入窗框内,又要确保窗扇在窗框上滑槽内有足够的嵌入深度。

(4)如系窗扇尺寸偏大或窗框有较大变形而造成铝合金推拉窗推拉不灵活时,可将窗扇卸下重新改制到适合尺寸;如系滑轮质量低劣,且与窗扇不配套,而使推拉窗扇推拉不动或脱轨时,可将窗扇卸下,换上配套的优质滑轮;如系窗肩太短,插入窗框上滑槽的深度过浅而发生推拉窗扇脱轨、坠落时,可将窗扇卸下后重新改制到适合高度。

3.涂色镀锌钢板门窗安装

涂色镀锌钢板门窗安装方法见表2-34。

表2-34　涂色镀锌钢板门窗安装方法

项　目	内　容
门窗洞口尺寸	涂色镀锌钢板门窗洞口尺寸,除特殊要求者外,一般按300 mm进级,其允许偏差见表2-35
带副框的涂色镀锌钢板门窗安装	(1)按门窗图纸尺寸组装副框,用自攻螺钉将连接件固定在副框上。 (2)将副框装入洞口,用对拔木楔临时定位,调整定位的方法与普通钢门窗相同。 (3)将连接件与洞口两侧的预埋铁件焊接(图2-10)。预埋铁件的埋设位置,距门窗框四角应少于180 mm,其间距应等距离分配。当门窗框尺寸小于1 200 mm时,每侧至少设2个预埋铁件;当门窗框尺寸为1 500～1 800 mm时,每侧至少设3个预埋铁件;当门窗尺寸大于2 100 mm时,每侧设置预埋铁件不应少于4个。当墙内没有预埋铁件时,也可采用射钉或胀铆螺栓按上述预埋铁件的布置原则,将门窗副框连接件与洞口墙体连接。 (4)进行洞口抹灰。抹灰前应对基层进行常规处理,在湿润的基层上用1∶3水泥砂浆抹压平整。窗框副框底部抹平时,要嵌入硬木条或玻璃条(图2-11);副框两侧应预留槽口,待抹灰凝结干燥后注密封膏防水。 (5)门窗洞口抹灰后可进行室内外的其他饰面施工,待洞口处水泥砂浆完全凝结硬化之后,即将门窗成品用自攻螺钉与副框连接固定。安装推拉窗时,应调整好滑块。此时,可用建筑密封膏将洞口与副框、副框与外框、外框与门窗之间的所有安装缝进行填充密封。 (6)揭去门窗型材构件表面的保护膜层,擦净门、窗扇及玻璃
不带副框的涂色镀锌钢板门窗安装	(1)按设计要求进行室内外及门窗洞口的饰面处理。洞口抹灰后的成型尺寸应略大于门窗外框尺寸,其间隙宽度方向为3～5 mm,高度方向为5～8 mm。 (2)在门窗洞口内根据固定点的配置原则确定固定点,按设计要求弹好安装控制线。 (3)根据固定点的位置用冲击电钻钻孔。 (4)将门窗放入洞口安装线的位置上,调整门窗的垂直度、水平度及对角线,合格后用木楔做临时固定,如图2-12所示。 (5)用胀铆螺栓将门窗框与洞口墙体连接固定。为了操作方便,在铆固安装时可暂将门、窗扇卸下,待门、窗框安装牢固后再装上门、窗扇。 (6)用建筑密封膏将门、窗框与墙体之间的所有缝隙加以封闭。 (7)揭去型材表面的保护膜层,擦净门、窗扇及玻璃

表2-35　涂色镀锌钢板门窗允许偏差和检验方法

项　目		允许偏差(mm)	检验方法
门窗槽口宽度、高度	≤1 500 mm	±2	用3 m钢卷尺检查
	＞1 500 mm	±3	
门窗槽口对角线尺寸差	≤2 000 mm	≤3	用3 m钢卷尺检查
	＞2 000 mm	≤4	

续上表

项　　目		允许偏差(mm)	检验方法
门窗框(含框樘料)垂直度	≤1 500 mm	≤2	用 1 m 垂直检测尺检查
	>1 500 mm	≤3	
门窗框(含框樘料)水平度	≤2 000 mm	≤1.5	用 1 m 水平尺和塞尺检查
	>2 000 mm	≤2	
门窗横框标高		≤5	用钢板尺检查
门窗竖向偏离中心		≤4	用钢板尺检查
双层门窗内外框(含拼樘料)中心距		≤4	用线坠、钢板尺检查
推拉门窗扇与框搭接量		2	用钢直尺检查

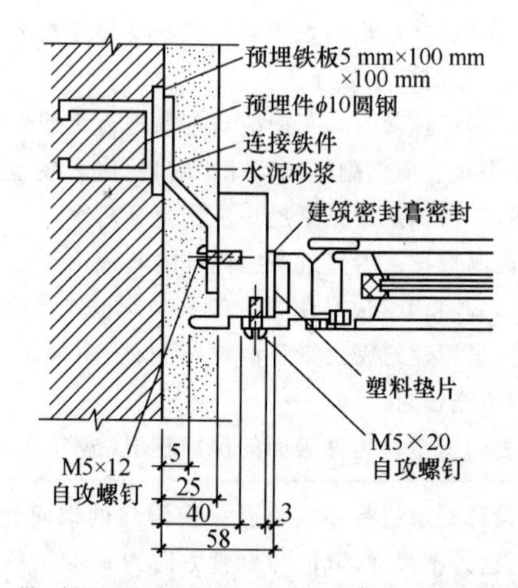

图 2-10　带副框涂色镀锌钢板门窗安装节点图(单位:mm)

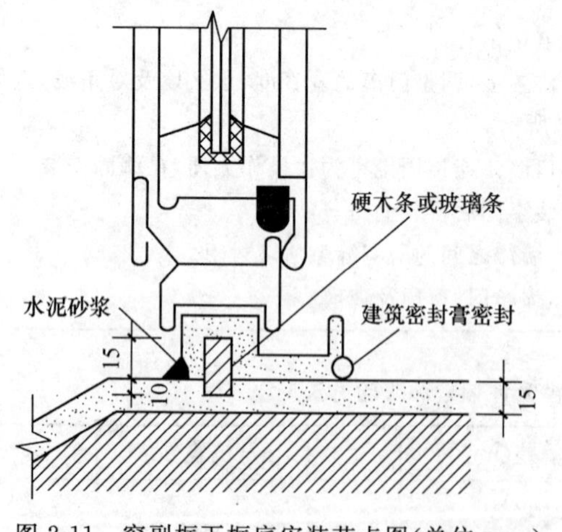

图 2-11　窗副框下框底安装节点图(单位:mm)

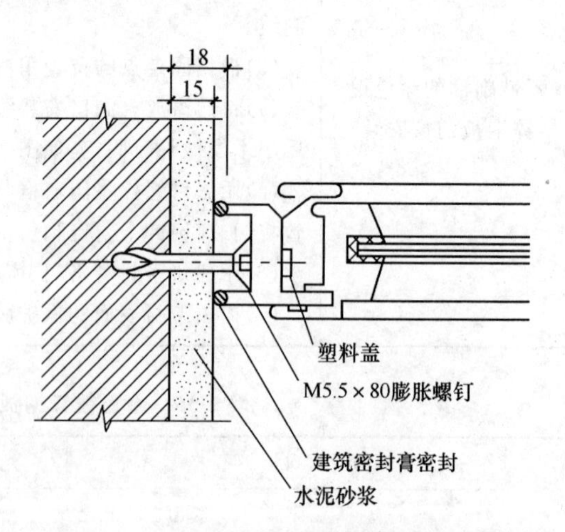

图 2-12　不带副框涂色镀锌钢板门窗安装节点图(单位:mm)

第四节　门窗玻璃安装工程施工

一、施工质量验收标准及施工质量控制要求

(1)门窗玻璃安装工程施工质量验收标准见表 2-36。

表 2-36　门窗玻璃安装工程施工质量验收标准

项　目	内　容
主控项目	(1)玻璃的品种、规格、尺寸、色彩、图案和涂膜朝向应符合设计要求。单块玻璃大于 1.5 m^2 时应使用安全玻璃。 检验方法:观察;检查产品合格证书、性能检测报告和进场验收记录。 (2)门窗玻璃裁割尺寸应正确。安装后的玻璃应牢固,不得有裂纹、损伤和松动。 检验方法:观察;轻敲检查。 (3)玻璃的安装方法应符合设计要求。固定玻璃的钉子或钢丝卡的数量、规格应保证玻璃安装牢固。 检验方法:观察;检查施工记录。 (4)镶钉木压条接触玻璃处,应与裁口边缘平齐。木压条应互相紧密连接,并与裁口边缘紧贴,割角应整齐。 检验方法:观察。 (5)密封条与玻璃、玻璃槽口的接触应紧密、平整。密封胶与玻璃、玻璃槽口的边缘应黏结牢固、接缝平齐。 检验方法:观察。 (6)带密封条的玻璃压条,其密封条必须与玻璃全部贴紧,压条与型材之间应无明显缝隙,压条接缝应不大于 0.5 mm。 检验方法:观察;尺量检查
一般项目	(1)玻璃表面应洁净,不得有腻子、密封胶、涂料等污渍。中空玻璃内外表面均应洁净,玻璃中空层内不得有灰尘和水蒸气。 检验方法:观察。 (2)门窗玻璃不应直接接触型材。单面镀膜玻璃的镀膜层及磨砂玻璃的磨砂面应朝向室内。中空玻璃的单面镀膜玻璃应在最外层,镀膜层应朝向室内。 检验方法:观察。 (3)腻子应填抹饱满、黏结牢固;腻子边缘与裁口应平齐。固定玻璃的卡子不应在腻子表面显露。 检验方法:观察

(2)门窗玻璃安装工程施工质量控制要求见表 2-37。

表 2-37　门窗玻璃安装工程施工质量控制要求

项　目	内　容
玻璃裁割	玻璃宜集中裁割,边缘不得有缺口和斜曲。钢木框、扇玻璃按设计尺寸或实测尺寸,长宽各应缩小一个裁口宽度的 1/4 裁割。铝合金及塑料框、扇玻璃的裁割尺寸应符合现行国家标准对玻璃与玻璃槽之间配合尺寸的规定,并满足设计和安装的要求

续上表

项　目	内　容
存放	存放玻璃库房与作业面的温度不能相差过大，如果从过冷或过热的环境中运入操作地点，应待玻璃温度与室内温度相近后再进行安装
安装玻璃	(1)玻璃安装前应满刮 1～3 mm 厚的底油灰，一定要认真操作，铺平铺严。 (2)安装压花玻璃或磨砂玻璃时，应检查花面是否向外，磨砂面应向室内。 (3)玻璃安装工程的施工必须按施工工艺规程进行施工，不得偷工减料。 (4)已安装好的门窗玻璃，必须设专人负责看管，按时开关门窗，尤其在大风天气，更应该注意，以防玻璃的损坏。 (5)当焊接、切割、喷砂等作业可能损伤玻璃时，应采取措施予以保护，严禁焊接等火花溅到玻璃上。 (6)安装玻璃时，使玻璃在框口内准确就位，玻璃安装在凹槽内，内外侧间隙应相等，间隙宽度一般在 2～5 mm。 (7)玻璃安装后应用手轻轻敲打，响声应坚实，不得有啪啦啪啦的声音，钢门窗的玻璃安装应用钢丝卡固定，间距不得大于 300 mm，且每边不应少于 2 个

二、标准的施工方法

1. 材料要求

(1)平板玻璃的外观质量要求见表 2-38。

表 2-38　平板玻璃合格品外观质量

<table>
<tr><td>缺陷种类</td><td colspan="3">质量要求</td></tr>
<tr><td rowspan="5">点状缺陷</td><td>尺寸 L(mm)</td><td colspan="2">允许个数限度</td></tr>
<tr><td>0.5≤L≤1.0</td><td colspan="2">2S</td></tr>
<tr><td>1.0≤L≤2.0</td><td colspan="2">S</td></tr>
<tr><td>2.0≤L≤3.0</td><td colspan="2">0.5S</td></tr>
<tr><td>L>3.0</td><td colspan="2">0</td></tr>
<tr><td>点状缺陷密集度</td><td colspan="3">尺寸≥0.5 mm 的点状缺陷最小间距不小于 300 mm；直径 100 mm 圆内尺寸≥0.3mm 的点状缺陷不超过 3 个</td></tr>
<tr><td>线道</td><td colspan="3">不允许</td></tr>
<tr><td>裂纹</td><td colspan="3">不允许</td></tr>
<tr><td rowspan="2">划伤</td><td>允许范围</td><td colspan="2">允许条数限度</td></tr>
<tr><td>宽≤0.5 mm，长≤60 mm</td><td colspan="2">3S</td></tr>
<tr><td rowspan="4">光学变形</td><td>公称厚度</td><td>无色透明平板玻璃</td><td>本体着色平板玻璃</td></tr>
<tr><td>2 mm</td><td>≥40°</td><td>≥40°</td></tr>
<tr><td>3 mm</td><td>≥45°</td><td>≥40°</td></tr>
<tr><td>≥4 mm</td><td>≥50°</td><td>≥45°</td></tr>
</table>

续上表

缺陷种类	质量要求
断面缺陷	公称厚度不超过 8 mm 时，不超过玻璃板的厚度；8 mm 以上时，不超过 8 mm

注：1. S 是以 m^2 为单位的玻璃面积数值，应按《数值修约规则与极限数值的表示和判定》(GB/T 8170—2008)修约，保留小数点后 2 位。点状缺陷的允许个数限度及划伤的允许条数限度为各系数与 S 相乘所得的数值，应按《数值修约规则与极限数值的表示和判定》(GB/T 8170—2008)修约至整数。

2. 光畸变点视为 0.5～1.0 mm 的点状缺陷。

(2)钢化玻璃的外观质量要求见表 2-39。

表 2-39　钢化玻璃外观质量

缺陷名称	说　　明	允许缺陷数
爆边	每片玻璃每米边上允许有长度不超过 10 mm，自玻璃边部向玻璃板表面延伸深度不超过 2 mm，自板面向玻璃厚度延伸深度不超过厚度 1/3 的爆边	一个
划伤	宽度在 0.1 mm 以下的轻微划伤，每平方米面积内允许存在条数	长度≤100 mm 时，4 条
	宽度大于 0.1 mm 的划伤，每 m^2 面积内允许存在条数	宽度 0.1～1 mm，长度≤100 mm 时，4 条
夹钳印	夹钳印与玻璃边缘的距离≤20 mm 边部变形量≤2 mm	
裂纹、缺角	不允许存在	

(3)夹丝玻璃的外观质量要求见表 2-40。

表 2-40　夹丝玻璃的外观质量要求

项目	说明	优等品	一等品	合格品
气泡	直径 3～6 mm 的圆气泡每 1 m^2 面积内允许个数	5	数量不限，但不允许密集	
	每 1 m^2 面积的内允许长泡个数	长 6～8 mm 2	长 6～10 mm 10	长 6～10 mm，10 长 6～20 mm，4
花纹变形	花纹变形程度	不允许有明显的花纹变形		不规定
异物	破坏性的	不允许		
	直径 0.5～2.0 mm 非破坏的，每 1 m^2 面积内允许个数	3	5	10
金属性	金属丝夹入玻璃内状态	应夹入玻璃体内，不得露出表面		
	脱焊	不允许	距边部 30 mm 内不限	距边部 100 mm 内不限
	断线	不允许		
	接头	不允许	目测看不见	

注：密集气泡是指直径 100 mm 圆面积内超过 6 个。

(4)夹层玻璃的性能技术要求参见《建筑用安全玻璃　第 3 部分:夹层玻璃》(GB 15763.3—2009)。其长度和宽度允许偏差见表 2-41。

表 2-41　夹层玻璃长度和宽度允许偏差　(单位:mm)

公称尺寸(边长 L)	公称厚度≤8	公称厚度>8	
		每块玻璃公称厚度<10	至少一块玻璃公称厚度≥10
L≤1 100	+2.0 −2.0	+2.5 −2.0	+3.5 −2.5
1 100<L≤1 500	+3.0 −2.0	+3.5 −2.0	+4.5 −3.0
1 500<L≤2 000	+3.0 −2.0	+3.5 −2.0	+5.0 −3.5
2 000<L≤2 500	+4.5 −2.5	+5.0 −3.0	+6.0 −4.0
L>2 500	+5.0 −3.0	+5.5 −3.5	+6.5 −4.5

2. 玻璃安装

(1)木门窗玻璃的安装方法见表 2-42。

表 2-42　木门窗玻璃的安装方法

项　目	内　容
分散玻璃	按照安装部位所需的规格、数量分散已裁好的玻璃,分散数量以当天安装数量为准。将玻璃放在安装地点,但不得靠近门窗开合摆动的范围之内,以免损坏
清理裁口	玻璃安装前,必须将门窗的裁口(玻璃槽)清扫干净。清除木屑、灰渣、胶渍与尘土等,使油灰与槽口黏结牢固
涂抹底油灰	在玻璃底面与裁口之间,沿裁口的全长涂抹 1～3 mm 厚的底灰,要达到均匀饱满而不间断,随后用双手把玻璃推铺平正,轻按压实并使部分油灰挤出槽口,待油灰初凝有一定强度时,顺槽口方向将多余的底油灰刮平,遗留的灰渣应清除干净
嵌钉固定	在玻璃四边分别钉上钉子,木门窗一般使用 1/2～3/4 in(1 in=2.54 cm)的小圆钉,钉圆钉时钉帽要靠紧玻璃,但钉身不得靠玻璃,否则钉身容易把玻璃挤碎。所用圆钉的数量每边不少于 1 颗,如边长超过40 cm,则每边需钉 2 颗,钉距不宜大于 20 cm。嵌钉完毕,用手轻敲玻璃,听声音鉴别是否平直,如底灰不饱满应立即重新安装
涂抹表面油灰	涂抹表面油灰应选用无杂质、软硬适宜的油灰。使用前,揉调均匀。涂抹后,用油灰刀从一角开始,紧靠槽口边,用力均匀,向一个方向刮成斜坡形,向反方向理顺光滑,反复修整,四角成八字形,表面不得有裂缝、麻面和皱皮,油灰与玻璃、裁口接触的边缘齐平。在收刮油灰发现钉帽外露时,必须将钉帽敲进油灰表面,不得外

续上表

项　　目	内　　容
涂抹表面油灰	露。如果采用木压条固定木门窗玻璃，则须先刮抹底灰后再装玻璃。木压条选用优质木材，不应使用黄花松等易劈裂易变形的木材。木压条的大小尺寸应一致，光滑顺直，先涂干性油，采用割角连接(端部做成45°斜面)，卡入槽口内。使用的钉子应将钉帽锤扁后才可斜向钉入木压条中，钉时要使木压条贴紧玻璃。每根木压条用钉不少于2～3枚。木压条与玻璃之间涂抹上油灰，不得有缝隙

玻璃清理不净

质量问题表现

玻璃内有气泡、波纹等，影响美观；安装玻璃时未将槽口内的砂浆污物清理干净，玻璃装后局部应力造成应力集中处将玻璃挤裂，影响使用甚至发生危险。

质量问题原因

(1)未认真挑选玻璃的材质。

(2)未清理槽口内砂浆及污物。

(3)玻璃安装后未及时清理干净。

质量问题预防

(1)认真选择光洁度好的玻璃，不使用有气泡、波纹、水印和裂纹的玻璃。裁制玻璃尺寸大小应符合施工规范规定，不得过大或过小。

(2)认真清理槽口内的砂浆及污物，抹好底灰后再装玻璃，发现有裂纹的玻璃应及时更换。

(3)玻璃安装后要及时清理干净，并做好成品保护，防止其他工种对其造成污染。

质量问题

钢木门窗玻璃安装不平整和松动

质量问题表现

玻璃与槽口边四面没有贴紧，扭斜、不平整，发生松动，造成玻璃损坏。

质量问题

质量问题原因

(1)槽口内胶渍、砂粒等未清理干净。

(2)底油灰铺垫不足,不均匀一致。

(3)玻璃裁制尺寸偏小。

(4)钉子(卡子)数量不符合要求。

(5)钉子未贴紧玻璃。

质量问题预防

(1)必须将槽口内的胶渍、砂粒等残渍清理干净。

(2)保证底油灰内无杂质,铺垫时厚薄均匀一致,并及时装设玻璃。

(3)玻璃的尺寸应使上下两边距槽口不大于4 mm,左右两边距槽口不大于6 mm,但玻璃每边镶入槽口应不少于槽口的3/4,禁止使用窄小的玻璃进行安装。

(4)钉子的数量每边不少于1颗,如边长超过400 mm,需钉两颗,两钉间距不大于300 mm,钉帽必须紧贴玻璃,垂直钉入牢固。

(5)若玻璃安装不平整、松动,比较轻微的可挤入底油灰使其不松动,严重的必须拆下玻璃后重新安装。

(2)玻璃裁制与油灰调制的方法见表2-43。

表2-43 玻璃裁制与油灰调制方法

项目	内容
玻璃裁制	(1)裁制普通薄玻璃时,按设计要求和门窗的实际尺寸进行裁割。一般情况下玻璃裁割尺寸需比门窗所需玻璃尺寸略缩小3 mm左右,有利于安装。 (2)裁割厚玻璃及压花玻璃时,需先在裁割处涂一道煤油后再行裁割。 (3)裁割玻璃窄条时,走刀后用刀头轻敲震开刀缝,而后应使用钳子垫布钳夹玻璃。不可以用钢丝钳直接进行扳脱
油灰调制	油灰即油性腻子,安装玻璃的油灰可以采购成品,也可现场自制。如100份碳酸钙(大白粉、滑石粉、双飞粉)掺入13～14份混合油,混合油的配合比为三线脱蜡油63%,熟桐油30%,硬脂酸2.1%,松香4.9%

(3)铝合金、塑料门窗玻璃的安装方法见表2-44。

表2-44 铝合金、塑料门窗玻璃安装方法

项目	内容
玻璃裁制	按照门窗扇、门窗框的内口实际尺寸,合理计划用料、裁割玻璃,并分类堆放整齐,使底层垫实、垫平

续上表

项　目	内　容
准备工作	(1)玻璃就位前,应清除玻璃槽口内的灰浆、异物等,畅通排水孔。 (2)使用密封胶前,接缝处玻璃、金属和塑料的表面必须清洁、干燥
固定相应构件	在门扇的上、下横挡内画线,并按线固定转动销的销孔板和地弹簧的转动轴连接板。安装时,可参考地弹簧所附的安装说明
特厚玻璃的倒角处理	特厚玻璃应倒角处理,并打好安装门把手的孔洞(通常在购买特厚玻璃时,就要求加工好)。注意特厚玻璃的高度尺寸,应包括插入上、下横挡的安装部分。通常特厚玻璃的裁切尺寸,应小于测量尺寸5 mm左右,以便进行调节
横挡安装和边距测试	把上、下横挡分别装在特厚玻璃门扇的上、下边,并进行门扇高度的测量。如果门扇高度不够,也就是上下边距门框和地面的缝隙超过规定值,可向上、下横挡内的玻璃底下垫木夹板条,如图2-13所示。如果门扇高度超过安装尺寸,则需请专业玻璃工,裁去特厚玻璃门扇的多余部分
固定横挡	在定好高度之后,进行固定上、下横挡操作。其方法是:在特厚玻璃与金属上、下横挡内的两侧空隙处,两边同时插入小木条,并轻轻敲入其中,然后在小木条、特厚玻璃、横挡之间的缝隙中注入玻璃胶,如图 2-14 所示
门扇定位安装	(1)将门框横梁上的定位销,用本身的调节螺钉调出横梁平面 1～2 mm。 (2)将玻璃门扇竖起来,把门扇下横挡内的转动销连接件的孔位,对准地弹簧的转动销轴,并转动门扇将孔位套入销轴上。 (3)以销轴为轴心,将门扇转动 90°(注意转动时要扶正门扇),使门扇与门框横梁成直角。这时,就可使门扇上横挡中的转动连接件的孔,对正门框横梁上的定位销,再把定位销调出,插入门扇上横挡转动销连接件的孔内,深度为 15 mm 左右,其安装结构如图 2-15 所示
安装玻璃门拉手	安装玻璃门拉手时应注意如下几点: (1)拉手的连接部位,插入玻璃门拉手孔时不能很紧,应略有松动。如果过松,可以在插入部分裹上软质胶带。 (2)安装前在拉手插入玻璃门的部分空间涂少许玻璃胶。拉手组装时,其根部与玻璃贴靠紧密后,再上紧固定螺钉,以保证拉手没有丝毫松动现象,如图2-16所示

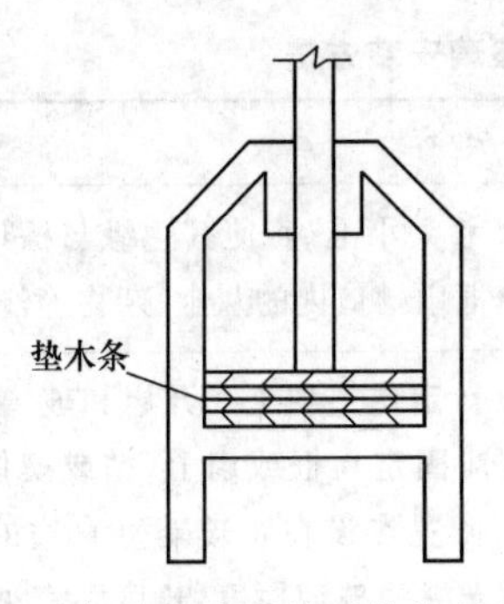

图 2-13　门扇高度不够时的处理方法

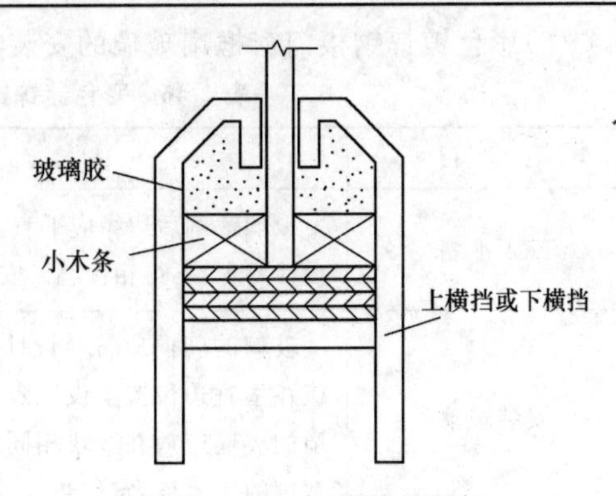

图 2-14　上、下横挡的固定

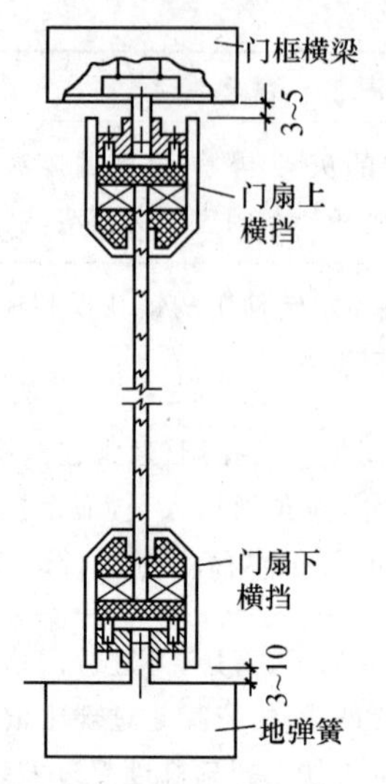

图 2-15 门扇定位安装(单位:mm)

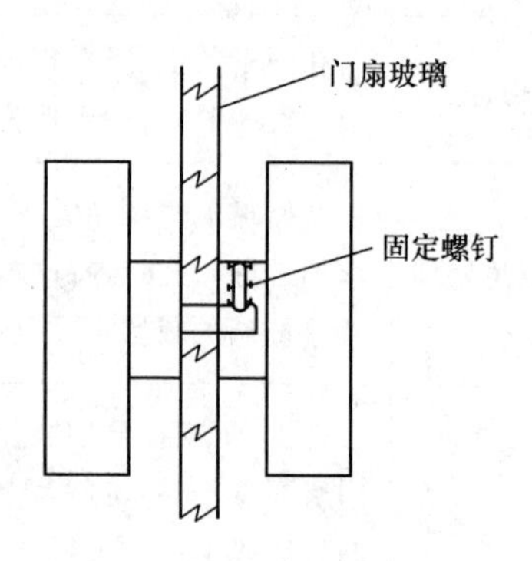

图 2-16 门拉手安装示意图

(4)钢门窗玻璃的安装方法见表 2-45。

表 2-45 钢门窗玻离安装方法

项目	内容
准备工作	首先检查门窗扇是否平整,如发现扭曲变形应校正;检查铁片卡子的孔眼是否齐全准确,如有不符合要求的应补钻。钢门窗安装玻璃使用的油灰应加适量的红丹,以使油灰具有防锈性能,再加适量的铅油,以增加油灰的黏性和硬度
清理槽口	清除槽口的焊渣、铁屑、灰尘和污垢,以使安装时油灰黏结牢固
涂底油灰	在槽口内涂抹底灰,油灰厚度宜 3 mm,最厚不宜超过4 mm,做到均匀一致,不间断、不堆积
装玻璃	用双手将玻璃揉平放正,不留偏差并使油灰挤出。将油灰与槽口、玻璃接触的边缘刮齐、刮平
安卡子	应用铁片卡子固定,卡子间距不得大于 300 mm,且每边不少于 2 个。卡脚不能过长,应长短适宜,用油灰填实抹光后,卡脚不得露出油灰表面。 如采用橡胶垫安装钢门窗玻璃,应将橡胶垫嵌入裁口内,并用压条和螺钉固定。将橡胶垫与裁口、玻璃、压条贴紧,大小尺寸适宜,不应露在压条之外

(5)彩色镀锌钢板门窗框扇玻璃的安装方法见表 2-46。

表 2-46 彩色镀锌钢板门窗框扇玻璃安装方法

项目	内容
施工准备	玻璃裁割后边缘应平直,不得有斜曲,尺寸大小准确,使其边缘与槽口的间隙符合设计要求,不得相接触。安装玻璃前,清除框扇槽口内的灰尘、杂物等,疏通排水孔
安装玻璃	玻璃的朝向应符合设计要求,玻璃应放在定位垫块上。开扇和玻璃面积较大时,应在垂直边位置上设置隔片,上端的隔片应固定在框或扇上(粘或楔住)。固定框、扇的玻璃应放在 2 块相同的定位垫块上,搁置点设在距玻璃垂直边的距离为玻璃宽度的 1/4 处,定位垫块的宽度应大于所支撑的玻璃厚度,长度不宜小于 25 mm,

续上表

项　　目	内　　容
安装玻璃	并应符合设计要求。定位垫块下面可设铝合金垫片，垫块和垫片均固定在框扇上，不得采用木质的垫块、垫片和隔片。玻璃嵌入槽口内，填塞填充材料、镶嵌条，使玻璃平整、受力均匀并不得翘曲。迎风面的玻璃，应立即用通长镶嵌压条或垫片固定；当镶嵌压条位于室外一侧时，应做防风处理。镶嵌条应与玻璃、槽口紧贴。后安的镶嵌条，在其转角处宜涂少量密封胶，以密封胶封缝，应注意填充密实，表面平整光滑；密封胶污染玻璃或框扇时，应及时擦净

第五节　特种门安装工程施工

一、施工质量验收标准及施工质量控制要求

(1)特种门安装工程施工质量验收标准见表2-47。

表2-47　特种门安装工程施工质量验收标准

项　　目	内　　容
主控项目	(1)特种门的质量和各项性能应符合设计要求。 检验方法：检查生产许可证、产品合格证书和性能检测报告 (2)特种门的品种、类型、规格、尺寸、开启方向、安装位置及防腐处理应符合设计要求。 检验方法：观察；尺量检查；检查进场验收记录和隐蔽工程验收记录。 (3)带有机械装置、自动装置或智能化装置的特种门，其机械装置、自动装置或智能化装置的功能应符合设计要求和有关标准的规定。 检验方法：启动机械装置、自动装置或智能化装置，观察。 (4)特种门的安装必须牢固。预埋件的数量、位置、埋设方式、与框的连接方式必须符合设计要求。 检验方法：观察；手扳检查；检查隐蔽工程验收记录。 (5)特种门的配件应齐全，位置应正确，安装应牢固，功能应满足使用要求和特种门的各项性能要求。 检验方法：观察；手扳检查；检查产品合格证书、性能检测报告和进场验收记录
一般项目	(1)特种门的表面装饰应符合设计要求。 检验方法：观察。 (2)特种门的表面应洁净，无划痕、碰伤。 检验方法：观察。 (3)推拉自动门启闭力及启闭速度见表2-48。 (4)旋转自动门启闭力及启闭速度见表2-49。 (5)自动门安装的尺寸允许偏差见表2-50

表 2-48 推拉自动门的启闭力及启闭速度

启闭扇数	门扇质量(kg)	启闭力(N)	开启速度(mm/s)	关闭速度(mm/s)	标准扇:宽×高(mm)
单扇	70～120	≤190	≤500	≤350	1 200×2 400
	≤70	≤130	≤500	≤350	900×2 100
双扇	(70～120)×2	≤250	≤400	≤300	1 200×2 400
	≤70×2	≤160	≤400	≤300	900×2 100

表 2-49 旋转自动门的启闭力及启闭速度

适用直径(mm)	旋转启动力(N)	最大开启速度(mm/s)		标准扇高(mm)
		正常行人	残障者	
2 100≤ϕ≤5 600	≤250	≤750	≤350	2 200

注:1. 旋转自动门扇的运行方向一般采用逆时针旋转。

2. 旋转门内径宜大于 2 100 mm,小于 5 600 mm。

3. 该表速度指门扇边缘的线速度,不同内径的旋转门可据此计算每分钟许可的转数。

4. 特殊类型的旋转门应将型式特点以及功能设置做详细说明。

表 2-50 自动门安装尺寸允许偏差

项目	推拉自动门	平开自动门	折叠自动门	旋转自动门
上框、平梁水平度	≤1/1 000	≤1/1 000	≤1/1 000	—
上框、平梁弯曲度(mm)	≤2	≤2	≤2	—
立框垂直度	≤1/1 000	≤1/1 000	≤1/1 000	≤1/1 000
导轨和平梁平行度(mm)	≤2	—	≤2	≤2
门框固定扇内侧尺寸(对角线)(mm)	≤2	≤2	≤2	≤2
动扇与框、横梁、固定扇、动扇间隙差	≤1/1 000	≤1/1 000	≤1/1 000	≤1/1 000
板材对接接缝平面度(mm)	≤0.3	≤0.3	≤0.3	≤0.3

注:尺寸偏差可利用通用测量工具检测,如直尺、塞尺、铅垂仪、水准仪等。

(2)特种门安装工程施工质量控制要求见表 2-51。

表 2-51 特种门安装工程施工质量控制要求

项　目	内　容
无框门玻璃	无框门的玻璃必须采用钢化玻璃,其厚度不应小于 10 mm,门夹和玻璃之间应加垫一层半软质垫片,用螺钉将门夹固定在玻璃上或用强力胶黏剂将门夹铜条黏结在门夹安装部位的玻璃两侧,当胶黏剂的养护达到要求后再予吊装在轨道的滑轮上
安装地弹簧	地弹簧安装时,轴孔中心线必须在同一铅垂线上,并与门扇底地面垂直。地弹簧面板应与地面保持在同一标高上。地弹簧安装后应进行开闭速度的调整,调整时应注意防止液压部位漏油

续上表

项　　目	内　　容
特种门安装	(1)特种门因其功能要求各不相同,因此在施工过程中,应严格遵守有关专业标准和主管部门的规定。 (2)应根据图纸在门的安装位置的洞口或地面顶部墙面标出水平线、中线、弹簧轴线和旋转门轴线,确定特种门的安装位置。 (3)旋转门轴与上下轴孔中心线必须在同一铅垂线上,应先安装好圆弧门套后,再等角度安装旋转门,装上封闭条带(刷),然后进行调试。 (4)卷帘门轴两端必须在同一水平线上,卷帘门轴与两侧轨道应在同一平面内。 (5)根据水平标高和玻璃门的高度,将自动推拉门的上下轨道固定在预埋件上,上下两滑槽轨道必须平行并控制在同一平面内。防止受外撞击,以保证轨道顺直,防止滑轮阻滞。 (6)特种门安装前应按设计图纸检查预埋件的数量和位置是否符合设计和安装要求,如有缺损或位移,应采取整改措施。 (7)推拉自动门安装后,在门框上部中间部位安装探头,接通电源,调试探头角度,使开闭适时。 (8)防火门应装闭门器,以保持其功能要求,在防火门上不宜安装门锁,以免紧急状态下无法开启

二、标准的施工方法

1.防火门安装

防火门的安装方法见表 2-52。

表 2-52　防火门的安装方法

项　　目	内　　容
准备工作	(1)防火门、防盗门的规格、型号应符合设计要求,经过消防部门鉴定和批准,五金配件配套齐全,并具有生产许可证、产品合格证和性能检测报告。 (2)防火门、防盗门码放前,要将存放处清理平整,垫好支撑物。如果门有编号,要根据编号码放好;码放时面板叠放高度不得超过 1.2 m;门框重叠平放高度不得超过 1.5 m;要有防晒、防风及防雨措施
门框安装	(1)防火门的门框安装,应保证与墙体结成一体。 (2)在安装时,门框一般埋入±0.000 标高以下 20 mm,需保证框口上下尺寸相同,允许误差小于 1.5 mm,对角线允许误差小于 2 mm,再将框与预埋件焊牢。然后在框的 2 个上角墙开洞,向框内灌注 M10 水泥素浆,待其凝固后方可装配门扇。 (3)安装后的防火门,要求门框与门扇配合部位内侧宽度尺寸偏差不大于2 mm,高度尺寸偏差不大于 2 mm,两对角线长度之差小于 3 mm。门扇关闭后,其配合间隙须小于 3 mm。门扇与门框表面要平整,无明显凹凸现象,焊点牢固,门体表面喷漆无喷花、斑点等。门扇启闭自如,无阻滞、反弹等现象

2.自动门安装

自动门的安装方法见表 2-53。

表 2-53　自动门的安装方法

项　目	内　容
规格	(1)微波自动门是我国近年来发展的一种新型金属自动门。其传感系统采用国际流行的微波感应方式。现在一般使用微波中分式感应门,型号为ZM-E_2见表2-54。 (2)感应式自动门以铝合金型材制作而成,其感应系统系采用电磁感应的方式,具有外观新颖、结构精巧、运行噪声小、功耗低、启动灵活、可靠、节能等特点,适用于高级宾馆、饭店、医院、候机楼、车站、贸易楼、办公大楼等的自动门安装设备。感应式自动门的品种与规格见表 2-55
地面导向轨道安装	铝合金自动门和全玻璃自动门地面上装有导向性下轨道,异型钢管自动门无下轨道。有下轨道的自动门在土建做地坪时,须在地面上预埋 1 根 50～75 mm方木条。自动门安装时,撬出方木条便可埋设下轨道,下轨道长度为开启门宽的 2 倍,如图 2-17 所示
横梁安装	自动门上部机箱层主梁是安装过程中的重要环节。由于机箱内装有机械及电控装置,因此,对支撑梁的土建支撑结构有一定的强度及稳定性要求。常用的有两种支撑节点(图2-18),一般砖结构如图 2-18(a)所示,混凝土结构如图 2-18(b)所示

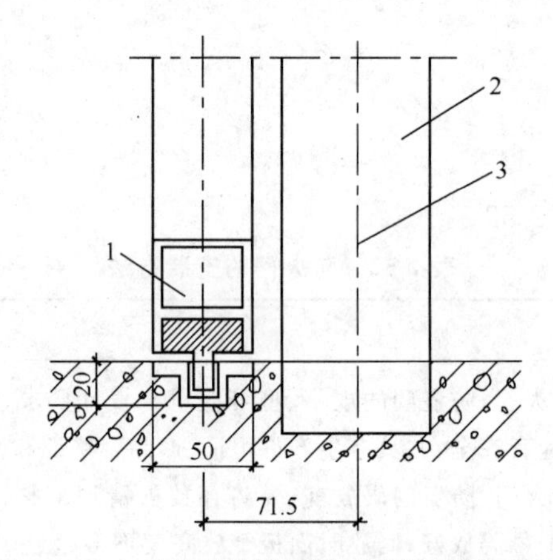

图 2-17　自动门下轨道埋设示意图(单位:mm)

1—自动门扇下帽;2—门柱;3—门柱中心线

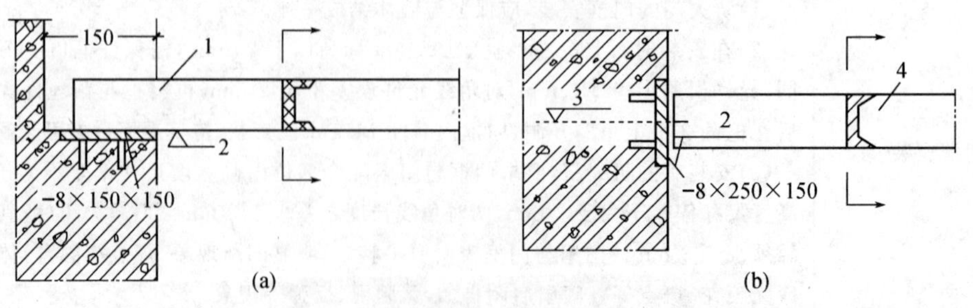

图 2-18　机箱横梁支撑节点(单位:mm)

1—机箱层横梁([18);2—门扇高度;3—门扇高度+90 mm;4—[18

表 2-54　ZM-E_2 型自动门主要技术指标

项目	指标	项目	指标
电源	AC220 V/50 Hz	感应灵敏度	现场调节至用户需要
功耗	150 W	报警延时时间	10～15 s
门速调节范围	0～350 mm/s	使用环境温度	－20℃～＋40℃
微波感应范围	门前 1.5～4.0 m	断电时手推力	<10 N

表 2-55　感应式自动门的品种与规格

品名	规格(mm)	品名	规格(mm)
LZM 型自动门	宽度:760～1 200 高度:单扇 1 520～2 400 双扇 3 040～4 800	100 系列铝合金自动门	2 400×950
		感应自动门	—

3. 全玻门安装

全玻门的安装方法见表 2-56。

表 2-56　全玻门的安装方法

项　　目	内　　容
安装材料	(1)玻璃。主要是指厚度在 12 mm 以上的玻璃,根据设计要求选好玻璃,并安放在安装位置附近。 (2)不锈钢或其他有色金属型材的门框、限位槽及板,都应加工好,准备安装。 (3)辅助材料。如木方、玻璃胶、地弹簧、木螺钉、自攻螺钉等,根据设计要求准备
裁割玻璃	厚玻璃的安装尺寸应从安装位置的底部、中部和顶部进行测量,选择最小尺寸为玻璃板宽度的切割尺寸。如果在上、中、下测得的尺寸一致,其玻璃宽度的裁割应比实测尺寸小 3～5 mm。玻璃板的高度方向的裁割尺寸,应小于实测尺寸的 3～5 mm。玻璃板裁割后,应将其四周做倒角处理,倒角宽度为 2 mm,如若在现场自行倒角,应手握细砂轮块做缓慢细磨操作,防止崩边崩角
安装玻璃板	用玻璃吸盘将玻璃板吸紧,然后进行玻璃就位。应先把玻璃板上边插入门框顶部的限位槽内,然后将其下边安放于木底托的不锈钢包面对口缝内(图 2-19)。 在底托上固定玻璃板的方法为:在底托木方上钉木板条,距玻璃板面 4 mm 左右;然后在木板条上涂刷胶黏剂,将饰面不锈钢板片粘贴在木方上。玻璃板竖直方向各部位的安装构造如图 2-20 所示
注胶封口	玻璃门固定部分的玻璃板就位以后,即在顶部的限位槽处和底部的底托固定处,以及玻璃板与框柱的对缝等各缝隙处,均应注胶密封。首先将玻璃胶开封后装入打胶枪内,即用胶枪的后压杆端头板顶住玻璃胶罐的底部;然后一只手托住胶枪身,另一只手握着注胶,并不断松压循环地操作压柄,将玻璃胶注于需要封口的缝隙端(图 2-21)。由需要注胶的缝隙端头开始,顺缝隙匀速移动,使玻璃胶在缝隙处形成一条均匀的直线。最后用塑料片刮去多余的玻璃胶,用棉布擦净胶迹

续上表

项　目	内　容
玻璃板之间的对接	门上固定部分的玻璃板需要对接时,其对接缝应有 2～3 mm 的宽度,玻璃板边部要进行倒角处理。当玻璃板留缝定位并安装稳固后,即将玻璃胶注入其对接的缝隙,用塑料片在玻璃板对缝的两面把胶刮平,用布擦净胶料残迹
玻璃活动门扇安装	全玻璃活动门扇的结构没有门扇框,门扇的启闭由地弹簧实现,地弹簧与门扇的上下金属横挡进行铰接,如图 2-22 所示。玻璃门扇的安装工艺步骤见表 2-57

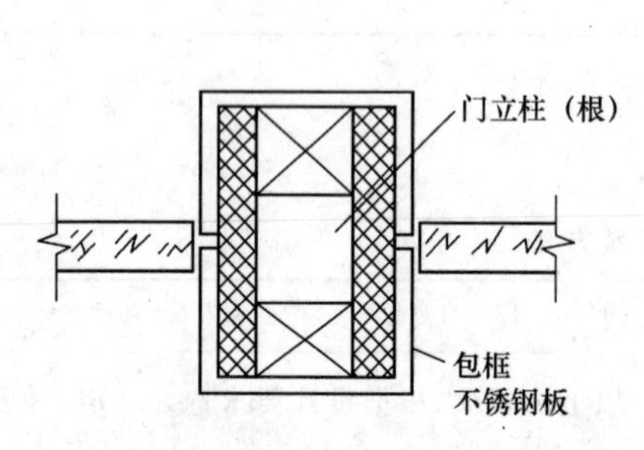

图 2-19　玻璃门框柱与玻璃板安装的构造关系

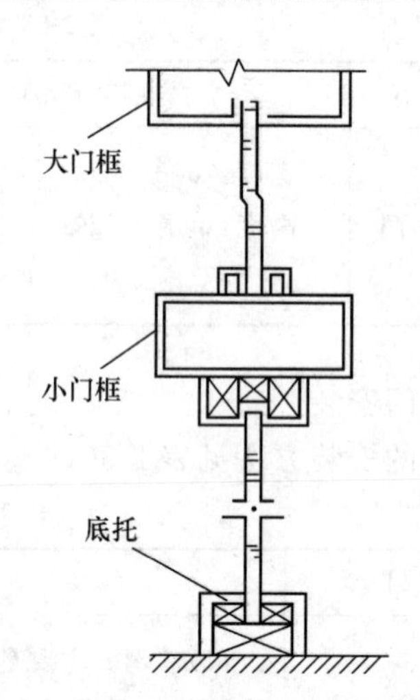

图 2-20　玻璃门竖向安装构造示意图

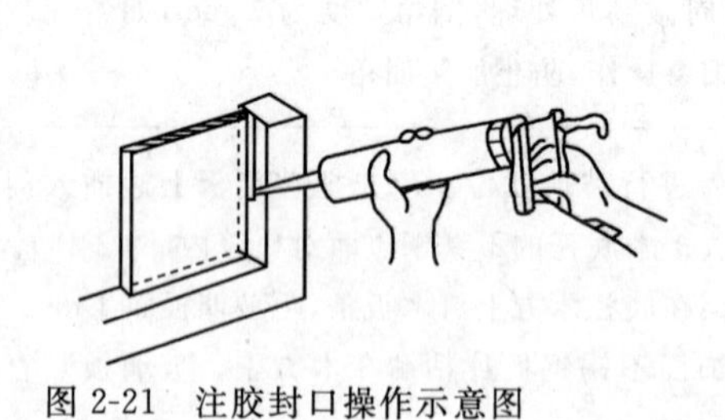

图 2-21　注胶封口操作示意图

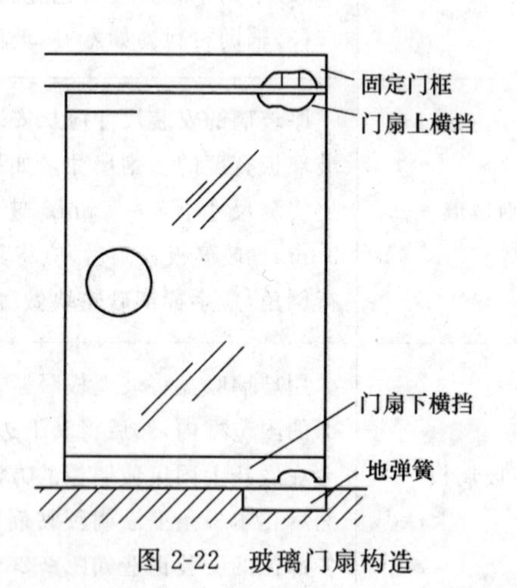

图 2-22　玻璃门扇构造

表 2-57　玻璃门扇安装工艺步骤

项　目	内　容
门扇安装	先将地面上的地弹簧和门扇顶面横梁上的定位销安装固定完毕,两者必须采用同一装轴线,安装时应吊垂线检查,做到准确无误,地弹簧转轴与定位销为同一中心线
画线并连接相应物	在玻璃门扇的上下金属横挡内画线,按线固定转动销的销孔板和地弹簧的转动轴连接板,具体操作可参照地弹簧产品安装说明

续上表

项　目	内　容
裁割玻璃	玻璃门扇的高度尺寸，在裁割玻璃板时应注意包括插入上下横挡的安装部分。一般情况下，玻璃高度尺寸应小于测量尺寸 5 mm 左右，以便安装时进行定位调节
安装横挡	见表 2-44 中相应内容
固定横挡	
门扇定位安装	
安装门拉手	全玻门扇上的拉手孔洞，一般是在订购时就加工好的，拉手连接部分插入孔洞时不能很紧，应略有松动。安装前在拉手插入玻璃的部分涂少许玻璃胶；若插入过松，则可在插入部分裹上软质胶带。拉手组装时，其根部与玻璃贴靠紧密后再拧紧固定螺钉(图 2-16)

4.金属转门安装

金属转门的安装方法见表 2-58。

表 2-58　金属转门的安装方法

项　目	内　容
准备工作	开箱后，检查各类零部件是否正常，门樘外形尺寸是否符合门洞口尺寸(表 2-59)，以及转壁位置、预埋件位置和数量是否正常
固定木桁架	木桁架按洞口左右、前后位置尺寸与预埋件固定，并保证水平。一般转门与弹簧门、铰链门或其他固定扇组合时，可先安装其他组合部分
安装转轴	装转轴时，应固定底座，底座下要垫实，不允许下沉，临时点焊轴承座，使转轴垂直于地坪面
装圆转门顶与转壁	转壁不允许预先固定，目的是为了便于调整其与活扇之间的间隙。装门扇时，应保持 90°夹角，旋转转门，保证上下间隙在规定值内
调整及后续工作	(1)调整转壁位置，以保证门扇与转壁之间隙。 (2)先焊上轴承座，用混凝土固定底座，埋插销下壳固定转壁。 (3)装玻璃。 (4)钢转门喷涂油漆

表 2-59　金属转门的常用规格　(单位:mm)

立面形状	基本尺寸		
	$B \times A_1$	B_1	A_2
(图：B、A、A_1、A_2、B_1)	1 800×2 200 1 800×2 400 2 000×2 200 2 000×2 400	1 200 1 200 1 300 1 300	130 130 130 120

5.卷帘门安装

卷帘门的安装方法见表 2-60。

表 2-60 卷帘门的安装方法

项　　目	内　　容
卷帘门的选择	卷帘门是近年来获得广泛推广应用的一种门窗。卷帘门窗按其传动方式可分为电动(D)、遥控电动(YD)、手动(S)、电动及手动(DS)四种形式；按外形可分为鱼鳞网状、直管横格、帘板、压花帘板等四种形式；按性能可分为普通型、防火型和抗风型；按材质可分为合金铝、电化合金铝、镀锌钢板、不锈钢板、钢管及钢筋等见表 2-61
预留洞口	防火卷帘门的洞口尺寸，可根据 3M 模制选定。各部件尺寸见表 2-62，其中尺寸符号表示的意义如图 2-23 所示。一般洞口宽度不宜大于 5 m，洞口高度也不宜大于 5 m
预埋件安装	防火卷帘门洞口预埋件安装如图 2-24 所示
安装与调试	防火卷帘门安装与调试顺序如下： (1)按设计型号，查阅产品说明书和电气原理图。检查产品表面处理和零部件；量测产品各部位基本尺寸；检查门洞口是否与卷帘门尺寸相符；导轨、支架的预埋件位置、数量是否准确。 (2)测量洞口标高，弹出两导轨垂线及卷筒中心线。 (3)将垫板焊接在预埋钢板上，用螺钉固定卷筒的左右支架，安装卷筒。卷筒安装后应转动灵活。 (4)安装减速器和传动系统。 (5)安装电气控制系统。 (6)空载试车。 (7)将事先装配好的帘板安装在卷筒上。 (8)安装导轨。按图纸规定位置，将两侧及上方导轨焊牢于墙体预埋件上，并焊成一体，各导轨应在同一垂直平面上。 (9)安装水幕喷淋系统，并与总控制系统联结。 (10)试车。先手动试运行，再用电动机启闭数次，调整至无卡住、阻滞及异常噪声等现象为止，全部调试完毕，安装防护罩。 (11)粉刷或镶砌导轨墙体装饰面层

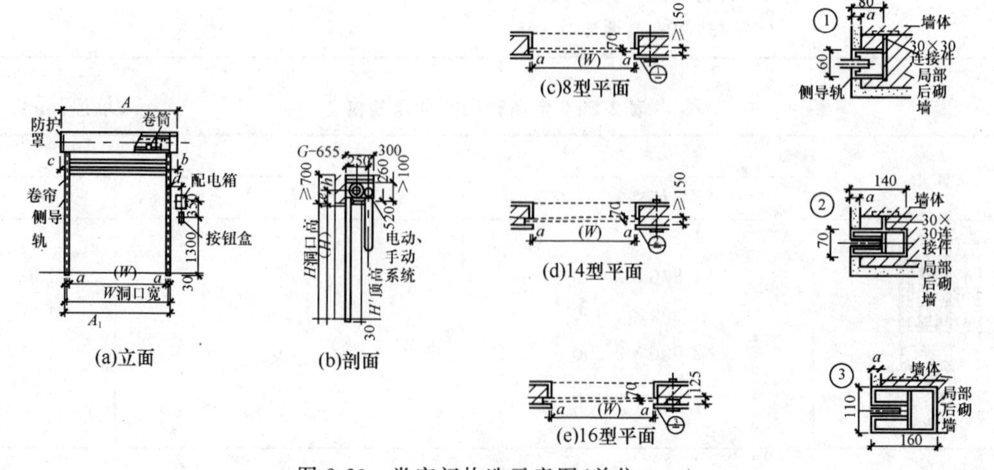

图 2-23 卷帘门构造示意图(单位：mm)

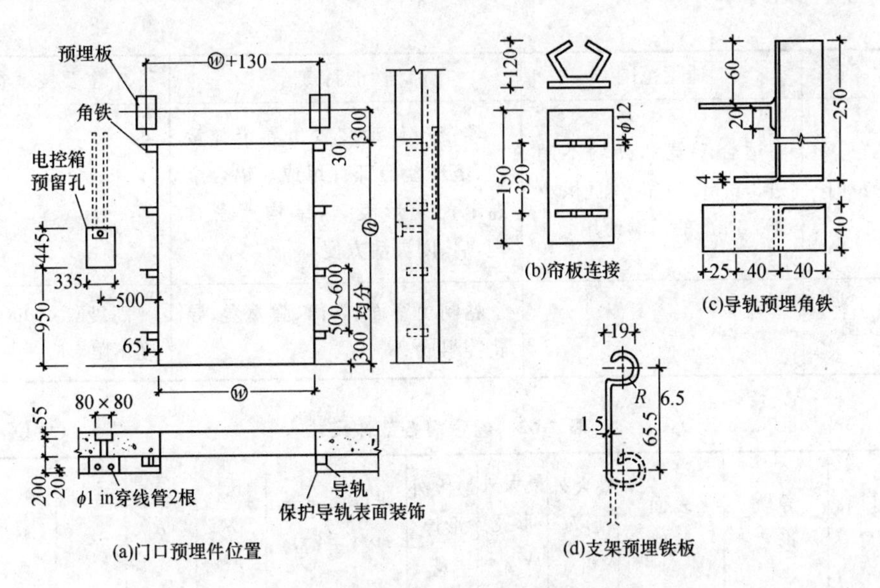

图 2-24　防火卷帘门洞口预埋件安装图(单位:mm)

表 2-61　卷帘门窗的品种、特点与主要技术参数

名称	适用范围	性能特点	主要技术参数
YJM 型、DJM 型、SJM 型卷帘门窗	手动门适用于宽 5 m、高3 m以下的门窗，电动门适用于宽 2～5 m、高 3～8 m 的门窗	卷帘门有普通型、防火型和抗风型。选用合金铝、电化合金铝、镀锌钢板、不锈钢板、钢管及钢筋等制成帘面，传动方式有电动、遥控电动、手动、电动和手动结合四种。具有造型美观、结构先进、操作简便、坚固耐用、防风、防尘、防火、防盗、占地面积小、安装方便等优点	卷帘门窗升降速度为 5～10 m/min；电机功率根据门窗大小配用，范围为 250～1 100 W；卷帘片重为 5～15 kg/m²；横格管帘重9 kg/m²；遥控分为红外线光控、无线电遥控，遥控距离为8～20 m
防火卷帘门	建筑洞口不大于 4.5 m×4.8 m(洞口宽×洞口高)的各种规格均可选用	防火卷帘门由板条、导轨、卷轴、手动和电动启闭系统等组成。扳条选用钢制 C 型重叠组合结构。具有结构紧凑、体积小、不占使用面积、造型新颖、刚性强、密封性好等优点	隔烟性能：其空气渗透量为 0.24 m³/(min·m²)；耐风压可达 120 kg/m² 级，噪声不大于 70 dB。电源：电压 380 V、频率 50 Hz，控制电源电压220 V
SJA 型卷帘门	—	卷帘门由卷面、卷筒、弹簧盒、导轨等部分组成，可电动和手动。具有结构紧凑、操作简便、坚固耐用、安装方便等优点	—

续上表

名称	适用范围	性能特点	主要技术参数
铝合金卷帘门	适合于宽和高均不超过3.3 m、门帘总面积小于12 m^2 的门洞使用	卷帘门传动装置由卷帘弹簧盒、滚珠盒等部件组成。铝合金卷帘门外形美观，结构严密合理，启、闭灵活方便	—
铝合金卷闸		卷闸由帘面、卷筒、弹簧盒、导轨等组成	高度≤4 000 mm；宽度不限

表 2-62　卷帘门各部件尺寸　（单位：mm）

洞口宽 W	洞口高 H	导轨形式	表面装修	最大外形宽 W_A	最大外形宽 W_{A_1}	最大外形厚 B	净宽 (W)	净高 (H)	a	b	c	d	e
≤3 000	≤5 000	8 型	砂浆面	$W+410$	$W+130$	655	$W-50$	$H-30$	25	210	200	220	30
			大理石面	$W+310$	$W+10$	655	$W-150$	$H-75$	75	160	150	220	75
3 000< W≤ 5 000	≤5 000	14 型	砂浆面	$W+440$	$W+130$	655	$W-50$	$H-30$	25	225	215	280	30
			大理石面	$W+340$	$W+10$	655	$W-150$	$H-75$	75	175	165	280	75
5 000< W≤ 8 000	≤5 000	16 型	砂浆面	$W+460$	$W+130$	655	$W-50$	$H-30$	25	235	225	300	30
			大理石面	$W+360$	$W+10$	655	$W-150$	$H-75$	75	185	175	300	75

第三章　吊顶工程

第一节　明龙骨吊顶工程施工

一、施工质量验收标准

明龙骨吊顶工程施工质量验收标准见表 3-1。

表 3-1　明龙骨吊顶工程施工质量验收标准

项　　目	内　　容
主控项目	(1)吊顶标高、尺寸、起拱和造型应符合设计要求。 检验方法:观察;尺量检查。 (2)饰面材料的材质、品种、规格、图案和颜色应符合设计要求。当饰面材料为玻璃板时,应使用安全玻璃或采取可靠的安全措施。 检验方法:观察;检查产品合格证书、性能检测报告和进场验收记录。 (3)饰面材料的安装应稳固严密。饰面材料与龙骨的搭接宽度应大于龙骨受力面宽度的 2/3。 检验方法:观察;手扳检查;尺量检查。 (4)吊杆、龙骨的材质、规格、安装间距及连接方式应符合设计要求。金属吊杆、龙骨应进行表面防腐处理;木龙骨应进行防腐、防火处理。 检验方法:观察;尺量检查;检查产品合格证书、进场验收记录和隐蔽工程验收记录。 (5)明龙骨吊顶工程的吊杆和龙骨安装必须牢固。 检验方法:手扳检查;检查隐蔽工程验收记录和施工记录
一般项目	(1)饰面材料表面应洁净、色泽一致,不得有翘曲、裂缝及缺损。饰面板与明龙骨的搭接应平整、吻合,压条应平直、宽窄一致。 检验方法:观察;尺量检查。 (2)饰面板上的灯具、烟感器、喷淋头、风口篦子等设备的位置应合理、美观,与饰面板的交接应吻合、严密。 检验方法:观察。 (3)金属龙骨的接缝应平整、吻合、颜色一致,不得有划伤、擦伤等表面缺陷。木质龙骨应平整、顺直,无劈裂。 (4)检验方法:观察。 (5)吊顶内填充吸声材料的品种和铺设厚度应符合设计要求,并应有防散落措施。 检验方法:检查隐蔽工程验收记录和施工记录。 (6)明龙骨吊顶工程安装的允许偏差和检验方法见表 3-2

表 3-2　明龙骨吊顶工程安装的允许偏差和检验方法

项　　目	允许偏差(mm)				检验方法
	纸面石膏板	金属板	矿棉板	木板、塑料板、格栅	
表面平整度	3	2	3	2	用 2 m 靠尺和塞尺检查
接缝直线度	3	2	3	3	拉 5 m 线,不足 5 m 拉通线,用钢直尺检查
接缝高低差	1	1	2	1	用钢直尺和塞尺检查

二、标准的施工方法

1. 活动式吊顶构造

活动式吊顶构造如图 3-1 所示。

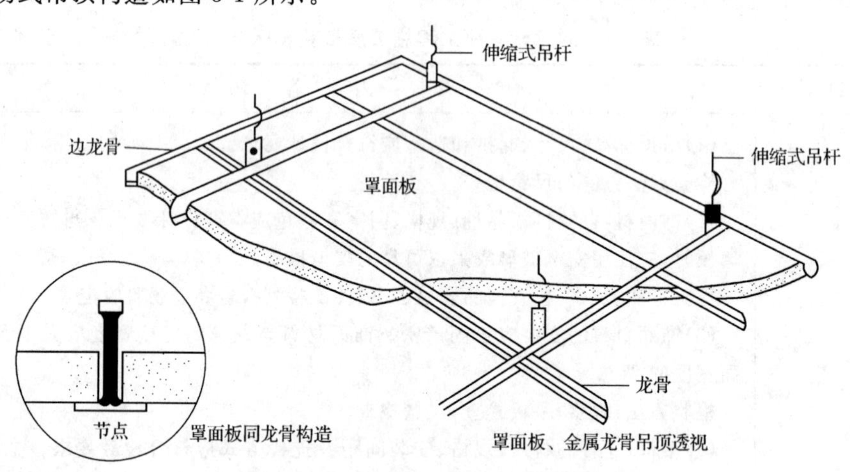

图 3-1　活动式装配吊顶示意图

2. 弹线与吊杆的安装

弹线与吊杆的安装方法见表 3-3。

表 3-3　弹线、吊杆安装方法

项　　目	内　　容
弹线	用水准仪在房间内每个墙(柱)角上抄出水平点(若墙体较长,中间也应适当抄几个点),弹出水准线(水准线距地面一般为 500 mm),从水准线量至吊顶设计高度加上 12 mm(一层石膏板的厚度),用粉线沿墙(柱)弹出水准线,即为吊顶次龙骨的下皮线。同时,按吊顶平面图,在混凝土顶板弹出主龙骨的位置。主龙骨应从吊顶中心向两边分,最大间距为 1 000 mm,并标出吊杆的固定点,吊杆的固定点间距为 900～1 000 mm。如遇到梁和管道固定点大于设计和规程要求,应增加吊杆的固定点
吊杆安装	采用膨胀螺栓固定吊挂杆件。不上人的吊顶,吊杆长度小于 1 000 mm,可以采用 ϕ6 的吊杆;如果大于 1 000 mm,应采用 ϕ8 的吊杆,还应设置反向支撑。吊杆可以采用冷拔钢筋和盘圆钢筋,但采用盘圆钢筋时应采用机械将其拉直。上人的吊顶,吊杆长度小于 1 000 mm,可以采用 ϕ8 的吊杆;如果大于 1 000 mm,应采用 ϕ10 的

续上表

项　目	内　容
吊杆安装	吊杆，还应设置反向支撑。吊杆的一端同∟30 mm×30 mm×3 角钢焊接(角钢的孔径应根据吊杆和膨胀螺栓的直径确定)，另一端可以用攻螺纹套出大于 100 mm 的螺纹杆，也可以买成品螺纹杆焊接。制作好的吊杆应做防锈处理，吊杆用膨胀螺栓固定在楼板上，用冲击电锤打孔，孔径应稍大于膨胀螺栓的直径

3. 明龙骨安装

明龙骨吊顶工程中龙骨的安装方法见表 3-4。

表 3-4　明龙骨吊顶工程中龙骨安装方法

项　目	内　容
主龙骨安装	(1)主龙骨应吊挂在吊杆上。主龙骨间距为 900～1 000 mm。主龙骨分为轻钢龙骨和 T 形龙骨。轻钢龙骨可选用 UC50 中龙骨和 UC38 小龙骨。主龙骨应平行房间长向安装，同时应起拱，起拱高度为房间跨度的 1/300～1/200。主龙骨的悬臂段不应大于 300 mm，否则应增加吊杆。主龙骨的接长应采取对接，相邻龙骨的对接接头要相互错开。主龙骨挂好后应基本调平。 (2)跨度大于 15 m 以上的吊顶，应在主龙骨上，每隔 15 m 加一道大龙骨，并垂直主龙骨焊接牢固。 (3)如有大的造型顶棚，造型部分应用角钢或扁钢焊接成框架，并应与楼板连接牢固
次龙骨安装	次龙骨应紧贴主龙骨安装。次龙骨间距为 300～600 mm。次龙骨分为 T 形烤漆龙骨、T 形铝合金龙骨和各种条形扣板厂家配带的专用龙骨。用 T 形镀锌钢片连接件把次龙骨固定在主龙骨上时，次龙骨的两端应搭在 L 形边龙骨的水平翼缘上，条形扣板有专用的阴角线做边龙骨
边龙骨安装	边龙骨的安装应按设计要求弹线，沿墙(柱)上的水平龙骨线把 L 型镀锌轻钢条用自攻螺钉固定在预埋木砖上；如为混凝土墙(柱)，可用射钉固定，射钉间距应不大于吊顶次龙骨的间距

质量问题

木吊顶龙骨拱度不匀

质量问题表现

木吊顶龙骨安装后拱度不匀，吊顶不平整，影响美观。

质量问题

质量问题原因

(1)木吊顶龙骨的材质不好,变形大、不顺直、有硬弯,施工中又难于调直;木材含水率较大,在施工中或交工后产生收缩翘曲变形。

(2)不按规程施工,施工中吊顶龙骨四周墙面上不弹平线或平线不准,中间不按平线起拱,造成拱度不匀。

(3)吊杆或吊筋的间距过大,吊顶龙骨的拱度不易调匀,同时受力后产生挠度,造成凹凸不平。

(4)吊顶龙骨接头装钉不平或接出硬弯,直接影响吊顶的平整。

(5)受力节点结合不严密、不牢固,受力后产生位移变形。

质量问题预防

(1)吊顶应选用比较干燥的松木、杉木等软质木材,并防止受潮和烈日暴晒;不宜采用桦木、色木和柞木等硬质木材。

(2)吊顶龙骨装钉前,应按设计标高在四周墙壁上弹线找平;装钉时四周以平线为准,中间按平线起拱,起拱高度应为房间短向跨度的1/200,纵横拱度均应吊匀。

(3)龙骨及吊顶龙骨的间距、断面尺寸应符合设计要求;木料应顺直,如有硬弯,应在硬弯处锯断,调直后再用双面夹板连接牢固;木料在两吊点间如稍有弯度,弯度应向上。

(4)各受力节点必须装钉严密、牢固,符合质量要求。可采取以下措施:

1)吊杆和接头夹板必须选用优质软件制作,钉子的长度、直径、间距要适宜,既能满足强度要求,装钉时又不能劈裂。

2)吊杆应刻半燕尾榫,交叉地钉固在吊顶龙骨的两侧,以提高其稳定性;吊杆与龙骨必须钉牢,钉长宜为吊木厚的2～2.5倍,吊杆端头应高出龙骨上皮40 mm,以防装钉时劈裂。

3)如有吊筋固定龙骨,其吊筋位置和长度必须埋设准确,吊筋螺母处必须设置垫板,如木料有弯与垫板接触不严,可利用撑木、木楔靠严,以防吊顶变形。必要时应在上、下两面均设置垫板,用双螺母紧固。

4)吊顶龙骨接头的下表面必须装钉顺直、平整,其接头要错开使用,以加强整体性;对于板条抹灰吊顶,其板条接头必须分段错槎钉在吊顶龙骨上,每段错槎宽度不宜超过500 mm,以加强吊顶龙骨的整体刚度。

5)在墙体砌筋时,应按吊顶标高沿墙牢固地预埋木砖,间距1 m,以固定墙周边的吊顶龙骨,或在墙上留洞,把吊顶龙骨固定在墙内。

6)用射钉锚固时,射钉必须牢固,间距不宜大于400 mm。

(5)吊顶内应设置通风窗,使木骨架处于干燥环境中;室内抹灰时,应将吊顶人孔封严,待墙面干后,再将人孔打开通风,使吊顶保持干燥环境。

轻钢龙骨、铝合金龙骨纵横方向不平直

质量问题表现

吊顶龙骨安装后，主龙骨、次龙骨在纵横方向上不顺直，有扭曲、歪斜现象；龙骨高低位置不匀，使得下表面拱度不均匀、不平整，甚至成波浪线，影响美观。

质量问题原因

(1)主龙骨、次龙骨受扭折，虽经修整，仍不平直。

(2)龙骨吊点位置不正确，吊点间距偏大，拉牵力不均匀。

(3)未拉通线全面调整主龙骨、次龙骨的高低位置。

(4)测吊顶的水平线误差超差，中间平线起拱度不符合规定。

(5)龙骨安装后，局部施工荷载过大，导致龙骨局部弯曲变形。

(6)吊顶不牢，吊杆变形不均匀，产生局部下沉。

质量问题预防

(1)凡是受扭折的主龙骨、次龙骨一律不宜采用。

(2)按设计要求弹线，确定龙骨吊点位置，主龙骨端部或接长部位增设吊点，吊点间距不宜大于1.2 m。吊杆距主龙骨端部距离不得大于300 mm，当大于300 mm时，应增加吊杆。

当吊杆长度大于5 m时，应设置反支撑。当吊杆与设备相遇时，应调整吊杆距离并增设吊杆。

(3)四周墙面或柱面上，按吊顶高度要求弹出标高线，弹线清楚，位置正确，可采用水柱法弹水平线。

(4)将龙骨与吊杆(或镀锌钢丝)固定后，按标高线调整大龙骨标高，调整时一定要拉通线，大房间可根据设计要求起拱，拱度一般为1/200。逐条调整龙骨的高低位置和线平直。调整方法可用方木按主龙骨间距钉圆钉，再将长方木条横放在主龙骨上，并用铁钉卡住主龙骨，使其按规定位置定位，临时固定。方木两端要顶到墙上或梁边，再按十字和对角线，拧动吊杆螺栓，升降调平。

(5)对于不上人吊顶，龙骨安装时，挂面不应挂放施工安装器具；对于大型上人吊顶，龙骨安装后，应为机电安装等人员铺设通道板，避免龙骨承受过大的不均匀荷载而产生不均匀变形。

主龙骨悬臂过长

质量问题表现

主龙骨要求能承受自身、次龙骨、罩面板等重量，若悬臂过长将产生较大的挠度，使整个吊顶的平整度达不到要求。

质量问题原因

(1)布置吊杆时，未按设计要求弹线确定龙骨吊点位置。
(2)吊杆距主龙骨端距离过大。
(3)吊杆与其他专业设备吊杆混用。

质量问题预防

(1)吊杆或预埋件规格尺寸、位置、间距应符合设计要求。
(2)吊顶吊杆和设备的吊杆必须分开，严禁共用。
(3)吊顶吊杆与管道、设备位置相碰时，应调整吊杆位置或增设吊杆。
(4)选择有代表性的房间，预先做样板，经确认后再大面积施工。

4. 罩面板安装

(1)贴塑装饰吸声板吊顶的安装方法见表 3-5。

表 3-5　贴塑装饰吸声板吊顶安装方法

项　目	内　　容
常用方法	目前比较流行的是明龙骨安装法和半暗龙骨安装法。 (1)明龙骨安装法。一般国内常用铝合金龙骨。用 T 形铝合金龙骨组成骨架，然后将饰面板平放在 T 形龙骨的水平肢上。 (2)半暗龙骨安装法。镀锌钢板 T 形龙骨在国外用得比较普遍。这种龙骨用 0.3～0.5 mm 厚镀锌钢板冲压成型，外露部分喷漆或粘贴塑料膜带，以保证有良好的装饰效果
安装顺序	(1)吊顶的安装顺序要掌握好，不能与设备管道或其他干扰比较大的工种交叉施工。 (2)特别要注意给水管道的试压，未经管道试压，顶棚不宜施工，因为管道试压一旦不合格，造成漏水，直接影响到饰面板，被水渗透过的贴塑装饰板不宜再使用。因为贴塑面遇水将产生水迹，有的甚至脱皮。 (3)另外，罩面板及龙骨均属轻质材料，超过一定的压力将产生变形。龙骨变形、罩面板破损，影响装饰效果。所以，合理安排施工时间显得非常重要

续上表

项　目	内　容
龙骨悬吊注意事项	(1)龙骨悬吊要牢固,既可以用吊杆,也可以用镀锌钢丝或铜丝悬挂。 (2)吊杆间距不宜过大,应控制在 1.2 m 以内。 (3)镀锌钢丝或铜丝不能太细,应选用 10 号镀锌钢丝,吊距应控制在 1.2 m 范围以内。 (4)吊丝应直接固定在顶板上或梁上,不能绑在其他专业管道上,因为一旦管道维修或管道变形,将直接影响到顶棚的平整
龙骨外露部分处理方法	(1)龙骨外露体系,既是骨架,又是罩面板的压条(或封口条)。因而龙骨要直、要平,如果变形,必须调整。 (2)吊顶龙骨要拉通线调整,跨度较大时,要按规定起拱。 (3)龙骨外露部分要干净,不能有油污、胶痕等缺陷
罩面板保管	贴塑装饰吸声板不应受潮,不应破损,应存放在干燥的房间

(2)嵌装式装饰石膏板的安装方法见表 3-6。

表 3-6　嵌装式装饰石膏板安装方法

项　目	内　容
准备工作	(1)嵌装式装饰石膏板安装与龙骨应系列配套。 (2)嵌装式装饰石膏板安装前应分块弹线,花式图案应符合设计要求,若设计无要求时,嵌装式装饰石膏板宜由吊顶中间向两边对称排列安装,墙面与吊顶接缝应交圈一致
安装方法	嵌装式装饰石膏板安装宜选用企口暗缝咬接法。安装时应注意企口的相互咬接及图案的拼接
龙骨调平及拼缝	龙骨调平及拼缝处应认真施工,固定石膏板时,应视吊顶高度及板厚,在板与板之间留适当间隙,拼缝缝隙用石膏腻子补平,并贴一层穿孔接缝纸

(3)金属微穿孔吸声板的安装方法见表 3-7。

表 3-7　金属微穿孔吸声板安装方法

项　目	内　容
调平龙骨	必须认真调平调直龙骨,这是保证大面积吊顶效果的关键
固定方法	安装微穿孔吸声板宜将板用木螺钉或自攻螺钉固定在龙骨上,对于有些铝合金板吊顶,也可将冲孔板卡到龙骨上,具体的固定方法要视板的断面决定
安装顺序	安装金属微穿孔板应从一个方向开始,依次安装
铺放吸声材料	在方板或条板安装完毕后铺放吸声材料。条板则可将吸声材料放在板条内;方板则可将吸声材料放在板上面

第二节　暗龙骨吊顶工程施工

一、施工质量验收标准

暗龙骨吊项工程施工质量验收标准见表 3-8。

表 3-8　暗龙骨吊项工程施工质量验收标准

项　目	内　容
主控项目	(1)吊顶标高、尺寸、起拱和造型应符合设计要求。 检验方法:观察;尺量检查。 (2)饰面材料的材质、品种、规格、图案和颜色应符合设计要求。 检验方法:观察;检查产品合格证书、性能检测报告、进场验收记录和复验报告。 (3)暗龙骨吊顶工程的吊杆、龙骨和饰面材料的安装必须牢固。 检验方法:观察;手扳检查;检查隐蔽工程验收记录和施工记录。 (4)吊杆、龙骨的材质、规格、安装间距及连接方式应符合设计要求。金属吊杆、龙骨应经过表面防腐处理;木吊杆、龙骨应进行防腐、防火处理。 检验方法:观察;尺量检查;检查产品合格证书、性能检测报告、进场验收记录和隐蔽工程验收记录。 (5)石膏板的接缝应按其施工工艺标准进行板缝防裂处理。安装双层石膏板时,面层板与基层板的接缝应错开,并不得在同一根龙骨上接缝。 检验方法:观察
一般项目	(1)饰面材料表面应洁净、色泽一致,不得有翘曲、裂缝及缺损。压条应平直、宽窄一致。 检验方法:观察;尺量检查。 (2)饰面板上的灯具、烟感器、喷淋头、风口篦子等设备的位置应合理、美观,与饰面板的交接应吻合、严密。 检验方法:观察。 (3)金属吊杆、龙骨的接缝应均匀一致,角缝应吻合,表面应平整,无翘曲、锤印。木质吊杆、龙骨应顺直,无劈裂、变形。 检验方法:检查隐蔽工程验收记录和施工记录。 (4)吊顶内填充吸声材料的品种和铺设厚度应符合设计要求,并应有防散落措施。 检验方法:检查隐蔽工程验收记录和施工记录。 (5)暗龙骨吊顶工程安装的允许偏差和检验方法见表 3-9

表 3-9　暗龙骨吊顶工程安装的允许偏差和检验方法

项目	允许偏差(mm)				检验方法
	纸面石膏板	金属板	矿棉板	木板、塑料板、格栅	
表面平整度	3	2	2	2	用 2 m 靠尺和塞尺检查
接缝直线度	3	1.5	3	3	拉 5 m 线,不足 5 m 拉通线,用钢直尺检查
接缝高低差	1	1	1.5	1	用钢直尺和塞尺检查

二、标准的施工方法

1. 隐蔽式吊顶构造

隐蔽式吊顶,是指龙骨不外露,罩面板表面呈整体的形式(又称暗龙骨吊顶)。罩面板与龙骨的固定方式见表 3-10。

表 3-10　罩面板与龙骨的固定方式

固定方式	内　容
方式一	用螺钉拧在龙骨上
方式二	用胶黏剂粘在龙骨上
方式三	将罩面板加工成企口形式，用龙骨将罩面板连接成一整体，如图 3-2 所示

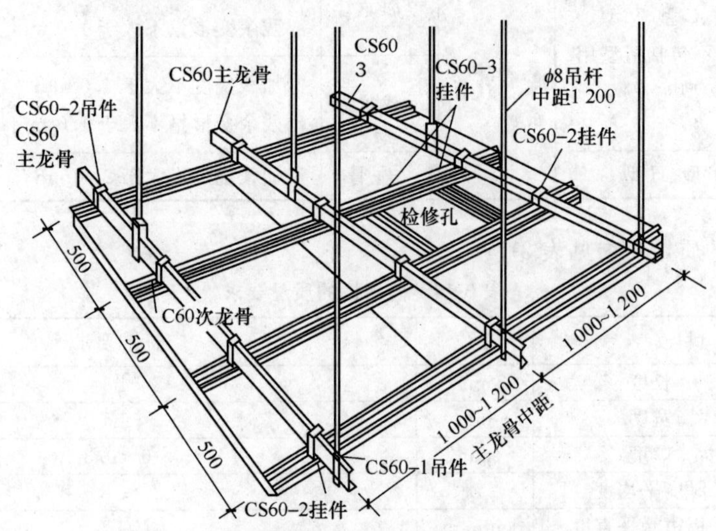

图 3-2　隐蔽式装配吊顶示意图(单位:mm)

2. 材料要求

(1)轻钢龙骨外观要求与组件力学性能见表 3-11～表 3-13。

表 3-11　轻钢龙骨断面规格尺寸允许偏差　(单位:mm)

项　目		允许偏差
长度 L	U 型、C 型、H 型、V 型、L 型、CH 型	±5
	T 型孔距	±0.3
覆面龙骨断面尺寸	尺寸 A	≤1.0
	尺寸 B	≤0.5
其他龙骨断面尺寸	尺寸 A	≤0.5
	尺寸 B	≤1.0
	尺寸 F(内部净空)	≤0.5

注:尺寸符号表示内容参见《建筑用轻钢龙骨》(GB/T 11981—2008)。

表 3-12　轻钢龙骨角度允许偏差

成型角较短边尺寸 B	允许偏差
B≤18 mm	≤2°00′
B>18 mm	≤1°30′

表 3-13　轻钢龙骨组件的力学性能

类别		项目		要求
墙体		抗冲击性试验		残余变形量不大于 10.0 mm，龙骨不得有明显的变形
		静载试验		残余变形量不大于 2.0 mm
吊顶	U 型、C 型、V 型、L 型(不包括造型用 V 型龙骨)	静载试验	覆面龙骨	加载挠度不大于 5.0 mm 残余变形量不大于 1.0 mm
			承载龙骨	加载挠度不大于 4.0 mm 残余变形量不大于 1.0 mm
	T 型、H 型		主龙骨	加载挠度不大于 2.8 mm

(2)硅钙板的质量要求见表 3-14。

表 3-14　硅钙板的质量要求

项目		单位	标准要求
外观质量与规格尺寸	长度	mm	±1
	宽度	mm	±1
	厚度	mm	6±0.3
	厚度平均度	%	≤8
	平板边缘平直度	mm/m	≤2
	平板边缘垂直度	mm/m	≤3
	平板表面平整度	mm/m	≤1
	表面质量	—	表面应平整，不得有缺角、鼓泡和凹陷
物理力学性能	含水率	%	≤10
	密度	g/cm^3	$0.90<D\leqslant1.20$
	湿胀率	%	≤0.25

注：本表为固定罩面顶棚施工中硅钙板的质量要求。

3.轻钢龙骨吊顶

轻钢龙骨吊顶工程的施工方法见表 3-15。

表 3-15　轻钢龙骨吊顶工程施工方法

项目	内容
弹线定位	采用吊线锤、水平尺或用透明塑料软管注水后进行测量等方法，根据吊顶的设计标高在四周墙(柱)面弹线，其水平允许偏差为±5 mm。根据设计标高线分别确定并弹出边龙骨(或通长木方及其他边部支撑材料)及承载龙骨所处部位的平面基准线，按龙骨间距尺寸弹出龙骨纵横布置的框格线，并确定吊点(有预埋件或连接件者即与之相应的悬吊点)。如果有与吊顶构造相关的特殊部位，如检修马道或吊挂设备等，应注意吊顶构造必须与其错开距离。对于吊顶吊点的现场确定及其紧固措施，应事先经设计部门的同意，必须充分考虑吊点所承受的荷载，同时针对建筑顶棚本身的强度，确定吊顶各部位的吊点间距、承载龙骨中距、吊点距承载龙骨端部的距离(不得超过300 mm)等尺寸关系，以上均应严格按照设计的规定，以防止承载龙骨下坠及其他不安全现象的发生

续上表

项目	内容
固定吊点及安装吊杆	依据设计所选定的方法进行龙骨骨架悬吊点的处理，将吊杆与吊点紧固件精确连接。对于有预埋件的，即将吊杆与预埋件焊接、勾挂、拧固或按其他方式的连接，焊接时必须是与预埋吊筋作搭接焊，钢筋吊杆直径不小于6 mm，与预埋吊筋的搭接长度不小于60 mm，焊缝应饱满，焊接部位应涂刷防锈涂料。不设预埋者，应于吊点中心固定五金件或其他吊点紧固材料。目前用于轻型吊顶的吊点紧固方式，采用金属胀铆螺栓的做法较为普遍，如果采用将钢筋吊杆与胀铆螺栓焊接的方法，则必须保证胀铆螺栓螺杆的长度，其搭接焊必须符合焊接施工规范。 计算好吊杆的长度尺寸，需要套螺纹的应注意套螺纹尺寸留有余地以备紧固和调节，并选配好螺母
固定吊顶边部骨架材料	吊顶边部的支撑骨架应按设计的要求加以固定。对于无附加荷载的轻便吊顶，其L形轻钢龙骨或角铝型材等，较常用的设置方法是用水泥钉按400～600 mm的钉距与墙、柱面固定。对于有附加荷载的吊顶，或是有一定承重要求的吊顶边部构造，有的需按900～1 000 mm的间距预埋防腐木砖，将吊顶边部支撑材料与木砖固定。无论采用何种做法，吊顶边部支撑材料底面应与吊顶标高基准线齐平(罩面板钉装时应减去板材厚度)，且必须固定可靠
安装主龙骨	主龙骨安装方法见表3-16
安装次龙骨	次龙骨安装方法见表3-17
双层骨架构造的横撑龙骨安装	对于U型、C型轻钢龙骨的双层吊顶骨架构造，其覆面层是否设置横撑龙骨，应由设计确定。横撑龙骨的位置，即是大块矩形罩面板的短边接缝位置。以纸面石膏板为例(图3-3)，根据施工及验收规范的规定，纸面石膏板的长边(包封边)应沿纵向次龙骨铺设，为此纸面石膏板的短边(切割边)拼接处即形成接缝，因为这种板材罩面铺钉后要进行嵌缝处理并且尚有下一步的装饰(涂料涂饰或裱糊壁纸等)，所以在保证吊顶安装质量的前提下可以不设横撑龙骨。但在相对湿度较大的地区，必须设置横撑龙骨

表3-16 轻钢龙骨吊顶工程施工中主龙骨的安装方法

项目	内容
顶棚施工	轻钢龙骨顶棚骨架施工，先高后低。主龙骨间距一般为1 000 mm。离墙边第一根主龙骨距离不超过200 mm(排列最后距离超过200 mm应增加1根)，接头要错开，不可与相邻龙骨接头在一条直线上，吊杆的方向也要错开，避免主龙骨向一边倾倒。吊杆一般轻型用ϕ6，重型(上人)用ϕ8，如吊顶荷载较大，需经结构计算，选定吊杆断面。 主龙骨和次龙骨要求达到平直，为了消除顶棚由于自重下沉产生挠度和目视的视差，可在每个房间的中间部位，用吊杆螺栓进行上下调节，预先给予一定的起拱量，一般视房间的大小分别起拱5～20 mm，待水平度全部调好后，再逐个拧紧吊杆螺母。如顶棚需要开孔，先在开孔的部位画出开孔的位置，将龙骨加固好，再用钢锯切断龙骨和石膏板，保持稳固牢靠。

续上表

项　目	内　容
顶棚施工	顶棚板的分隔应在房间中部，做到对称，轻钢龙骨和板的排列可从房间中部向两边依次安装，使顶棚布置美观整齐。 轻钢龙骨安装如图 3-4 所示，吊点详细构造如图 3-5 所示
安装方法	安装主龙骨时，对于轻钢龙骨系列的重型大龙骨 U 型、C 型，以及轻钢或铝合金 T 型龙骨吊顶中的主龙骨，其悬吊方式取决于设计。与吊杆连接的龙骨安装主要有三种方法，一是有附加荷载的吊顶承载龙骨，采用承载龙骨吊件与钢筋吊杆下端套螺纹部位连接，拧紧螺母卡稳、卡牢；二是无附加荷载的 C 型轻钢龙骨单层构造的吊顶主龙骨，采用轻型吊件与吊杆连接，一般是利用吊件上的弹簧钢片夹固吊杆，下端钩住 C 型龙骨槽口两侧；第三种方法是对于轻便吊顶的 T 型主龙骨，可以采用其配套的 T 型龙骨吊件，上部连接吊杆，下端夹住 T 型龙骨，有的则是直接将镀锌钢丝吊杆穿过龙骨上的孔眼勾挂绑扎
调平方法	主龙骨安装就位后，以一个房间为单位进行调平。调平方法可采用木方按主龙骨间距钉圆钉，将龙骨卡住先作临时固定，按房间的十字和对角拉线，根据拉线进行龙骨的调平、调直。根据吊件品种，拧动螺母或是通过弹簧钢片，或是调整钢丝，准确后再行固定。为使主龙骨保持稳定，使用镀锌钢丝作吊杆者宜采取临时支撑措施，可设置木方上端顶住顶棚基体底面，下端顶稳主龙骨，待安装吊顶板前再行拆除
轻钢龙骨施工的注意事项	施工顶棚为轻钢龙骨时，不能一开始将所有卡夹件都夹紧，以免校正主龙骨时，左右一敲而使得夹子松动，且不易再夹紧，影响牢固。正确的方法是：安装时先将次龙骨临时固定在主龙骨上，每根次龙骨用 2 只卡夹固定，校正主龙骨平正后再将所有的卡夹一次全部夹紧，顶棚骨架就不会松动，减少变形。遇到观众厅、礼堂、展厅、餐厅等大面积房间采用轻钢龙骨吊顶时，需每隔 12 m 在大龙骨上部焊接一道横卧大龙骨，以加强大龙骨侧向稳定及吊顶整体性。 轻钢大龙骨可以焊接，但宜点焊，防止焊穿或杆件变形。轻钢次龙骨太薄所以不能焊接

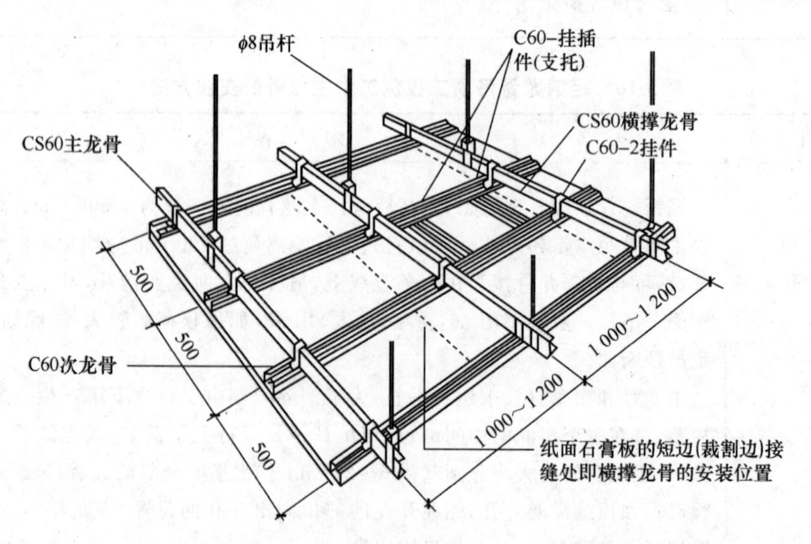

图 3-3　纸面石膏罩面 CS60 轻钢龙骨上人吊顶安装示意图(单位：mm)

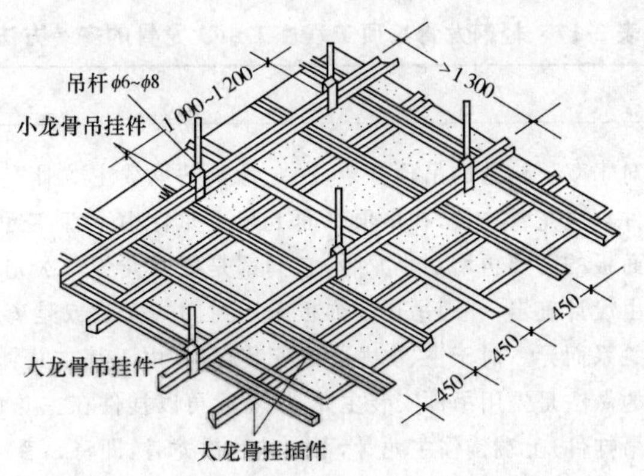

图 3-4　轻钢龙骨安装示意图（单位：mm）

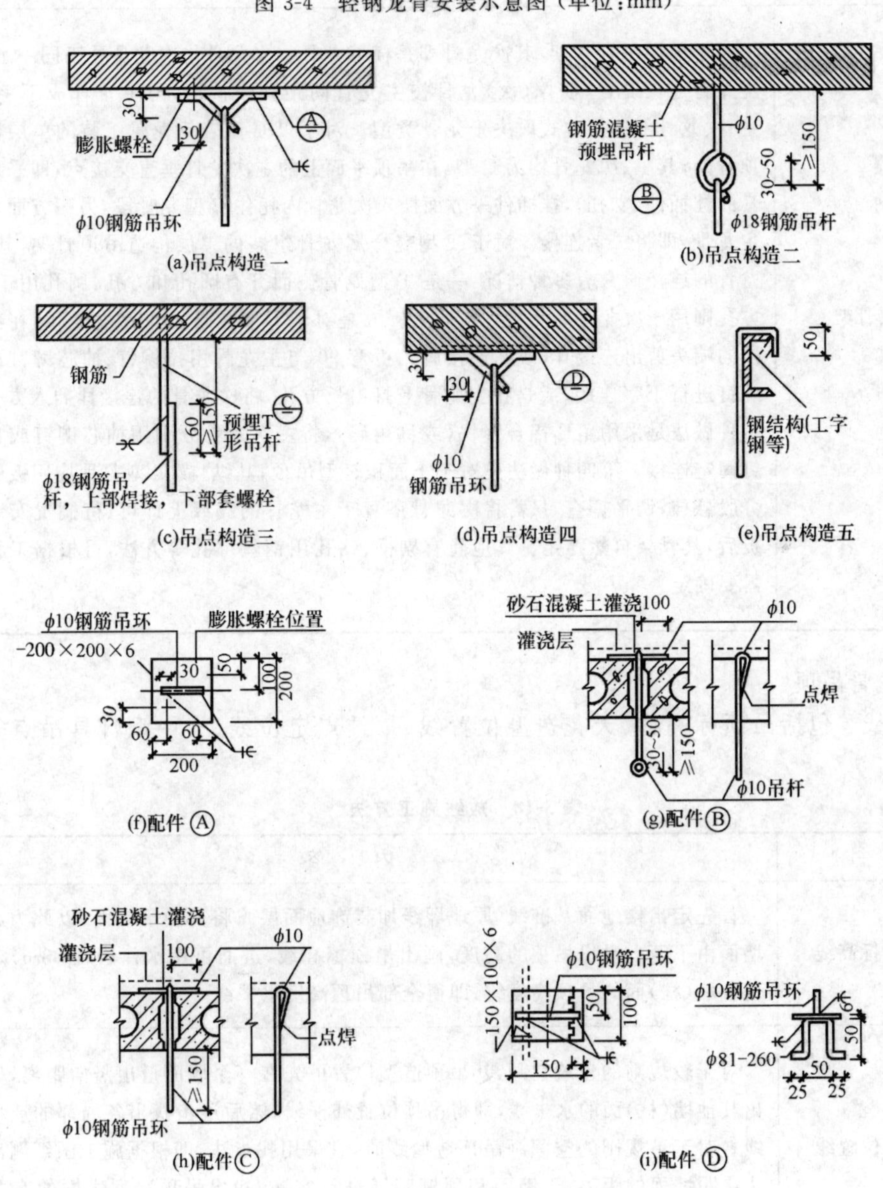

图 3-5　吊点构造详图（单位：mm）

表 3-17　轻钢龙骨吊顶工程施工中次龙骨的安装方法

项　　目	内　　容
双层吊顶骨架	对于双层构造的吊顶骨架，次龙骨紧贴承载主龙骨安装，通长布置，利用配套的挂件与主龙骨连接，在吊顶平面上与主龙骨相垂直，它可以是中龙骨，有时则根据罩面板的需要再增加小龙骨，它们都是覆面龙骨。次龙骨（中龙骨及小龙骨）的中距由设计确定，并因吊顶装饰板采用封闭式安装或是离缝及密缝安装等不同的尺寸关系而异。对于主、次龙骨的安装程序，由于其主龙骨在上，次龙骨在下，所以一般的做法是先用吊件安装主龙骨，然后再以挂件在主龙骨下吊挂次龙骨。挂件（或称吊挂件）上端钩住主龙骨，下端挂住次龙骨，即将二者连接
单层吊顶骨架	对于单层吊顶骨架，其次龙骨即是横撑龙骨。主龙骨与次龙骨处于同一水平面，主龙骨通长设置，横撑（次）龙骨按主龙骨间距分段截取，与主龙骨成丁字连接。主、次龙骨的连接方式取决于龙骨类型。对于以C型轻钢龙骨组装的单层构造吊顶骨架，其主、次龙骨均为C型，在吊顶平面上的主次龙骨垂直交接点，即采用其配套的挂插件（支托），挂插件一方面插入次龙骨内托住C型龙骨段，另一方面勾挂住主龙骨，即将二者连接。对于T型轻金属龙骨组装的单层构造吊顶骨架，其主、次龙骨的连接通常有多种情况：一是T型龙骨侧面开有圆孔和方孔，圆孔用于悬吊，方孔则用于次龙骨的凸头直接插入。二是对于不带孔眼的T型龙骨，可在次龙骨段的端头剪出连接耳（或称连接脚），折弯90°与主龙骨用拉铆钉、抽芯铆钉或自攻螺钉进行丁字连接；或是在主龙骨上打出长方孔，将次龙骨的连接耳插入方孔。第三种做法是采用角形铝合金块（或称角码），将主次龙骨分别用抽芯铆钉或自攻螺钉固定连接。第四种做法是对于小面积轻型吊顶，其纵、横T型龙骨均用镀锌钢丝分股悬挂，调平调直，只需将次龙骨搭置于主龙骨的翼缘上即可，待搁置安装吊顶板后，其骨架自然稳定。其他尚有剔槽、钻孔用钢丝绑扎等方法，可根据工程实际需要确定

4. 木龙骨吊顶

(1)放线。包括吊顶标高线、天花造型位置线、吊挂点定位线、大中型灯具吊点等见表3-18。

表 3-18　放线施工方法

项　　目	内　　容
确定吊顶标高线	首先定出楼地面基准线（原地坪线加装饰地面层），将其画于墙面，以此为起点顺墙面由下至上量出吊顶的高度，画出吊顶标高线，进而可用水柱法（图3-6）定出其他各墙（柱）面的吊顶高度线，即得全部吊顶高度水平线
确定造型位置线	对于较规则的建筑空间，其吊顶造型位置可先在一个墙面量出竖向距离，以此画出其他墙（柱）面的水平线，即得吊顶位置外框线，然后逐步找出各局部的造型框架线。对于不规则的空间画吊顶造型线时，宜采用找点法，即根据施工图纸测出造型边缘距墙面的距离，于墙面和顶棚基层进行实测，找出吊顶造型边框的有关基本点，然后将各点连线形成吊顶造型线

续上表

项　目	内　容
确定吊点位置	对于平顶顶棚，其吊点一般是按每1 m^2 布置一个，在顶棚上均匀排布。对于有叠级造型的吊顶，应注意在分层交界处布置吊点，吊点间距为0.8～1.2 m

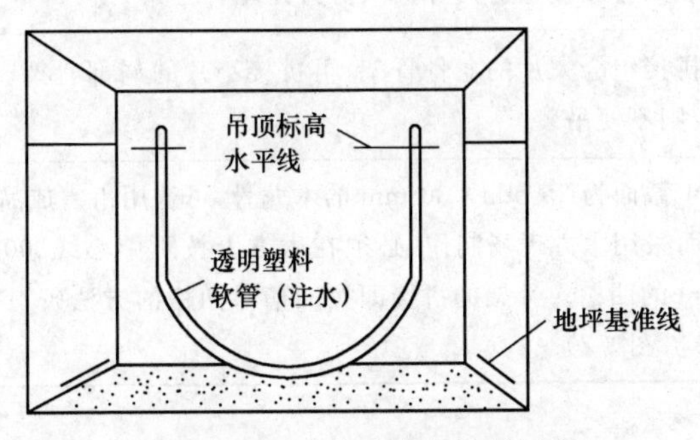

图3-6　用水柱法确定吊顶标高

(2)木龙骨的处理方法见表3-19。

表3-19　木龙骨处理方法

项　目	内　容
防腐处理	建筑装饰工程中所用木质龙骨材料，应按规定选材并实施在构造上的防潮处理，同时应涂刷防腐防虫药剂
防火处理	工程中木构件的防火处理，一般是将防火涂料涂刷或喷于木材表面，也可把木材置于防火涂料槽内浸渍。防火涂料应根据其胶结性质分为油质防火涂料（内掺防火剂）与氯乙烯防火涂料、可赛银（酪素）防火涂料、硅酸盐防火涂料，在工程实践中可按表3-20进行选择使用

表3-20　对选择及使用防火涂料的规定

防火涂料的种类	每1 m^2 木材表面所用防火涂料的数量（以"kg"计），不得小于	特性	基本用途	限制和禁止的范围
硅酸盐涂料	0.5	无抗水性，在二氧化碳的作用下分解	用于不直接受潮湿作用的构件上	不得用于露天构件及位于二氧化碳含量高的大气中的构件
可赛银（酪素）涂料	0.7	—	用于不直接受潮湿作用的构件上	不得用于露天构件
掺有防火剂的油质涂料	0.6	抗水	用于露天构件上	—
氯乙烯涂料和其他涂料				

注：允许采用根据专门规范指示而试验合格的其他防火剂。

(3)龙骨架的拼接方法见表 3-21。

表 3-21 龙骨架的拼接方法

项　目	内　容
分片选择	确定吊顶骨架面上需要分片或可以分片安装的位置和尺寸，根据分片的平面尺寸选取龙骨纵横型材(经防腐、防火处理后已晾干)
拼接	先拼接组合大片的龙骨骨架，再拼接小片的局部骨架。拼接组合的面积不可过大，否则不便吊装
成品选择	对于截面为 25 mm×30 mm 的木龙骨，可选用市售成品凹方型材，如为确保吊顶质量而采用木方现场制作，必须在木方上按距中心线300 mm处开凿深 15 mm、宽 25 mm 的凹槽。骨架的拼接即按凹槽对凹槽的方法咬口拼接，拼口处涂胶并用圆钉固定(图 3-7)

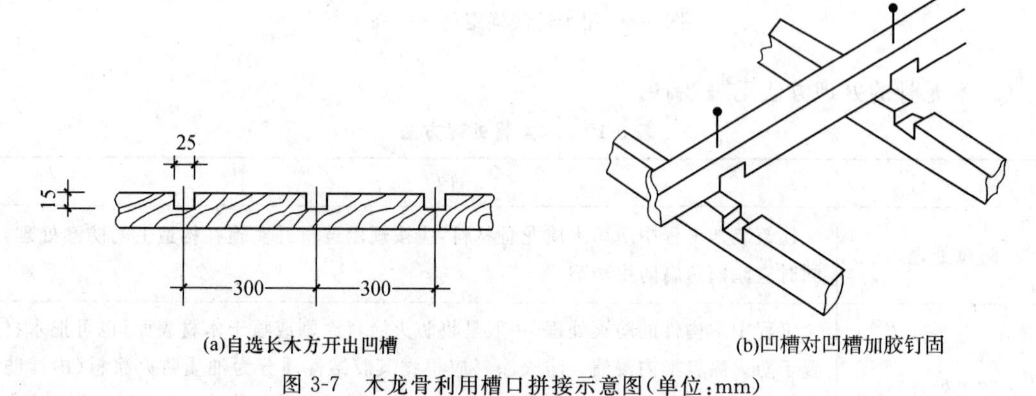

(a)自选长木方开出凹槽　　(b)凹槽对凹槽加胶钉固

图 3-7　木龙骨利用槽口拼接示意图(单位:mm)

(4)木龙骨的安装方法见表 3-22。

表 3-22 木龙骨安装方法

项　目	内　容
安装吊点紧固件	无预埋的顶棚，可用金属胀铆螺栓或射钉将角钢块固定于楼板底(或梁底)作为安设吊杆的连接件。对于小面积轻型的木龙骨装饰吊顶，也可用胀铆螺栓固定木方(截面约为 40 mm×50 mm)，吊顶骨架直接与木方固定或采用木吊杆，如图 3-8 所示
固定边龙骨	在木骨架吊顶施工中，沿标高线在四周墙(柱)面固定边龙骨的方法主要有两种。一种是沿吊顶标高线以上 10 mm 处在建筑结构表面打孔，钻孔间距为 500～800 mm，在孔内打入木楔，将边龙骨钉固于木楔上；另一种做法是先在木龙骨上钻孔，再用水泥钉通过钻孔将边龙骨钉固于混凝土墙、柱面(此法不宜用于砖砌体)
分片吊装	分片吊装应符合下列要求： (1)将拼接组合好的木龙骨架托起，至吊顶标高位置。对于高度低于 3 m 的吊顶骨架，可用高度定位杆作临时支撑(图 3-9)；吊顶高度超过 3 m 时，可用钢丝在吊点上作临时固定。

续上表

项　　目	内　　容
分片吊装	(2)根据吊顶标高线拉出纵横水平基准线，作为吊顶的平面基准。 (3)将吊顶龙骨架向下略作移位，使之与基准线平齐。待整片龙骨架调正、调平后，即将其靠墙部分与沿墙龙骨钉接
龙骨架与吊点固定	固定做法有多种，视选用的吊杆及上部吊点构造而定，例如，以 $\phi6$ 钢筋吊杆与吊点的预埋钢筋焊接；利用扁铁与吊点角钢以 M6 螺栓连接；利用角钢作吊杆与上部吊点角钢连接等。吊杆与龙骨架的连接，根据吊杆材料可分别采用绑扎、钩挂及钉固等，例如扁铁及角钢杆件与木龙骨可用 2 个木螺钉固定(图 3-10)
合方网架施工	合方网架四周必须有边框，与主木龙骨连接时，要保证 2 片合方网架两边框同时固定在主木龙骨上。没有主木龙骨的部位，靠 2 片合方网架的边框互相连接固定，以保证合方网架平整，如图3-11、图 3-12 所示
叠级吊顶的上下平面龙骨架连接	对于叠级吊顶，一般是从最高平面(相对地面)开始吊装，吊装与调平的方法同上述，但其龙骨架不可能与吊顶标高线上的沿墙龙骨连接。其高低面的衔接，常用做法是先以一条木方斜向将上下平面龙骨架定位，而后用垂直方向的木方把上下两平面的龙骨架固定连接(图 3-13)
龙骨架分片间的连接	分片龙骨架在同一平面对接时，将其端头对正，而后用短木方进行加固，将木方钉于龙骨架对接处的侧面或顶面均可(图3-14)。对一些重要部位的龙骨接长，须采用铁件进行连接紧固
龙骨的整体调平	木龙骨架按图纸要求全部安装到位之后，即在吊顶面下拉出十字或对角交叉的标高线，检查吊顶骨架的整体平整度。对于骨架底平面出现有下凸的部分，要重新拉紧吊杆；对于有上凹现象的部位，可用木方杆件顶撑，尺寸准确后将木方两端固定。各个吊杆的下部端头均按准确尺寸截平，不得伸出骨架的底部平面

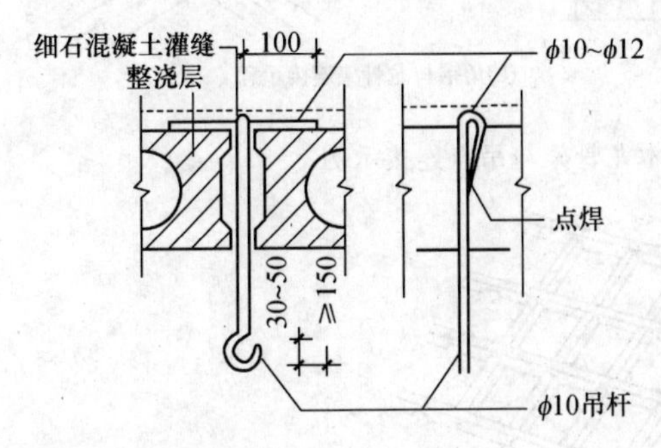

(a)预制楼板内浇筑细石混凝土时，埋设 $\phi10\sim\phi12$ 短段钢筋，另设吊筋将一端打弯勾于水平钢筋，另一端从板缝中抽出

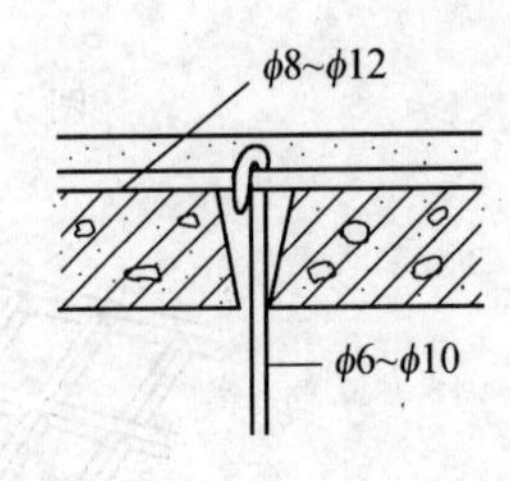

(b)预制楼板内埋设通长钢筋，另一钢筋一端系其上一端从板缝中抽出

图　3-8

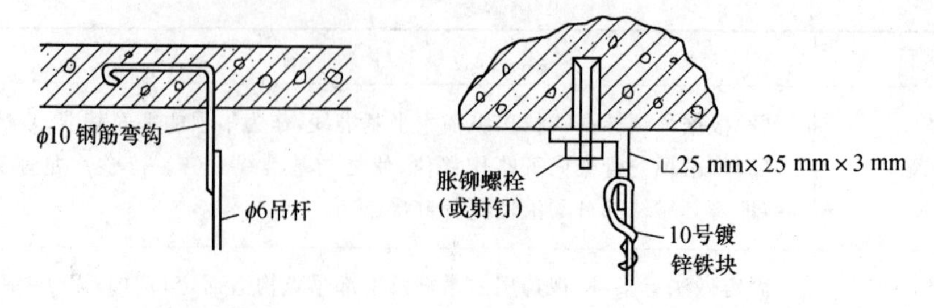

(c)预制楼板内预埋钢筋弯钩　　(d)用胀铆螺栓或射钉固定角钢连接件

图 3-8　木质装饰吊顶的吊点紧固示意(单位:mm)

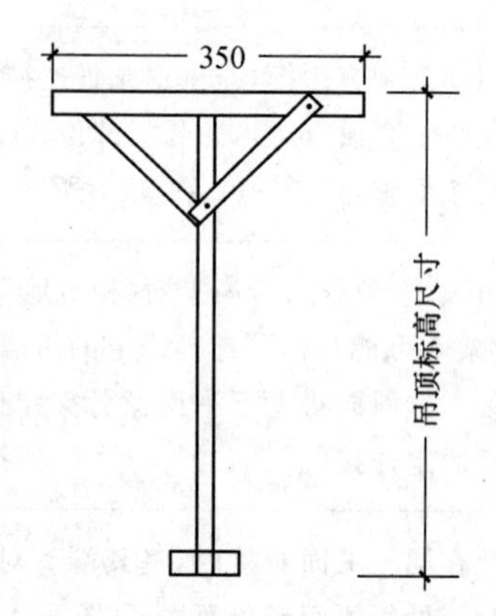

图 3-9　吊顶高度临时支撑定位杆(单位:mm)

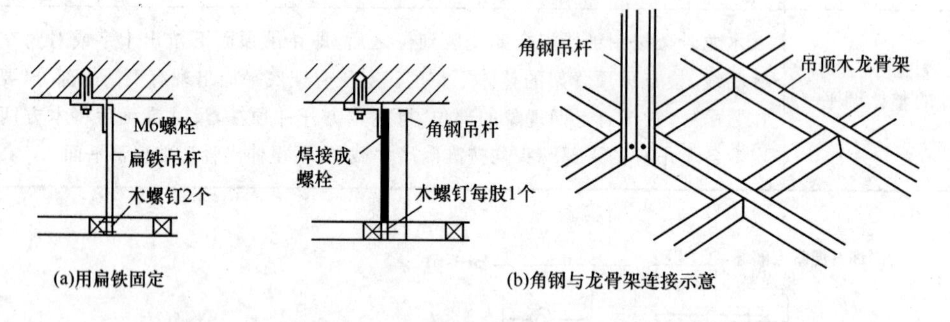

(a)用扁铁固定　　(b)角钢与龙骨架连接示意

图 3-10　木龙骨架与吊点连接示例

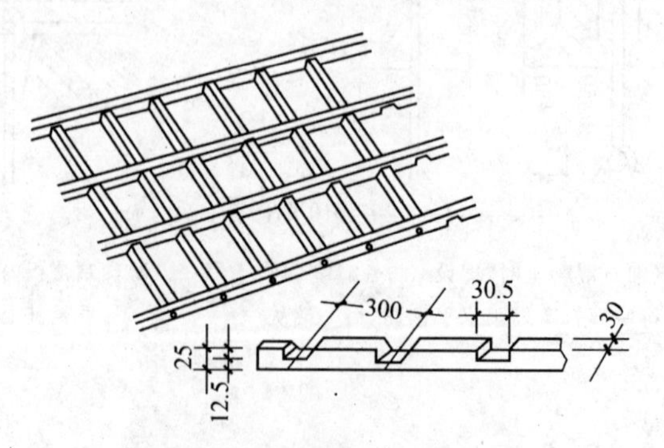

图 3-11　木合方网架(单位:mm)

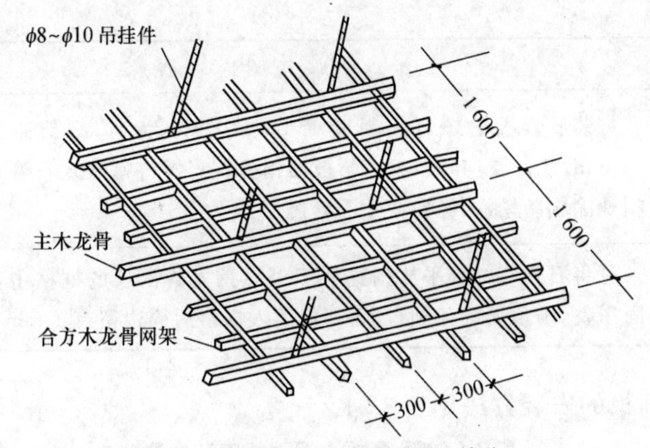

图 3-12 木龙骨吊顶安装示意图(单位:mm)

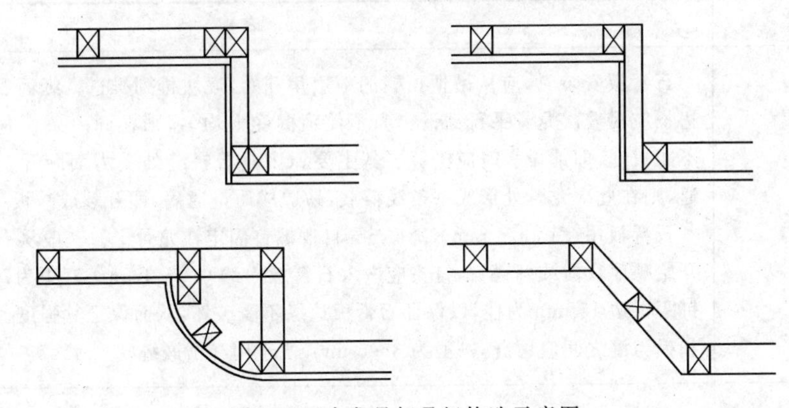

图 3-13 木龙骨架叠级构造示意图

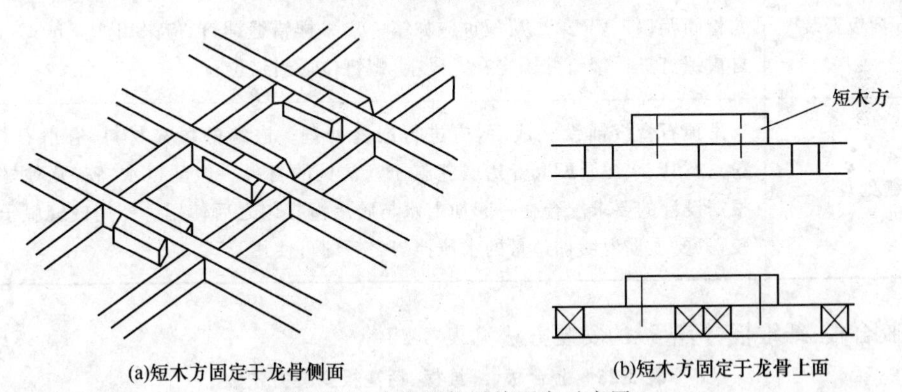

(a)短木方固定于龙骨侧面 (b)短木方固定于龙骨上面

图 3-14 木龙骨架对接固定示意图

5.罩面板安装

(1)平板及穿孔石膏罩面板的安装方法见表 3-23。

表 3-23 平板及穿孔石膏罩面板安装方法

项 目	内 容
粘结法安装	如果将石膏板直接粘贴于楼板底基层,要求基层表面坚实平整。胶黏剂应涂刷均匀,不得漏涂,要粘实粘牢
钉固法安装	对于 U 型、C 型轻钢龙骨吊顶,可用自攻螺钉将石膏板与覆面龙骨固定;对于木龙骨吊顶,要求木龙骨的底宽×厚不小于 60 mm×40 mm,采用 25 mm 木螺钉固定石膏板。

续上表

项　　目	内　　容
钉固法安装	钉装石膏板的螺钉间距以150～170 mm为宜，螺钉距板边的距离应不小于15 mm，螺钉要均匀布置并与板面相垂直。螺钉帽嵌入石膏板面0.5～1.0 mm，钉帽处涂刷防锈涂料，钉眼用石膏腻子抹平
搁置式安装	可将石膏装饰板平放搁置于T型轻钢龙骨吊顶的框格中，要求金属龙骨安装牢固平整，吊顶面线条顺直，石膏板落入框格后周边留有1 mm伸缩间隙

(2)石膏板类罩面板的安装方法见表3-24。

表3-24　石膏板类罩面板安装方法

项　　目	内　　容
安装顺序	石膏板安装时，应从吊顶顶棚的一边角开始，逐块排列推进。纸面石膏板的纸包边长应沿着次龙骨平行铺设。为了使顶棚受力均匀，则在同一条次龙骨上的拼缝不能贯通，即铺设板时应错缝。其主要原因是板拼缝处受力面断开。如果拼缝贯通，则在此次龙骨处形成一条线荷载，易造成质量通病，即开裂或一板一棱的现象。 石膏板用镀锌3.5 mm×2.5 mm自攻螺钉固定在龙骨上。一般从一端角或中间开始顺序往前或两边钉，钉头应嵌入石膏板内约0.5～1 mm，钉距为70～150 mm，钉距板边15 mm为佳，以保证石膏板边缘不受破坏，从而保证其强度。板与板之间和板与墙之间应留缝，一般为3～5 mm，便于用腻子嵌缝
双层石膏板安装	当采用双层石膏板时，应注意其长短边与第一层石膏板的长短边均应错开一个龙骨间距以上，且第二层板也应如第一层一样错缝铺钉，应采用3.5 mm×3.5 mm自攻螺钉进行铺钉并固定在龙骨上，螺钉位适当错位
嵌缝处理	吊顶石膏板铺设完成后，应进行嵌缝处理。嵌缝的填充材料，有滑石粉(双飞粉)、石膏、水泥及配套专用嵌缝腻子。常见的材料一般配以水、胶，几种材料也可根据设计的要求配合在一起加上水与胶水搅拌匀之后使用。专用嵌缝腻子不用加胶，只要根据说明加适量的水搅拌匀之后即可使用

(3)胶合板、纤维板、钙塑板的安装方法见表3-25。

表3-25　胶合板、纤维板、钙塑板安装方法

项　　目	内　　容
胶合板安装	胶合板应光面向外，相邻板色彩与木纹要协调，胶合板可用钉子固定，钉距为80～150 mm，钉长为25～35 mm，钉帽应打扁，并进入板面0.5～1.0 mm，钉眼用油性腻子抹平。胶合板面如涂刷清漆时，相邻板面的木纹和颜色应近似
纤维板安装	(1)纤维板可用钉子固定，钉距为80～120 mm，钉长为20～30 mm，钉帽进入板面0.5 mm，钉眼用油性腻子抹平。硬质纤维板应用水浸透，自然阴干后安装。 (2)胶合板、纤维板用木条固定时，钉距不应大于200 mm，钉帽应打扁，并进入木压条0.5～1.0 mm，钉眼用油性腻子抹平

续上表

项目	内容
钙塑装饰板安装	钙塑装饰板用胶黏剂粘贴时，涂胶应均匀，粘贴后应采取临时固定措施，并及时擦去挤出的胶液。用钉固定时，钉距不宜大于 150 mm，钉帽应与板面齐平，排列整齐，并用与板面颜色相同的涂料涂饰

(4)纤维水泥加压板的安装方法见表 3-26。

表 3-26 纤维水泥加压板安装方法

项目	内容
规格	(1)龙骨间距、螺钉与板边的距离及螺钉间距等，应满足设计要求和有关产品的要求。 (2)纤维水泥加压板与龙骨固定时，所用电钻钻头的直径应比选用螺钉直径小 0.5～1.0 mm；固定后，钉帽应做防锈处理，并用油性腻子嵌平
板缝处理	用密封膏、石膏腻子或掺界面剂胶的水泥砂浆嵌涂板缝并刮平，硬化后用砂纸磨光，板缝宽度应小于 50 mm；板材的开孔和切割，应按产品的有关要求进行

(5)金属板的安装方法见表 3-27。

表 3-27 金属板安装方法

项目	内容
安装顺序	金属铝板的安装应从边上开始，有搭口缝的铝板，应顺搭口缝方向逐块进行，铝板应用力插入齿口内，使其啮合
常用方法	(1)金属条板式吊顶龙骨一般可直接吊挂，也可增加主龙骨，主龙骨间距不大于 1.2 m，条板式吊顶龙骨形式应与条板配套；方板吊顶次龙骨分明装 T 形和暗装卡口两种，根据金属方板式样选定次龙骨，次龙骨与主龙骨间用固定件连接；金属格栅的龙骨可明装也可暗装，龙骨间距由格栅做法确定。 (2)金属板吊顶与四周墙面所留空隙，用金属压缝条镶嵌或补边吊顶找齐，金属压条材质应与金属面板相同

(6)装饰吸声罩面板的安装方法见表 3-28。

表 3-28 装饰吸声罩面板安装方法

项目	内容
矿棉装饰吸声板安装	安装方法如图 3-15 所示
玻璃棉装饰天花板罩面安装	玻璃棉装饰天花板罩面安装施工要点： (1)玻璃棉装饰吸声板的饰面一般只做一面（喷饰涂料薄膜），另一面不做任何处理，安装施工时应将未处理的一面朝下搁置，以避免丧失吸声效果。 (2)玻璃棉装饰吸声板比较轻，一般可以明摆浮搁在铝合金龙骨的肢上，且不会变形。但是，对于风速比较大的部位，如空调口附近，很容易将板掀起，所以，常用木条或竹条压在饰面板上面，也可用钢丝卡固定。

续上表

项　　目	内　　容
玻璃棉装饰天花板罩面安装	(3)施工现场相对湿度应在85%以下,湿度过高不宜施工。室内要待全部土建工程完毕干燥后,方可安装玻璃棉装饰吸声板。 (4)玻璃棉装饰吸声板不宜用在湿度较大的建筑内,如浴池、厨房等。 (5)玻璃棉装饰吸声板饰面层要注意保护,表面不得划伤、破损。在施工过程中要做好成品保护,对于易划、易碰部位,应采取适当保护措施。 (6)玻璃棉装饰吸声板遇水表面装饰层会鼓包,可成波浪形状,故运输、码堆过程中,应加强保管,防止受潮。另外,吸声板的饰面层是施胶后贴上去的,受潮后容易发生脱胶现象,导致表面不平,饰面层与玻璃棉板脱开,所以要注意防潮,不要被水淋。 (7)施工中要注意吸声板背面的箭头方向和白线方向,必须保持一致,以保证花样、图案的整体性。 (8)根据房间的大小及灯具的布置,以施工面积中心计算吸声板的用量,以保证两侧间距相等。从一侧开始安装,以保证施工效果。 (9)安装吸声板时,需戴清洁手套,以防将板面弄脏。 (10)对于强度要求特殊的部位(如吊挂大型灯具),在施工中应按设计要求施工

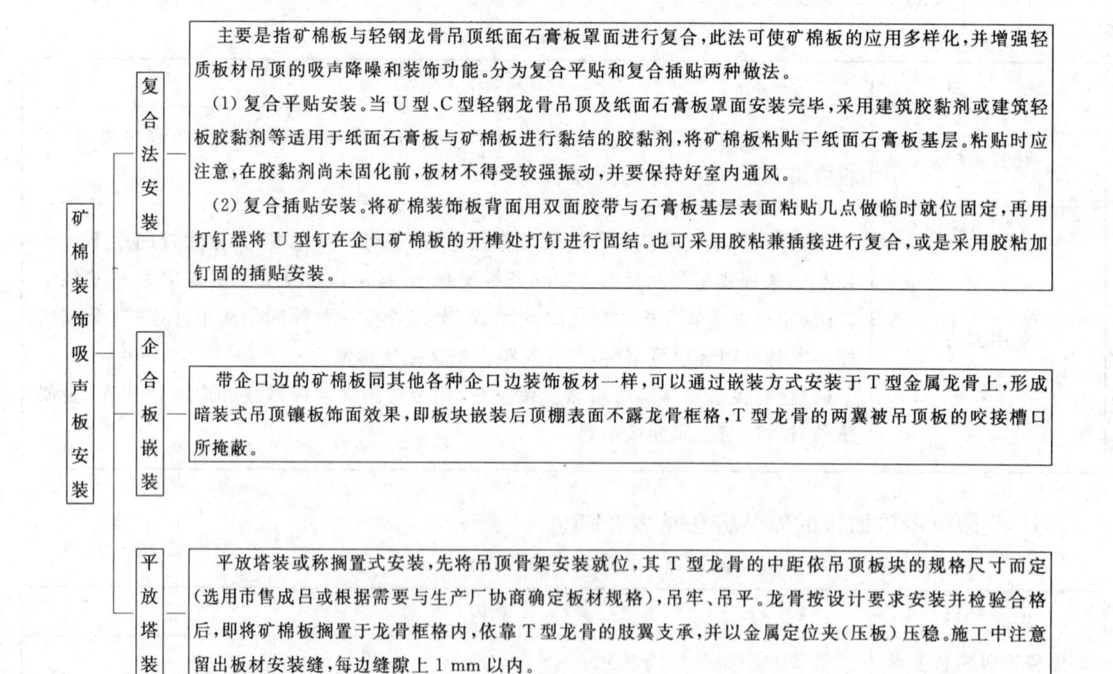

图 3-15　矿棉装饰吸声板安装方法

第四章　轻质隔墙工程

第一节　活动隔墙工程施工

一、施工质量验收标准及施工质量控制要求

(1)活动隔墙工程施工质量验收标准见表4-1。

表4-1　活动隔墙工程施工质量验收标准

项　目	内　容
主控项目	(1)活动隔墙所用墙板、配件等材料的品种、规格、性能和木材的含水率应符合设计要求。有阻燃、防潮等特性要求的工程,材料应有相应性能等级的检测报告。 检验方法:观察;检查产品合格证书、进场验收记录、性能检测报告和复验报告。 (2)活动隔墙轨道必须与基体结构连接牢固,并应位置正确。 检验方法:尺量检查;手扳检查。 (3)活动隔墙用于组装、推拉和制动的构配件必须安装牢固、位置正确,推拉必须安全、平稳、灵活。 检验方法:尺量检查;手扳检查;推拉检查。 (4)活动隔墙制作方法、组合方式应符合设计要求。 检验方法:观察
一般项目	(1)活动隔墙表面应色泽一致、平整光滑、洁净,线条应顺直、清晰。 检验方法:观察;手摸检查。 (2)活动隔墙上的孔洞、槽、盒应位置正确、套割吻合、边缘整齐。 检验方法:观察;尺量检查。 (3)活动隔墙推拉应无噪声。 检验方法:推拉检查。 (4)活动隔墙安装的允许偏差和检验方法见表4-2

表4-2　活动隔墙安装的允许偏差和检验方法

项　目	允许偏差(mm)	检验方法
立面垂直度	3	用2 m垂直检测尺检查
表面平整度	2	用2 m靠尺和塞尺检查
接缝直线度	3	拉5 m线,不足5 m拉通线,用钢直尺检查
接缝高低差	2	用钢直尺和塞尺检查
接缝宽度	2	用钢直尺检查

(2)活动隔墙工程施工质量控制要求见表 4-3。

表 4-3　活动隔墙工程施工质量控制要求

项　目	内　容
活动隔墙安装	活动隔墙安装后必须能重复及动态使用,同时必须保证使用的安全性和灵活性
推拉式活动隔墙	推拉式活动隔墙的轨道必须平直,安装后,应该推拉平稳、灵活、无噪声,不得有弹跳、卡阻现象

二、标准的施工方法

1. 直滑式活动隔墙安装

直滑式活动隔墙的安装方法见表 4-4。

表 4-4　直滑式活动隔墙的安装方法

项　目	内　容
构造	直滑式活动隔墙是由若干隔扇组合而成的。这些隔扇可以是独立的,也可以利用铰链连接到一起,独立的隔扇可以沿着各自的轨道滑动,但在滑动中始终不改变自身的角度,沿着直线开启或关闭。 直滑式隔墙完全打开时,隔扇可以隐蔽于洞口的一侧或两侧。当洞口很大,隔扇较多时,往往采用一段拐弯的轨道或分岔的轨道重叠在一起。 直滑式隔墙隔扇的主体是一个木框架,两侧各贴一层木质纤维板,两层板的中间夹着隔声层,板的外面覆盖着聚乙烯面层。隔扇的两个垂直边,用螺钉固定着铝镶边。镶边的凹槽内,嵌有隔声用的泡沫聚乙烯密封条,直滑式隔扇的构造如图 4-1 所示,直滑式隔墙的立面与节点如图 4-2 所示
隔扇	隔扇与楼地面之间的缝隙采用不同的方法来遮掩:一种方法是在隔扇的下面设置两行橡胶做的密封刷;另一种方法是将隔扇的下部做成凹槽,在凹槽所形成的空间内,分段设置密封槛。密封槛的上面也有两行密封刷,分别与隔扇凹槽的两个侧面相接触。密封槛的下面另设密封垫,靠密封槛的自重与楼地面紧紧地相接触
轨道和滑轮	轨道和滑轮的形式也是多种多样的。总的说来,轨道的断面多数为槽形,滑轮多为四轮小车组。小车组可以用螺栓固定在隔扇上,也可以用连接板固定在隔扇上

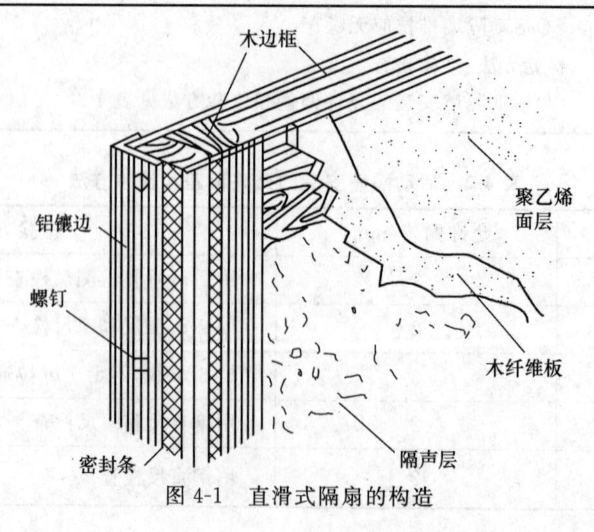

图 4-1　直滑式隔扇的构造

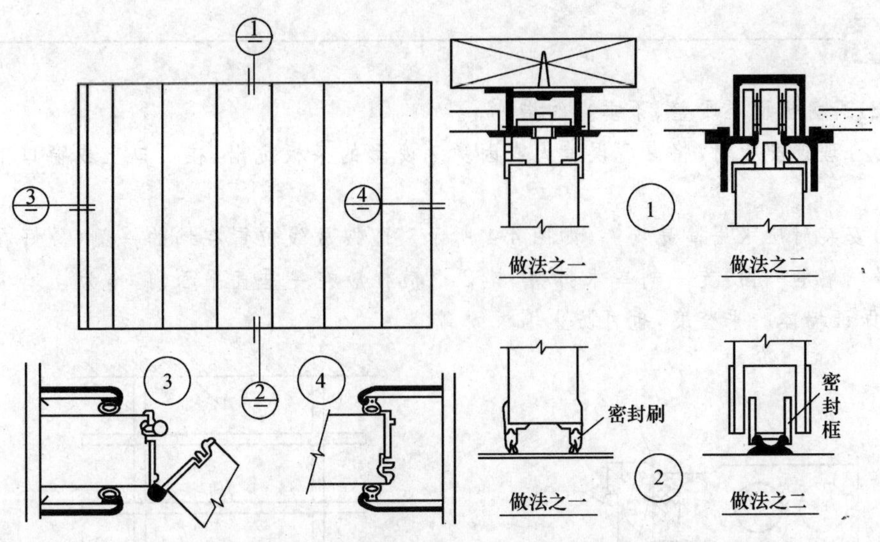

图 4-2　直滑式隔墙的立面图与节点图

质量问题

石膏空心板隔墙门框固定不牢，板面不平整

质量问题表现

(1)门框安装后不久，出现松动或灰缝脱落。

(2)板面不平整、不垂直。

质量问题原因

(1)造成门框固定不牢的原因。

1)板端凹槽杂物未清除干净，板槽内黏结材料下坠。

2)采取后塞口时预留门洞口过大。

3)水泥砂浆勾缝不实。

(2)造成板面不平整、不垂直的原因。

1)板材厚度不一致或翘曲变形。

2)安装方法不当。

质量问题预防

(1)避免门框固定不牢的措施。

1)门框安装前，应将槽内杂物、浮砂清除干净，刷 108 胶稀释溶液 1～2 道。槽内放小木条(可间断)，以防止黏结材料下坠。安装门框后，沿门框高度钉 2～3 个钉子，以防外力碰撞门框发生错位，如图 4-3 所示。

2)将后塞口做法改为随立板随立口的工艺，即板材顺序安装至门口位置时，将门框立好、挤压，缝宽 3～4 mm，然后再顺序安装门框另一侧条板。

质量问题

(2)避免板面不平整、不垂直的措施。

1)合理选配板材,将厚度误差大或因受潮变形的条板挑出,在门口上或窗口下作短板用。

2)安装时应采用简易支架,如图 4-4 所示。即按放线位置在墙的一侧(最好在主要使用房间墙的一面)支一简单木排架,其 2 根横杠应在一垂直平面内,作为立墙板的靠架,以保证墙体的平整度,也可防止墙板倾倒。

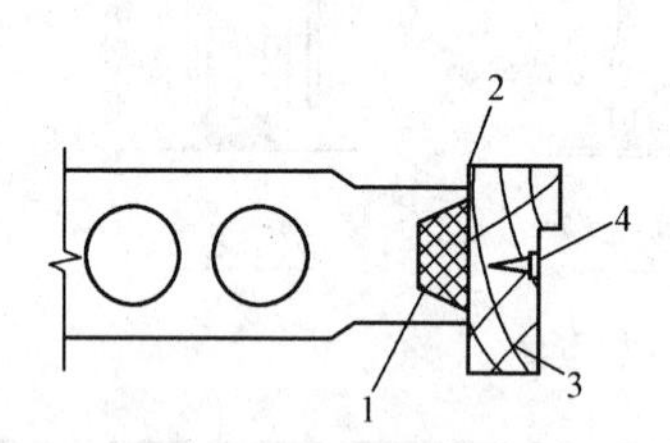

图 4-3　门框的固定

1—木板条;2—黏结剂;
3—门框;4—钉子或木螺钉

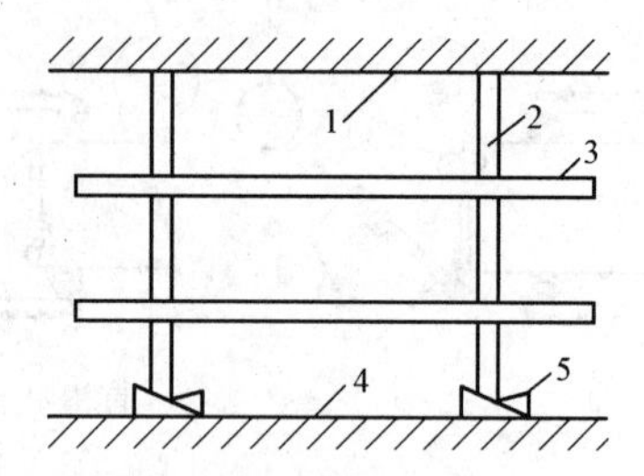

图 4-4　简易墙板靠架

1—楼板;2—50 mm×100 mm 方木立柱;
3—横杠;4—楼地面;5—木楔

3)隔墙安装后应进行检查验收,检查不合格的应立即返工或返修。

2. 折叠式活动隔墙安装

折叠式活动隔墙的安装方法见表 4-5。

表 4-5　折叠式活动隔墙安装方法

项　　目	内　　容
单面硬质折叠式隔墙	这种隔墙的隔扇与直滑式隔扇的构造基本相同,只是宽度比较小,一般为 500～1 000 mm。 隔扇的上部滑轮可以设在顶面的一端,即隔扇的边梃上,也可以设在顶面的中央。当设在一端时,由于隔扇的重心与作为支撑点的滑轮不在同一条直线上,必须在平顶与楼地面上同时设轨道,以免隔扇受水平推力的作用而倾斜。如果把滑轮设在隔扇顶面正中央,由于支撑点与隔扇的重心位于同一条直线上,楼地面上就不用再设轨道了。 当隔扇较窄时,可以按照前一种方式设置滑轮和轨道,此时,隔扇的数目不限,但要成偶数,以便使首尾 2 个隔扇都能依靠滑轮与上下轨道连起来;当按照后一种方式设置滑轮时,可以每隔 1 扇设一个滑轮,此时,隔扇的数目必须为奇数(不含末尾处的半扇)。采用手动开关的隔扇,可取 5 扇或 7 扇,扇数过多的,需用机械开关。隔扇之间用铰链连接,少数隔墙也可 2 扇一组地连接起来(图 4-5)。当需要透光时,可以全部或部分采用玻璃扇。 上部滑轮的形式较多。隔扇较重时,可采用带有滚珠轴承的滑轮,轮缘是钢的或是尼龙的;隔扇较轻时,可采用带有金属轴套的尼龙滑轮或滑钮(图4-6)。 作为上部支撑点的滑轮小车组,与固定隔扇垂直轴要保持自由转动的关系,以便隔扇能够随时改变自身的角度,垂直轴内可酌情设置减振器,以保证隔扇能在不大平整的轨道上平稳地移动。

续上表

项　　目	内　　容
单面硬质折叠式隔墙	隔墙的下部装置与隔墙本身的构造及上部装置有关。当上部滑轮设在隔扇顶面的一端时，楼地面上要相应地设轨道，隔扇底面要相应地设滑轮，构成下部支撑点。这种轨道的断面多数都是T形的[图4-7(a)]。当上部滑轮设在隔扇顶面的中央时，楼地面上一般不设轨道，如果隔扇较高，可在楼地面上设置导向槽，在隔扇的底面相应地设置中间带凸缘的滑轮或导向杆。此时，下部装置的主要作用是维持隔扇的垂直位置，防止在启闭的过程中向两侧摇摆[图4-7(b)]。在更多的情况下，楼地面上不设置轨道和导向槽，这样可使施工简便、使用方便。 为保证隔墙具有足够的隔声能力，除提高隔扇本身的隔声性能外，还需要妥善处理隔扇与隔扇之间的缝隙、隔扇与平顶之间的缝隙、隔扇与楼地面之间的缝隙以及隔扇与洞口两侧之间的缝隙。为此，隔扇的两个垂直边常常做成凸凹相咬的企口缝，并在槽内镶嵌橡胶或毡制的密封条(图4-8)。最前面一个隔扇与洞口侧面接触处，可设密封管或缓冲板(图4-9)。隔扇的底面与接地面之间的缝隙(约25 mm)常用橡胶或毡制密封条遮盖。当楼地面上不设轨道时，也可以隔扇的底面设一个富有弹性的密封垫，并相应地采取一个专门装置，使隔墙处于封闭状态时能够稍稍下落，从而将密封垫紧紧地压在楼地面上。 单面折叠式隔墙收拢后，隔扇可折叠于洞口的一侧或两侧。室内装修要求较高时，可在隔扇折叠起来的地方做一段空心墙，将隔扇隐蔽在空心墙内(图4-10)。空心墙外面设一扇小门，不论隔墙展开或收拢，都能关起来，即使洞口保持整齐美观
双面硬质折叠式隔墙	这种隔墙可以有框架或无框架。所谓有框架就是在双面隔墙的中间设置若干个立柱，在立柱之间设置数排金属伸缩架(图4-11)。伸缩架的数量依隔墙的高度而定。 框架两侧的隔板大多由木板或胶合板制成。当采用木质纤维板时，表面宜粘贴塑料饰面层，隔板的宽度一般不超过300 mm。相邻隔板多靠密实的织物(帆布带、橡胶带等)沿整个高度方向连接在一起，同时，还要将织物或橡胶带等固定在框架的立柱上。隔板间几种不同的连接法如图4-12所示。 控制整个隔墙的导向装置有两种设置方法：一种是作为支撑点的滑轮和轨道设在上部的楼地面上，也可以不设，或是设一个只起导向作用而不起支撑作用的轨道；另一种是作为支撑点的滑轮设在隔墙下部，相应的轨道设在楼地面上，平顶上另设置一个只起导向作用的轨道。当采用第二种装置时，楼地面上宜用金属槽形轨道，其上表面与楼地面相平。隔墙的下部宜用成对的滑轮，并在2个滑轮的中间设一个扁平的导向杆，导向杆插在槽形轨道的开口内，这样就能有效地防止隔墙启闭时向两侧摆动。平顶上的轨道比较简单，可用一个通长的方木条，而在隔墙框架立柱的上端相应地开缺口，隔墙启闭时，立柱即能始终沿轨道滑动。 无框架双面硬质折叠式隔墙，其隔板也是用硬木或带有贴面的木质纤维板制成的，只是尺寸小一些。最小宽度为100 mm，常用截面为140 mm×12 mm。隔板的两侧有凹槽，凹槽中镶嵌纯乙烯条带，纯乙烯条带分别与两侧的隔板固定在一起，既能起隔声作用，又是一个特殊的铰链。隔墙的上下各有一道金属伸缩架，与隔板用螺钉接起来。上部伸缩架上安装作为支撑点的小滑轮，并相应地在平顶上安装箱形截面的轨道。隔墙的下部一般可不设滑轮和轨道。无框架双面硬质隔墙的高度不宜超过3 m，宽度不宜超过4.5 m或2×4.5 m(在一个洞口内装2个4.5 m宽的隔墙，分别向洞口的两侧开启)，因此，这种隔墙常应用于较小的房间，如居室、会议室等

续上表

项　　目	内　　容
软质折叠式隔墙	软质折叠式隔墙大多是双面的。它的面层是帆布或人造革,面层的里面常常加设内衬。 软质隔墙的内部宜设框架,采用木立柱或金属杆。木立柱或金属杆之间设置伸缩架,面层则固定在立柱或立杆上(图 4-13)

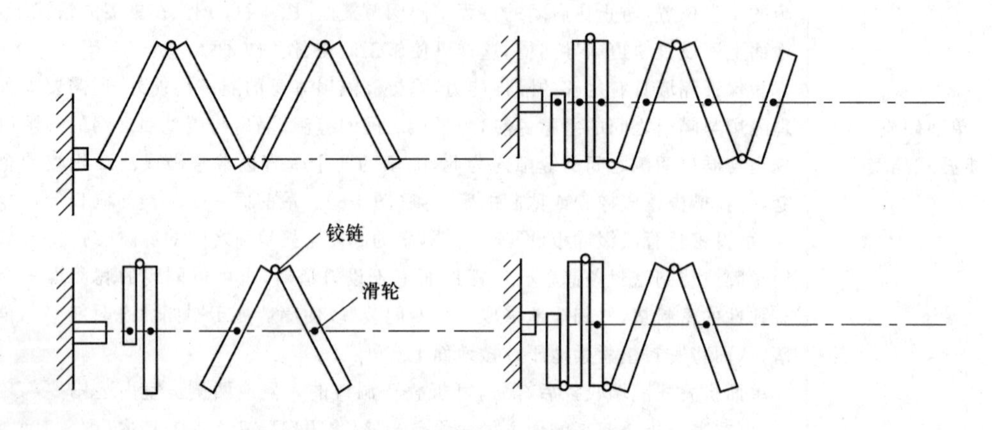

图 4-5　滑轮和铰链的位置示意图

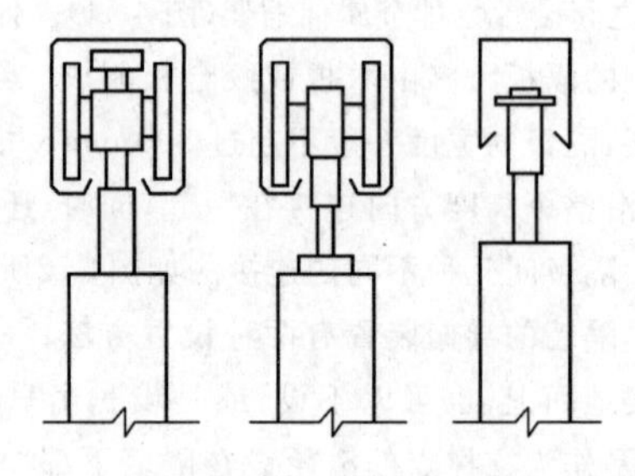
图 4-6　滑轮的不同类型

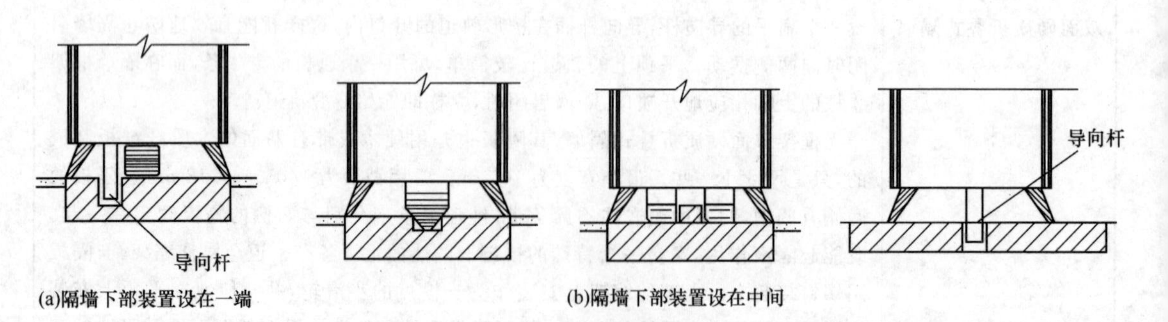

图 4-7　隔墙的下部装置

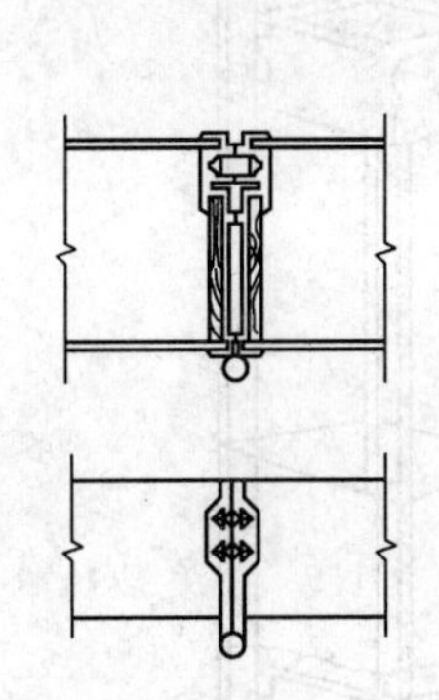

图 4-8　隔扇之间的密封

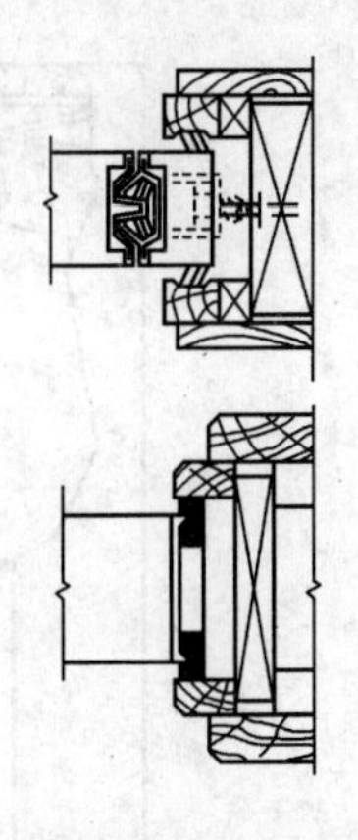

图 4-9　隔扇与洞口之间的密封

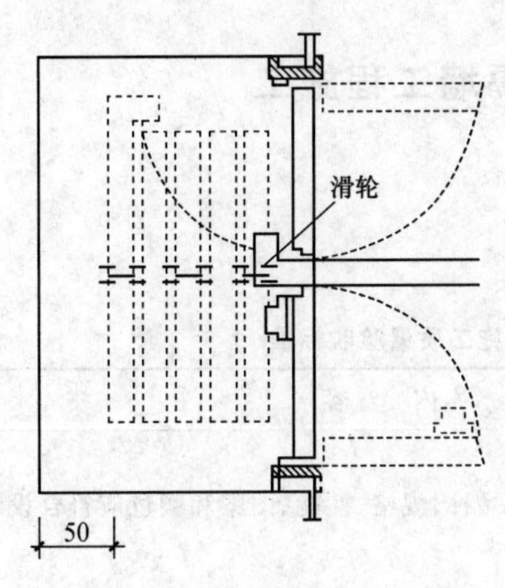

图 4-10　隐藏隔墙的空心墙

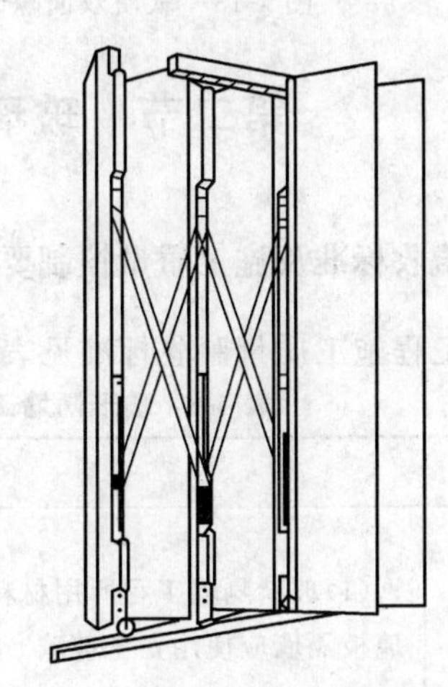

图 4-11　有框架的双面硬质隔墙

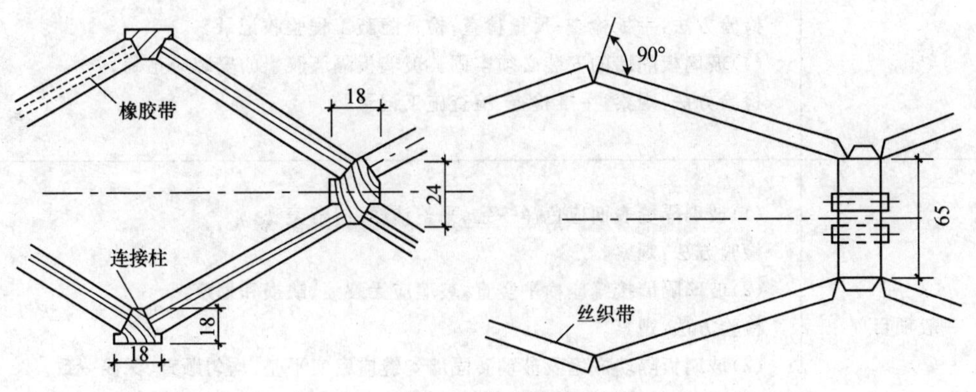

图 4-12　隔板与隔板的连接(单位:mm)

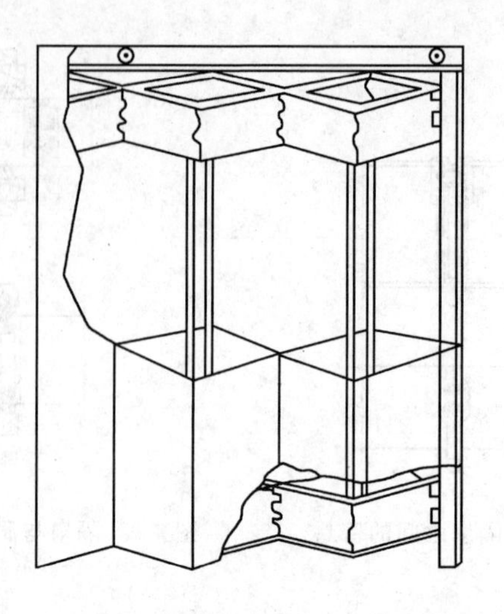

图 4-13　软质双面隔墙内的立柱(杆)与伸缩架

第二节　玻璃隔墙工程施工

一、施工质量验收标准及施工质量控制要求

(1)玻璃隔墙工程施工质量验收标准见表 4-6。

表 4-6　玻璃隔墙工程施工质量验收标准

项　目	内　容
主控项目	(1)玻璃隔墙工程所用材料的品种、规格、性能、图案和颜色应符合设计要求。玻璃板隔墙应使用安全玻璃。 检验方法:观察;检查产品合格证书、进场验收记录和性能检测报告。 (2)玻璃砖隔墙的砌筑或玻璃板隔墙的安装方法应符合设计要求。 检验方法:观察。 (3)玻璃砖隔墙砌筑中埋设的拉结筋必须与基体结构连接牢固,并应位置正确。 检验方法:手扳检查;尺量检查;检查隐蔽工程验收记录。 (4)玻璃板隔墙的安装必须牢固。玻璃板隔墙胶垫的安装应正确。 检验方法:观察;手推检查;检查施工记录
一般项目	(1)玻璃隔墙表面应色泽一致、平整洁净、清晰美观。 检验方法:观察。 (2)玻璃隔墙接缝应横平竖直,玻璃应无裂痕、缺损和划痕。 检验方法:观察。 (3)玻璃板隔墙嵌缝及玻璃砖隔墙勾缝应密实平整、均匀顺直、深浅一致。 检验方法:观察。 (4)玻璃隔墙安装的允许偏差和检验方法见表 4-7

表 4-7 玻璃隔墙安装的允许偏差和检验方法

项目	允许偏差(mm)		检验方法
	玻璃砖	玻璃板	
立面垂直度	3	2	用 2 m 垂直检测尺检查
表面平整度	3	—	用 2 m 靠尺和塞尺检查
阴阳角方正	—	2	用直角检测尺检查
接缝直线度	—	2	拉 5 m 线,不足 5 m 拉通线,用钢直尺检查
压条直线度	3	2	用钢直尺和塞尺检查
接缝宽度	—	1	用钢直尺和塞尺检查

(2)玻璃隔墙工程施工质量控制要求见表 4-8。

表 4-8 玻璃隔墙工程施工质量控制要求

项 目	内 容
玻璃木隔墙	(1)墙位放线清晰,位置应准确,隔墙基层应平整、牢固。 (2)拼花彩色玻璃隔断在安装前,应按拼花要求计算好各类玻璃和零配件的需要量。 (3)把已裁好的玻璃按部位编号,并分别竖向堆放待用,安装玻璃前,应对骨架、边框的牢固程度进行检查,如有不牢固者应予加固。 (4)用木框安装玻璃时,在木框上要裁口或挖槽,其上镶玻璃,玻璃四周常用木压条固定。压条应与边框紧贴,不得弯棱、凸鼓。 (5)用铝合金框安装玻璃时,玻璃镶嵌后应用橡胶带固定玻璃。 (6)玻璃安装后,应随时清理玻璃面,特别是冰雪片彩色玻璃,要防止污垢积淤,影响美观
玻璃砖隔墙	(1)首皮撂底玻璃砖要按弹好的墙线砌筑。在砌筑墙两端的第一块玻璃砖时,将玻璃纤维毡或聚苯乙烯放入两端的边框内。 (2)玻璃纤维毡或聚苯乙烯随砌筑高度的增加而放置,一直到顶对接。在每砌筑完一皮后,用透明塑料胶带将玻璃砖墙立缝贴封,然后往立缝内灌入砂浆并捣实。 (3)玻璃砖墙皮与皮之间应放置双排钢筋梯网,钢筋搭接位置选在玻璃砖墙中央。 (4)最上一皮玻璃砌砖筑在墙中间收头,顶部槽钢内放置玻璃纤维毡或聚苯乙烯。 (5)水平灰缝和竖向灰缝厚度一般为 8～10 mm。划缝紧接立缝灌好砂浆后进行,划缝深度为8～10 mm,需深浅一致,清扫干净。划缝 2～3 h 后,即可勾缝,勾缝砂浆内掺入水泥质量 2%的石膏粉。 (6)砌筑砂浆应根据砌筑量,随时拌和,且其存放时间不得超过 3 h

二、标准的施工方法

1. 材料要求

玻璃隔墙工程施工的材料要求见表 4-9。

表 4-9　玻璃隔墙工程材料要求

材　料	内　容
玻璃	玻璃隔墙工程所用材料的品种、规格、性能、图案和颜色应符合设计要求。玻璃板隔墙应使用安全玻璃。玻璃厚度有 8 mm、10 mm、12 mm、15 mm、18 mm、22 mm 等，长宽根据工程设计要求确定；钢化玻璃质量要求见表 4-10～表 4-12
紧固材料	膨胀螺栓、射钉、自攻螺钉、木螺钉和粘贴嵌缝料，应符合设计要求

表 4-10　长方形平面钢化玻璃边长允许偏差　　（单位：mm）

厚度	边长 L 允许偏差			
	$L\leqslant 1\ 000$	$1\ 000<L\leqslant 2\ 000$	$2\ 000<L\leqslant 3\ 000$	$L>3\ 000$
3、4、5、6	+1 −2	±3	±4	±5
8、10、12	+2 −3			
15	±4	±4		
19	±5	±5	±6	±7
>19	供需双方商定			

表 4-11　钢化玻璃孔径及其允许偏差　　（单位：mm）

公称孔径(D)	允许偏差
$4\leqslant D\leqslant 50$	±1.0
$50<D\leqslant 100$	±2.0
$D>100$	供需双方商定

表 4-12　钢化玻璃厚度及其允许偏差　　（单位：mm）

公称厚度	厚度允许偏差	公称厚度	厚度允许偏差
3、4、5、6	±0.2	15	±0.6
8、10	±0.3	19	±1.0
12	±0.4	>19	供需双方商定

2. 安装工艺

玻璃隔墙工程安装的基本工艺见表 4-13。

表 4-13　玻璃隔墙工程安装的基本工艺

项　目	内　容
木基架与玻璃板的安装	(1)玻璃与基架木框的结合不能太紧密，玻璃放入木框后，在木框的上部和侧边应留有 3 mm 左右的缝隙，该缝隙是为玻璃热胀冷缩用的。对大面积玻璃板来说，留缝尤为重要，否则在受热变化时玻璃会开裂。 (2)安装玻璃前，要检查玻璃的角是否方正，检查木框的尺寸是否正确，是否有变

续上表

项　　目	内　　容
木基架与玻璃板的安装	形现象。在校正好的木框内侧，定出玻璃安装的位置线，并固定好玻璃板靠位线条，如图 4-14 所示。 (3)把玻璃装入木框内，其两侧距木框的缝隙应相等，并在缝隙中注入玻璃胶，然后钉上固定压条，固定压条最好用钉枪钉。对于面积较大的玻璃板，安装时应用玻璃吸盘器吸住玻璃，再用手握住吸盘器将玻璃提起来安装，如图 4-15 所示
玻璃与金属方框架的安装	(1)玻璃与金属方框架安装时，先要安装玻璃靠位线条，靠位线条可以是金属角线或是金属槽线。通常用自攻螺钉固定靠位线条。 (2)根据金属框架的尺寸裁割玻璃，玻璃与框架的结合不能太紧密，应该按小于框架 3～5 mm 的尺寸裁割玻璃。 (3)安装玻璃前，应在框架下部的玻璃放置面上涂一层厚 2 mm 的玻璃胶。玻璃安装后，玻璃的底边压在玻璃胶层上，或者放置一层橡胶垫，底边压在橡胶垫上。 (4)把玻璃放入框内，并靠在靠位线条上。玻璃板距金属框两侧的缝隙应相等，并在缝隙中注入玻璃胶，然后安装封边压条。如果封边压条是金属槽条，而且为了表面美观不得直接用自攻螺钉固定时，可采用先在金属框上固定木条，然后在木条上涂环氧树脂胶(万能胶)，把不锈钢槽条或铝合金槽条卡在木条上，以达到装饰目的。如果没有特殊要求，可用自攻螺钉直接将压条槽固定在框架上。常用的自攻螺钉为 M4 或 M5。安装方法： 1)先在槽条上打孔，然后通过此孔在框架上打孔，这样安装就不会走位； 2)打孔钻头要小于自攻螺钉直径 0.8 mm； 3)在全部槽条的安装孔位都打好后，再进行玻璃的安装。玻璃的安装方式如图 4-16 所示
玻璃板与不锈钢圆柱框的安装	(1)目前，采用不锈钢圆柱框的较多，玻璃板与其安装形式主要有两种：一种是玻璃板四周是不锈钢槽，两边为圆柱，如图 4-17(a)所示；另一种是玻璃板两侧是不锈钢槽与柱，上下是不锈钢管，且玻璃底边由不锈钢管托住，如图 4-17(b)所示。 (2)玻璃板四周为不锈钢槽固定的操作方法为： 1)先在内径宽度略大于玻璃厚度的不锈钢槽上画线，并在角位处留出对角口，对角口用专用剪刀剪出，并用什锦锉修边，使对角口合缝严密； 2)在对好角位的不锈钢槽框两侧，相隔 200～300 mm 的间距钻孔。钻头要小于所用自攻螺钉的直径 0.8 mm。在不锈钢柱上面画出定位线和孔位线，并用同一钻孔头在不锈钢柱上的孔位处钻孔，再用平头自攻螺钉把不锈钢槽框固定在不锈钢柱上

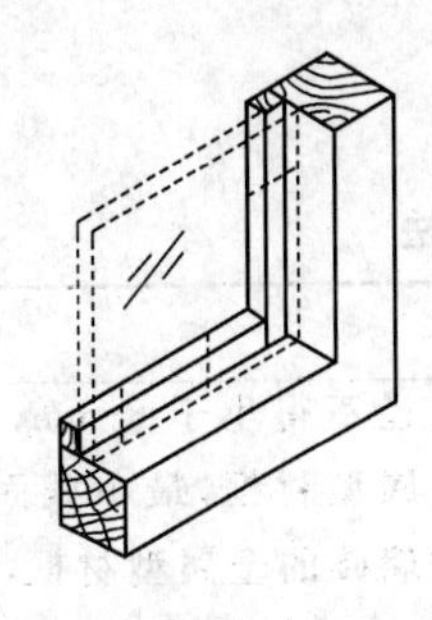

图 4-14　木框内玻璃安装方式

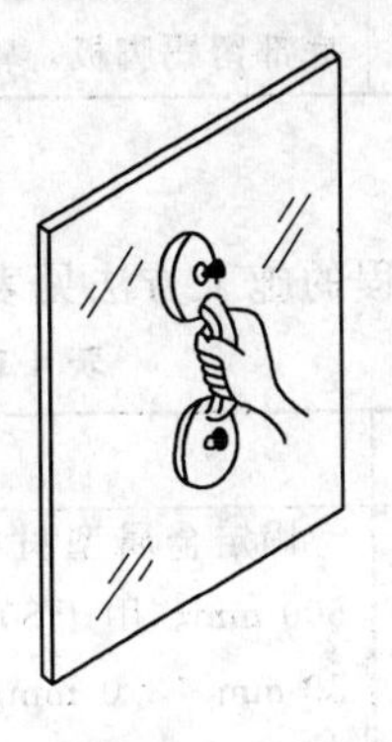

图 4-15　大面积玻璃板用吸盘器安装

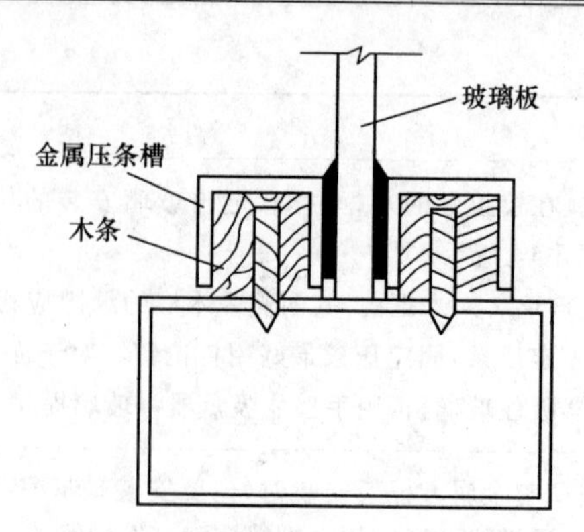

图 4-16 金属框架上框的玻璃安装

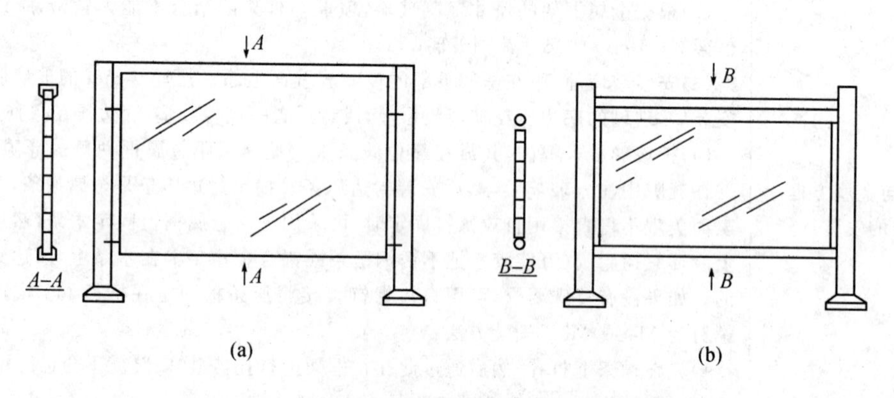

图 4-17 玻璃板与不锈钢圆柱框的安装形式

3. 玻璃木隔墙

玻璃木隔墙工程的施工方法见表 4-14。

表 4-14 玻璃木隔墙工程施工方法

项 目	内 容
常见形式	玻璃木隔墙有底部带挡板、带窗台及落地等几种
玻璃使用要求	玻璃可以选用压花玻璃、磨砂玻璃、普通玻璃。玻璃分块尺寸边长在1 m以内时，厚度选用3 mm；在 1 m 及以上时，厚度选用 5 mm。玻璃木隔墙挡板表面可以采用塑料贴面板或胶合板，顶部墙体应下木砖，中距 500 mm，用膨胀螺栓进行固定
带窗台的玻璃木隔墙的方法	带窗台的玻璃木隔墙，窗台高 900 mm。可以用砖砌窗台或与内墙做法相一致。窗台可以采用水泥砂浆抹面、木窗台板和预制水磨石窗台板。落地的玻璃木隔墙，底部留踢脚板，高度通常取 150～200 mm

4. 玻璃砖隔墙

玻璃砖隔墙工程的施工方法见表 4-15。

表 4-15 玻璃砖隔墙工程施工方法

项 目	内 容
金属型材框	固定金属型材框用的镀锌钢膨胀螺栓直径不得小于 8 mm，间距不得大于 500 mm。用于80 mm厚的空心玻璃砖的金属型材框，最小截面应为90 mm×50 mm×3.0 mm；用于 100 mm 厚的空心玻璃砖的金属型材框，最小截面应为 108 mm×50 mm×3.0 mm

续上表

项　　目	内　　容
玻璃砖砌筑	(1)玻璃砖应挑选棱角整齐,规格相同,砖的对角线基本一致,表面无裂痕、无磕碰的砖,并根据弹好的玻璃砖墙位置线,排砖样,用砖缝和砖墙两端的槽钢(或木框)的厚度进行调整,致使其符合砖的模数。水平灰缝和竖向灰缝厚度一般为5～10 mm,各缝应保持一致。根据玻璃砖的排列做出基础底脚,底脚通常厚度为40～70 mm,即略小于玻璃砖厚度。将镶嵌条铺在基底或外框周围,放置好弹簧片,按上、下层对缝的方式,自下而上砌筑。 (2)玻璃砖砌筑用砂浆按白水泥：细砂＝1：1(质量比)的比例调制。白水泥浆要有一定稠度,以不流淌为好。皮与皮之间应放置 ϕ6 双排钢筋网,钢筋搭接位置选在玻璃砖墙中央。玻璃砖墙砌筑完成后,即进行表面勾缝或抹缝处理并将墙面清扫干净
室内、空心玻璃砖隔墙	(1)室内空心玻璃砖隔墙的高度和长度均超过1.5 m时,应在垂直方向上每二层空心玻璃砖水平布2根 ϕ6(或 ϕ8)的钢筋(当只有隔墙的高度超过1.5 m时,放1根钢筋),在水平方向上每3个缝至少垂直布1根钢筋(错缝砌筑时除外),钢筋每端伸入金属型材框的尺寸不得小于35 mm。最上层的空心玻璃砖应深入顶部的金属型材框中,深入尺寸不得小于10 mm,且不得大于25 mm。 (2)空心玻璃砖之间的接缝不得小于10 mm,且不得大于30 mm。 (3)空心玻璃砖与金属型材框两翼接触的部位应留有滑缝,且不得小于4 mm,腹面接触的部位应留有胀缝,且不得小于10 mm。滑缝和胀缝应用沥青毡和硬质泡沫塑料填充。金属型材框与建筑墙体和屋顶的结合部,以及空心玻璃砖砌体与金属型材框翼端的结合部应用弹性密封胶封闭。 (4)如玻璃砖墙没有外框,则需做饰边。饰边通常有木饰边和不锈钢饰边。木饰边可根据设计要求做成各种线型,常见的形式如图4-18所示。不锈钢饰边常用的有单柱饰边、双柱饰边、不锈钢板槽饰边等(图4-19)

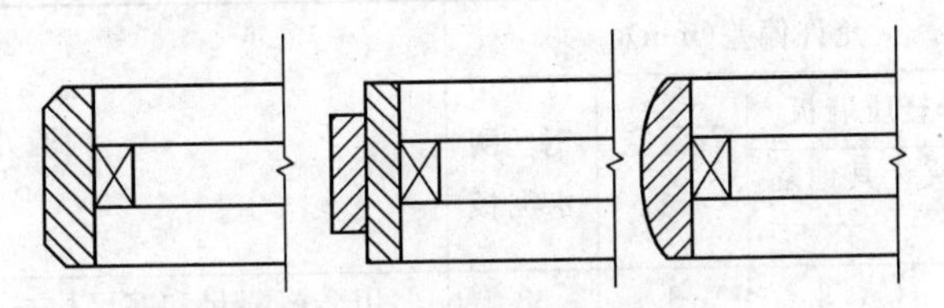

图4-18　玻璃砖墙常见木饰边

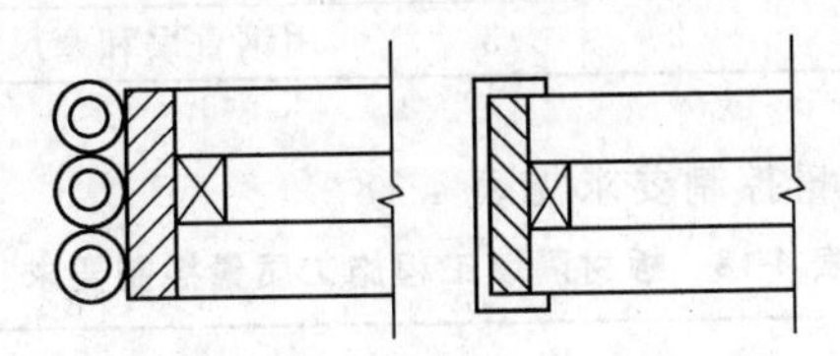

图4-19　不锈钢饰边常见形式

第三节　板材隔墙工程施工

一、施工质量验收标准及施工质量控制要求

(1)板材隔墙工程施工质量验收标准见表4-16。

表4-16　板材隔墙工程施工质量验收标准

项　　目	内　　容
主控项目	(1)隔墙板材的品种、规格、性能、颜色应符合设计要求。有隔声、隔热、阻燃、防潮等特殊要求的工程,板材应有相应性能等级的检测报告。 检验方法:观察;检查产品合格证书、进场验收记录和性能检测报告。 (2)安装隔墙板材所需预埋件、连接件的位置、数量及连接方法应符合设计要求。 检验方法:观察;尺量检查;检查隐蔽工程验收记录。 (3)隔墙板材安装必须牢固。现制钢丝网水泥隔墙与周边墙体的连接方法应符合设计要求,并应连接牢固。 检验方法:观察;手扳检查。 (4)隔墙板材所用接缝材料的品种及接缝方法应符合设计要求。 检验方法:观察;检查产品合格证书和施工记录
一般项目	(1)隔墙板材安装应垂直、平整、位置正确,板材不应有裂缝或缺损。 检验方法:观察;尺量检查。 (2)板材隔墙表面应平整光滑、色泽一致、洁净,接缝应均匀、顺直。 检验方法:观察;手摸检查。 (3)隔墙上的孔洞、槽、盒应位置正确、套割方正、边缘整齐。 检验方法:观察。 (4)板材隔墙安装的允许偏差和检验方法见表4-17

表4-17　板材隔墙安装的允许偏差和检验方法

项　　目	允许偏差(mm)				检验方法
	复合轻质墙板		石膏空心板	钢丝网水泥板	
	金属夹芯板	其他复合板			
立面垂直度	2	3	3	3	用2 m靠尺和塞尺检查
表面平整度	2	3	3	3	用2 m垂直检测尺检查
阴阳角方正	3	3	3	4	用直角检测尺检查
接缝高低差	1	2	2	3	用钢直尺和塞尺检查

(2)板材隔墙工程施工质量控制要求见表4-18。

表4-18　板材隔墙工程施工质量控制要求

项　　目	内　　容
弹线	弹线必须准确,经复验后方可进行下道工序
墙位楼地面	墙位楼地面应凿毛,并清扫干净,用水湿润

续上表

项　目	内　容
条板安装	(1)安装条板应从门旁用整块板开始，收口处可根据需要随意锯开再拼装黏结，但不应放在门边。 (2)安装前在条板的顶面和侧面满涂108胶水泥砂浆，先推紧侧面，再顶牢顶面，在条板下两侧各1/3处垫两组木楔，并用靠尺检查，然后在下端浇筑硬性细石混凝土
铝合金装饰条板安装	用铝合金条板装饰墙面时，可用螺钉直接固定在结构层上，也可用锚固件悬挂或嵌卡的方法，将板固定在墙筋上

二、标准的施工方法

1. 石膏空心条板隔墙安装

石膏空心条板隔墙的安装方法见表4-19。

表4-19　石膏空心条板隔墙安装方法

项　目	内　容
放线	根据设计在楼地面、上部楼板底或梁底及两侧墙(柱)面画出隔断位置线，弹线应清楚，位置应准确。如果隔断墙体有门窗时，应弹出门位线并首先安装通天框，框下端埋入楼地面15～20 mm
立板	从隔断墙的一端开始安装条板，有门者则从通天框开始分别向两端顺序立板。立板前，先在条板的两侧面及顶端涂抹一层SG792胶泥，或SG791胶黏剂(无色透明胶液)与建筑石膏粉调制成的胶泥(石膏粉∶791胶＝1∶0.7)，板材安装黏结后胶泥终凝约40 min
固定	按就位尺寸线先将条板侧面与相黏结面推紧，再顶牢上端面。注意使条板垂直向上挤压严密，然后用木楔(楔背高20～30 mm)在板下端两侧各1/3处分2组楔入垫实
校正	检查墙板垂直度，进一步将条板上端核实找正，继续楔入下部木楔，直至木楔全部进入条板下端面
填塞条板下端	校正垂直平整无误后，用C20细石混凝土填塞条板下端与楼地面的间隙，应填塞密实。根据设计要求，或是有防水要求的部位，石膏空心条板隔断下端应做墙垫，采用C20细石混凝土砌筑，一般应高出楼地面50 mm。根据设计要求，特别是在地震区安装隔断墙板，宜采用柔性连接(弹性节点)，目前的做法是在条板的上端加设“冂”形或“L”形钢板卡，下端设“ㄱ”形钢板卡，钢板卡用射钉固定于上部及下部建筑基体。条板墙体的板与板连接、墙板与结构墙(柱)面的连接及条板上、下端的刚性安装节点如图4-20所示。 对于设计要求的双层板隔断墙的安装，应先立好第一层板后再安装第二层板，第二层板的接缝要与第一层板错开。隔声墙中填充轻质吸声材料时，可在第一层板安装固定后，把吸声材料贴在墙板内侧，再安装第二层板

续上表

项　目	内　容
嵌缝	条板与条板的拼缝表面，腻缝的方法通常有两种选择，可先在缝隙处嵌抹石膏腻子（石膏粉：珍珠岩＝1：1），也可采用 SG792 胶泥或 SG791（与石膏粉调制）胶泥进行封缝处理，注意板面基层在嵌缝时应保持干燥
抹制踢脚板	如设计要求抹制水泥砂浆踢脚板时，可先在条板隔断墙下部踢脚位置（或墙垫处）先涂刷 1～2 道 SG791 胶液，再用 1：2.5 水泥砂浆抹制踢脚板，压实抹光，并应注意控制踢脚板的上口线。也可采用 SG792 胶泥粘贴塑料踢脚板，注意应粘贴牢固、无空鼓

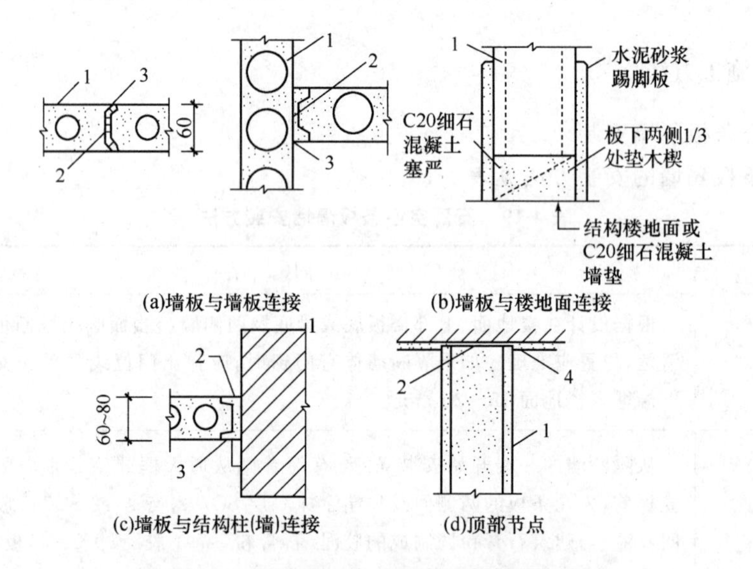

图 4-20　石膏空心条板隔断安装构造示意图

1—石膏空心条板；2—水泥砂浆（或 SG792 胶泥）黏结；3—接缝表固批石膏腻子嵌封；4—水泥砂浆层

2. 加气混凝土条板隔墙安装

加气混凝土条板隔墙安装方法见表 4-20。

表 4-20　加气混凝土条板隔墙安装方法

项　目	内　容
安装方法	加气混凝土条板是以钙质材料和硅质材料为基本原料，以铝粉为发气剂，经过配料、搅拌、浇筑、静停、切割和高压蒸养（一般为 10 个大气压）或常压蒸养等工序制成的一种多孔轻质墙板。加气混凝土条板也被称为蒸压加气混凝土墙板，它可做室内隔墙，也可做非承重的外墙板。 加气混凝土隔墙板一般采用垂直安装，板的两端应与主体结构联结牢靠，板与板之间用黏结砂浆黏结，沿板缝上下各 1/3 处按 30°角斜钉入金属片，在转角墙和丁字墙交接处，在板高上下 1/3 处，应斜向钉入长度不小于 200 mm 长 $\phi 8$ 的铁件，如图 4-21～图 4-23 所示。 隔墙板上下端连接，比较普遍采用的是刚性节点做法，即在板的上端抹黏结砂浆，与梁或楼板的底部黏结，下端用木楔顶紧，最后在下端的木楔空间填入细石混凝土（图 4-24）

续上表

项　　目	内　　容
安装顺序	加气混凝土板内隔墙安装顺序应从门洞处向两端依次进行，门洞两侧宜用整块板，无门洞的墙体，应从一端向另一端顺序安装。安装时拼缝间的黏结砂浆，应以挤出砂浆为宜，缝宽不得大于5 mm。板底木楔应经防腐处理，顺板宽方向楔紧，门洞口过梁块的连接如图 4-25 所示
安装要求	加气混凝土条板隔墙安装，要求墙面垂直，表面平整，用 2 m 靠尺检查其垂直和平整度，对设计的偏差最大不应超过 4 mm。隔墙板的最小厚度，不得小于 75 mm。墙板的厚度小于 125 mm 时，最大长度不应超过 3.5 m。对双层墙板的分户墙，要求两层墙板的缝隙相互错开。 加气混凝土隔墙板上不宜吊挂重物，如果确实需要，则应采取有效的构造措施。装卸加气混凝土板材应使用专用工具，运输时应采用良好的绑扎措施。板材的堆放地点应靠近安装场地，地势应坚实、平坦、干燥，不得使板材直接接触地面。墙板的堆放宜侧立放置，在雨季应采取覆盖措施

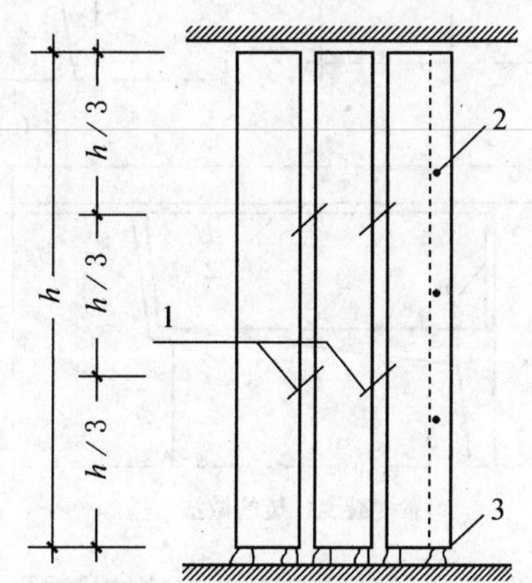

图 4-21　加气混凝土条板用铁销、铁钉横向连接示意图

1—铁销；2—铁钉；3—木楔

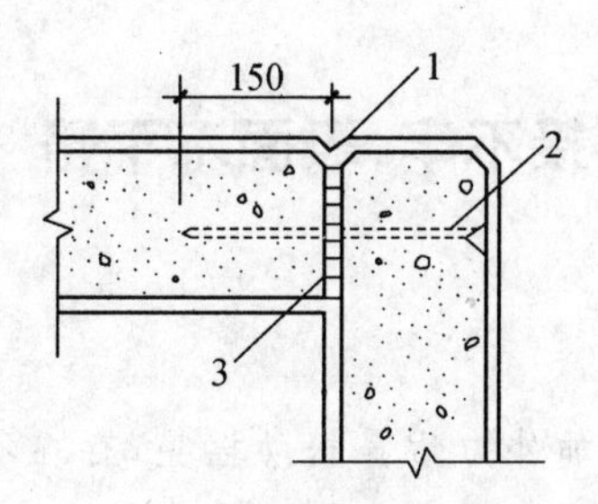

图 4-22　转角墙节点构造（单位：mm）

1—八字缝；2—用 $\phi 8$ 钢筋打尖（经防锈处理）；

3—黏结砂浆

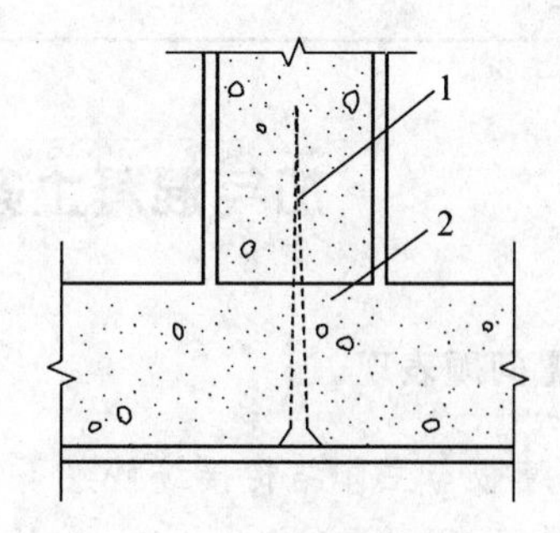

图 4-23　丁字墙节点构造

1—用 $\phi 8$ 钢筋打尖（经防锈处理）；

2—黏结砂浆

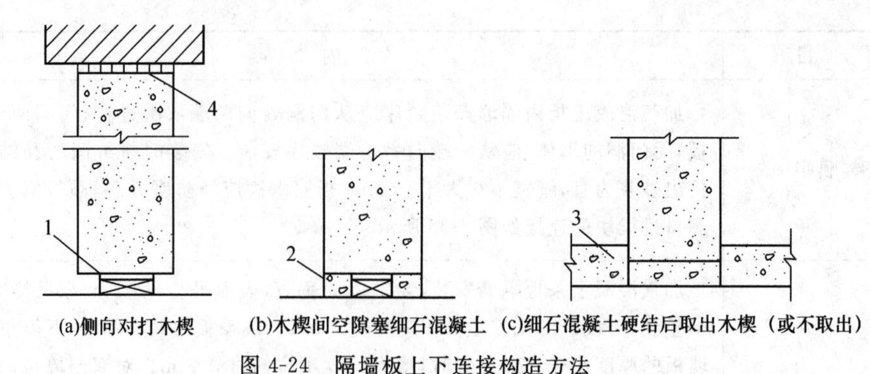

(a)侧向对打木楔　(b)木楔间空隙塞细石混凝土　(c)细石混凝土硬结后取出木楔（或不取出）

图 4-24　隔墙板上下连接构造方法

1—木楔；2—细石混凝土；3—地面；4—黏结砂浆

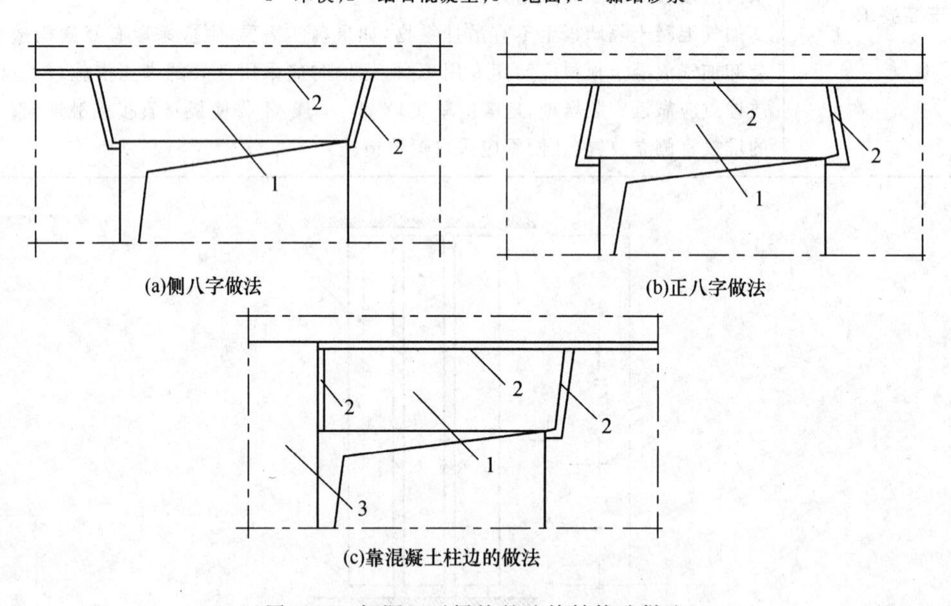

(a)侧八字做法　(b)正八字做法

(c)靠混凝土柱边的做法

图 4-25　门洞口过梁块的连接结构造做法

1—过梁块(用墙板锯)；2—黏结砂浆；3—钢筋混凝土柱

质量问题

加气混凝土条板隔墙连接不牢，表面不平整

质量问题表现

(1)墙板与主体结构接缝砂浆不饱满，有干缝，加外力后易松动摇晃，存在不安全因素和质量隐患。

(2)板材缺棱掉角，接缝有错台，表面凹凸不平超出允许偏差值。

质量问题原因

(1)加气湿凝土条板隔墙板连接不牢的原因。

质量问题

1)黏结砂浆原材料质地不好,配合比不当;或一次搅拌过多,使用时间超过 2 h,降低了黏结强度。

2)黏结面有浮尘杂物,黏结砂浆涂抹不均匀、不饱满。

3)加气混凝土条板本身干燥,吸水率大,造成黏结砂浆失水。

4)操作时没按工艺要求去施工。

(2)加气混凝土条板隔墙表面不平整的原因。

1)板材制作不规矩,偏差较大;或在吊运过程中吊具使用不当,损坏了板面和棱角。

2)加气混凝土条板在安装时用撬棍撬动,将条板棱角磕碰损坏。

3)条板在安装时不跟线;另外,切割板材时没有锯透就用力断开,造成接触面不平。

质量问题预防

(1)避免加气混凝土条板隔墙板连接不牢的措施。

1)加气混凝土条板上部与结构连接,有的靠顺板面预留角铁,用射钉钉入顶板连接,有的靠黏结砂浆与结构连接;板的下端先用木楔顶紧,然后再填入坍落度不大于 20 mm 的细石混凝土,木楔进行过防腐处理的可不必撤除,但应注意木楔不应宽于板面厚度;未进行防腐处理的木楔待板下端填塞的细石混凝土凝固具有一定强度时(一般掌握在 48 h 左右)可撤除,再用细石混凝土填实木楔孔。

2)加气混凝土条板上端安装前应用钢丝刷对黏结面进行清刷,将油垢和浮尘、碎渣清理干净,用毛刷蘸水稍加湿润,把黏结砂浆涂抹在黏结面上,厚度 3 mm,然后将板按线立于预定位置上,用撬棍将板撬起,使板顶与顶板底面粘紧挤严,黏结应严密平整,并将挤出的黏结砂浆刮平、刮净。

3)严格控制黏结砂浆的材质及配合比,黏结砂浆要做到随用随配,2 h 内用完。

4)板与板之间,在离板缝上、下各 1/3 处按 30°角打入铁销或铁钉,以加强其整体性和刚度。

5)刚安装好的加气混凝土条板要防止碰撞,做好成品保护工作。

(2)避免加气混凝土条板隔墙表面不平整的措施。

1)加气混凝土条板在装车、卸车和现场存放时,应采用专用吊具或用套胶管的钢丝绳轻吊轻放,现场应侧立堆放,不得平放。

2)安装前应在顶板、墙上和地面上弹好墙板位置线,安装时以线为准,接缝要求顺平,不得有错台。

3)条板切割应平整垂直,特别是门窗口边侧必须保持平直。

4)安装前要进行选板,如有缺棱掉角的,应用与加气混凝土材性相近的材料进行修补,未经修补的坏板或表面酥松的板不得使用。

3.灰板条隔墙安装

灰板条隔墙的安装方法见表 4-21。

表 4-21　灰板条隔墙安装方法

项　　目	内　　容
灰板条隔墙	灰板条隔墙即木隔墙，其构造如图 4-26 所示
隔墙立筋	(1)隔墙立筋间距一般为 40～50 cm，如果有门窗时，两侧需各立一根通天立筋，门窗框上部宜加钉人字撑。立筋之间应每隔 1.2～1.5 m 左右加钉横撑一道。 (2)施工时应先在地面、平顶弹线，上下安设楞木，并伸入砖墙内至少12 cm，在楞木上按设计要求的间距画出立筋位置线，然后按此位置钉隔墙立筋。 (3)如有门窗时，窗的上下及门上应加横楞木，其尺寸比门窗口尺寸大 2～3 cm，并在钉隔墙时将门窗同时钉上。 (4)横撑不宜与隔墙立筋垂直，而应倾斜一些，以便楔紧和钉钉子，故其长度应比立筋净空长 10～15 mm，两端头按相反的方向锯成斜面。 (5)板条缝隙 7～10 mm，接头处留 3～5 mm 左右，且应分段错开，每段长度不宜超过 50 cm

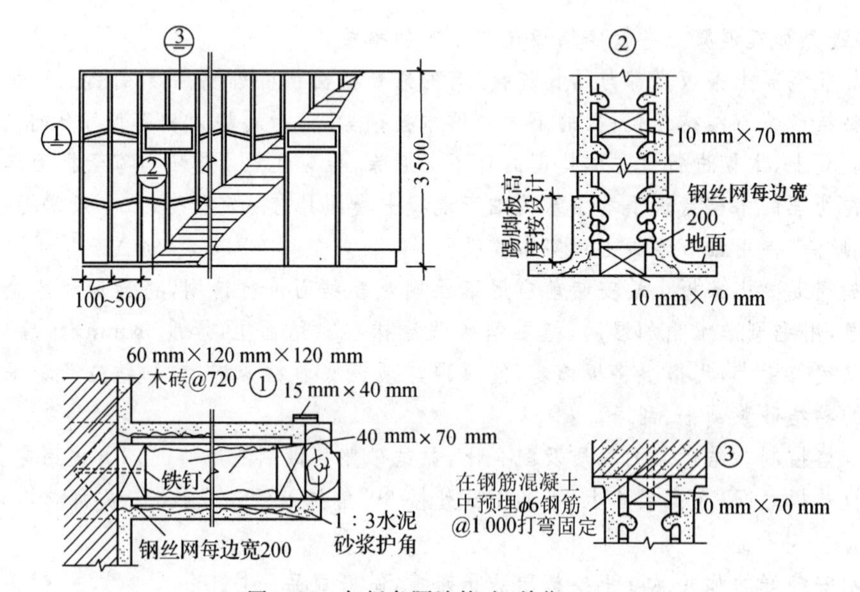

图 4-26　灰板条隔墙构造(单位：mm)

4. 石膏板复合板隔墙安装

石膏板复合板隔墙的安装方法见表 4-22。

表 4-22　石膏板复合板隔墙安装方法

项　　目	内　　容
隔墙墙体	隔墙墙体与梁或楼板连接，一般采用下楔法，即在墙板下端垫木楔，填干硬性混凝土。墙体和门框的固定，一般要选用固定门框用的复合板，钢木门框固定于预埋在复合板内的木砖上，木砖的间距为 500 mm，可采用黏结和钉钉相结合的固定方法，墙体和门框的固定如图 4-27 至图4-30所示
隔声要求	石膏板复合板墙体的隔声要求按设计要求选定(隔声方案)；隔墙中应避免设电器开关、插座、穿墙管等，如果必须设置时，应采取相应的隔声构造。复合板墙的隔声、防火和限制高度的规定见表 4-23

续上表

项　目	内　容
施工顺序	石膏板复合板隔墙的安装施工顺序：墙位放线→墙基施工→安装定位架→复合板安装、随立门窗口→墙底缝隙填塞干硬性细石混凝土。 先将楼地面凿毛，将浮灰清扫干净，洒水湿润，然后浇筑混凝土墙基；复合板安装宜由墙的一端开始排放，顺序安装，最后剩余宽度不足整板时，须按尺寸补板，补板宽度大于 450 mm 时，在板中应增立一根龙骨，补板时在四周粘贴石膏板条，再在板条上粘贴石膏板；隔墙上设有门窗口时，应先安装门窗口一侧较短的墙板，随即立口，再顺序安装门窗口另一侧墙板。一般情况下，门口两侧墙板宜使用整板，拐角两侧墙板，也力求使用整板。石膏板复合板隔墙安装次序示意图如图 4-31 所示。 复合板安装时，在板的顶面、侧面和门窗口外侧面，应清除浮土后均匀涂刷胶黏剂成“A”状，安装时侧面要严，上下要顶紧，接缝内胶黏剂要饱满(要凹进板面 5 mm 左右)。接缝宽度为 35 mm，板底空隙不大于 25 mm，板下所塞木楔上下接触面应涂抹胶黏剂。木楔一般不撤除，但不得外露于墙面。 第一块复合板安装后，要检查垂直度，顺序往后安装时，必须上下横靠检查尺找平，如发现板面接缝不平，应及时用夹板校正(图 4-32) 双层复合板中间留空气层的墙体，其安装要求为：先安装一道复合板，明露于房间一侧的墙面必须平整；在空气层一侧的墙板接缝，要用胶黏剂勾严密封。安装另一道复合板前，进行电气设备管线安装工作，第二道复合板的板缝要与第一道墙板缝错开，并应使明露于房间一侧的墙面平整。 石膏板复合墙板的接缝处理、饰面做法、施工机具等，均与纸面石膏板基本相同

表 4-23　石膏板复合板墙体的隔声、防火和限制高度

类别	墙厚(mm)	构　造	质量(kg/m²)	隔声指数(dB)	耐火极限(h)	墙体限制高度(mm)
非隔声墙	50	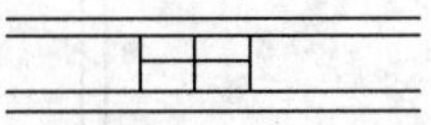	26.6	—	—	—
	92	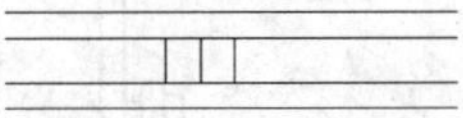	27～30	35	0.25	3 000
隔声墙	150	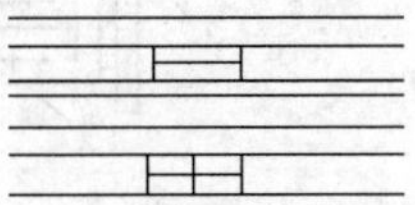	53～60	42	1.5	
		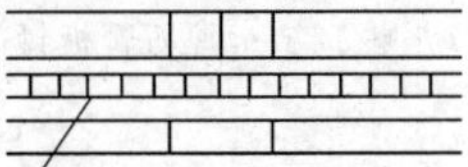 30 mm 厚棉毡	54～61	49	>1.5	

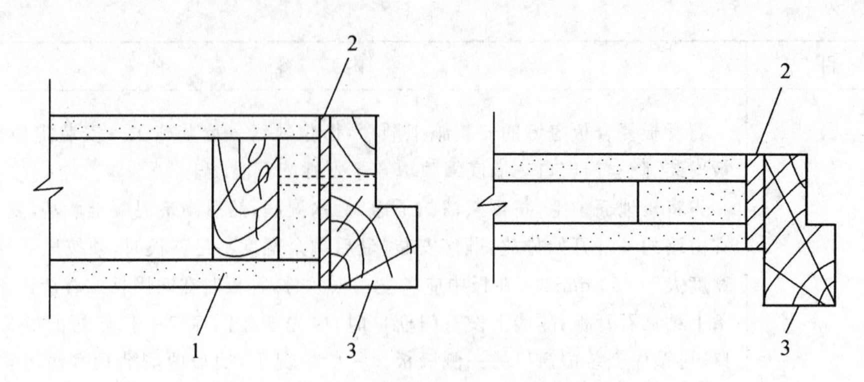

图 4-27 石膏板复合板墙与木门框的固定

1—固定门框用复合板；2—黏结料；3—木门框

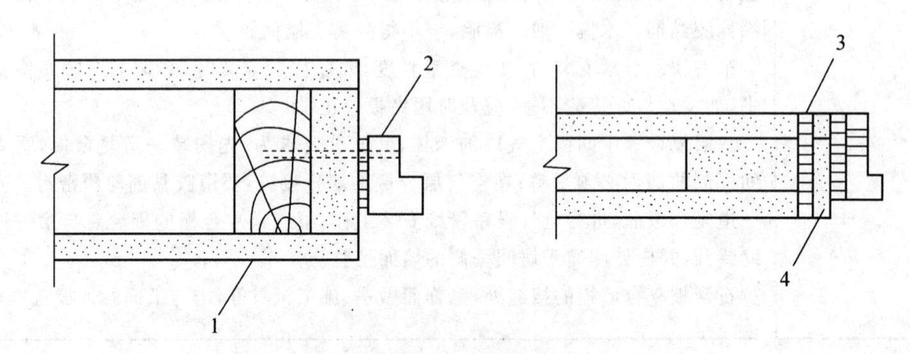

图 4-28 石膏板复合板墙与钢门框的固定

1—固定门框用复合板；2—侧门框；3—黏结料；4—水泥刨花板

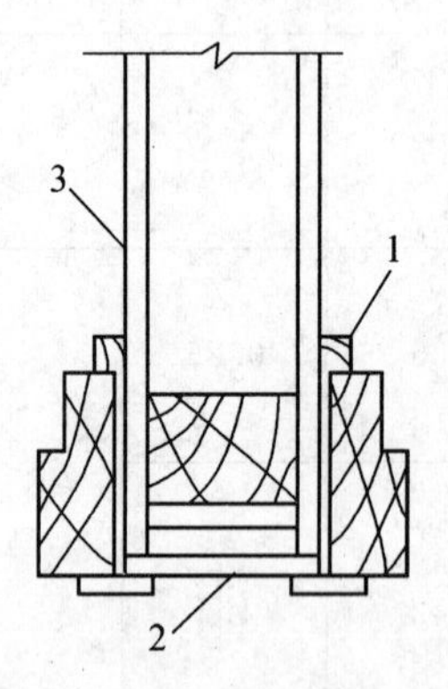

图 4-29 石膏板复合板墙端部与木门框固定

1—水泥砂浆粘贴木门口并用 4 in 钢钉固牢；

2—贴 12 mm 厚石膏板封边；3—固定门框用复合板

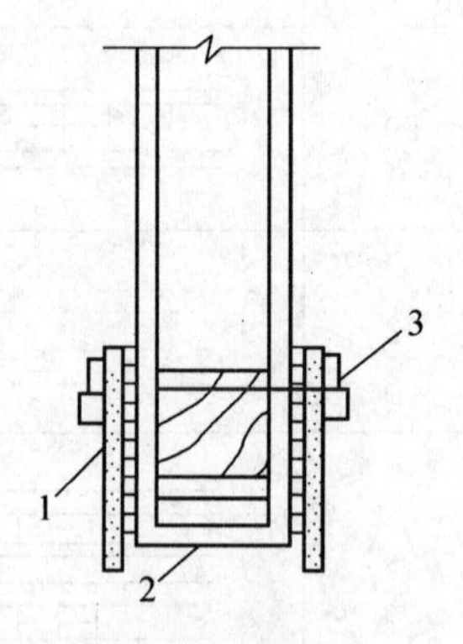

图 4-30 石膏板复合板墙端部与钢门框固定

1—用胶黏剂粘贴 12×105 水泥刨花板，并用木螺钉固定；

2—贴 12 mm 厚石膏板封边；3—用木螺钉固定钢门框

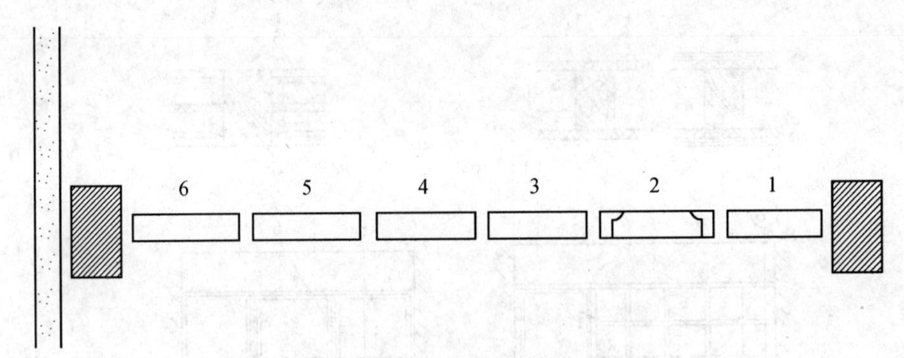

图 4-31　石膏板复合板隔墙安装次序示意图

1—整板(门口板);2—门口;3—整板(门口板);
4—整板;5—整板;6—补板

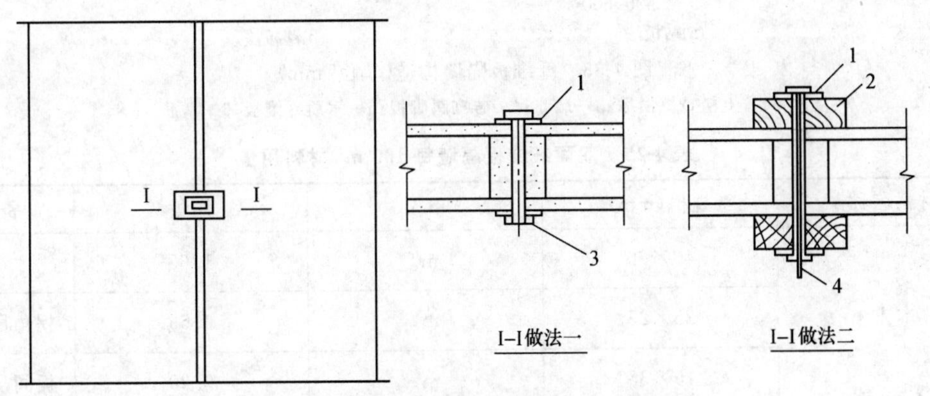

图 4-32　复合板墙板板面接缝夹板校正示意图

1—垫圈;2—木夹板;3—销子;4—M6 螺栓

5.纤维板隔墙安装

纤维板隔墙的安装方法见表 4-24。

表 4-24　纤维板隔墙安装方法

项　目	内　容
纤维板隔墙	纤维板是由碎木加工成纤维状,除去有害杂质,经纤维分离、喷胶(常用酚醛树脂胶)、成型、干燥后,在高温下用压力机压缩制成的。这种板材可节省木材,加工后是整张,无缝无节,材质均匀,纵横方向强度相同。纤维板隔墙构造如图 4-33 所示
双面纤维板隔墙	双面纤维板隔墙每 100 m² 材料用量见表 4-25
硬质纤维板隔墙	(1)用钉子固定时,硬质纤维板钉距为 80～120 mm,钉长为 20～30 mm,钉帽打扁后钉入板面 0.5 mm,钉眼宜用油性腻子抹平。这样,才可防止板面空鼓、翘曲,钉帽不致生锈。 如用木压条固定时,钉距不应大于 200 mm,钉帽应打扁,并进入木压条0.5～1.0 mm,钉眼用油性腻子抹平。 (2)采用硬质纤维板罩面装饰或隔断时,在阳角处应做护角,以防使用中损坏墙角。 (3)硬质纤维板应用水浸透,晾干后安装,才可保证工程质量

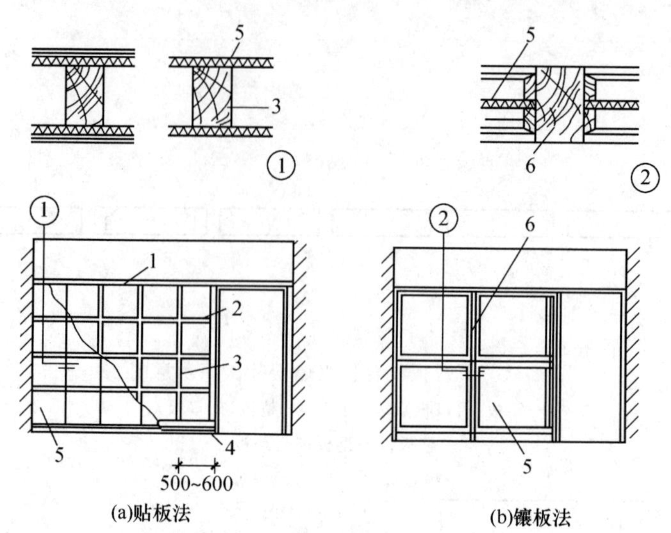

图 4-33　纤维板隔墙构造(单位:mm)

1—上槛;2—横撑;3—墙筋;4—砖砌踢脚板;5—木质纤维板;6—木筋

表 4-25　双面纤维板隔墙每 100 m^2 材料用量

材料名称	规格(mm)	单位	用量	备注
木方	40×70	m^3	1.65	—
	25×25	m^3	0.65	拐角压口条
	15×35	m^3	0.20	板间压口条
纤维板	—	m^2	2.16	—
钉子	—	kg	18.2	—

第四节　骨架隔墙工程施工

一、施工质量验收标准及施工质量控制要求

(1)骨架隔墙工程施工质量验收标准见表 4-26。

表 4-26　骨架隔墙工程施工质量验收标准

项　目	内　容
主控项目	(1)骨架隔墙所用龙骨、配件、墙面板、填充材料及嵌缝材料的品种、规格、性能和木材的含水率应符合设计要求。有隔声、隔热、阻燃、防潮等特殊要求的工程,材料应有相应性能等级的检测报告。 检验方法:观察;检查产品合格证书、进场验收记录、性能检测报告和复验报告。 (2)骨架隔墙工程边框龙骨必须与基体结构连接牢固,并应平整、垂直、位置正确。

续上表

项　目	内　容
主控项目	检验方法:手扳检查;尺量检查;检查隐蔽工程验收记录。 (3)骨架隔墙中龙骨间距和构造连接方法应符合设计要求。骨架内设备管线的安装、门窗洞口等部位加强龙骨应安装牢固、位置正确,填充材料的设置应符合设计要求。 检验方法:检查隐蔽工程验收记录。 (4)木龙骨及木墙面板的防火和防腐处理必须符合设计要求。 检验方法:检查隐蔽工程验收记录。 (5)骨架隔墙的墙面板应安装牢固,无脱层、翘曲、折裂及缺损。 检验方法:观察;手扳检查。 (6)墙面板所用接缝材料的接缝方法应符合设计要求。 检验方法:观察
一般项目	(1)骨架隔墙表面应平整光滑、色泽一致、洁净、无裂缝,接缝应均匀、顺直。 检验方法:观察;手摸检查。 (2)骨架隔墙上的孔、洞、槽及盒应位置正确、套割吻合、边缘整齐。 检验方法:观察。 (3)骨架隔墙内的填充材料应干燥,填充应密实、均匀、无下坠。 检验方法:轻敲检查;检查隐蔽工程验收记录。 (4)骨架隔墙安装的允许偏差和检验方法见表4-27

表4-27　骨架隔墙安装的允许偏差和检验方法

项目	允许偏差(mm)		检验方法
	纸面石膏板	人造木板、水泥纤维板	
立面垂直度	3	4	用2 m垂直检测尺检查
表面平整度	3	3	用2 m靠尺和塞尺检查
阴阳角方正	3	3	用直角检测尺检查
接缝直线度	—	3	拉5 m线,不足5 m拉通线,用钢直尺检查
压条直线度	—	3	拉5 m线,不足5 m拉通线,用钢直尺检查
接缝高低差	1	1	用钢直尺和塞尺检查

(2)骨架隔墙工程施工质量控制要求见表4-28。

表4-28　骨架隔墙工程施工质量控制要求

项　目	内　容
隔断龙骨安装	(1)当选用支撑卡系列龙骨时,应先将支撑卡安装在竖向龙骨的开口上,卡距为400～600 mm,距龙骨的两端为20～25 mm。 (2)选用通贯系列龙骨时,高度低于3 m的隔墙安装一道;3～5 m时安装两道;5 m以上时安装三道。

续上表

项　目	内　容
隔断龙骨安装	(3)门窗或特殊节点处,应使用附加龙骨,其安装应符合设计要求。 (4)隔断的下端如用木踢脚板覆盖,隔断的罩面板下端应离地面 20～30 mm;如用大理石、水磨石踢脚时,罩面板下端应与踢脚板上口齐平,接缝要严密
石膏板安装	(1)石膏板应采用自攻螺钉固定。周边螺钉的间距不应大于 200 mm,中间部分螺钉的间距不应大于 300 mm,螺钉与板边缘的距离应为 10～16 mm。 (2)安装石膏板时,应从板的中部开始向板的四边固定。钉头略埋入板内,但不得损坏纸面;钉眼应用石膏腻子抹平。 (3)石膏板应按框格尺寸裁割准确;就位时应与框格靠紧,但不得强压。 (4)隔墙端部的石膏板与周围的墙或柱应留有 3 mm 的槽口。施铺罩面板时,应先在槽口处加注嵌缝膏,然后铺板并挤压嵌缝膏以使面板与邻近表层接触紧密。 (5)在丁字形或十字形相接处,如为阴角应用腻子嵌满,贴上接缝带,如为阳角应做护角。 (6)石膏板的接缝长一般应为 3～6 mm,必须坡口与坡口相接
铝合金装饰条板安装	用铝合金条板装饰墙面时,可用螺钉直接固定在结构层上,也可用锚固件悬挂或嵌卡的方法,将板固定在轻钢龙骨上,或将板固定在墙筋上
木骨架隔墙安装	(1)木骨架中,上、下槛与立柱的断面多为 50 mm×70 mm 或 50 mm×100 mm,有时也用45 mm×45 mm、40 mm×60 mm 或 45 mm×90 mm。斜撑与横挡的断面与立柱相同,也可稍小一些。立柱与横挡的间距要与罩面板的规格相配合,在一般情况下,立柱的间距可取 400 mm、450 mm 或 455 mm,横挡的间距可与立柱的间距相同,也可适当放大。每扇木隔断木材参考用量见表 4-29。 (2)隔墙木骨架所用木材的树种、材质等级、含水率以及防腐、防虫、防火处理,必须符合设计要求。接触砖、石、混凝土的骨架和预埋木砖,应经防腐处理,所用钉件必须镀锌。如选用市售成品木龙骨,应附产品合格证。当采用传统的木质隔墙大木方龙骨骨架形式做室内隔墙时,隔墙木骨架的安装顺序为:弹线→安装靠墙立筋→安装上下槛→安装其他立筋和横挡及斜撑。 (3)先在楼地面上弹出隔墙的边线,并用线锤将边线引到两端墙上,引到楼板或过梁的底部。根据所弹的位置线,检查墙上预埋木砖,检查楼板或梁底部预留钢丝的位置和数量是否正确,如有问题及时修理。然后钉靠墙立筋,将立筋靠墙立直,钉牢于墙内防腐木砖上。再将上槛托到楼板或梁的底部,用预埋钢丝绑牢,两端顶住靠墙立筋钉固。将下槛对准地面事先弹出的隔墙边线,两端撑紧于靠墙立筋底部,而后在下槛上画出其他立筋的位置线。 (4)安装立筋时,立筋要垂直,其上下端要顶紧上下槛,分别用钉斜向钉牢。然后在立筋之间钉横撑,横撑可不与立筋垂直,将其两端头按相反方向稍锯成斜面,以便楔紧和钉钉子。横撑的垂直间距宜为 1.2～1.5 m。在门樘边的立筋应加大断面或者是双根并用,门樘上方加设人字撑固定
细部处理	墙面安装胶合板时,阳角处应做护角,以防板边角损坏,阳角的处理应采用刨光起线的木质压条,以增加装饰效果

表 4-29　每扇木隔断木材需用量

材料名称	规格(mm)	需用量(m^3)		
		A型	B型	C型
木方	56×46	0.021	0.015	—
	33×46	0.006 1	0.001 5	—
	56×38	—	—	0.003 3
	46×38	—	—	0.006 3
	46×20	—	—	0.000 7
木板	δ=15	0.052 9	0.022 7	0.017 6

二、标准的施工方法

1. 轻钢龙骨隔墙安装

轻钢龙骨隔墙的安装方法见表 4-30。

表 4-30　轻钢龙骨隔墙安装方法

项　　目	内　　容
墙位放线	根据设计图纸确定的隔断墙位，在楼地面弹线，并将线引测至顶棚和侧墙
踢脚台施工	如果设计要求设置踢脚台(墙垫)时，应先对楼地面基层进行清理，并涂刷一道YJ302 型界面处理剂。然后浇筑 C20 素混凝土踢脚台，上表面应平整，两侧面应垂直。踢脚台内是否配置构造钢筋或埋设预埋件，应根据设计要求确定
安装沿地、沿顶及沿边龙骨	横龙骨与建筑顶、地连接及竖龙骨与墙、柱连接，一般可用射钉，选用 M5×35 mm的射钉将龙骨与混凝土基体固定，对于砖砌墙、柱体应采用金属胀铆螺栓。射钉或电钻打孔时，固定点的间距通常按 900 mm 布置，最大不应超过 1 000 mm。轻钢龙骨与建筑基体表面接触处，一般要求在龙骨接触面的两边各粘贴 1 根通长的橡胶密封条，以起防水和隔声作用。沿地、沿顶和靠墙(柱)龙骨的固定方法如图 4-34 所示
安装竖龙骨	竖龙骨按设计确定的间距就位，通常是根据罩面板的宽度尺寸而定的。对于罩面板材较宽者，需在中间加设 1 根竖龙骨，竖龙骨中距最大不应超过600 mm。对于隔断墙的罩面层重量较大时(如贴瓷砖)的竖龙骨中距，应以不大于 420 mm 为宜；当隔断墙体的高度较大时，其竖龙骨布置也应加密。竖龙骨安装时应由隔断墙的一端开始排列，设有门窗者要从门窗洞口开始分别向两侧展开。当最后 1 根竖龙骨距离沿墙(柱)龙骨的尺寸大于设计规定的龙骨中距时，必须增设 1 根竖龙骨。将预先截好长度的竖龙骨推向沿顶、沿地龙骨之间，翼缘朝罩面板方向就位。龙骨的上、下端如果为钢柱连接，均用自攻螺钉或抽心铆钉与横龙骨固定(图 4-35)。应注意采用有冲孔的竖龙骨时，其上下方向不能颠倒，竖龙骨现场截断时一律从其上端切割，并应保证各条龙骨的贯通孔高度必须在同一水平面上 门窗洞口处的竖龙骨安装应依照设计要求，采用 2 根并用或是扣盒子加强龙骨。如果门的尺度大且门扇较重时，应在门框外的上下左右增设斜撑

续上表

项　　目	内　　容
安装通贯龙骨	通贯横撑龙骨的设置：一种是低于 3 m 的隔断墙安装一道；另一种是 3～5 m 高度的隔断墙安装 2～3 道。通贯龙骨横穿各条竖龙骨上的贯通冲孔，需要接长时使用其配套的连接件(图4-36)。在竖龙骨开口面安装卡托或支撑卡与通贯横撑龙骨连接锁紧(图4-37)，根据需要在竖龙骨背面可加设角托与通贯龙骨固定。采用支撑卡系列的龙骨时，应先将支撑卡安装于竖龙骨开口面，卡距为 400～600 mm，距龙骨两端的距离为20～25 mm
安装横撑龙骨	隔断墙轻钢骨架的横向支撑，除采用通贯龙骨外，有的需设其他横撑龙骨。一般是在隔墙骨架超过 3 m 高度时，或是罩面板的水平方向板端(接缝)并非落在沿顶、沿地龙骨上时，应设横向龙骨使其对骨架加固，或予以固定板缝。具体做法是，可选用 U 型横龙骨或 C 型竖龙骨作横向布置，利用卡托、支撑卡(竖龙骨开口面)及角托(竖龙骨背面)与竖向龙骨连接固定(图 4-38)。有的产品，也可采用其配套的金属嵌缝条作横竖龙骨的连接固定件

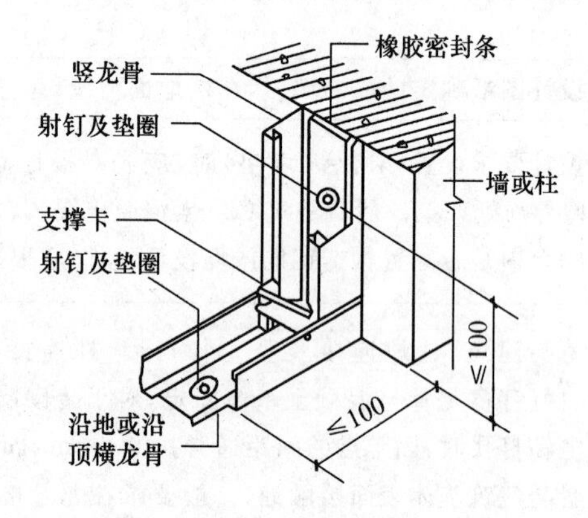

图 4-34　沿地(顶)及沿墙(柱)龙骨的固定示意图(单位：mm)

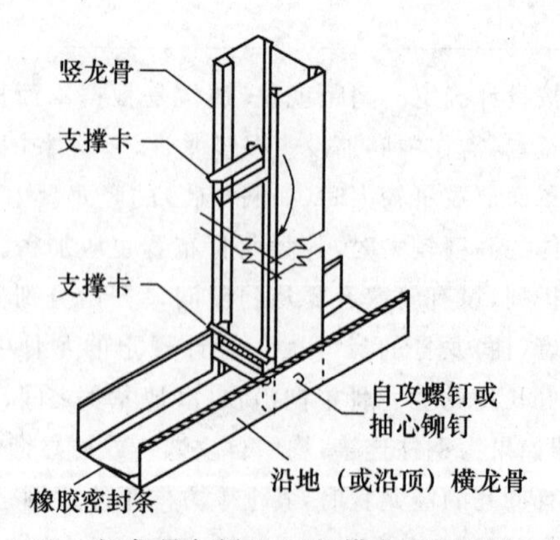

图 4-35　竖龙骨与沿地(顶)横龙骨的固定示意图

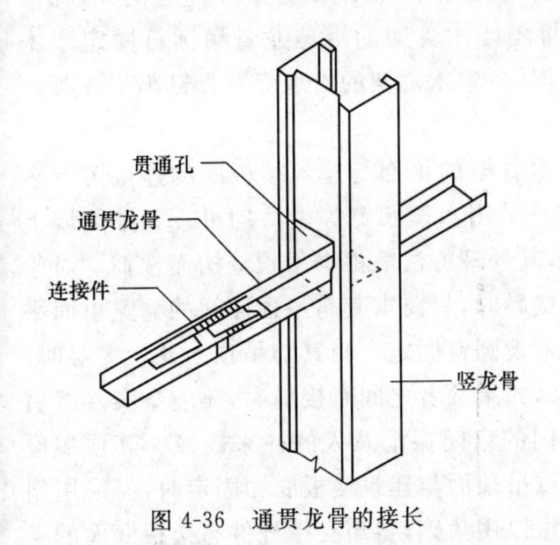

图 4-36　通贯龙骨的接长

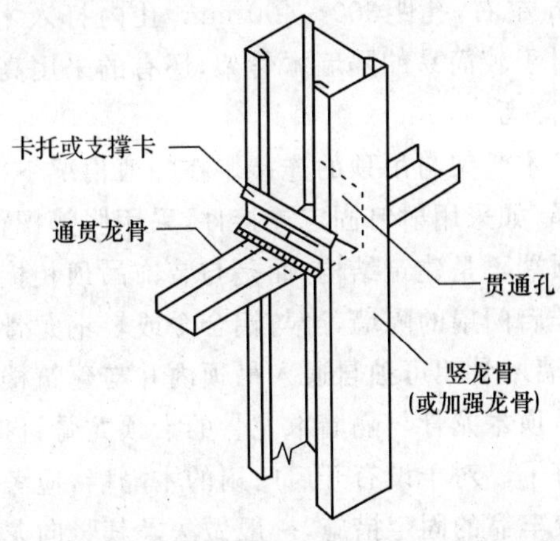

图 4-37　通贯龙骨与竖龙骨的连接固定

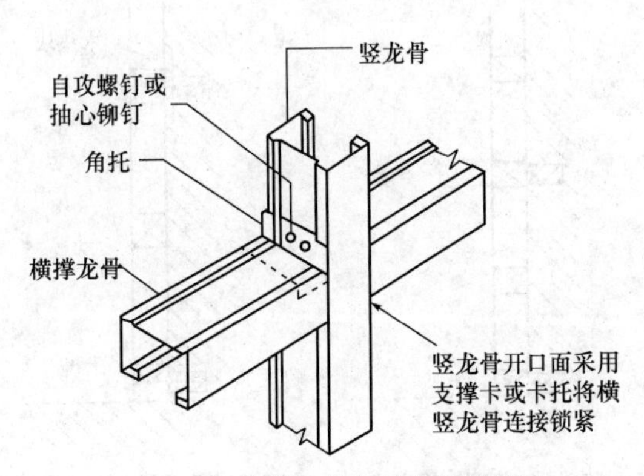

图 4-38　横撑龙骨与竖龙骨的连接

2.隔墙木骨架安装

(1)隔墙木骨架的安装方法见表 4-28 中的相关内容。

(2)木骨架的连接。

1)木骨架与建筑墙体的连接。使用 16～20 mm 的冲击钻头在墙(柱)面打孔,孔深不小于 60 mm,孔距 600 mm 左右,孔内打入木楔(潮湿地区或墙体易受潮部位塞入木楔前应对木楔刷涂桐油或其他防腐剂待其干燥),安装靠墙竖龙骨时将龙骨与木楔用圆钉连接固定(图 4-39)。

对于墙面平整度偏差在±10 mm 以内的基层,可重新抹灰找平;如果墙体表面平整偏差大于10 mm,可不修正墙体,而是在龙骨与墙面之间加设木垫块进行调平。对于大木方组成的隔墙骨架,在建筑结构内无预埋的,龙骨与墙体的连接也可采用塞入木楔的方法,但木楔较大且容易在凿洞过程中损伤墙体,所以多采用胀铆螺栓连接固定。

固定木骨架前,应按对应地面和顶面的墙面固定点的位置,在木骨架上画线,标出固定连接点位置,进而在固定点打孔,打孔的直径略大于胀铆螺栓直径(图 4-40)。

2)木骨架与地(楼)面的连接。常采用的做法是用 $\phi7.8$ 或 $\phi10.8$ 的钻头按 300～400 mm 的间距于地(楼)面打孔,孔深为 45 mm 左右,利用 M6 或 M8 的胀铆螺栓将沿地面的龙骨固定。对于面积不大的隔墙木骨架，也可采用木楔圆钉固定法，在楼地面打 $\phi20$ 左右的孔，孔深 50 mm 左右，孔距300～400 mm，孔内打入木楔，将隔墙木骨架的沿地龙骨用圆钉固定于木楔。对于较简易的隔墙木骨架，还有的采用高强水泥钉，将木框架的沿地面龙骨钉牢于混凝土地面、楼面。

3)木骨架与吊顶的连接。在一般情况下，隔墙木骨架的顶部与建筑楼板底的连接可有多种选择，如采用射钉固定连接件，采用胀铆螺栓，或是采用木楔圆钉等做法均可。如果隔墙上部的顶端不是建筑结构，而是与装饰吊顶相接触时，其处理方法需根据吊顶结构而选择。对于不设开启门扇的隔墙，当与铝合金或轻钢龙骨吊顶接触时，只要求其与吊顶面间的缝隙小而平直，隔墙木骨架可独自通入吊顶内并与建筑楼板以木楔圆钉固定。当其与吊顶木龙骨接触时，应将吊顶木龙骨与隔墙木龙骨的沿顶龙骨钉接起来，如果两者之间有接缝时，还应垫实接缝后再钉钉子。对于设有开启门扇的木隔墙，应考虑到门的启闭振动及人的往来碰撞。其顶端应采取较牢靠的固定措施，一般做法是其竖向龙骨穿过吊顶面与建筑楼板底面固定时，需采用斜角支撑(图 4-41)。斜角支撑的材料可以是方木，也可以用角钢，斜角支撑杆件与楼板底面的夹角以 60°为宜。斜角支撑与基体的固定方法，可用木楔钉或胀铆螺栓。

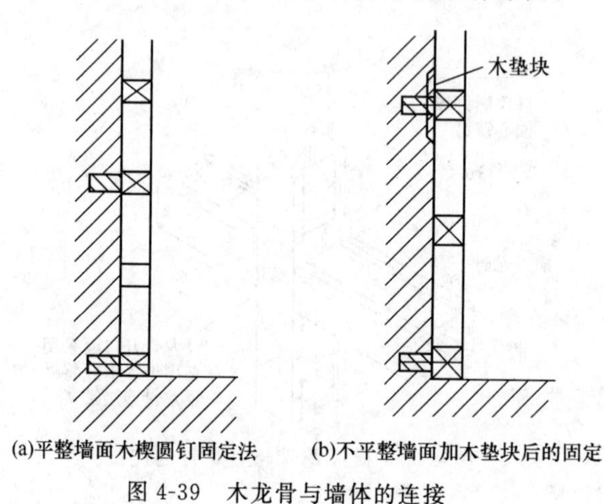

(a)平整墙面木楔圆钉固定法　(b)不平整墙面加木垫块后的固定

图 4-39　木龙骨与墙体的连接

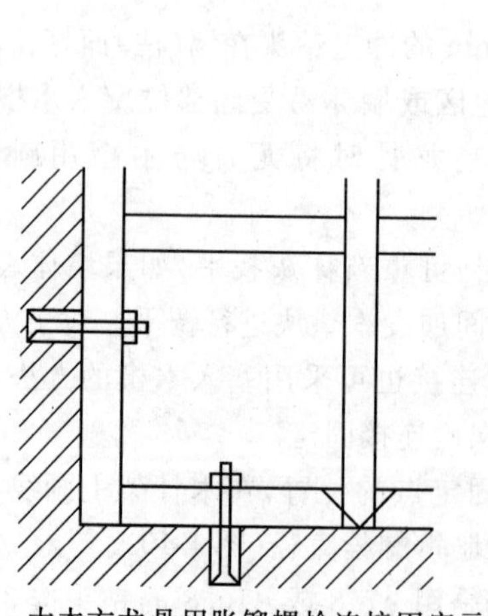

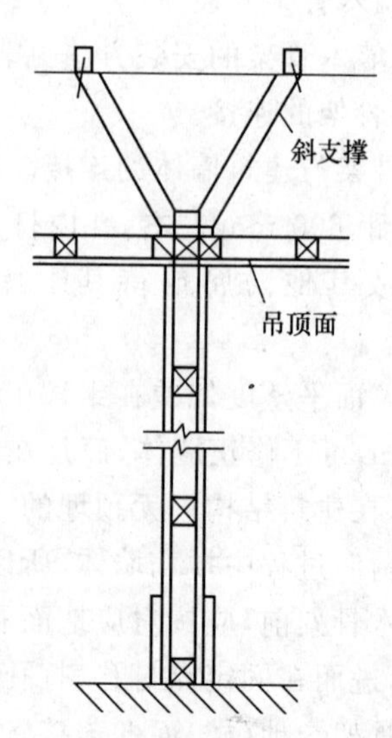

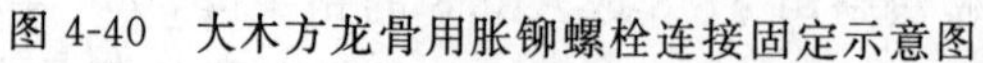

图 4-40　大木方龙骨用胀铆螺栓连接固定示意图

图 4-41　带木门隔墙与建筑顶面的连接固定

木龙骨木板隔墙固定不牢，表面凹凸不平

质量问题表现

(1)木龙骨木板隔墙与结构或骨架固定不牢，门框活动脱开，隔墙松动倾斜。

(2)龙骨装钉板的一面未刨光找平，板材厚薄不一或受潮后松软变形，边棱翘起，造成表面凹凸不平，接头不严实。

质量问题原因

(1)造成木龙骨木板隔墙与结构或骨架固定不牢的原因。

1)上下槛和主体结构固定不牢靠，立筋横撑没有与上下槛形成整体。

2)龙骨骨料尺寸过小或材质太差。

3)安装时，先安装了竖向龙骨，并将上下槛断开。

4)门口处下槛被断开，两侧立筋的断面尺寸未加大，门窗框上部未加钉人字撑。

(2)造成木龙骨木板隔墙墙面凹凸不平，接头不严的原因。

1)龙骨骨料含水率过大，干燥后易变形。室内抹灰时龙骨受潮变形或被撞击后未经修理就钉面板。

2)工序颠倒，先钉面板再进行室内抹灰，使面板受潮，出现边棱翘起、脱层等现象。

3)选面板时没有考虑防潮防水，面板表面粗糙又未加工，板材薄厚不一，没有采取补救措施。

4)钉板顺序不当，先上后下，压力小，拼接不严或组装不规格，造成表面不平。

5)铁冲子过粗，钉眼太大，面板钉子过稀，造成表面凹凸不平。

质量问题预防

(1)避免木龙骨木板隔墙与结构或骨架固定不牢的措施。

1)上下槛与主体结构连接牢固。两端若为砖墙，上下槛插入砖墙内应不少于12 cm，伸入部分应做防腐处理；两端若为混凝土墙柱，应预留木砖，并应加强上下槛和顶板、底板的连接，可采取预留钢丝、螺栓或后打胀管螺栓等方法，使隔墙与结构紧密连接，形成整体。

2)选材要严格。龙骨料一般应用红白松，含水率不大于15%，并应做好防腐处理。板材应根据使用部位选择相应的面板，纤维板需做防潮处理，表面过粗时，应用细刨子刨一遍。

3)龙骨固定顺序应先下槛，后上槛，再立筋，最后钉水平横撑。立筋间距一般在40～60 cm之间，要求垂直，两端顶紧上下槛，用钉斜向钉牢。靠墙立筋与预留木砖的空隙应用木垫垫实并钉牢，以加强隔墙的整体性。

4)遇有门口时，因下槛在门口处被断开，其两侧应用通天立筋，下脚卧入楼板内嵌实，并应加大其断面尺寸至80 mm×70 mm(或两根并用)。门窗框上宜加人字撑，如图4-42所示。

质量问题

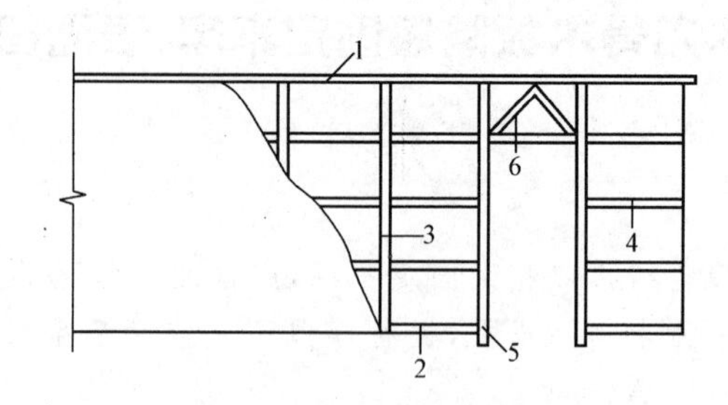

图 4-42　板材隔墙构造图

1—上槛；2—下槛；3—立筋；4—横撑；5—通天立筋；6—人字撑

(2)避免木龙骨木板隔墙墙面凹凸不同，接头不严的措施。

1)所有龙骨钉板的一面均应刨光，龙骨应严格按线组装，尺寸一致，找方找直，交接处要平整。

2)工序要合理，先钉龙骨后再进行室内抹灰，最后钉板材。钉板材前，应认真检查，如龙骨变形或被撞动，应修理后再钉面板。

3)面板薄厚不均时，应以厚板为准，薄的背面垫起，但必须垫实、垫平、垫牢，面板正面应刮直(朝外为正面，靠龙骨面为反面)。

4)面板应从下面角上逐块钉设，并以竖向装钉为好，板与板的接头宜作成坡棱，如为留缝做法时，面板应从中间向两边由下而上铺钉，接头缝隙以 5～8 mm 为宜，板材分块大小按设计要求，拼缝应位于立筋或横撑上。

5)铁冲子应磨成扁头，与钉帽一般大小，钉帽要预先砸扁(钉纤维板时钉帽不必砸扁)，顺木纹钉入面板内 1 mm 左右，钉子长度应为面板厚度的 3 倍。钉子间距：纤维板为 100 mm，其他板材为 150 mm，钉木丝板时钉帽下应加镀锌垫圈。

3. 石膏龙骨安装

石膏龙骨的安装方法见表 4-31。

表 4-31　石膏龙骨安装方法

项　目	内　容
放线做墙垫	按设计要求，在地面上画出隔墙位置线，将线引测到侧面墙、顶棚上或梁下面。踢脚线采用湿作业者，为了防潮，隔墙下端应做墙垫(或称导墙)，墙垫可打素混凝土，也可砌 2～3 皮砖。墙垫的侧面要垂直，上表面要水平，与楼板的结合要牢固
粘贴辅助龙骨	按隔墙放线位置，沿隔墙四周(即墙垫上面、两侧墙面和楼板底面)粘贴辅助龙骨，辅助龙骨用二层石膏板条黏结，其宽度按隔墙厚度选择，在其背面涂满胶黏剂并与基层粘贴牢固，两侧边要找直，多余的胶黏剂应及时刮净。如果隔墙采用木踢脚板且不设置墙垫时，可在楼地面上直接粘贴辅助龙骨，龙骨上粘贴木砖，中距为 300 mm，并做出标记以便于踢脚板的安装(图 4-43)

续上表

项　　目	内　　容
黏结竖龙骨和斜撑	如果隔墙上没有门窗口时，竖龙骨从墙的一端开始；如设有门窗口时，则从门窗口开始向一侧或向两侧排列。用线坠或靠尺找垂直，先黏结安装墙两端龙骨，龙骨上下端满涂胶黏剂，上端与辅助龙骨顶紧，下端用一对木楔涂胶适度挤严，木楔周围用胶黏剂包上，龙骨上部两侧用石膏块固定。当隔墙两端龙骨安装符合要求后，在龙骨的一侧拉线1～2道，安装中间龙骨与线找齐。需注意对于有门窗洞口的隔墙必须先安装门窗洞口一侧的龙骨，随即立口，再安装另一侧的龙骨，不得后塞口。斜撑用辅助龙骨截取，两端作斜面，蘸胶与龙骨黏结，其上端的上方和下端的下方应粘贴石膏板块固定，防止斜撑移动；墙高大于3 m时，龙骨须接长，接头两侧用长300 mm辅助龙骨(或二层石膏板条)粘贴夹牢(图4-44)，并设横撑一道。横撑水平安装，两端的下方应粘贴石膏板块固定
管线的安装	石膏隔墙内暗穿管道时，应使用伞形螺栓固定管卡进而将立管卡稳，同时应在龙骨架空腔内填塞岩棉等绝缘材料(图4-45)；管道于墙面探出部位用YJ4型密封膏嵌缝
接线盒安装	当隔墙上需要安装接线盒或电源插座时，可在两个立柱之间加设一块20 mm厚的木垫板，将接线盒或插座安装在垫板上；也可使用石膏板隔墙专用的一种塑料接线盒，将其金属夹固片与石膏板夹牢，如图4-46所示
吊挂件的安装	石膏龙骨石膏板隔墙面需要设置吊挂措施时，可采用挂钩吊挂，用于单层石膏板隔墙，吊挂质量限于5 kg以内。也可采用T形螺栓吊挂，单层板的吊挂质量为10～15 kg；双层板吊挂质量为15～25 kg。也可在双层板墙体上黏结木块吊挂，吊重可达15～25 kg。采用伞形螺栓作吊挂时，单板吊重为10～15 kg，双板吊重为15～25 kg，如图4-47所示

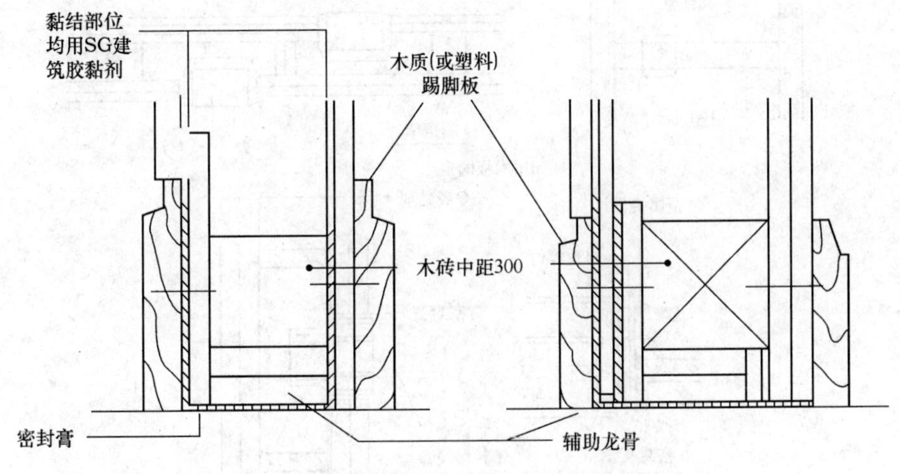

图4-43　不设墙垫的石膏龙骨隔墙底端构造做法

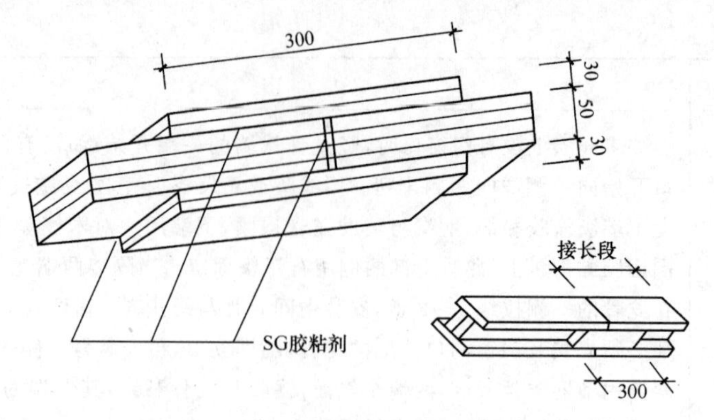

图 4-44　石膏龙骨的接长(单位:mm)

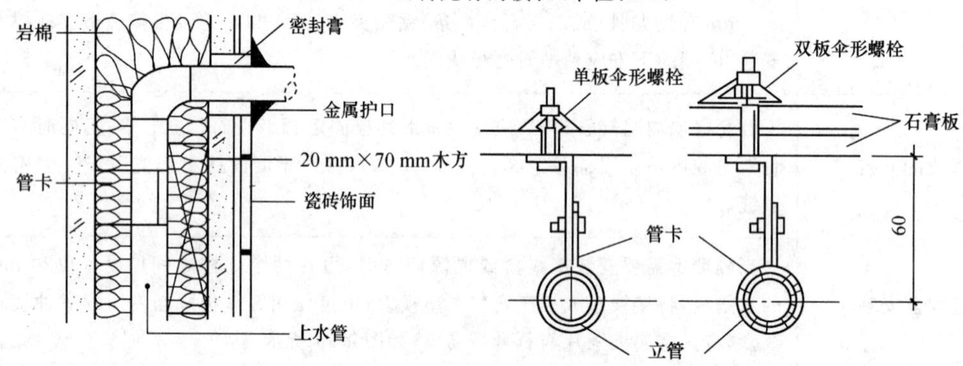

图 4-45　墙体与管线的连接(单位:mm)

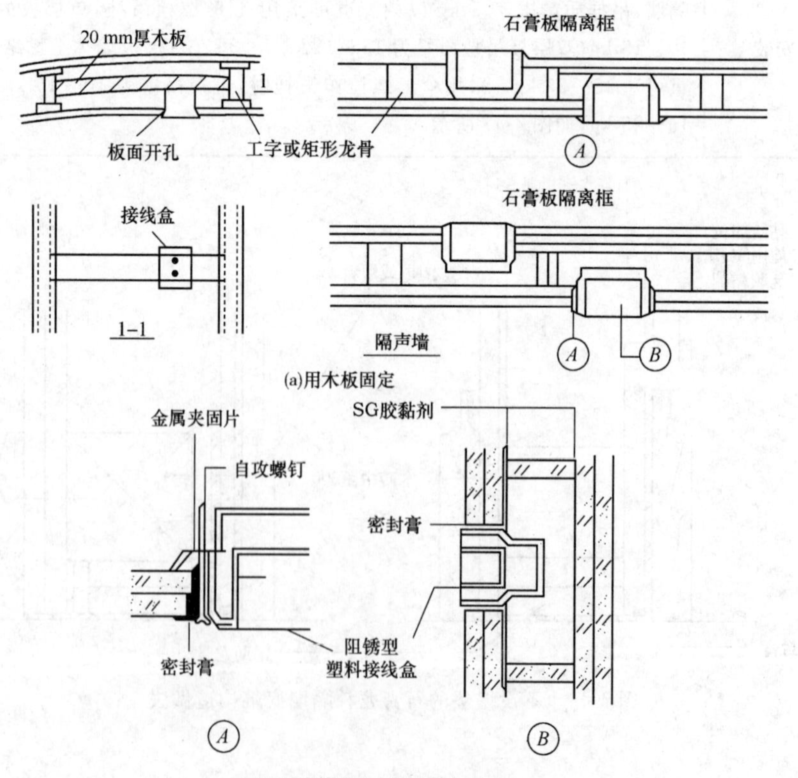

图 4-46　墙体与接线盒的连接

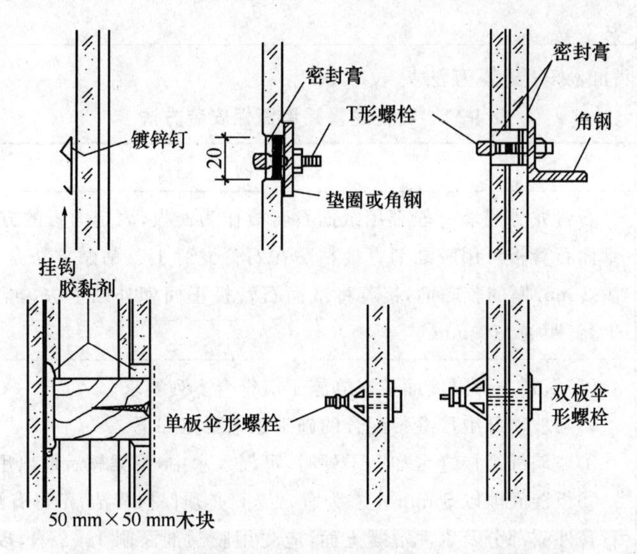

图 4-47　石膏板隔墙面的常用挂吊方式(单位:mm)

石膏龙骨及隔墙板与结构连接不牢

质量问题表现

龙骨发生变形,墙板与结构连接出现松动。

质量问题原因

(1)龙骨涂抹胶黏剂时未涂满,另外有的龙骨受潮或堆放不适而产生变形。

(2)龙骨及板面黏结后未终凝前碰撞,造成墙板与结构连接不牢。

质量问题预防

(1)龙骨及石膏板露天堆放时应搭设平台,平台距地面大于 30 cm,其上应满铺一层油毡,堆放材料上面应加苫布覆盖。室内堆放应垫木方使其与地面隔离,垫木间距不大于 60 cm,端头在 20～30 cm 之间,使龙骨及石膏板不受潮。

(2)施工前在楼地面放出墙位线,并将线引测至侧墙(柱)和顶板上。踢脚如果采用湿作业,隔墙下端可做砖砌墙垫或混凝土墙垫。

(3)沿墙身粘贴的石膏板条辅助龙骨要均匀涂抹胶黏剂,与基层粘贴牢固,并要找直,多余胶黏剂应及时刮净。龙骨安装时要先立两端龙骨,并吊垂直后拉线 1～2 道,再顺序立中间龙骨,并与线找齐。

(4)石膏板的粘贴必须在安装龙骨的胶黏剂终凝后(不早于 4 h)进行。石膏板面粘贴时应先将胶黏剂均匀涂抹在石膏龙骨上,然后再贴石膏板。也可在石膏板背面四周 3 cm宽范围及中间龙骨位置均匀涂抹胶黏剂,然后与龙骨粘贴。胶黏剂涂抹厚度应为 3～5 mm。石膏板粘贴时要推压挤紧,用橡胶锤锤打,使龙骨与石膏板结合紧密。石膏板两侧应错缝粘贴,以加强墙体的整体性。

4.龙骨罩面板安装

(1)石膏龙骨隔墙面板的安装方法见表4-32。

表4-32 石膏龙骨隔墙面板安装方法

项　目	内　容
安装	石膏龙骨隔墙一般都用纸面石膏板作为面板,固定面板的方法:一是粘,二是钉。纸面石膏板可用胶黏剂直接粘贴在石膏龙骨上。粘贴方法是:先在石膏龙骨上刷满2 mm厚的胶黏剂,接着将纸面石膏板正面朝外贴上去,再用5 cm长的圆钉钉上,钉距为400 mm
嵌缝	(1)石膏龙骨隔墙面板嵌缝施工应符合下列要求。 1)与玻璃纤维接缝带配合的施工工艺要点如下。 ①玻璃纤维接缝带如已干硬时,可浸入水中,待柔软后取出甩去水滴即可使用。 ②板缝间隙以5 mm左右为宜。缝间必须保持清洁,不得有浮灰。对于已缺纸的石膏外露部分及水泥混凝土面,应先用胶黏剂涂刷1～2遍,以免此处石膏或混凝土过多地吸收腻子中的水分而影响黏结效果。胶黏剂晾干后即可开始嵌缝。 ③用1份水(水温为25℃±5℃)注入盛器,再将2份KF80嵌缝石膏粉撒入,充分搅拌均匀。每次拌出的腻子不宜太多,以在40 min内用完为度。 ④用50 mm宽的刮刀将腻子嵌入板缝并填实。贴上玻璃接缝带,用刮刀在玻璃纤维接缝带表面上轻轻挤压,使多余的腻子从接缝带的网格空隙中挤出后,加以刮平。 ⑤用嵌缝腻子将玻璃纤维接缝带加以覆盖,使玻璃纤维接缝带埋入腻子层中,并用腻子把石膏板的楔形倒角填平,最后用大刮板将板缝找平。 ⑥如果有玻璃纤维端头外露于腻子表面时,待腻子层完全干燥固化后,用砂纸轻轻打磨掉。 2)与接缝纸带配合的施工工艺。板缝处理及腻子的调配与玻璃纤维接缝带相同,施工工艺要点如下。 ①刮第一层腻子。用小刮刀把腻子嵌入板缝,必须填实、刮平,否则可能塌陷并产生裂缝。 ②贴接缝纸带。第一层腻子初凝后,用稍稀的腻子[水∶KF80=1∶(1.6～1.8)]刮上一层,厚约1 mm,宽60 mm。随即把接缝纸带贴上,用劲刮平、压实。赶出腻子与纸带间的气泡,这是整个嵌缝工作的关键。 ③面层处理。用中刮刀在纸带外刮上一层厚约1 mm,宽80～100 mm的腻子,使纸带埋入腻子中,以免纸带侧边翘起。最后再涂上一层薄层腻子,用大刮刀将墙面刮平即可。 (2)石膏板隔墙需用腻子的数量,随板缝的深浅宽窄和有无倒角等因素而有差异。一般如果石膏板厚度为12 mm,板间缝隙宽为10 mm,板缝的深度为15 mm,有倒角的情况下,每1 m板缝需用粉状腻子材料约0.3～0.4 kg

(2)纸面石膏板的安装方法见表4-33。

表4-33 纸面石膏板安装方法

项　目	内　容
安装骨架一侧的第一层板	板材就位后的上、下两端,应与上下楼板面(下部有踢脚台的即指其台面)之间分别留出3 mm间隙。使用ϕ3.5×25 mm的自攻螺钉,用自攻螺钉将板材与轻钢龙

续上表

项　目	内　容
安装骨架一侧的第一层板	骨紧密连接。自攻螺钉的间距为：沿纸面石膏板周边的自攻螺钉间距应不大于200 mm；板材中间部分的钉距应不大于300 mm；自攻螺钉与石膏板边缘的距离应为10～16 mm。自攻螺钉进入轻钢龙骨内的长度，以不小于10 mm为宜。板材铺钉时，应从板的中间向板的四边顺序固定，自攻螺钉头埋入板内但不得损坏纸面。板块宜采用整板，如需对接时应靠紧，但不得强压就位。纸面石膏板与隔墙两端的建筑墙、柱面之间，也应留出 3 mm 间隙，与顶、地的缝隙一样应先加注嵌缝膏而后铺板，挤压嵌缝膏使其与相邻表层密切接触。安装好第一层石膏板后，即可用嵌缝石膏粉按粉水比为 1.0∶0.6 调成的腻子处理板缝，并将自攻螺钉帽涂刷防锈涂料，同时用腻子将钉眼部位嵌补平整
墙体内的穿管及填充	安装好隔断墙体一侧的第一层纸面石膏板后，按设计要求将墙体内需要设置的接线盒、穿线管固定在龙骨上。穿线管可通过龙骨上的贯通孔。接线盒的安装可在墙面开洞，但应注意同一墙面每 2 根竖龙骨之间最多可开 2 个接线盒洞，洞口距竖龙骨的距离为150 mm；2 个接线盒洞口须上下错开，其垂直边在水平方向的距离不得小于 300 mm。如果在墙内安装配电箱，可在 2 根竖龙骨之间横装辅助龙骨，龙骨之间用抽芯铆钉连接固定，不允许采用电气焊。对于有填充要求的隔断墙体，待穿线部分安装完毕，即将岩棉等材料的保温层填入龙骨空腔内，可将岩棉固定钉用胶黏剂(792 胶或氯丁胶等)按 500 mm 的中距粘贴在石膏板上，待其牢固后(约 12 h)再将岩棉固定在岩棉固定钉上，利用其压圈压紧
安装骨架另一侧的第一层板	装板的板缝不得与对面的板缝落在同一根龙骨上，必须错开。板材的铺钉操作及自攻螺钉钉距等要求，如果设计只要求单层纸面石膏板罩面(图 4-48)，其装板罩面工序即已完成。如果设计要求为双层板罩面(图4-49)，其第一层板铺钉安装后只需用石膏腻子填缝，尚不需进行贴穿孔纸带及嵌条等处理工作
安装第二层纸面石膏板	第二层板的安装方法同第一层，但必须与第一层板的板缝错开，接缝不得落在同一根龙骨上。所用自攻螺钉应为ϕ3.5×35 mm。内、外层板的钉距，应采用不同的疏密，错开铺钉(图4-49)。除踢脚板的墙端缝之外，纸面石膏板墙的丁字或十字相接的阴角缝隙，应使用石膏腻子嵌满并粘贴接缝带(穿孔纸带或玻璃纤维网格胶带)
角部处理及板面嵌缝	主要包括纸面石膏板隔断墙面的阴角处理、阳角处理、暗缝和明缝处理等。 (1)阴角处理。先将阴角部位的缝隙嵌满石膏腻子，把穿孔纸带用折纸夹折成直角状后贴于阴缝处，再用阴角贴带器及滚抹子压实。在阴角抹一层石膏腻子，待腻子干燥后(约 12 h)用 2 号砂纸磨平磨光。 (2)阳角处理。纸面石膏板墙的阳角转角处，应使用金属护角。按墙角高度切断，安放于阳角处，用 12 mm 长的圆钉或采用阳角护角器将护角条作临时固定，然后用石膏腻子把金属护角批抹掩埋，待完全干燥后(约 12 h)用 2 号砂纸将腻子表面磨平磨光。

续上表

项　　目	内　　容
角部处理及板面嵌缝	(3)板面嵌缝。嵌缝所用的穿孔纸带宜先在清水中浸湿，以利于与石膏腻子的粘合。对于重要部位的缝隙，可以采用玻璃纤维网格胶带。玻璃纤维网格胶带成品已浸过胶液，具有一定的韧度，并在一面涂有不干胶，方便粘贴，同时具备优异的拉结性能，可以更有效地阻止板缝开裂。石膏板拼缝的嵌缝分为4个步骤。 1)清洁板缝后，用小刮刀将嵌缝石膏腻子均匀饱满地嵌入板缝，并在板缝处刮涂宽约60 mm、厚1 mm的腻子，随即贴上穿孔纸带或玻璃纤维网格胶带，使用宽约60 mm的刮刀顺贴带方向压刮，将多余的腻子从纸带或网带孔中挤出使之平敷，要求刮实、刮平，不可留有气泡。 2)用宽约150 mm的刮刀将石膏腻子填满宽约150 mm的板缝处带状部分。 3)用宽约300 mm的刮刀再补一遍石膏腻子，其厚度不得超过2 mm。 4)待石膏腻子完全干燥后(约12 h)，用2号砂纸或砂布将嵌缝腻子表面打磨平整。 对于暗缝(无缝)要求的隔断墙面，一般选用楔形边的纸面石膏板。对于要求隔墙面设置明缝者，一般有三种情况：一是采用棱边为直角边的纸面石膏板于拼缝处留出8 mm间隙，使用与龙骨配套的金属嵌缝条嵌缝；二是留出9 mm板缝先嵌入金属嵌缝条，而后再以金属盖缝条压缝；三是隔墙通长超过一定限值(一般为20 m)时需设置控制缝，以避免墙体(或大面积吊顶)受室温变化影响而发生变形现象，控制缝的位置可设在石膏板接缝处或隔墙门洞口两侧的上部
包边处理	对于纸面石膏板需要包边的部位，应按设计要求用金属包边条进行包边处理

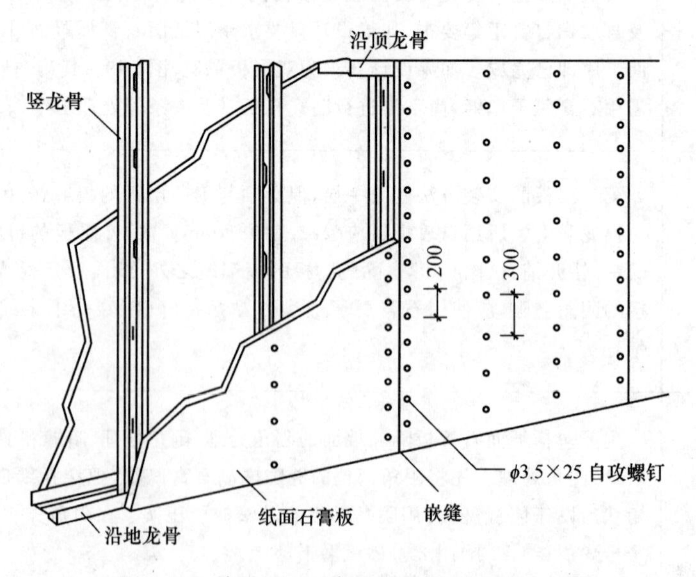

图 4-48　单层纸面石膏板隔墙罩面(单位：mm)

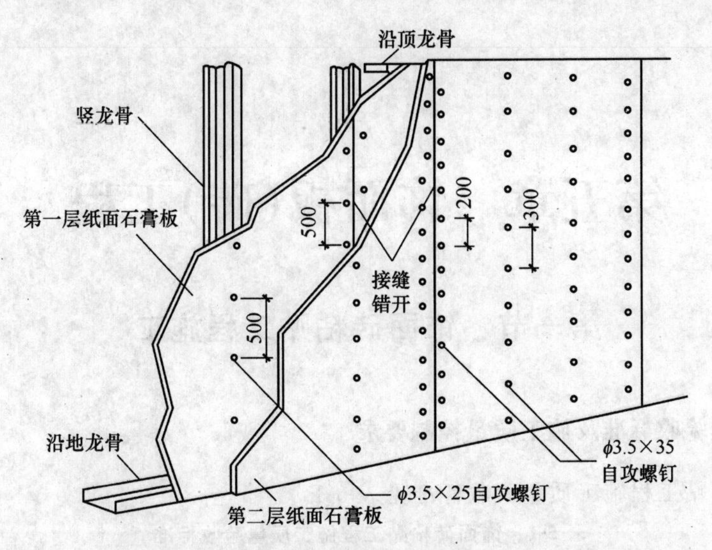

图 4-49　双层纸面石膏板隔墙罩面(单位:mm)

第五章 饰面板(砖)工程

第一节 饰面砖粘贴工程施工

一、施工质量验收标准及施工质量控制要求

(1)饰面砖粘贴工程施工质量验收标准见表 5-1。

表 5-1 饰面砖粘贴工程施工质量验收标准

项 目	内 容
主控项目	(1)饰面砖的品种、规格、图案、颜色和性能应符合设计要求。 检验方法:观察;检查产品合格证书、进场验收记录、性能检测报告和复验报告。 (2)饰面砖粘贴工程的找平、防水、黏结和勾缝材料及施工方法应符合设计要求及国家现行产品标准和工程技术标准的规定。 检验方法:检查产品合格证书、复验报告和隐蔽工程验收记录。 (3)饰面砖粘贴必须牢固。 检验方法:检查样板件黏结强度检测报告和施工记录。 (4)满粘法施工的饰面砖工程应无空鼓、裂缝。 检验方法:观察;用小锤轻击检查
一般项目	(1)饰面砖表面应平整、洁净、色泽一致,无裂痕和缺损。 检验方法:观察。 (2)阴阳角处搭接方式、非整砖使用部位应符合设计要求。 检验方法:观察。 (3)墙面突出物周围的饰面砖应整砖套割吻合,边缘应整齐。墙裙、贴脸突出墙面的厚度应一致。 检验方法:观察;尺量检查。 (4)饰面砖接缝应平直、光滑,填嵌应连续、密实,宽度和深度应符合设计要求。 检验方法:观察;尺量检查。 (5)有排水要求的部位应做滴水线(槽)。滴水线(槽)应顺直,流水坡向应正确,坡度应符合设计要求。 检验方法:观察;用水平尺检查。 (6)饰面砖粘贴的允许偏差和检验方法见表 5-2

表 5-2　饰面砖粘贴的允许偏差和检验方法

项目	允许偏差(mm)		检验方法
	外墙面砖	内墙面砖	
立面垂直度	3	2	用 2 m 垂直检测尺检查
表面平整度	4	3	用 2 m 靠尺和塞尺检查
阴阳角方正	3	3	用直角检测尺检查
接缝直线度	3	2	拉 5 m 线,不足 5 m 拉通线,用钢直尺检查
接缝高低差	1	0.5	用钢直尺和塞尺检查
接缝宽度	1	1	用钢直尺检查

(2)饰面砖粘贴工程施工质量控制要求见表 5-3。

表 5-3　饰面砖粘贴工程施工质量控制要求

项　目	内　容
内墙面釉面砖粘贴	(1)粘贴室内面砖时一般由下往上逐层粘贴,从阳角起贴,先贴大面,后贴阴阳角、凹槽等难度较大的部位。 (2)每皮砖上口平齐成一线,竖缝应单边按墙上控制线齐直,砖缝应横平竖直。 (3)粘贴室内面砖时,如设计无要求,接缝宽度为 1～1.5 mm。 (4)墙裙、浴盆、水池等处和阴阳角处应使用配件砖。 (5)粘贴室内面砖的房间,阴阳角须找方,要防止地面沿墙边出现宽窄不一现象。 (6)如设计无特殊要求,砖缝用白水泥擦缝
外墙面砖粘贴	(1)粘贴室外面砖时,水平缝用嵌缝条控制(应根据设计要求排砖确定的缝宽做嵌缝木条)。使用前木条应先捆扎后用水浸泡,以保证缝格均匀。施工中每次重复使用木条前都要及时清除余灰。 (2)粘贴室外面砖的竖缝用竖向弹线控制,其弹线密度可根据操作工人水平确定,可每块弹,也可 5～10 块弹一垂线,操作时,面砖下面座在嵌条上,一边与弹线齐平,然后依次向上粘贴。 (3)外墙面砖不应并缝粘贴。完成后的外墙面砖,应用 1∶1 水泥砂浆勾缝,先勾横缝,后勾竖缝,缝深宜凹进面砖 2～3 mm,宜用方板平底缝,不宜勾圆弧底缝,完成后用布或纱头擦净面砖。必要时可用浓度 10%稀盐酸刷洗,但必须随即用水冲洗干净。 (4)外墙饰面粘贴前和施工过程中,均应在相同基层上做样板件,并对样板件的饰面砖黏结强度进行检验。每 300 m² 同类墙体取 1 组试样,每组 3 个,每楼层不得少于 1 组;不足 300 m² 每两楼层取 1 组。每组试样的平均黏结强度不应小于 0.4 MPa;每组可有一个试样的黏结强度小于0.4 MPa,但不应小于 0.3 MPa。 (5)饰面板(砖)工程的抗震缝、伸缩缝、沉降缝等部位的处理应保证缝的使用功能和饰面的完整性

续上表

项　　目	内　　容
陶瓷锦砖粘贴	(1)抹好底子灰并经划毛及浇水养护后,根据节点细部详图和施工大样图,先弹出水平线和垂直线。水平线按每方陶瓷锦砖一道;垂直线可每方一道,亦可二三方一道。垂直线要与房屋大角以及墙垛中心线保持一致。如有分格时,按施工大样图规定的留缝宽度弹出。 (2)镶贴陶瓷锦砖时,一般是自下而上进行,按已弹好的水平线安放八字靠尺或直靠尺,并用水平尺校正垫平。通常以二人协同操作,一人在前洒水润湿墙面,先刮一道素水泥浆,随即抹上2 mm厚的水泥浆为黏结层,另一人将陶瓷锦砖铺在木垫板上,纸面向下,锦砖背面朝上,先用湿布把底面擦净。用水刷一遍,再刮素水泥浆,将素水泥浆刮至陶瓷锦砖的缝隙中,在砖面不要留砂浆。而后,再将一张张陶瓷锦砖沿尺粘贴在墙上。 (3)将陶瓷锦砖贴于墙面后,一手将硬木拍板放在已贴好的砖面上,一手用小锤敲击木拍板,把所有的陶瓷锦砖满敲一遍,使其平整。然后将陶瓷锦砖的护面纸用软刷子刷水润湿,待护面纸吸水泡开,即开始揭纸。 (4)揭纸后检查缝的大小,不合要求的缝必须拨正。调整砖缝的工作,要在黏结层砂浆初凝前进行。拨缝的方法是,一手将开刀放于缝间,一手用抹子轻敲开刀,逐条按要求将缝拨匀、拨正,使陶瓷锦砖的边口以开刀为准排齐。拨缝后用小锤敲击木拍板,将其拍实一遍,以增强与墙面的黏结。 (5)待黏结水泥浆凝固后,用素水泥浆找补擦缝。方法是先用橡胶刮板将水泥浆在陶瓷锦砖表面刮一遍,嵌实缝隙,接着加些干水泥,进一步找补擦缝,全面清理擦干净后,次日喷水养护。擦缝所用水泥,如为浅色陶瓷锦砖应使用白色水泥

二、标准的施工方法

1. 釉面砖镶贴

釉面砖镶贴的施工方法见表5-4。

表5-4　釉面砖镶贴的施工方法

项　　目	内　　容
分层做法	釉面砖镶贴分层做法见表5-5
镶贴前准备	(1)选好的釉面砖,使用前在清水中浸泡30 min左右,阴干备用。底子灰抹好后,一般养护2～3 d方可进行镶贴。 (2)找好规矩。用水平尺找平,校核方正。算好纵横皮数和镶贴块数,画出皮数杆,定出水平标准,进行排序,特别是阳角必须垂直
连接处理	在有脸盆镜箱的墙面,应按脸盆下水管部位分中,往两边排砖,肥皂盒、电器开关插座等,可按预定尺寸和砖数排砖,尽量保证外表美观,根据已弹好的水平线,稳好水平尺板,作为镶贴第一层瓷砖的依据,一般由下往上逐层镶贴,为了保证间隙均匀,每块砖的方正可采用塑料十字架,镶贴后在半干时再取出十字架,进行嵌缝,这样缝隙均匀美观。虽然此法比传统方法麻烦些,但能保证质量,提高效率,如图5-1所示。

续上表

项　目	内　容
连接处理	一般采用掺108胶素水泥砂浆作黏结层，温度在15℃以上(不可使用防冻剂)，随调随用。将其满铺在瓷砖背面，中间鼓四角低，逐块进行镶贴，随时用塑料十字架找正，全部工作应在3 h内完成。一面墙不能一次贴到顶，以防塌落。随时用干布或棉纱将缝隙中挤出的浆液擦干净。镶贴后的每块瓷砖，可用小铲轻轻敲打牢固。完工后，应加强养护。粘贴后48 h，用同色素水泥擦缝。工程全部完成后，应根据不同的污染程度用稀盐酸刷洗，随即再用清水冲洗
基层凿毛甩浆	对于坚硬光滑的基层，如混凝土墙面，必须对基层先进行凿毛、甩浆处理。凿毛的深度为0.5～1.0 cm、间距为3 cm，毛面要求均匀，并用钢丝刷子刷干净，用水冲洗。然后，在凿毛面上甩水泥砂浆，其配合比为水泥：中砂：胶黏剂＝1：1.5：0.2，甩浆厚度为0.5 cm左右，甩浆前先润湿基层面，甩浆后注意养护
贴结牢固	凡敲打瓷砖面发出空声时，证明贴结不牢或缺灰，应取下重贴
不同部位镶贴	(1)镶贴顶棚时，应把墙面水平线翻到墙顶交接处，校核顶棚面的方正情况，并找正找方，镶贴时，为了防止瓷砖下坠，可用竹片作临时支撑。 (2)镶贴水槽时，水槽不得有渗水和裂缝现象。镶贴前应根据设计要求校核水槽实际规格尺寸及方正情况，里外边缘必须交圈。 (3)对于旧建筑物改造项目，应先全部拆除旧墙面，重新抹水泥砂浆，方可铺贴瓷砖。对已粉刷或油漆的墙面补贴瓷砖时，必须将粉、油漆面清除干净，露出原水泥墙面并凿毛后，方可铺贴瓷砖

表5-5　釉面砖镶贴分层做法

部位	分层做法	厚度(mm)
墙面	(1)1：3水泥砂浆打底，找平划毛。 (2)1：0.3：3(水泥：石灰膏：砂)混合砂浆黏结层。 (3)镶贴釉面瓷砖	7 7～10 —
墙面	(1)1：3水泥砂浆分遍打底，表面垂直平整。 (2)10：0.5：2.6(水泥：胶黏剂：水，质量比)水泥砂浆黏结层。 (3)镶贴釉面瓷砖	12 2～3 —
池、槽	(1)1：3水泥砂浆打底，找平划毛。 (2)(1：1.5)～(1：2)水泥砂浆黏结层。 (3)镶贴釉面瓷砖	7 7～10 —
顶棚	(1)1：3水泥砂浆分遍打底，找平划毛。 (2)1：0.3：3(水泥：石灰膏：砂)混合砂浆黏结层。 (3)镶钻釉面瓷砖	5～10 5～7 —

2.外墙面砖镶贴

(1)基层为混凝土墙面时外墙面砖镶贴的施工方法见表5-6。

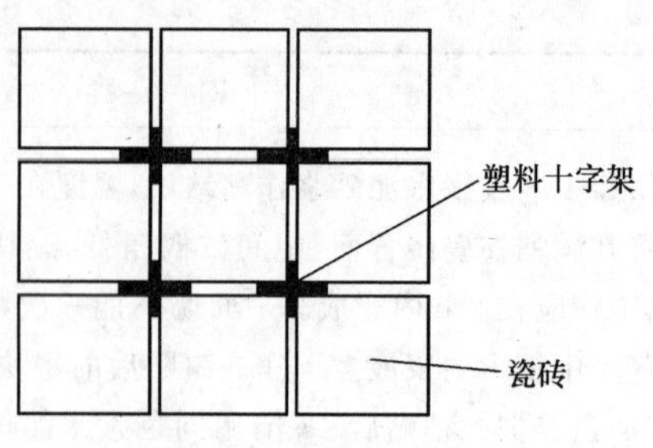

图 5-1 瓷砖铺贴示意图

表 5-6 基层为混凝土墙面时外墙面砖镶贴的施工方法

项 目	内 容
基层处理	首先将凸出墙面的混凝土剔平，对大规模施工的混凝土墙面应凿毛，并用钢丝刷满刷一遍，再浇水湿润。如果基层混凝土表面很光滑，也可采取如下的“毛化处理”办法，即先将表面尘土、污垢清扫干净，用10%火碱水将墙面上的油污刷掉，随之用净水将碱液冲净、晾干，然后用1∶1水泥细砂浆内掺入20%的胶黏剂，喷或用扫帚将砂浆甩到墙上，其甩点要均匀，终凝后浇水养护，直至水泥砂浆疙瘩全部粘到混凝土光面上，并有较高的强度(用手掰不动)为止
吊垂直、套方、找规矩、贴灰饼	若建筑物为高层时，应在四大角和门窗口边用经纬仪打垂直线找直：如果建筑物为多层时，可从顶层开始用特制的大线坠、绷钢丝吊垂直，然后根据面砖的规格尺寸分层设点，做灰饼。横向以楼层为水平基线交圈控制，竖向则以四周大角和通天柱、垛子(应全部是整砖)为基线控制。每层打底时则以此灰饼作为基准点进行冲筋，使其底层灰做到横平竖直。同时要注意找好突出檐口、腰线、窗台、雨篷等饰面的流水坡度
抹底层砂浆	先刷一道水泥素浆，紧跟分遍数抹底层砂浆(常温时采用配合比为1∶0.5∶4水泥白灰膏混合砂浆，也可用1∶3水泥砂浆)，第一遍厚度宜为5 mm，抹后用扫帚扫毛，待第一遍6～7成干时，即可抹第二遍，厚度为8～12 mm，随即用木杠刮平，木抹搓毛，终凝后浇水养护
弹线分格	待基层灰6～7成干时即可按图纸要求进行分格弹线，同时进行面层贴标准点的工作，以控制面层出墙尺寸及墙面的垂直、平整
排砖	根据大样图及墙面尺寸进行横竖排砖，以保证面砖缝隙均匀，符合设计图纸要求，注意大面和通天柱子、垛子排整砖以及在同一墙面上的横竖排列，均不得有一行以上的非整砖。非整砖行应排在次要部位，如窗间墙或阴角处等，但也要注意一致和对称。如果遇到突出的卡件，应用整砖套割吻合，不得用非整砖拼凑镶贴
浸砖	外墙面砖镶贴前，首先要将面砖清扫干净，放入净水中浸泡2 h以上，取出待表面晾干或擦干净后方可使用
镶贴面砖	在每一分段或分块内的面砖，均为自下向上镶贴。在最下一层砖下皮的位置线上稳好靠尺，以此托住第一皮面砖，在面砖外皮上口拉水平通线，作为镶贴的标准。在面砖背面宜采用1∶2水泥砂浆或1∶0.2∶2＝水泥∶白灰膏∶砂的混合砂浆镶

续上表

项　目	内　容
镶贴面砖	贴，砂浆厚度为6～10 mm，贴上后先用灰铲柄轻轻敲打，使之附线，再用钢片开刀调整竖缝，并用小杠通过标准点调整平面垂直度。另一种做法是用1∶1水泥砂浆加含水质量为20%的胶黏剂，在砖背面抹3～4 mm厚，粘贴即可。但此种做法基层灰必须抹得平整，而且砂子必须用窗纱筛后使用。女儿墙压顶、窗台、腰线等部位平面也镶贴面砖时，应采取顶面面砖压立面面砖的做法，以免向内渗水，引起空裂；同时应采取立面中最低一排面砖压底平面面砖，并低出平面面砖3～5 mm的做法，让其起清水线(槽)的作用，防止尿檐而引起空裂
面砖勾缝与擦缝	面砖勾缝与擦缝，宽缝一般在8 mm以上，用1∶1水泥砂浆勾缝，先勾水平缝再勾竖缝，勾好后要求凹进面砖外表面2～3 mm，若横竖缝为干挤缝，或小于3 mm者，应用白水泥配颜料进行擦缝处理，面砖缝子勾完后用布或棉丝蘸稀盐酸擦洗干净即可

外墙饰面砖砖面不平整、空鼓、接缝宽窄不均

质量问题表现

(1)外墙饰面砖粘贴完成后，面砖表面不平整，有色差将会影响镶贴质量，墙面色差和墙面脏。

(2)由于面砖空鼓、脱落，雨水会浸入墙体，造成室内泛潮，影响使用功能；同时还造成相邻面砖空裂、脱落的联锁反应。

(3)外墙饰面砖接缝宽窄不均，影响饰面砖墙面观感质量。接缝填嵌不密实，容易向砖缝内渗水。

质量问题原因

(1)造成砖面不平整、有色差的原因。

1)饰面砖镶贴前未认真挑选，面砖色差大，几何尺寸不一致。

2)找平层的垂直度、平整度超出允许偏差范围。

3)未排砖、弹线和挂线。

4)未及时调缝和检查。

5)勾缝后未及时擦洗砂浆及其他污物。

(2)造成外墙面砖空鼓、脱落的原因。

1)饰面砖自重大，找平层与基层有较大切应力，黏结层与找平层间也有切应力，基层面不平整，找平层过厚使各层黏结不良。

质量问题

2)加气混凝土基面未做处理，不同结构的结合处未做处理。

3)饰面砖在粘贴前才浸水，未晾干就上墙，砖块背面残存水迹，与黏结层砂浆之间隔着一道水膜；或黏结砂浆水胶比过大或使用矿渣水泥拌制砂浆，其泌水性较大，泌水会积聚在砖块背面，形成水膜。

4)砂浆配合比不准，稠度控制不好，砂子含泥量过大，在同一施工面上采用几种不同的配合比砂浆，因而产生不同的干缩。

5)夏季太阳直射而无遮阳措施时，墙上水分容易蒸发，致使黏结砂浆严重失水，不能正常水化而使黏结强度大幅度降低；或冬期在5℃以下气温施工面无防冻措施时，砂浆受冻，到来年春天化冻，冻融作用使砂浆结构变松，黏结力削弱甚至破坏而发生面砖脱落。

6)砖背砂浆不饱满，面砖勾缝不严，雨水渗入受冻膨胀引起脱落。

(3)造成外墙饰面砖接缝宽窄不均，填嵌不密实的原因。

1)饰面砖粘贴前，未经套方挑选。

2)饰面砖粘贴前，未按照图样尺寸核对结构施工时的实际情况。

3)未选用具有抗渗性能和收缩率小的材料勾缝。

质量问题预防

(1)避免砖面不平整、有色差的措施。

1)运输堆放时，注意防止损坏面砖，镶贴前要注意挑选。对色差大、规格尺寸不一致的要予以剔换或用在不显眼处。

2)做找平层时，必须用靠尺检查垂直、平整度，其数值应在允许偏差范围内。

3)排砖模数，要求横缝与窗台平，竖向与阳角、窗口平，并用整砖，墙面弹线，大墙面应先铺平，窗框、窗台、腰线应分缝准确，在找平层上从上至下作水平与垂直控制线。

4)操作时应保证面砖上口平直，贴完1皮砖后，垂直缝应以底子灰弹线和所挂立线为准，在粘贴灰浆初凝前调缝，用靠尺检查。

5)面砖勾缝后应及时擦洗干净。宽缝一般在8 mm以上，用1∶1水泥砂浆勾缝，先勾水平缝再勾竖缝，勾好后要求凹进面砖外表面2～3 mm。若横竖缝为干挤缝，或小于3 mm者，应用白水泥配颜料进行擦缝处理。面砖缝勾完后用布或棉丝蘸稀盐酸擦洗干净即可。

(2)避免外墙面砖空鼓、脱落的措施。

1)找平层施工后，应按普通抹灰质量等级要求进行一次验收，凡平整度、垂直度及阴阳角方正超过允许偏差空鼓开裂的，应予以修补处理至达到合格为止。面砖粘贴前，基层必须将残留的砂浆、尘土和油污等清理干净，隔天浇水湿润，粘贴时无水迹，表干里湿，含水率宜为15%～25%。基层过于光滑时要进行毛化处理。

2)加气块不得泡水，抹灰前湿水后满刷水泥浆一道，采用1∶1∶4水泥石灰砂浆找底层，厚4～5 mm，中层用1∶0.3∶3水泥石灰砂浆抹8～10 mm厚，结合层采用聚合物砂浆。不同结构结合部铺钉金属网绷紧钉牢，金属网与基层搭接宽度不少于100 mm，再做找平层。

质量问题

3)外墙面砖和釉面瓷砖,在粘贴前应先清扫干净,放入清水中浸泡。外墙面砖要隔夜浸泡,然后取出阴干备用,阴干时间视气温而定,一般半天左右,以砖的表面无水膜又有潮湿感为准;釉面瓷砖要浸泡到不冒泡为止,且不少于2 h。

4)砂浆中,水泥必须合格;砂过筛,宜用中砂,含泥量不大于3%,砂浆配合比计量配料,搅拌均匀。在同一墙面不换配合比,或在砂浆中掺入水泥质量5%的108胶,改善砂浆的和易性,提高黏结度。

5)冬期室外粘贴面砖时,应保持在5℃以上施工。夏季施工应防止暴晒,当温度在35℃以上施工时要采取遮阳措施。

6)面砖泡水后必须阴干,背面刮满砂浆,采用挤浆法铺贴,认真勾缝分次成活,勾凹缝,凹入砖内3 mm,形成嵌固效果。

(3)避免外墙饰面砖接缝宽窄不均,填嵌不密实的措施。

1)饰面砖粘贴前,要进行认真选砖,有条件时应进行套方检查,将超出偏差的面砖挑出来用在不太重要部位。

2)饰面砖粘贴前,应认真按照图样尺寸,核对结构施工时的实际情况,如有不符合应及时修整,并分段分块弹控制线和粘贴线。粘贴时,应吊垂直、套方、找规矩,使接缝横平竖直,接缝符合要求,缝隙均匀。

3)饰面砖粘贴时,应选用具有抗渗性能和收缩率小的材料勾缝,如采用商品水泥基料(内掺粉细砂及聚合物添加剂)的外墙砖专用勾缝材料,其稠度小于50 mm或再干一些,将砖缝填饱压实,待砂浆泌水"收水"后才进行勾缝,缝深不宜大于3 mm,也可采用平缝。

4)为使勾缝砂浆表面达到连续、平直、光滑、填嵌密实、无空鼓、无裂纹的要求,应进行二次勾缝,即砂浆嵌缝后先勾缝一次,待勾缝砂浆"收水"后终凝前,再勾缝一次。为防止勾缝砂浆失水,墙面应喷水养护不少于3 d,并防止暴晒。

(2)基层为砖墙时外墙面砖镶贴的施工方法见表5-7。

表5-7　基层为砖墙时外墙面砖镶贴的施工方法

项　目	内　容
墙面处理	抹灰前墙面必须清扫干净,浇水湿润
基层操作	大墙面和四角、门窗口边弹线应找规矩,必须由顶到底一次进行,弹出垂直线,并决定面砖出墙尺寸及分层设点,做灰饼。横向以楼层为水平基线交圈控制,竖向线则以四周大角和通天柱、垛子为基线控制。每层打底时则以此灰饼作为基准点进行冲筋,使其底层灰做到横平竖直。同时要注意,找好突出檐口、腰线、窗台、雨篷等饰面的流水坡度
抹底层砂浆	先将墙面浇水湿润,然后用1∶3水泥砂浆刮一道约6 mm厚的底层砂浆,再用同强度等级灰与所冲的筋找平,随即用木杠刮平、木抹搓毛,终凝后浇水养护
弹线分格	同基层为混凝土墙面做法
排砖	同基层为混凝土墙面做法
浸砖	同基层为混凝土墙面做法
镶贴面砖	同基层为混凝土墙面做法
面砖勾缝与擦缝	同基层为混凝土墙面做法

质量问题

外墙面砖施工时，面砖粘贴与散水、台阶的施工不协调

质量问题表现

在施工散水、台阶混凝土时，水泥浆极易污染墙面；或在墙已粘贴的面砖表面预先刷一层白灰膏，待散水坡施工完毕再清洗墙根，虽有一定效果，但是白灰膏对无釉面砖、无釉锦砖以及玻璃锦砖等表面还是有侵入，仍会留有微小痕迹。

质量问题原因

(1)外墙面砖施工前，未先将散水、台阶等结构施工完成。

(2)散水与墙根之间的变形缝宽度，未加上饰面层的厚度。

(3)填嵌散水坡变形缝时，未在墙根部位面砖上粘贴不干胶纸带。

质量问题预防

(1)外墙面砖(锦砖)施工前，最好先将散水、台阶等结构施工完成，以利面砖能一次完成。如散水、台阶等结构由于其他原因不能预先完成时，则其饰面可留下墙根部位约1.5 m高的面砖(锦砖)待散水坡、台阶施工完毕后再行粘贴。

(2)散水坡与墙根之间的变形缝宽度，应加上饰面层的厚度(为预防吊脚，饰面可少许伸入散水坡)。

(3)填嵌散水坡变形缝时，应在墙根部位面砖上粘贴上不干胶纸带，预防嵌缝料(多用改性沥青类材料)对墙面污染。

3. 陶瓷锦砖镶贴

陶瓷锦砖镶贴的施工方法见表5-8。

表5-8　陶瓷锦砖镶贴的施工方法

项　目	内　容
排砖、分格和放线	陶瓷锦砖的施工排砖、分格，是按照设计图纸要求，根据门窗洞口、横竖装饰线条的要求布置的，首先应明确墙角、墙垛、出檐、分格(或界格)、窗台等节点的细部处理，按整砖模数排砖确定分格线。排砖、分格时应使横缝与贴脸、窗台相平，竖向要求阳角窗口处都是整砖，其次根据墙角、墙垛、出檐等节点细部处理方案，绘制出细部构造详图，然后按排砖模数和分格要求绘制出墙面施工大样图，以保证镶贴操作顺利。 抹好底子灰并经拉毛及浇水养护后，根据节点细部详图和施工大样图，弹出水平线和垂直线。水平线按每方陶瓷锦砖一道，垂直线按每方陶瓷锦砖一道，也可2～3方一道。垂直线要与房屋大角以及墙垛中心线保持一致，如有分格时，按施工大样图规定的留缝宽度弹出分格线，按缝宽备好分格条

续上表

项　目	内　容
镶贴	镶贴陶瓷锦砖时，一般是自下而上进行，按已弹好的水平线安放八字靠尺或直靠尺，并用水平尺校正垫平。通常以二人协同操作，一种操作方法是，一人在前洒水润湿墙面，先刮一道素水泥浆，随即抹上 2 mm 厚的水泥浆为黏结层；另一人将陶瓷锦砖铺在木垫板上，纸面向下，锦砖背面朝上，再用湿布把底面擦净，用水刷一道，再刮素水泥浆，将素水泥浆刮至陶瓷锦砖的缝隙中，在砖面不要留砂浆，而后，将一张张陶瓷锦砖沿尺粘贴在墙上。另一种操作方法是，一人在湿润后的墙面上抹纸筋混合灰浆(其配比为纸筋：石灰：水泥＝1：1：8，制作时先把纸筋与石灰膏搅匀，过 3 mm 筛，再与水泥浆搅均匀)2～3 mm，用靠尺板刮平，再用抹子抹平整；另一人将陶瓷锦砖铺在木垫板上，底面朝上，缝里灌细砂，用软毛刷刷净底面，再用刷子稍刷一点水，抹上薄薄一层灰浆(图 5-2)，即可在黏结层上铺贴陶瓷锦砖。双手执陶瓷锦砖上方，使下口与所垫的八字靠尺(或直靠尺)齐平，由下往上贴，缝要对齐，并注意使每张陶瓷锦砖之间的距离与小块陶瓷锦砖缝基本相同，不宜过大或过小，以免造成明显的接槎而影响美观。控制接槎缝宽度一般靠目测，也可以助借于薄钢片或其他金属片。将钢片放在接槎处，在陶瓷锦砖贴完后取下钢片。如果设分格条，其方法与外墙面砖镶贴相同
揭纸	将陶瓷锦砖贴于墙面后，一手将硬木拍板放在已贴好的砖面上，一手用小锤敲击木拍板，把所有的陶瓷锦砖满敲一遍，使其平整。然后将陶瓷锦砖的护面纸用软刷子刷水润湿，待护面纸吸水泡开，即开始揭纸，因立面镶贴纸面不易吸水，可往盛清水的容器中撒少量干水泥并搅匀，再用刷子蘸水润纸，纸面较易吸水，可缩短护面纸泡水的时间。揭纸时要有顺序地仔细操作，如果发现有小块陶瓷锦砖随纸带下，要在揭纸后重新补上；如果随纸带下数量较多，说明护面纸尚未充分湿透泡开，其胶水尚未溶化，这时应用抹子将陶瓷锦砖重新压紧，继续刷水湿润护面纸，直至揭纸无掉粒为止
调整	揭纸后检查缝的大小，不合要求的缝必须拨正。调整砖缝的工作，要在黏结层砂浆初凝前进行。拨缝的方法是，一手将开刀放于缝间，一手用抹子轻敲开刀，逐条按要求将缝拨匀、拨正，使陶瓷锦砖的边口以开刀为准而排齐。拨正后用小锤敲击木拍板，将其拍实一遍，以增强与墙面的黏结
擦缝	待黏结水泥浆凝固后，用素水泥浆找补擦缝，方法是先用橡胶刮板将水泥浆在陶瓷锦砖表面刮一遍，嵌实缝隙，接着加些干水泥，进一步找补擦缝，全面清理擦干净后，次日喷水养护，擦缝所用水泥有一定要求，如果为浅色陶瓷锦砖应使用白色水泥
陶瓷锦砖镶贴的革新做法	使用水泥浆或水泥纸筋灰浆作黏结层镶贴陶瓷锦砖时，会存在着不同程度的砂浆收水太快的现象。揭纸后查缝拨正不及时，会造成陶瓷锦砖空鼓、脱落等通病；若采用聚合物水泥砂浆做黏结层，则可取得较好效果，使上述缺点基本上得到克服。其做法是：黏结层聚合物水泥砂浆为 1：1 水泥砂浆，再掺加含水泥质量的 2% 的聚酯酸乙烯乳液。聚合物改善了黏结砂浆的和易性与保水性，使黏结层可减薄至 1～2 mm。其他操作方法与前述相同。

续上表

项　目	内　容
陶瓷锦砖镶贴的革新做法	为了更有效地解决陶瓷锦砖饰面经常出现的空鼓与脱落等质量问题，其进一步的革新做法是采用 AH-05 建筑胶黏剂镶贴陶瓷锦砖。以胶：水泥（42.5 级普通水泥）=1：（2～3）的比例配料搅拌均匀，并在墙面基层抹厚度为 1 mm 左右的黏结层；同时，将陶瓷锦砖铺在木垫板上（麻面朝上），用搅拌均匀的胶黏剂满刮于缝隙之内，并在面上薄抹一层，然后上墙镶贴。陶瓷锦砖就位后用铁锤垫木板拍平敲实，如果设计有分格时，贴完 1 组即采用分格条粘贴于下口线，继续再贴第二组。窗口的上侧须有滴水线，可采取空掉 1 条陶瓷锦砖的做法，里边线应比外边线高 2～3 mm。窗台口也须有滴水线，如果设计无说明，里边线比外边线应高出 3～5 mm，如果有贴脸和门窗套时，可离开洞口 3～5 mm。如果无贴脸和门窗套时，一律镶贴至离洞口 2～3 mm 处。贴完锦砖 0.5～1 h 之后，应在锦砖护纸面刷水，待 20～30 min 护纸湿透即可揭纸，而后进行拨缝调整，应先横向调缝再竖向调缝，要通直检查和调整。在拨缝调直过程中如果有缺胶掉粒，应补胶补贴再拍平粘牢，最后，根据设计要求或陶瓷锦砖的颜色，用白水泥与颜料配成腻子进行嵌缝，同时用擦布抹平并擦净浮灰进而清洁锦砖饰面

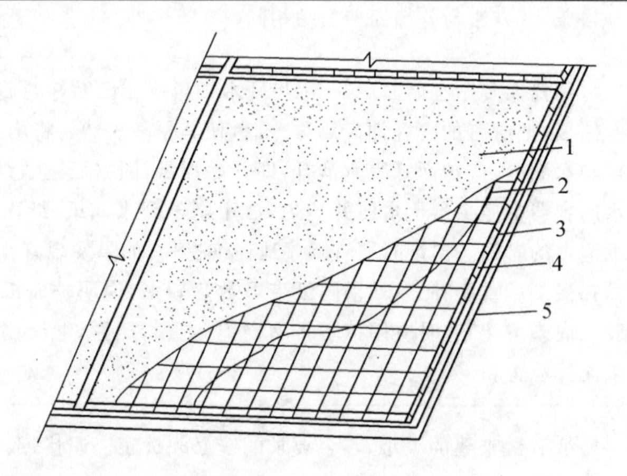

图 5-2　陶瓷锦砖缝中灌砂做法

1—灰架；2—细砂；3—陶瓷锦砖底面；4—陶瓷锦砖护面纸；5—木垫板

4. 预制水磨石、大理石和磨光花岗石饰面块材镶贴

（1）边长小于 40 cm 的薄型小规格块材的粘贴方法见表 5-9。

表 5-9　薄型小规格块材粘贴方法

项　目	内　容
基层处理	进行基层处理和吊垂直、套方、找规矩可参见镶贴面砖操作工艺有关内容。要注意同一墙面不得有一排以上的非整砖，并应将其镶贴在较隐蔽的部位
抹水泥浆	在基层湿润的情况下，先刷一道素水泥浆，随刷随打底，底灰采用 1：3 水泥砂浆，厚度约12 mm，分两遍操作，第一遍约 5 mm，第二遍约 7 mm，待底灰压实刮平后，将底子灰表面划毛
分块弹线	待底子灰凝固后便可进行分块弹线，随即将已湿润的块材抹上厚度为2～3 mm 的素水泥浆进行镶贴，用锤子轻敲，用靠尺找平找直

(2)边长大于 40 cm,或镶贴高度超过 1 m 的大规格块材的安装方法见表 5-10。

表 5-10 大规格块材安装方法

项目	内容
饰面板打孔	安装前先将饰面板按照设计要求用台钻打眼,应先钉木架使钻头直对板材上端面,在每块板的上、下两个面打眼时,孔位打在距板宽两端的 1/4 处,每个面各打 2 个眼,孔径为 5 mm,深度为12 mm,孔位距石板背面以 8 mm 为宜(指钻孔中心)。如果大理石或预制水磨石、磨光花岗石板材宽度较大时,可以增加孔数。钻孔后用金刚錾子将朝石板材背面的孔壁轻轻剔一道槽,深5 mm左右,连同孔眼形成象鼻眼,以备埋卧钢丝之用。若饰面板规格较大时,特别是预制水磨石和磨光花岗石板,如下端不好拴绑镀锌钢丝或钢丝时,可在未镶贴饰面板的一侧,采用手提轻便薄砂轮(4～5 mm)按规定在板高的 1/4 处上、下各开一个槽(槽长3～4 cm,槽深约 12 mm,与饰面板背面打通),竖槽一般居中,也可偏外,但以不损坏外饰面和不泛碱为宜,将钢丝卧入槽内便可拴绑与钢筋网固定。此法也可以直接在镶贴现场做
钢丝或镀锌钢丝固定	把备好的钢丝或镀锌钢丝剪成长度为 20 cm 左右,一端用木楔粘环氧树脂将钢丝或镀锌钢丝楔进孔内固定牢固,另一端将钢丝或镀锌钢丝顺孔槽弯曲并卧入槽内,使大理石或预制水磨石、磨光花岗石板上、下端面没有钢丝或镀锌钢丝突出,以便和相邻石板接缝严密
绑扎钢筋网	首先剔出墙上的预埋筋,把墙面镶贴大理石或预制水磨石的部位清扫干净。先绑扎一道竖向 $\phi6$ 钢筋,并把绑好的竖筋用预埋筋弯压于墙面。横向钢筋为绑扎大理石或预制水磨石、磨光花岗石板材所用。例如板材高度为60 cm时,第一道横筋在地面以上+10 cm 处并与立筋绑牢,用作绑扎第一层板材的下口,固定钢丝或镀锌钢丝,第二道横筋绑在 50 cm 水平线上 7～8 cm,比石板上口低 2～3 cm 处,用于绑扎第一层石板上口,固定钢丝或镀锌钢丝,再往上每 60 cm 绑一道横筋即可
弹线	首先将大理石或预制水磨石、磨光花岗石的墙面、柱面和门窗套用大线锤从上至下找垂直(高层应用经纬仪找垂直)。应考虑大理石或预制水磨石、磨光花岗石板材厚度,灌注砂浆的空隙和钢筋网所占尺寸,一般大理石或预制水磨石、磨光花岗石外皮距结构面的厚度应以5～7 cm为宜,找垂直后,在地面上顺墙弹出大理石或预制水磨石板等外廓尺寸线(柱面和门窗套等同)。此线即为第一层大理石或预制水磨石等的安装基准线。编好号的大理石或预制水磨石板等在弹好的基准线上画出就位线,每块留 1 mm 缝隙(如果设计要求拉开缝,则按设计规定留出缝隙)
安装大理石或预制水磨石、磨光花岗石	按部位取石板舒直钢丝或镀锌钢丝,将石板就位,石板上口外仰,右手伸入石板背面,把石板下口钢丝或镀锌钢丝绑扎在横筋上。绑时不要太紧,应留余量,只要把钢丝或镀锌钢丝和横筋拴牢即可(灌浆后即会锚固)。把石板竖起,便可用钢丝或镀锌钢丝绑在大理石或预制水磨石、磨光花岗石板上,并用木楔子垫稳,块材与基层间的缝隙(即灌浆厚度)一般为 3～5 cm。用靠尺板检查调整木楔,再拴紧钢丝或镀锌钢丝,依次向另一方进行。柱面可按顺时针方向安装,一般先从正面开始。第一层安装完毕再用靠尺板找垂直,水平尺找平整,用方尺将阴阳角找方正,在安装石板时如发现石板规格不准确或石板之间的空隙不符,应用薄钢板垫牢,使石板之间缝隙均匀一致并保持第一层石板上口的平直。找完垂直、平整、方正后,用碗调制熟石膏,把调成粥状的石膏贴在大理石或预制水磨石、磨光花岗石板交缝之间,使这一层石板结成一个整体,木楔处亦可粘贴石膏,再用靠尺板检查有无变形,等石膏硬化后方可灌浆(如果设计有嵌缝塑料软管者,应在灌浆前塞放好)

续上表

项　目	内　容
灌浆	把配合比为1∶2.5水泥砂浆放入半截大桶中并加水调成粥状(稠度一般为8～12 cm),用铁簸箕舀浆徐徐倒入,注意不要碰大理石或预制水磨石板,边溜边用橡胶锤轻轻敲击石板面以便使灌入砂浆排气。第一层浇灌高度为15 cm,不能超过石板高度的1/3。第一层灌浆很重要,因为要锚固石板的下口钢丝又要固定石板,所以要轻轻操作,防止碰撞和猛灌。如发生石板外移错动,应立即拆除重新安装。第一次灌入15 cm后停1～2 h,等砂浆初凝,此时应检查是否有移动,再进行第二层灌浆,灌浆高度一般为20～30 cm,待初凝后再继续灌浆。第三层灌浆至低于板上口5 cm处为止
擦缝	全部石板安装完毕后,清除所用石膏和余浆痕迹,用布擦洗干净,并按石板颜色调制色浆嵌缝,边嵌边擦干净,使缝隙密实、均匀、干净、颜色一致
柱子贴面	安装柱面大理石或预制水磨石、磨光花岗石时,其弹线、钻孔、绑钢筋和安装等工序与镶贴墙面方法相同,要注意灌浆前用木方子钉成槽形木卡子,双面卡住大理石板或预制水磨石板,以防止灌浆时大理石或预制水磨石、磨光花岗石板外胀

5. 玻璃马赛克镶贴

玻璃马赛克镶贴的施工方法见表5-11。

表5-11　玻璃马赛克镶贴的施工方法

项　目	内　容
中层表面处理	中层表面的平整度,阴阳角垂直度和方正偏差宜控制在2 mm以内,以保证面层的铺贴质量。中层做好后,要根据玻璃马赛克的整张规格尺寸弹出水平线和垂直线。如要求分格时,应根据设计要求定出留缝宽度,制备分格条
黏结灰浆的颜色和配合比	用白水泥浆粘贴白色和淡色玻璃马赛克,用加颜料的深色水泥浆粘贴深色玻璃马赛克。白水泥浆配合比为:水泥∶石灰膏=1∶(0.15～0.20)
抹黏结灰浆	抹黏结灰浆时要注意使其填满玻璃马赛克之间的缝隙。铺贴玻璃马赛克时,先在中层上涂抹黏结灰浆一层,厚为2～3 mm。然后在玻璃马赛克底面薄薄地涂抹一层黏结灰浆,涂抹时要确保缝隙中(即粒与粒之间)灰浆饱满,否则用水洗刷玻璃马赛克表面时,易产生砂眼洞
铺贴要求	铺贴时要力求一次铺准,稍作校正,即可达到缝格对齐,横平竖直的要求。铺贴后,应将玻璃马赛克拍平拍实,使其缝中挤满黏结灰浆,以保证黏结牢固
揭纸和洗刷余浆	要掌握好揭纸和洗刷余浆时间,过早会影响黏结强度,易产生掉粒和小砂眼洞;过晚则难洗净余浆,而影响表面清洁度和色泽。一般要求上午铺贴的要在上午完成,下午铺贴的要在下午完成
擦缝	擦缝刮浆时,不能在表面满涂满刮,否则水泥浆会将玻璃毛面填满而失去光泽。擦缝时,应及时用棉丝将污染玻璃马赛克表面的水泥浆擦洗干净。 玻璃马赛克的镶贴质量应特别注意做到表面平整、洁净而有光泽,颜色深浅一致,均匀,嵌缝严密饱满,黏结牢固,无缺粒、掉角现象

第二节　饰面板安装工程施工

一、施工质量验收标准及施工质量控制要求

(1)饰面板安装工程施工质量验收标准见表5-12。

表5-12　饰面板安装工程施工质量验收标准

项　目	内　容
主控项目	(1)饰面板的品种、规格、颜色和性能应符合设计要求,木龙骨、木饰面板和塑料饰面板的燃烧性能等级应符合设计要求。 检验方法:观察;检查产品合格证书、进场验收记录和性能检测报告。 (2)饰面板孔、槽的数量、位置和尺寸应符合设计要求。 检验方法:检查进场验收记录和施工记录。 (3)饰面板安装工程的预埋件(或后置埋件)、连接件的数量、规格、位置、连接方法和防腐处理必须符合设计要求。后置埋件的现场拉拔强度必须符合设计要求。饰面板安装必须牢固。 检验方法:手扳检查;检查进场验收记录、现场拉拔检测报告、隐蔽工程验收记录和施工记录
一般项目	(1)饰面板表面应平整、洁净、色泽一致,无裂痕和缺损。石材表面应无泛碱等污染。 检验方法:观察。 (2)饰面板嵌缝应密实、平直,宽度和深度应符合设计要求,嵌填材料色泽应一致。 检验方法:观察;尺量检查。 (3)采用湿作业法施工的饰面板工程,石材应进行防碱背涂处理。饰面板与基体之间的灌注材料应饱满、密实。 检验方法:用小锤轻击检查;检查施工记录。 (4)饰面板上的孔洞应套割吻合,边缘应整齐。 检验方法:观察。 (5)饰面板安装的允许偏差和检验方法见表5-13

表5-13　饰面板安装的允许偏差和检验方法

项　目	允许偏差(mm)							检验方法
	石材			瓷板	木材	塑料	金属	
	光面	剁斧石	蘑菇石					
立面垂直度	2	3	3	2	1.5	2	2	用2 m垂直检测尺检查
表面平整度	2	3	—	1.5	1	3	3	用2 m靠尺和塞尺检查
阴阳角方正	2	4	4	2	1.5	3	3	用直角检测尺检查

续上表

项　目	允许偏差(mm)							检验方法
	石材			瓷板	木材	塑料	金属	
	光面	剁斧石	蘑菇石					
接缝直线度	2	4	4	2	1	1	1	拉 5 m 线，不足 5 m 拉通线，用钢直尺检查
墙裙、勒脚上口直线度	2	3	3	2	2	2	2	拉 5 m 线，不足 5 m 拉通线，用钢直尺检查
接缝高低差	0.5	3	—	0.5	0.5	1	1	用钢直尺和塞尺检查
接缝宽度	1	2	2	1	1	1	1	用钢直尺检查

(2)饰面板安装工程施工质量控制要求见表 5-14。

表 5-14　饰面板安装工程施工质量控制要求

项　目	内　容
彩色涂层钢板饰面安装	(1)在开工前应先检查彩色涂层钢板型材是否符合设计要求，规格是否齐全，颜色是否一致。 (2)支承骨架(即墙筋)应进行防腐、防火、除锈处理，特别是钢板的切边打孔处更应注意做防锈处理，以提高其耐久性，保证装饰效果。 (3)预埋件及墙筋的位置，应与钢板及异型板规格尺寸一致，以减少施工现场材料的二次加工
彩色压型钢板复合墙板安装	(1)安装墙板骨架之后，应注意参考设计图纸进行一次实测，确定墙板和吊挂件的尺寸及数量。 (2)为了便于吊装，墙板的长度应注意控制在 10 m 以内。板材过大，会引起吊装困难。 (3)对于板缝及特殊部位异型板材的安装，应注意做好防水处理
塑料板粘贴施工	(1)底板须使用较平整的三夹板、石膏板或木心板。塑铝板、岗纹板系店面装饰材料，安装时以木角料或胶合板作背材，切勿直接粘贴于水泥面上。 (2)切勿使用树脂或硬化态的胶黏剂，以防产生凹凸不平或黏结不良的现象。 (3)切勿使用铁锤或硬物敲击。 (4)安装前须将底面擦拭干净。 (5)施工完毕后，再撕下保护膜，以免作业中途擦伤板面。 (6)养护时用一般中性清洁剂，以软质布轻轻擦拭即可。 (7)请勿使用刷子、丝瓜布、挥发性溶剂或强酸、强碱清洗，以免损坏表层

二、标准的施工方法

1. 彩色涂层钢板饰面安装

彩色涂层钢板饰面的安装方法见表 5-15。

表 5-15　彩色涂层钢板饰面安装方法

项　目	内　容
预埋连接件	在砖墙体中可埋入带有螺栓的预制混凝土块或木砖。在混凝土墙体中可埋入 ϕ8～ϕ10 钢筋套螺纹螺栓,也可埋入带锚筋的钢板,所有预埋件的间距应按墙筋间距埋入
立墙筋	在墙筋表面上拉水平线、垂直线,确定预埋件的位置,墙筋材料可选用∟30×3、[25×12×14,木条为 30 mm×50 mm。竖向墙筋间距为 900 mm,横向墙筋间距为 500 mm。竖向布板时可不设竖向墙筋,横向布板时可不设横向墙筋,而将竖向墙筋缩小到 500 mm,施工时要保证墙筋与预埋件连接牢靠,连接方法为钉、拧、焊接,在墙角、窗口等部位必须设墙筋,以免端部板悬空
安装墙板	(1)安装墙板要按照设计节点详图进行,安装前要检查墙筋位置,计算板材及缝隙宽度,进行排板、画线定位。 (2)要特别注意异型板的使用,在窗口和墙转角处使用异形板可以简化施工,增加防水效果。 (3)墙板与墙筋用铁钉、螺栓及木卡条连接。安装板的原则是按节点连接的做法,沿一个方向顺序安装,方向相反则不易施工,如果墙筋或墙板过长,可用切割机切割。 金属墙板连接方法如图 5-3 所示,异型墙板使用方法如图 5-4 所示
板缝处理	尽管彩色涂层钢板在加工时其形状已考虑了防水性能,但若遇到材料弯曲、接缝处高低不平,其形状的防水功能可能会失去作用,在边角部位这种情况尤为明显,因此要在一些板缝处填防水材料

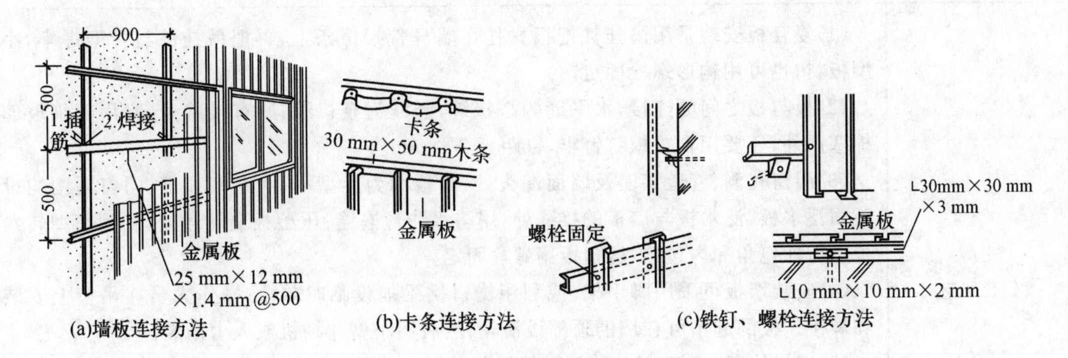

图 5-3　金属墙板连接方法(单位:mm)

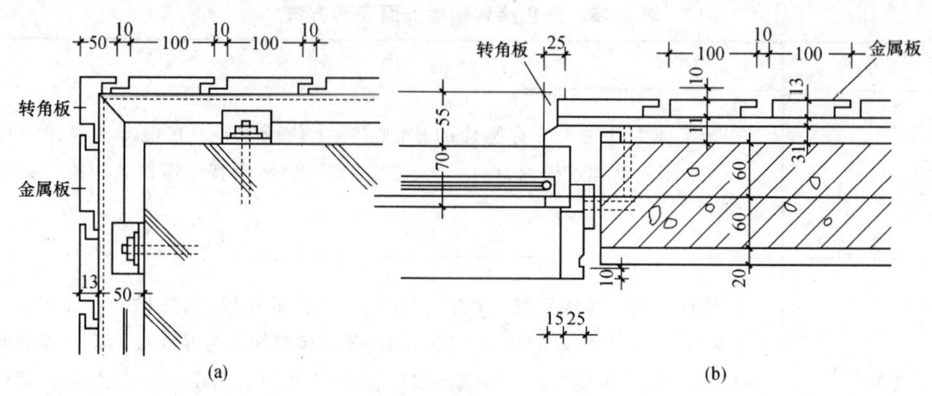

图 5-4 异型墙板使用方法(单位:mm)

2.彩色压型钢板复合墙板安装

彩色压型钢板复合墙板的安装方法见表 5-16。

表 5-16 彩色压型钢板复合墙板安装方法

项　　目	内　　容
复合板制作	(1)复合墙板的尺寸,可根据压型板的长度、宽度以及保温设计要求和选用保温材料制作不同长度、宽度、厚度的复合板。如图 5-5 所示,复合板的接缝构造基本有两种:一种是在墙板的垂直方向设置企口边,这种墙板看不到接缝,整体性好;另一种是不设企口边。按保温材料分,可选用聚苯乙烯泡沫板或者矿渣棉板、玻璃棉板、聚氨酯泡沫塑料制成的不同芯材的复合板。 (2)标准复合板。彩色压型钢板复合墙板是按设计图进行制作加工的,其构造如图5-6所示。复合板是用两层压型钢板,中间填放轻质保温材料构成的。如采用轻质保温板材作保温层,在保温层中间要放两条宽50 mm的带钢钢箍,在保温层的两端各放三块槽型冷弯连接件和两块冷弯角钢吊挂件,然后用自攻螺钉把压型钢板与连接件固定,钉距一般为 100～200 mm。若用聚氨酯泡沫塑料作保温层,可以预浇筑成型,也可在现场喷雾发泡。 (3)异型复合板。门口、窗洞口、管道穿墙及墙面端头处,墙板均为异型板,异型复合墙板用压型钢板与保温材料按设计规定尺寸进行裁割,然后按照标准板的做法进行组装
安装工艺	(1)复合板安装是用吊挂件把板材挂在墙身骨架檩条上,再把吊挂件与骨架焊牢,小型板材,也可用钩形螺栓固定。 (2)板与板之间的连接,水平缝为搭接缝,竖缝为企口缝,所有接缝处,除用超细玻璃棉塞严外,还要用自攻螺钉钉牢,钉距为 200 mm。 (3)门窗孔洞、管道穿墙及墙面端头处,墙板均为异型板;女儿墙顶部、门窗周围均设防雨泛水板,泛水板与墙板的接缝处,用防水油膏嵌缝;压型板墙转角处,均用槽型转角板进行外包角和内包角,转角板用螺栓固定。 (4)安装墙板可采用脚手架,或利用檐口挑梁加设临时单轨,操作人员在吊篮上安装和焊接。板的起吊可在墙的顶部设滑轮,然后用小型卷扬机或人力吊装。 (5)墙板的安装顺序是从建筑边部竖向第一排下部第一块板开始,自下而上安装。安装完第一排再安装第二排。每安装铺设 10 排墙板后,吊线锤检查一次,以便及时消除误差。 (6)为了保证墙面外观质量,须在螺栓位置画线,按线开孔,采用单面施工的钩形螺栓固定,使螺栓的位置横平竖直。 (7)墙板的外、内包角及钢窗周围的泛水板,须在现场加工的异型件,应参考图纸,对安装好的墙面进行实测,确定其形状尺寸,使其加工准确,便于安装

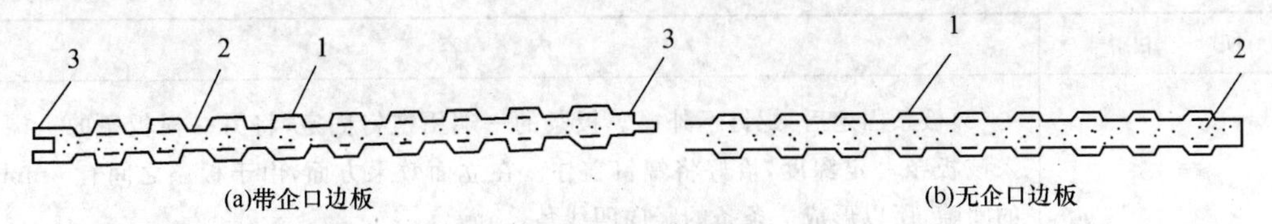

图 5-5　复合板的接缝构造

1—压型钢板;2—保温材料;3—企口边

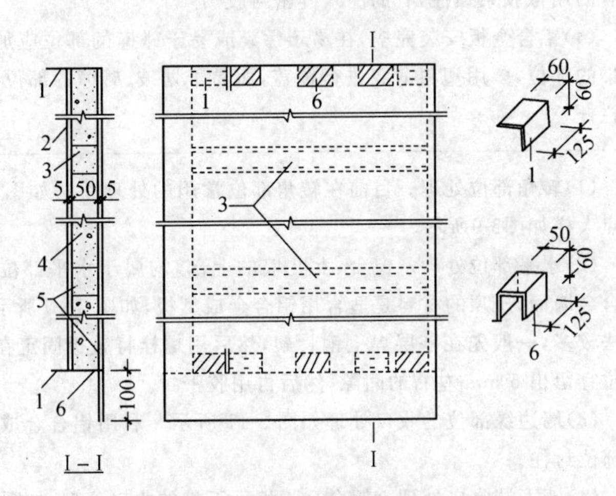

图 5-6　复合板构造(单位:mm)

1—冷弯角钢吊挂件;2—压型钢板;3—钢箍;4—聚苯乙烯,泡沫保温板;

5—自攻螺钉;6—冷弯槽钢

3. 铝合金板饰面安装

铝合金板饰面的安装方法见表 5-17。

表 5-17　铝合金板饰面安装方法

项　目	内　容
放线	铝合金板墙面的骨架由横竖杆件拼成,可以是铝合金成型材,也可以是型钢。为了保证骨架的施工质量和准确性,首先要将骨架的位置弹到基层上。放线时,应根据土建单位提供的中心线为依据
固定骨架的连接件	骨架的横竖杆件通过连接件与结构固定,连接件与结构之间,可以同结构预埋件焊牢,也可在墙上打膨胀螺栓。无论用哪一种固定法,都要尽量减少骨架杆件尺寸的误差,保证其位置的准确性
固定骨架	骨架在安装前均应进行防腐处理,固定位置要准确,骨架安装要牢固
骨架安装检查	骨架安装质量决定着铝合金板的安装质量,因此,安装完毕,应对中心线、表面标高等影响板安装的因素作全面的检查,有些高层建筑的大面积外墙板,甚至用经纬仪对横竖杆件进行贯通,从而进一步保证板的安装精度。要特别注意变形缝、沉降缝、变截面的处理,使之满足使用要求
安装铝合金板	(1)铝合金板的固定既要牢固又要简便易行。在任何情况下,不允许发生安全问题,常用的固定方法有两种。 1)将板条用螺钉拧到型钢或木骨架上。 2)用特制的龙骨,将板条卡在特制的龙骨上,如图 5-7 所示。

续上表

项　目	内　容
安装铝合金板	(2)板条固定后,螺钉不外露。板条的一端用螺钉固定,将另一根板条的一端伸入该板条一定深度,恰好将螺钉盖住。在立面效果方面,由于板条之间有6 mm宽的间隙,所以形成一条条的竖向凹线角。 (3)板与板之间,一般留出一段距离,常用的间隙为 10～20 mm,至于缝的处理,有的用橡胶条锁住,有的注入硅密封胶。 (4)铝合金板安装完毕,在易于污染或易于碰撞的部位应加强保护。对于易被污染的部位,多用塑料薄膜进行覆盖,而易于划破、碰撞的部位,则应设一些安全保护栏杆
收口处理	(1)转角部位处理。目前在转角部位常用的处理手法如图 5-8 所示,转角部位节点大样如图5-9所示。 (2)水平部位处理。窗台、女儿墙的上部,均属于水平部位的压顶处理。对于铝合金墙面,压顶的材料是适合用铝合金成型板,如图 5-10 所示。水平盖板的固定办法较多,一般先在基层焊上钢骨架,然后用螺栓将盖板固定在骨架上。板的接长部位宜留出 5 mm 左右的间隙,然后再用胶密封。 (3)墙边缘部位的收口处理如图 5-11 所示。利用铝合金成型板将墙端部及龙骨部位封住。 (4)墙下端收口处理。铝合金板墙面下端的收口处理,如图 5-12 所示。用一条特制的披水板,将板的下端封住,同时也将板与墙之间的间隙盖住,防止雨水从此部位渗入室内。 (5)伸缩缝的处理。伸缩缝、沉降缝的处理,首先要考虑适应建筑物伸缩、沉降的需要。另外,此部位也是防水的薄弱环节,应对其构造节点进行周密考虑

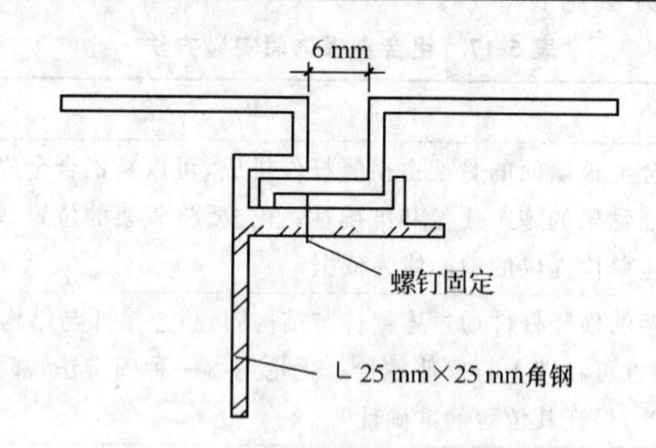

图 5-7　铝合金板条卡在特制龙骨上

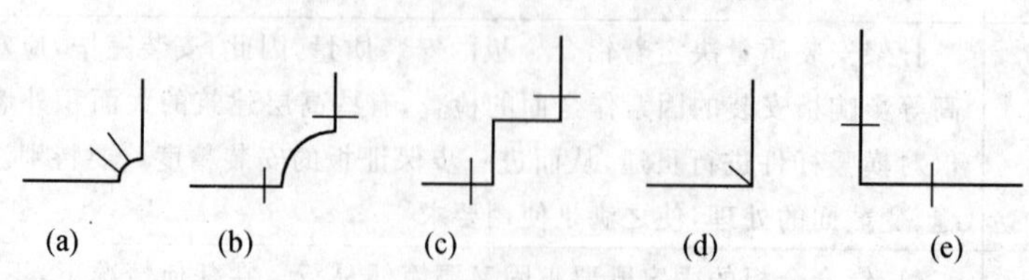

图 5-8　转角部位处理

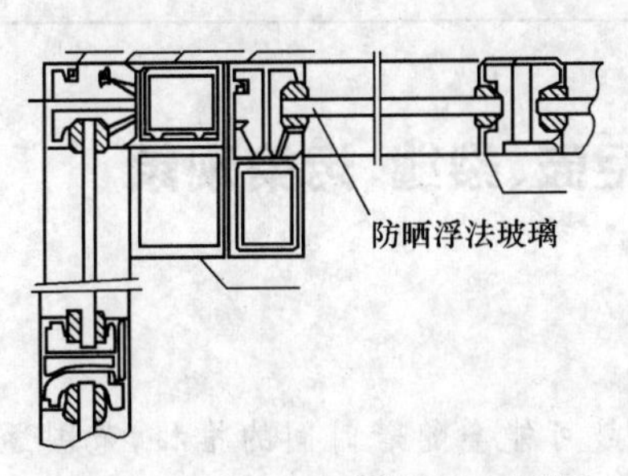

(a)银白色铝幕墙外转角大样图

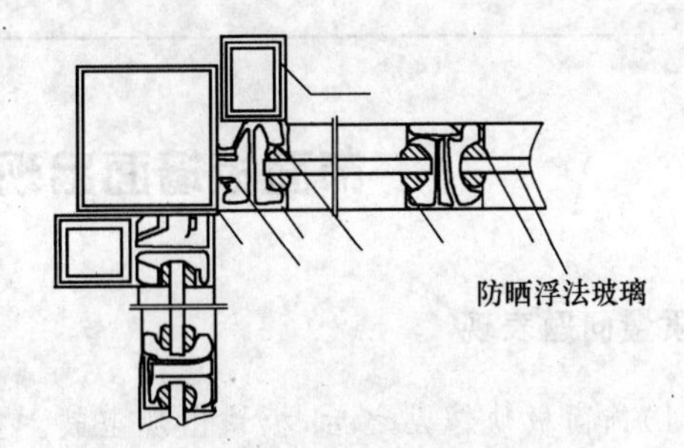

(b)银白色铝幕墙内转角大样图

图 5-9　转角部位节点大样

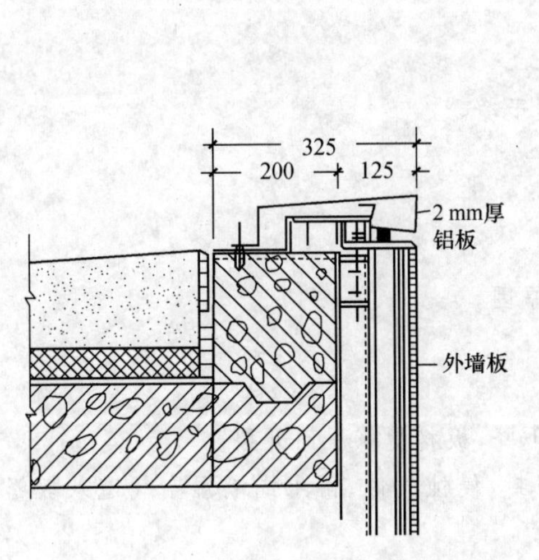

图 5-10　水平盖板构造大样(单位:mm)

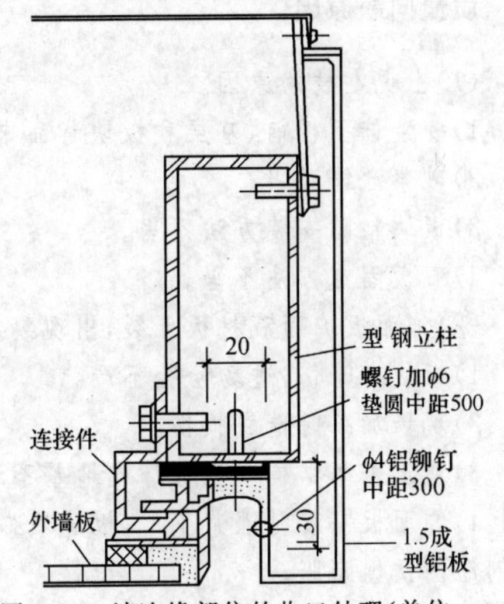

图 5-11　墙边缘部位的收口处理(单位:mm)

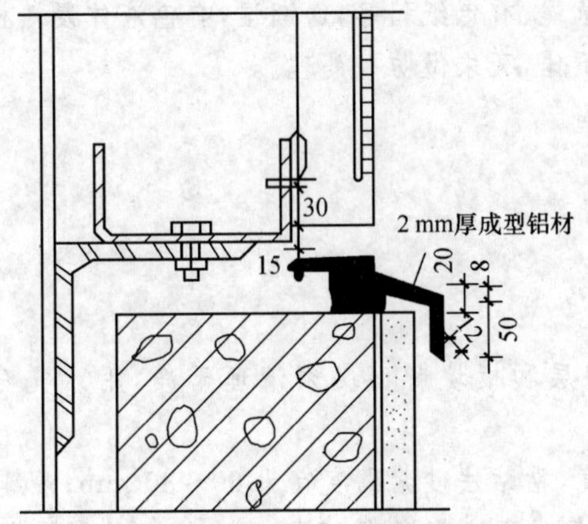

图 5-12　墙面下端收口处理(单位:mm)

质量问题

饰面板墙面出现空鼓、裂缝、污染现象

质量问题表现

(1)饰面板块镶贴之后，板块出现空鼓。空鼓可能会随着时间的推移，范围逐渐发展扩大，甚至松动脱落，伤及人和物。

(2)饰面板墙面石材板开裂，出现裂缝。

(3)饰面板墙面碰损、污染，表面出现水印或泛白，影响建筑物的美观。

质量问题原因

(1)出现空鼓的原因。

1)安装饰面板前，基层和板块背面未清理干净。

2)砂浆灌缝不当。

3)板块粘贴安装方法不当。

4)石板固定方法不当。

(2)饰面板墙面石材板开裂，出现裂缝的原因。

1)板块有暗伤，进场检验不严。

2)现场加工时造成损伤。

3)建筑主体结构产生沉降或地基不均匀下降，板材受挤压而开裂。

4)饰面板安装时灌浆不严，板缝填嵌不密封，侵蚀气体、雨水或潮湿空气透入板缝，使钢筋网锈蚀膨胀。

(3)造成饰面板墙面碰损、污染，表面出现水印或泛白的原因。

1)板块搬运堆放方法不妥当。

2)板块包装采用了草绳、有色纸箱等，遇潮湿，有色液体浸渍板块。

3)石材的抗渗性能不佳，又未做防碱处理。

4)接缝处理方法不当。

5)成品保护不良。

质量问题预防

(1)避免空鼓的措施。

1)安装饰面板前，基层和板块背面必须清理干净，用水充分湿润，阴干至表面无水迹。

2)严格控制砂浆稠度，粘贴法砂浆稠度宜为60～80 mm；灌缝法砂浆稠度宜为80～120 mm，并应分层灌实，每层灌注高度以150～200 mm，且不得高于板块高的1/3。

3)板块边长小于400 mm的，可用粘贴法安装。板块边长大于400 mm的，应用灌缝法安装，其板块均应绑扎牢固，不能单靠砂浆黏结。系固饰面板用的钢筋网，应与锚固

质量问题

件连接牢固。每块板的上、下边打眼数量均不得少于2个,并用铜丝或不锈钢丝穿入孔内系固,禁止使用钢丝或镀锌钢丝穿孔绑扎。

4)现场用手电钻打“牛鼻子”孔的传统方法,准确性较差,如不慎还会钻伤板块边缘。目前较准确可靠的方法是板材先直立固定于木架上,再钻孔、剔凿,使用专门的不锈钢U形钉或经防锈处理的碳钢弹簧卡将板材固定在基体预埋钢筋网(或胀锚螺栓)上,如图5-13及图5-14所示。

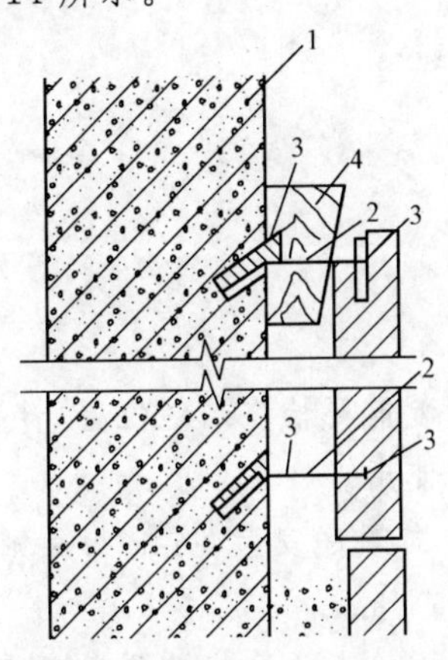

图 5-13　石板就位固定示意图

1—基体;2—U形钉;3—石材胶;4—大头木楔

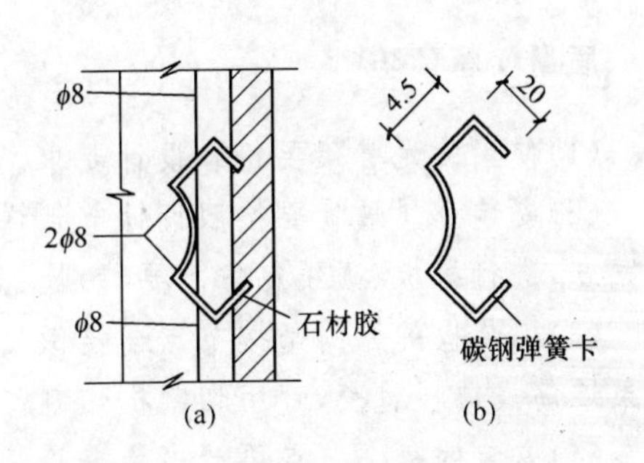

图 5-14　金属夹安装示意图

(2)避免出现裂缝的措施。

1)选料加工时应剔除色纹、暗缝、隐伤等缺陷,加工开洞、开槽应细致操作。

2)新建建筑结构沉降稳定后,再进行饰面板安装作业。在墙、柱顶部和底部安装板材时,应留有不少于5 mm空隙,嵌填柔性密封胶,板缝用水泥砂浆勾缝的墙面,室外宜5~6 m(室内10~12 m)设一道宽为10~15 mm的变形缝,以防止因结构出现微小变形而导致板材开裂。

3)磨光石材板块接缝缝隙≤1 mm,灌浆应饱满,嵌缝应严密,避免腐蚀性气体渗入锈蚀挂网损坏板面。

(3)避免饰面板墙面碰损、污染,表面出现水印或泛白的措施。

1)运输堆放时,注意防止损坏饰面板,镶贴前要注意挑选。对色差大、规格尺寸不一致的要予以剔换或用在不显眼处。

2)尽量选用含碱量低的水泥和不含可溶性盐的骨料,尽量不使用碱金属氧化物含量高的外加剂。

3)在石材背面和侧面涂刷防护剂。

4)做好嵌缝处理,嵌缝需用胶黏剂或防水密封材料,防止水渗入板缝,并进入板内。

5)采用干挂法施工可减少此类问题。

6)对于新泛白的墙面,用清水冲洗。对于较长时间的泛白,可用3%的溴酸和盐酸溶液清洗,再用清水冲洗。

质量问题

金属饰面板与骨架的固定不牢固

质量问题表现

金属饰面板与骨架的固定不牢固，有松动，尤其当受到风雪荷载或地震荷载作用时，就会使松动更加严重。

质量问题原因

(1)使用的龙骨架不符合设计要求。

(2)异型板的使用不正确。

(3)未对安装的每个节点认真进行检查与验收。

质量问题预防

(1)使用的龙骨架要符合设计要求。

(2)安装金属墙板要按照设计节点详图进行，安装前要检查墙筋位置，计算板材及缝隙宽度，进行排板、画线定位。要特别注意异型板的使用。

(3)安装板的原则是按节点连接做法，沿一个方向顺序安装，方向相反则不易施工。如果墙筋或墙板过长，可用切割机切割。

(4)安装的每个节点要严格检查验收，不得遗漏。检查不合格的要返工重做。

4.塑料板粘贴施工

塑料板粘贴施工方法见表5-18。

表5-18　塑料板粘贴施工方法

项　目	内　容
涂胶黏剂	(1)满涂胶黏剂。此法适用于受摩擦力较大的地方，胶黏剂耗量较大。 (2)局部涂胶黏剂。在接头的两旁和房间的周边涂胶黏剂。塑料板中间胶黏剂带的间距不大于500 mm，其宽度一般为100～200 mm。胶黏剂耗量较小。 (3)粘贴时，应在塑料板和基层面上各涂胶黏剂两遍，纵横交错进行，应涂得薄厚均匀，不要漏涂。第二遍须在第一遍胶黏剂干至不粘手时再涂。第二遍涂好后也要等其略干再行粘贴塑料板。 (4)粘贴后可用辊子滚压，赶走其中气泡，提高粘贴质量。粘贴时不得用力拉扯塑料板
养护	粘贴完成后应进行养护，养护时间按所用胶黏剂固化期而定
促凝	为缩短硬化时间，有条件时可采用室内加温或放置热砂袋等方法促凝(放置热砂袋还可使塑料板软化并压服贴在基层上)
施工注意事项	(1)当胶黏剂不能满足耐腐蚀要求时，应在接缝处用焊接条封焊。 (2)胶黏剂和溶剂多为易燃有毒品，施工时应带防毒口罩和手套，操作地点要有良好通风，并做好防火措施

第六章　幕墙工程

第一节　石材幕墙工程施工

一、施工质量验收标准及施工质量控制要求

(1)石材幕墙工程施工质量验收标准见表 6-1。

表 6-1　石材幕墙工程施工质量验收标准

项　　目	内　　容
主控项目	(1)石材幕墙工程所用材料的品种、规格、性能和等级,应符合设计要求及国家现行产品标准和工程技术规范的规定。石材的弯曲强度不应小于8.0 MPa;吸水率应小于 0.8%。石材幕墙的铝合金挂件厚度不应小于4.0 mm,不锈钢挂件厚度不应小于 3.0 mm。 检验方法:观察;尺量检查;检查产品合格证书、性能检测报告、材料进场验收记录和复验报告。 (2)石材幕墙的造型、立面分格、颜色、光泽、花纹和图案应符合设计要求。 检验方法:观察。 (3)石材孔、槽的数量、深度、位置、尺寸应符合设计要求。 检验方法:检查进场验收记录或施工记录。 (4)石材幕墙主体结构上的预埋件和后置埋件的位置、数量及后置埋件的拉拔力必须符合设计要求。 检验方法:检查拉拔力检测报告和隐蔽工程验收记录。 (5)石材幕墙的金属框架立柱与主体结构预埋件的连接、立柱与横梁的连接、连接件与金属框架的连接、连接件与石材面板的连接必须符合设计要求,安装必须牢固。 检验方法:手扳检查;检查隐蔽工程验收记录。 (6)金属框架和连接件的防腐处理应符合设计要求。 检验方法:检查隐蔽工程验收记录。 (7)石材幕墙的防雷装置必须与主体结构防雷装置可靠连接。 检验方法:观察;检查隐蔽工程验收记录和施工记录。 (8)石材幕墙的防火、保温、防潮材料的设置应符合设计要求,填充应密实、均匀、厚度一致。 检验方法:检查隐蔽工程验收记录。 (9)各种结构变形缝、墙角的连接节点应符合设计要求和技术标准的规定。 检验方法:检查隐蔽工程验收记录和施工记录。 (10)石材表面和板缝的处理应符合设计要求。 检验方法:观察。 (11)石材幕墙的板缝注胶应饱满、密实、连续、均匀、无气泡,板缝宽度和厚度应符合设计要求和技术标准的规定。 检验方法:观察;尺量检查;检查施工记录。

续上表

项　目	内　容
主控项目	(12)石材幕墙应无渗漏。 检验方法:在易渗漏部位进行淋水检查
一般项目	(1)石材幕墙表面应平整、洁净,无污染、缺损和裂痕。颜色和花纹应协调一致,无明显色差,无明显修痕。 检验方法:观察。 (2)石材幕墙的压条应平直、洁净、接口严密、安装牢固。 检验方法:观察;手扳检查。 (3)石材接缝应横平竖直、宽窄均匀;阴阳角石板压向应正确,板边合缝应顺直;凸凹线出墙厚度应一致,上下口应平直;石材面板上洞口、槽边应套割吻合,边缘应整齐。 检验方法:观察;尺量检查。 (4)石材幕墙的密封胶缝应横平竖直、深浅一致、宽窄均匀、光滑顺直。 检验方法:观察。 (5)石材幕墙上的滴水线、流水坡向应正确、顺直。 检验方法:观察;用水平尺检查。 (6)石材幕墙安装的允许偏差和检验方法见表 6-2。 (7)每平方米石材的表面质量和检验方法见表 6-3

表 6-2　石材幕墙安装的允许偏差和检验方法

项　目		允许偏差(mm)		检验方法
		光面	麻面	
幕墙垂直度	幕墙高度≤30 m	10		用经纬仪检查
	30 m＜幕墙高度≤60 m	15		
	60 m＜幕墙高度≤90 m	20		
	幕墙高度＞90 m	25		
幕墙水平度		3		用水平仪检查
板材立面垂直度		3		用水平仪检查
板材上沿水平度		2		用 1 m 水平尺和钢直尺检查
相邻板材角错位		1		用钢直尺检查
幕墙表面平整度		2	3	用垂直检测尺检查
阳角方正		2	4	用直角检测尺检查
接缝直线度		3	4	拉 5 m 线,不足 5 m 拉通线,用钢直尺检查
接缝高低差		1	—	用钢直尺和塞尺检查
接缝宽度		1	2	用钢直尺检查

表 6-3　每平方米石材的表面质量和检验方法

项　　目	质量要求	检验方法
裂痕、明显划伤和长度＞100 mm 的轻微划伤	不允许	观察
长度≤100 mm 的轻微划伤	≤8 条	用钢尺检查
擦伤总面积	≤500 mm^2	用钢尺检查

(2)石材幕墙工程施工质量控制要求见表 6-4。

表 6-4　石材幕墙工程施工质量控制要求

项　目	内　　容
石板材	(1)严格控制石材板质量、材质和加工尺寸。 (2)要仔细检查每块石材板有没有裂纹，防止石材在运输和施工时发生断裂
测量放线	测量放线要十分精确，各专业施工要组织统一放线、统一测量，避免各专业施工因测量和放线误差发生施工矛盾
预埋件的设计和放置	预埋件的设计和放置要合理，位置要准确
施工放样图	根据现场放线数据绘制施工放样图，落实实际施工和加工尺寸
调整缝宽	根据安装和调整石材板位置时，可用垫片适当调整缝宽，所用垫片必须与挂件是同质材料
螺栓	固定金属挂片的螺栓要加弹簧垫圈，或调平调直拧紧螺栓后，在螺帽上抹少许石材胶固定

二、标准的施工方法

1. 构件、石板加工制作

构件、石板加工制作应符合的要求见表 6-5。

表 6-5　构件、石板加工制作要求

项　目	内　　容
加工石板	(1)石板连接部位应无崩边、暗裂等缺陷；其他部位崩边不大于 5 mm×20 mm，或缺角不大于 20 mm 时可修补后使用，但每层修补的石板块数不应大于 2%，且宜用于立面不明显部位。 (2)石板的长度、宽度、厚度、直角、异型角、半圆弧形状、异型材及花纹图案造型、石板的外形尺寸均应符合设计要求。 (3)石板外表面的色泽应符合设计要求，花纹图案应按样板检查，石板四周围不得有明显的色差。 (4)火烧石应按样板检查火烧后的均匀程度，火烧石不得有暗裂、崩裂情况。 (5)石板的编号应同设计一致，不得因加工造成混乱。 (6)石板应结合其组合形式，并应确定工程中使用的基本形式后进行加工。 (7)石板加工尺寸允许偏差应符合现行行业标准《天然花岗石建筑板材》(GB/T 18601－2001)有关规定中一等品的要求

续上表

项　目	内　容
钢销式安装的石板加工	(1)钢销的孔位应根据石板的大小而定。孔位距离边端不得小于石板厚度的3倍,也不得大于180 mm;钢销间距不宜大于600 mm;边长不大于1.0 m时每边应设两个钢销,边长大于1.0 m时应采用复合连接。 (2)石板的钢销孔的深度宜为22～33 mm,孔径宜为7 mm或8 mm,钢销直径宜为5 mm或6 mm,钢销长度宜为20～30 mm。 (3)石板的钢销孔处不得有损坏或崩裂现象,孔径内应光滑、洁净
通槽式安装的石板加工	(1)石板的通槽宽度宜为6 mm或7 mm,不锈钢支撑板厚度不宜小于3.0 mm,铝合金支撑板厚度不宜小于4 mm。 (2)石板开槽后不得有损坏或崩裂现象,槽口应打磨成45°倒角;槽内应光滑、洁净
短槽式安装的石板加工	(1)每块石板上下边应各开两个短平槽,短平槽长度不应小于100 mm,在有效长度内槽深不宜小于15 mm;开槽宽度宜为6 mm或7 mm;不锈钢支撑板厚度不宜小于3 mm,铝合金支撑板厚度不宜小于4 mm。弧形槽的有效长度不应小于80 mm。 (2)两短槽边距离石板两端部的距离不应小于石板厚度的3倍且不应小于85 mm,也不应大于180 mm。 (3)石板开槽后不得有损坏或崩裂现象,槽口应打磨成45°倒角,槽内应光滑、洁净
单元石板幕墙的加工组装	(1)有防火要求的全石板幕墙单元,应将石板、防火板、防火材料按设计要求组装在铝合金框架上。 (2)有可视部分的混合幕墙单元,应将玻璃板、石板、防火板及防火材料按设计要求组装在铝合金框架上。 (3)幕墙单元内石板之间可采用铝合金T形连接件连接;T形连接件的厚度应根据石板的尺寸及重量经计算后确定,且其最小厚度不应小于4 mm。 (4)幕墙单元内,边部石板与金属框架的连接,可采用铝合金L形连接件,其厚度应根据石板尺寸及重量经计算后确定,且其最小厚度不应小于4 mm
石板的转角组装	石板的转角宜采用不锈钢支撑件或铝合金型材专用件组装,并应符合下列规定。 (1)当采用不锈钢支撑件组装时,其厚度不应小于3 mm。 (2)当采用铝合金型材专用件组装时,其壁厚不应小于4.5 mm,连接部位的壁厚不应小于5 mm
石板的处理及存放	(1)石板经切割或开槽后均应将石屑用水冲净,石板与不锈钢挂件间应采用环氧树脂型石材专用结构胶黏结。 (2)已加工好的石板,应立放(角度不应小于85°)存于通风仓库内

2.石材幕墙安装

石材幕墙的安装方法见表6-6。

表 6-6　石材幕墙安装方法

项　目	内　容
骨架安装	(1)根据控制线确定骨架位置,严格控制骨架位置偏差。 (2)干挂石材板主要靠骨架固定,因此必须保证骨架安装的牢固性。 (3)在挂件安装前必须全面检查骨架位置是否准确、焊接是否牢固,并检查焊缝质量
挂件安装	挂板应采用不锈钢或铝合金型材,钢销应采用不锈钢件,连接挂件宜采用 L 形,避免一个挂件同时连接上下 2 块石板
骨架的防锈	(1)槽钢主龙骨、预埋件及各类镀锌角钢焊接破坏镀锌层后均应满涂两遍防锈漆(含补刷部分)进行防锈处理并控制第一道、第二道的间隔时间不小于 12 h。 (2)型钢进场必须有防潮措施并在除去灰尘及污物后进行防锈操作。 (3)严格控制不得漏刷防锈漆,特别控制为焊接而预留的缓刷部位在焊后涂刷不得少于两遍
花岗岩挂板的安装	(1)为了达到外立面的整体效果,要求板材加工精度比较高,要精心挑选板材,减少色差。 (2)挂板安装前,应根据结构轴线核定结构外表面与干挂石材外露面之间的尺寸后,在建筑物大角处做出上下生根的金属丝垂线,并以此为依据,根据建筑物宽度设置足以满足要求的垂线、水平线。确保槽钢钢骨架安装后处于同一平面上(误差不大于 5 mm)。 (3)通过室内的 50 cm 线验证板材水平龙骨及水平线的正确性,以此控制拟将安装板缝的水平程度。通过水平线及垂线形成的标准平面标测出结构垂直平面,为结构修补及安装龙骨提供依据。 (4)板材钻孔位置应用标定工具。自板材露明面返至板中或图中注明的位置。钻孔深度依据不锈钢销钉长度予以控制。宜采用双钻同时钻孔,以保证钻孔位置正确。 (5)石板宜在水平状态下,由机械开槽口
石材饰面板安装	(1)将运至工地的石材饰面板按编号分类,检查尺寸是否准确和有无破损、缺楞、掉角,按施工要求分层次将石材饰面板运至施工面附近,并注意摆放可靠。 (2)先按幕墙面基准线仔细安装好底层的第一层石材。 (3)注意安放每层金属挂件的标高,金属挂件应紧托上层饰面板,并与下层饰面板之间留有间隙。 (4)安装时,要在饰面板的销钉孔或切槽口内注入石材胶(环氧树脂胶),以保证饰面板与挂件的可靠连接。 (5)安装时,宜先完成窗洞口四周的石材镶边,以免安装发生困难
密封	(1)密封部位的清扫和干燥,采用甲苯对密封面进行清扫,清扫时应特别注意不要让溶液散发到接缝以外的场所,清扫用纱布脏污后应常更换,以保证清扫效果,最后用干燥清洁的纱布将溶剂蒸发后的痕迹拭去,保持密封面干燥。 (2)为防止密封材料使用时污染装饰面,同时为使密封胶缝与面材交界线平直,应贴好纸胶带,要注意纸胶带本身的平直。

续上表

项　目	内　容
密封	(3)注胶应均匀、密实、饱满,同时注意施胶方法,避免浪费。 (4)注胶后,应将胶缝用小铲沿注胶方向用力施压,将多余的胶刮掉,并将胶缝刮成设计形状,使胶缝光滑,流畅。 (5)胶缝修整好后,应及时去掉保护胶带,并注意撕下的胶带不要污染板材表面;及时清理粘在施工表面上的胶痕
清扫	(1)整个立面的挂板安装完毕,必须将挂板清理干净,并经监理检验合格后,方可拆除脚手架。 (2)柱面阳角部位、结构转角部位的石材棱角应有保护措施,其他配合单位应按规定做相应保护。 (3)防止石材表面的渗透污染,拆改脚手架时,应将石材遮蔽,避免碰撞墙面。 (4)对石材表面进行有效保护,施工后及时清除表面污物,避免腐蚀性咬伤,易于污染或损坏的木材或其他胶结材料不应与石料表面直接接触。 (5)完工时需要更换有缺陷、断裂或损伤的石料。更换工作完成后,应用干净水或硬毛刷对所有石材表面清洗,直到所有尘土、污染物被清除。不能使用钢丝刷、金属刮削器,在清洗过程中应保护相邻表面免受损伤

骨架立柱的垂直度、横梁的水平度偏差较大

质量问题表现

石材幕墙骨架立柱的垂直度、横梁的水平度偏差较大,造成骨架安装的牢固性差。

质量问题原因

(1)预埋件位置偏移,安装连接件、支撑件时调整不到位,造成立柱安装不垂直。
(2)水平控制线不准,与排板图不协调。
(3)横梁安装水平标高控制不到位。

质量问题预防

(1)根据控制线确定骨架位置,严格控制骨架位置偏差。

(2)施工前对预埋件位置进行全面检查,有位置偏移的按技术处理方案先行进行处理,经检查合格后先对连接件、支撑件进行点焊,再对立柱进行调整,达到垂直度要求后进行连接件、支撑件的焊接、固定。

(3)施工前在墙面按排板图进行弹性,将立柱、横梁的位置弹到墙面上,并在纵、横向拉通线进行校核。

(4)横梁角码安装后,拉通线进行检查验收;按层进行横梁安装,并拉通线检查。

(5)对横梁误差较大的进行返工处理,误差小的可在下一步的安装中用不锈钢垫片进行调整。

质量问题

石材幕墙表面不平整、不洁净、有污染

质量问题表现

石材幕墙表面不平整、不洁净、有污染。

质量问题原因

(1)骨架安装不平整,安装板材时未予调整。
(2)石材板加工不平整。
(3)安装过程中控制方法不对,在环氧胶未达到强度前,石板受到碰撞和挤压。
(4)耐候密封胶材料不合格,打胶后渗出板面。

质量问题预防

(1)加强现场的统一测量放线,提高测量放线的精度。安装石板前对骨架进行纵横向拉通线检查验收,对超过可调整范围的骨架进行返工处理,达到合格标准后再进行下道工序。

(2)加工前进行深化设计,绘制石板加工图,并严格按图加工和验收,对不平整石板进行更换。

(3)安装过程中应采取整个墙面先找各大角控制点再进行统一挂线控制平面的方法来控制墙面的整体性平整度,每层施工时必须挂通线,安装板时应先试安,达到要求后再抹环氧胶,并临时固定、调整水平度和垂直度,以防止石板在环氧胶未达到强度前受到碰撞和挤压产生移位。

(4)选择符合要求的耐候密封胶。使用前先进行样板墙的施工,发现有渗出污染情况后立即更换耐候密封胶。

质量问题

石板接缝宽窄、深浅不一,填嵌不密实

质量问题表现

石板幕墙石材接缝宽窄、深浅不一致,填塞不密实,同时造成渗水泛潮。

质量问题原因

(1)未在主体结构各转角外吊线。
(2)板材暂时固定后,未立即进行水平度和垂直度以及接缝的细微调整。
(3)板缝宽度和嵌缝深度未按设计要求确定。

质量问题

质量问题预防

(1)在幕墙工程主体结构各转角外吊垂线,用来确定石材的外轮廓尺寸,并检查墙面的平整度,误差较大时进行部分剔凿处理。以轴线及各层标高线为基层,在墙面上分别弹出板材横竖向分格线。当为骨架式石板幕墙时,安装骨架后,根据翻样图用经纬仪测出大角两个面的竖向控制线,并在大角上下固定定位线的角钢,用钢丝挂竖向控制线。

(2)板材暂时固定后应立即进行水平度和垂直度以及接缝的细微调整。

(3)板缝宽度和嵌缝深度按设计要求确定,一般做法如图 6-1 所示,缝宽一般为 8 mm。

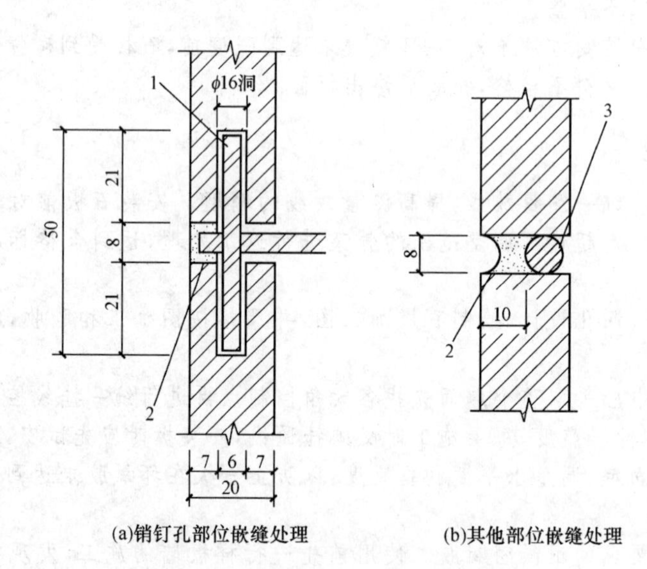

图 6-1 石材幕墙嵌缝示意图(单位:mm)

1—不锈钢钢钉;2—密封胶;3—泡沫塑料圆条

第二节 玻璃幕墙工程施工

一、施工质量验收标准及施工质量控制要求

(1)玻璃幕墙工程施工质量验收标准见表 6-7。

表 6-7 玻璃幕墙工程施工质量验收标准

项目	内容
主控项目	(1)玻璃幕墙工程所使用的各种材料、构件和组件的质量,应符合设计要求及国家现行产品标准和工程技术规范的规定。 检验方法:检查材料、构件、组件的产品合格证书、进场验收记录、性能检测报告和材料的复验报告。

续上表

项 目	内 容
主控项目	(2)玻璃幕墙的造型和立面分格应符合设计要求。 检验方法:观察;尺量检查。 (3)玻璃幕墙使用的玻璃应符合下列规定。 1)幕墙应使用安全玻璃,玻璃的品种、规格、颜色、光学性能及安装方向应符合设计要求。 2)幕墙玻璃的厚度不应小于 6.0 mm。全玻幕墙肋玻璃的厚度不应小于 12 mm。 3)幕墙的中空玻璃应采用双道密封。明框幕墙的中空玻璃应采用聚硫密封胶及丁基密封胶;隐框和半隐框幕墙的中空玻璃应采用硅酮结构密封胶及丁基密封胶;镀膜面应在中空玻璃的第二或第三面上。 4)幕墙的夹层玻璃应采用聚乙烯醇缩丁醛(PVB)胶片干法加工合成的夹层玻璃。点支承玻璃幕墙夹层玻璃的夹层胶片(PVB)厚度不应小于 0.76 mm。 5)钢化玻璃表面不得有损伤;厚 8.0 mm 以下的钢化玻璃应进行防爆处理。 6)所有幕墙玻璃均应进行边缘处理。 检验方法:观察;尺量检查;检查施工记录。 (4)玻璃幕墙与主体结构连接的各种预埋件、连接件、紧固件必须安装牢固,其数量、规格、位置、连接方法和防腐处理应符合设计要求。 检验方法:观察;检查隐蔽工程验收记录和施工记录。 (5)各种连接件、紧固件的螺栓应有防松动措施;焊接连接应符合设计要求和焊接规范的规定。 检验方法:观察;检查隐蔽工程验收记录和施工记录。 (6)隐框或半隐框玻璃幕墙,每块玻璃下端应设置两个铝合金或不锈钢托条,其长度不应小于 100 mm,厚度不应小于 2 mm,托条外端应低于玻璃外表面 2 mm。 检验方法:观察;检查施工记录。 (7)明框玻璃幕墙的玻璃安装应符合下列规定。 1)玻璃槽口与玻璃的配合尺寸应符合设计要求和技术标准的规定。 2)玻璃与构件不得直接接触,玻璃四周与构件凹槽底部应保持一定的空隙,每块玻璃下部应至少放置两块宽度与槽口宽度相同、长度不小于 100 mm 的弹性定位垫块;玻璃两边嵌入量及空隙应符合设计要求。 3)玻璃四周橡胶条的材质、型号应符合设计要求,镶嵌应平整,橡胶条长度应比边框内槽长 1.5%～2.0%,橡胶条在转角处应斜面断开,并应用胶黏剂黏结牢固后嵌入槽内。 检验方法:观察;检查施工记录。 (8)高度超过 4 m 的全玻幕墙应吊挂在主体结构上,吊夹具应符合设计要求,玻璃与玻璃、玻璃与玻璃肋之间的缝隙应采用硅酮结构密封胶填嵌严密。 检验方法:观察;检查隐蔽工程验收记录和施工记录。 (9)点支承玻璃幕墙应采用带万向头的活动不锈钢爪,其钢爪间的中心距离应大于 250 mm。 检验方法:观察;尺量检查。 (10)玻璃幕墙四周、玻璃幕墙内表面与主体结构之间的连接节点、各种变形缝、墙角的连接节点应符合设计要求和技术标准的规定。 检验方法:观察;检查隐蔽工程验收记录和施工记录。

续上表

项　目	内　容
主控项目	(11)玻璃幕墙应无渗漏。 检验方法:在易渗漏部位进行淋水检查。 (12)玻璃幕墙结构胶和密封胶的打注应饱满、密实、连续、均匀、无气泡,宽度和厚度应符合设计要求和技术标准的规定。 检验方法:观察;尺量检查;检查施工记录。 (13)玻璃幕墙开启窗的配件应齐全,安装应牢固,安装位置和开启方向及角度应正确;开启应灵活,关闭应严密。 检验方法:观察;手扳检查;开启和关闭检查。 (14)玻璃幕墙的防雷装置必须与主体结构的防雷装置可靠连接。 检验方法:观察;检查隐蔽工程验收记录和施工记录
一般项目	(1)玻璃幕墙表面应平整、洁净;整幅玻璃的色泽应均匀一致;不得有污染和镀膜损坏。 检验方法:观察。 (2)每平方米玻璃的表面质量和检验方法见表 6-8。 (3)一个分格铝合金型材的表面质量和检验方法见表 6-9。 (4)明框玻璃幕墙的外露框或压条应横平竖直,颜色、规格应符合设计要求,压条安装应牢固。单元玻璃幕墙的单元拼缝或隐框玻璃幕墙的分格玻璃拼缝应横平竖直、均匀一致。 检验方法:观察;手扳检查;检查进场验收记录。 (5)玻璃幕墙的密封胶缝应横平竖直、深浅一致、宽窄均匀、光滑顺直。 检验方法:观察;手摸检查。 (6)防火、保温材料填充应饱满、均匀,表面应密实、平整。 检验方法:检查隐蔽工程验收记录。 (7)玻璃幕墙隐蔽节点的遮封装修应牢固、整齐、美观。 检验方法:观察;手扳检查。 (8)隐框、半隐框玻璃幕墙安装的允许偏差和检验方法见表6-10。 (9)明框玻璃幕墙安装的允许偏差和检验方法见表 6-11

表 6-8　每平方米玻璃的表面质量和检验方法

项　目	质量要求	检验方法
明显划伤和长度>100 mm 的轻微划伤	不允许	观察
长度≤100 mm 的轻微划伤	≤8 条	用钢尺检查
擦伤总面积	≤500 mm^2	用钢尺检查

表 6-9　一个分格铝合金型材的表面质量和检验方法

项　目	质量要求	检验方法
明显划伤和长度>100 mm 的轻微划伤	不允许	观察
长度≤100 mm 的轻微划伤	≤2 条	用钢尺检查
擦伤总面积	≤500 mm^2	用钢尺检查

表 6-10　隐框、半隐框玻璃幕墙安装的允许偏差和检验方法

项　目		允许偏差 (mm)	检验方法
幕墙垂直度	幕墙高度≤30 m	10	用经纬仪检查
	30 m<幕墙高度≤60 m	15	
	60 m<幕墙高度≤90 m	20	
	幕墙高度>90 m	25	
幕墙水平度	层高≤3 m	3	用水平仪检查
	层高>3 m	5	
幕墙表面平整度		2	用 2 m 靠尺和塞尺检查
板材立面垂直度		2	用垂直检测尺检查
板材上沿水平度		2	用 1 m 水平尺和钢直尺检查
相邻板材角错位		1	用钢直尺检查
阳角方正		2	用直角检测尺检查
接缝直线度		3	拉 5 m 线，不足 5 m 拉通线，用钢直尺检查
接缝高低差		1	用钢直尺和塞尺检查
接缝宽度		1	用钢直尺检查

表 6-11　明框玻璃幕墙安装的允许偏差和检验方法

项　目		允许偏差 (mm)	检验方法
幕墙垂直度	幕墙高度≤30 m	10	用经纬仪检查
	30 m<幕墙高度≤60 m	15	
	60 m<幕墙高度≤90 m	20	
	幕墙高度>90 m	25	
幕墙水平度	幕墙幅宽≤35 m	5	用水平仪检查
	幕墙幅宽>35 m	7	
构件直线度		2	用 2 m 靠尺和塞尺检查
构件水平度	构件长度≤2 m	2	用水平仪检查
	构件长度>2 m	3	
相邻构件错位		1	用钢直尺检查
分格框对角线长度差	对角线长度≤2 m	3	用钢尺检查
	对角线长度>2 m	4	

(2)玻璃幕墙工程施工质量控制要求见表 6-12。

表 6-12　玻璃幕墙工程施工质量控制要求

项　目	内　容
结构主体施工	(1)结构主体施工必须精确，符合施工规范，埋件位置正确，为幕墙安装创造有利的条件。 (2)当结构主体施工精度较低，幕墙安装精度高时，两者之间应留出适当的空隙，为连接件调整误差留有余地，从而保证幕墙安装的精确度
弹线安装	(1)在竖杆安装定位后，横杆以竖杆为依托，然后再弹线安装横杆。 (2)如果为无骨架体系，则应按玻璃板块的尺寸，精确地把线弹在结构主体上，吊点位置要精确，并认真校验。 (3)骨架弹线后要严格执行自检、互检、复验制度，以确保万无一失
型钢骨架	型钢骨架多为空腹杆件，要做内外防锈、防腐处理，现场检查，不符合要求者退货
连接件与结构主体固定	连接件与结构主体固定务必牢靠，焊接时要保证焊缝质量，每条焊缝的长度、厚度、焊条型号等均应符合焊接规范，要逐点进行检查，不得马虎
膨胀螺栓	采用膨胀螺栓时，钻孔要避开钢筋，螺栓埋入深度要符合规定的抗拔能力
横竖框连接	(1)竖框接长、横竖框连接必须用插接配件安装，不得用连接板连接，以防变形。 (2)型钢骨架的横框与竖框用焊接连接时，因幕墙面积大、焊点多，必须排定焊接次序，防止骨架热变形。若为插接件连接时，横竖框之间要留有微小缝隙，便于横竖框温度变形伸缩
玻璃吊装	玻璃吊装要缓慢起吊和就位，避免玻璃在吊装过程中碰损，因玻璃板块是定型设计，对号入座，没有备件，一旦碰损除带来经济损失外，还影响施工进度，所以要求吊装绝对安全无误
封缝	封缝要保证质量，密封胶、玻璃胶要铺实、铺满、铺均匀，不得有虚铺、间断；隐框幕墙玻璃之间的缝隙宽窄、厚度要一致，以免影响外观

二、标准的施工方法

1. 部件加工制作

玻璃幕墙工程施工中部件的加工制作要求见表 6-13。

表 6-13　玻璃幕墙工程施工中部件的加工制作要求

项　目	内　容
金属构件的加工制度	(1)幕墙结构杆件截料之前应进行校直调整。 (2)幕墙结构杆件截料长度尺寸(L)的允许偏差：立柱±1.0 mm，横杆±0.5 mm；端头斜度(α 角)允许偏差为$-15'$(图 6-2)。 (3)截料端头不应有明显的加工变形，毛刺不大于 0.2 mm。 (4)孔位允许偏差±0.5 mm，孔距允许偏差±0.5 mm，累计偏差不大于±1.0 mm。 (5)铆钉的通孔尺寸应符合《紧固件　铆钉用通孔》(GB/T 152.1－1988)的规定。 (6)沉头螺钉、沉孔尺寸应符合《紧固件　沉头用沉孔》(GB/T 152.2－1988)的规定。

续上表

项　目	内　容
金属构件的加工制作	(7)圆柱头、螺栓沉孔尺寸应符合《紧固件　圆柱头用沉孔》(GB/T 152.3－1988)的规定。 (8)螺纹孔的加工应符合设计要求
幕墙构件槽、豁、榫的加工	幕墙构件槽、豁、榫的加工应符合表 6-14 至表 6-16 的要求
幕墙构件装配尺寸偏差	(1)构件装配尺寸允许偏差见表 6-17。 (2)各相邻构件装配间隙及同一平面高低允许偏差见表 6-18
构件的连接	构件连接应牢固，各构件连接缝隙应进行可靠的密封处理
玻璃槽口与玻璃或保温板的配合尺寸	(1)单层玻璃与槽口的配合尺寸见表 6-19 (2)中空玻璃与槽口的配合尺寸见表 6-20

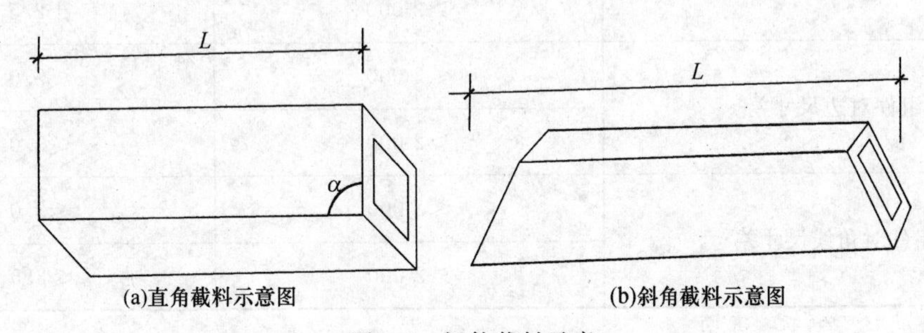

图 6-2　杆件截料示意

表 6-14　玻璃幕墙铣槽尺寸允许偏差　　(单位：mm)

简　图	允许偏差		
	a	b	c
(简图：a、b、c)	+0.5 0.0	+0.5 0.0	±0.5

表 6-15　玻璃幕墙铣豁尺寸允许偏差　　(单位：mm)

简　图	允许偏差		
	a	b	c
(简图：a、b、c)	+0.5 0.0	+0.5 0.0	±0.5

表 6-16　玻璃幕墙铣榫尺寸允许偏差　（单位:mm）

简　图	允许偏差		
	a	*b*	*c*
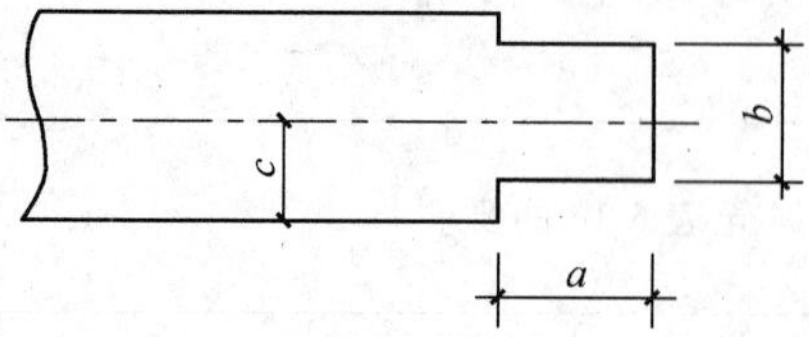	0.0 −0.5	0.0 −0.5	±0.5

表 6-17　玻璃幕墙构件装配尺寸允许偏差　（单位:mm）

项　目	构件长度	允许偏差
型材槽口尺寸	≤2 000	±2.0
	>2 000	±2.5
组件对边尺寸差	≤2 000	≤2.0
	>2 000	≤3.0
组件对角线尺寸差	≤2 000	≤3.0
	>2 000	≤3.5

表 6-18　相邻构件装配间隙及同一平面高低允许偏差　（单位:mm）

项　目	允许偏差
装配间隙	≤0.5
同一平面高低差	≤0.5

表 6-19　单层玻璃与槽口的配合尺寸　（单位:mm）

单层玻璃厚度	简　图	*a*	*b*	*c*
5～6	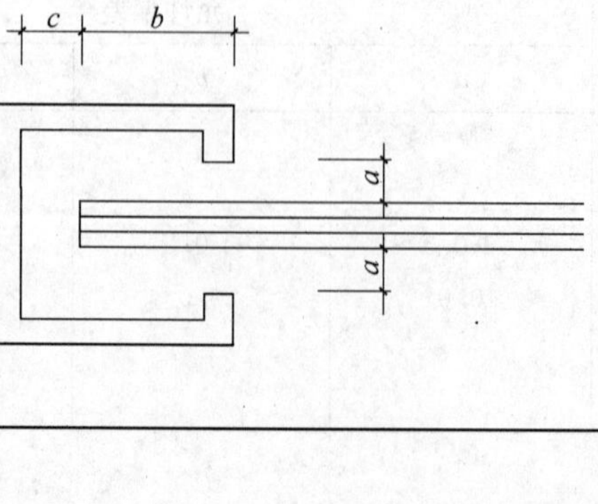	≥3.5	≥15	≥5
8～10		≥4.5	≥16	≥5
12 以上		≥5.5	≥18	≥5

表 6-20　中空玻璃与槽口的配合尺寸　　(单位:mm)

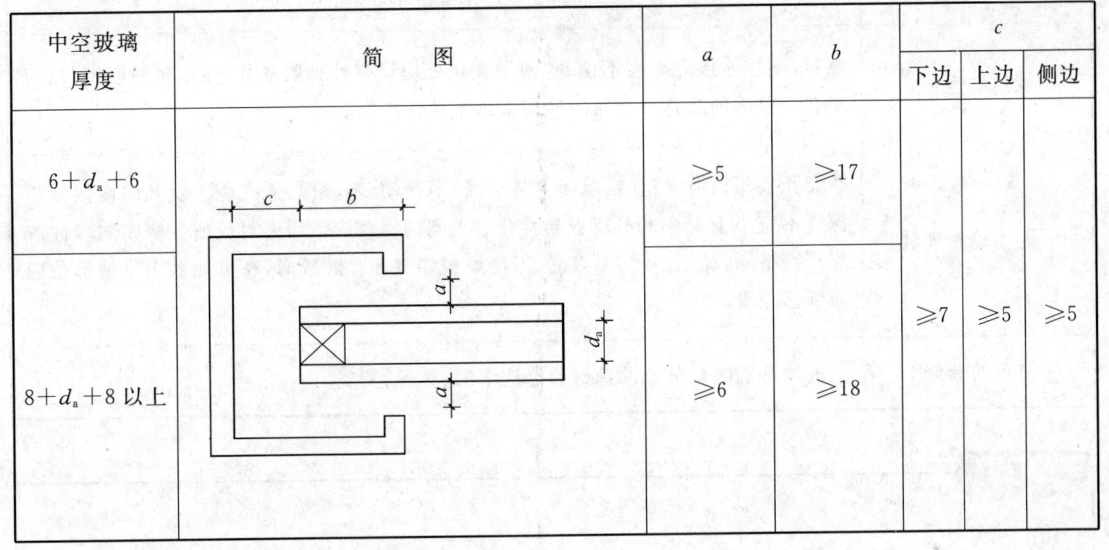

中空玻璃厚度	简图	a	b	c		
				下边	上边	侧边
$6+d_a+6$		≥5	≥17	≥7	≥5	≥5
$8+d_a+8$ 以上		≥6	≥18			

注:d_a 为空气的厚度,可取 12 mm。

2. 玻璃幕墙节点与连接

玻璃幕墙节点与连接的施工要求见表 6-21。

表 6-21　玻璃幕墙节点与连接的施工要求

项　目	内　容
预埋件与连接件	(1)预埋件的标高误差不应大于±10 mm,进出、左右偏差不应大于±20 mm,预埋件的垂直和水平倾斜允许误差为±5 mm。金属框架与主体结构应通过预埋件连接,当无条件时,应采用其他可靠的连接措施,并应通过试验确定承载力,其允许承载力应大于设计要求的预埋件的承载力。 (2)连接件的可调节构造应用螺栓牢固连接,并有防滑动措施,角码调节范围应符合使用要求。连接件与预埋件之间的位置偏差需使用钢板或型钢焊接调整,构造形式与焊缝应符合设计要求。预埋件与连接件表面防腐层应完整,不破损。 (3)使用锚栓进行锚固连接时,锚栓的类型、规格、数量、布置位置和锚固深度必须符合设计和有关标准的规定,锚栓的埋设应牢固,可靠,外露螺纹不应少于 2 扣。 (4)连接薄钢板采用的自攻螺钉、拉铆钉、射钉的规格应与被连接钢板相匹配,间距、边距应符合设计要求。 (5)镀锌钢材的连接件不得与铝合金立柱直接接触。立柱底部横梁及幕墙板块与主体结构之间应有伸缩空隙,空隙宽度不应小于 15 mm,并用弹性密封材料嵌填,不得用水泥砂浆或其他硬质材料嵌填
立柱的连接	芯管插入上下立柱的长度不得小于 200 mm,上下两立柱件的孔隙不应小于 10 mm,立柱的上端应与主体结构固定连接,下端应为可上可下活动的连接,立柱应采用螺栓与角码连接,螺栓直径不应小于 10 mm,不同金属材料接触时应采用绝缘垫片分隔
螺栓的连接	螺栓应有防松脱的措施,同一连接处的连接螺栓不应少于 2 个,且不应采用自攻

续上表

项　目	内　容
螺栓的连接	螺钉，梁柱连接应牢固不松动，两端连接处应设弹性橡胶垫片，或以密封胶密封，与铝合金接触的螺钉及金属配件应采用不锈钢或铝制品
女儿墙罩板安装	女儿墙压顶坡度正确，罩板安装牢固，不松动、不渗漏、无孔隙。女儿墙内侧罩板深度不应小于 150 mm，罩板与女儿墙之间的缝隙应采用密封胶密封。密封胶注胶应严密平顺，黏结牢固，不渗漏、不污染相邻表面。注胶时，在可能被污染的部位应贴纸基胶带
节点的装修	玻璃幕墙隐蔽节点的遮封装修应牢固、整齐、美观

幕墙骨架、连接件等品种、规格不符合要求

质量问题表现

玻璃幕墙所用的骨架、连接件等的品种、规格、级别、颜色等不符合设计要求和产品标准的规定。

质量问题原因

(1)连接龙骨的连接件的材质及规格尺寸不符合设计要求。

(2)铝合金型材的质量不符合设计要求。

(3)碳钢骨架和连接件，未作防锈处理。

质量问题预防

(1)连接龙骨的连接件：竖向龙骨与水平龙骨之间的镀锌连接件、竖向龙骨之间连接专用的内套管及连接件等，均要在厂家预制加工好。进厂时，检查材质及规格尺寸应符合设计要求。

(2)铝合金型材应有生产厂家的合格证明。表面应进行阳极氧化处理，阳极氧化膜厚度必须大于 AA15 级。进入现场要进行外观检查；要平直规方，表面无污染、麻面、凹坑、划痕、翘曲等缺陷，并分规格、型号分别码放在室内木方垫上。

(3)碳钢骨架和连接件，必须作防锈处理；紧固件表面须镀锌处理；密封胶应有出厂证明和放水试验记录。

质量问题

主体结构及其埋件的垂直度、平整度差

质量问题表现

玻璃幕墙不平、不直，甚至出现结构变形、玻璃安不上、渗漏。

质量问题原因

(1)主体结构施工时，未严格控制墙面和立面垂直度和平整度。

(2)埋件预埋时，未采取可靠固定措施。

(3)龙骨安装前，未清理埋件和弹分格线，并未检查埋件是否在同一垂直线和同一平面上。

(4)发现有超出连接件可调范围的埋件，未作妥善处理。

质量问题预防

(1)主体结构施工时，严格控制墙面和立面垂直度和平整度。

(2)埋件预埋时，应采取可靠固定措施，使其不因振捣混凝土而发生位移。

(3)龙骨安装前，清理埋件，弹分格线，并由上至下吊垂直线，水平方向拉横线，检查埋件是否在同一垂直线和同一平面上。

(4)发现有超出连接件可调范围的埋件，征得设计同意，作妥善处理。高出的埋件应剔除重埋；凹进的埋件，应加钢板垫平，焊接要符合要求。

质量问题

幕墙预埋件漏放或偏位

质量问题表现

幕墙预埋件漏放或偏位。

质量问题原因

(1)在进行土建主体结构施工时，玻璃幕墙的安装单位尚未确定，因无幕墙预埋件的设计图纸而无法进行预埋件施工。

(2)因建筑设计变更的原因，玻璃幕墙装饰为后来决定采用的，造成结构件上没有预埋件。

质量问题

(3)在建筑主体工程施工中,对预埋件没有采取固定措施,使其在混凝土浇筑和振捣中发生位移。

质量问题预防

(1)预埋件在埋设前应进行专项技术交底,以确保预埋件的安装质量。如交代预埋件的规格、型号、位置以及确保预埋件与模板能接合牢固、防止振捣中产生位移的措施等。

(2)凡设计有玻璃幕墙的工程,在土建施工时就要落实安装单位,并提供预埋件的位置设计图。预埋件的预埋安装要有专人负责,并随时办理隐蔽工程验收手续。混凝土的浇筑既要插捣密实,又不能碰撞预埋件,以确保预埋件位置准确。

(3)无预埋件的主体在安装玻璃幕墙前,先要确定补设预埋件的规格和方法;要经过设计、土建、安装单位共同研究确定,不能全部采用膨胀螺栓与主体结构连接,而应当每隔3～4层加一层锚固件连接;膨胀螺栓只能作为局部附加连接措施,使用的膨胀螺栓应当处于受剪力状态。

(4)对于出现的预埋件偏位问题,首先应当检查清楚预埋件偏位情况,弹好轴线以便纠正。如偏位超过20 mm时,要采取拼接措施;如凹进大于10 mm时,要先补焊钢板达到规定标高后,方可安装。

(5)必须做好预埋件偏差情况记录(预埋件允许偏差:标高±10 mm;轴线左右偏差±10 mm;轴线前后偏差±10 mm),预埋件有遗漏、位置偏差过大时,应采取修补办法,一般可采用化学黏着安卡螺栓,如图6-3、图6-4所示。修补办法应得到监理工程师同意,修补后应检查并做好记录。

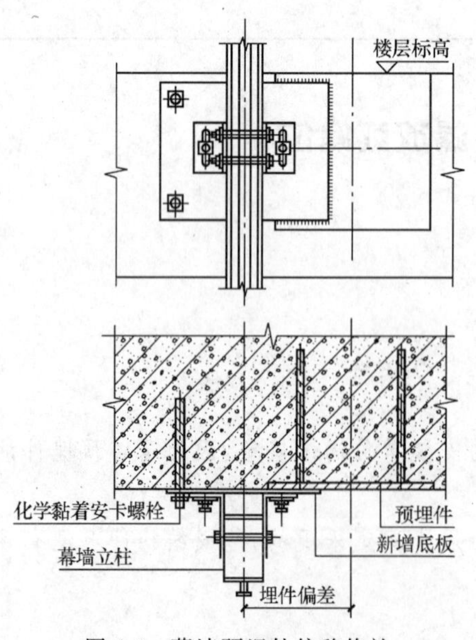

图6-3　幕墙预埋件偏移修补

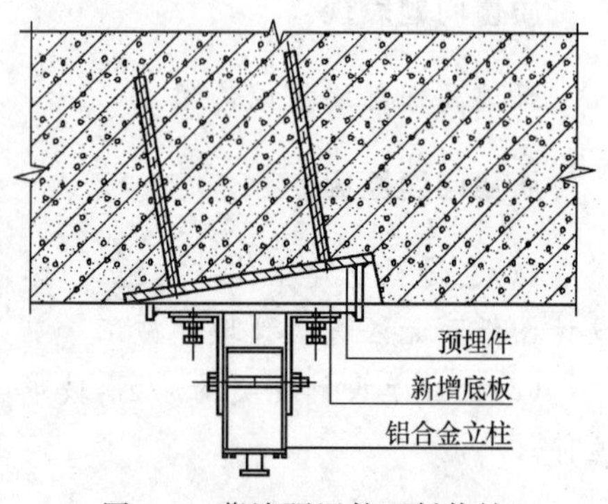

图6-4　幕墙预埋件歪斜修补

3. 明框玻璃幕墙安装

明框玻璃幕墙的安装方法见表 6-22。

表 6-22 明框玻璃幕墙安装方法

项　目	内　容
过渡件焊接	(1)焊接时,过渡件的位置一定要与墨线对准。 (2)应先将同水平位置两侧的过渡件点焊,并进行检查。再将中间的各个过渡件点焊上,检查合格后,进行满焊或段焊
玻璃幕墙铝龙骨安装	(1)将加工完成的立柱按编号分层次搬运到各部位,临时堆放,堆放时应用木块垫好,防止碰伤表面。 (2)将立柱从上至下或从下至上逐层上墙,安装就位。 (3)根据水平钢丝,将每根立柱的水平标高位置调整好,稍拧紧连接件螺栓。 (4)再调整进出、左右位置,检查是否符合设计分格尺寸及进出位置,如有偏差应及时调整,不能让偏差集中在某一个点上,经检查合格后,拧紧螺帽。 (5)当调整完毕,整体检查合格后,将连接铁件与过渡件,螺帽与垫片间均采用段焊、点焊焊接,及时消除焊渣,做好防锈处理。 (6)安装横龙骨时水平方向应拉线,并保证竖龙骨与横龙骨接口处的平整,连接不能有松动,横梁和立柱之间垫片或间隙符合设计要求
防火材料安装	龙骨安装完毕,可进行防火材料的安装。安装时应按图纸要求,先将防火镀锌钢板固定(用螺钉或射钉),要求牢固可靠,并注意板的接口。然后铺防火棉,安装时注意防火棉的厚度和均匀度,保证与龙骨料接口处的饱满,且不能挤压,以免影响面材。最后进行顶部封口处理,即安装封口板。安装过程中应注意对玻璃、铝板、铝材等成品的保护,以及内装饰的保护
玻璃安装	(1)安装前应将铁件或钢架、立柱、避雷、保温、防锈部件全部检查一遍,合格后再将相应规格的面材搬入就位,然后自上面下进行安装。 (2)安装过程中用拉线控制相邻玻璃的平整度和板缝的水平度、垂直度,用木板模块控制缝的宽度。 (3)安装时,应先就位,临时固定,然后拉线调整。 (4)安装过程中,如缝宽有误差,应均分在每条胶缝中,防止误差积累在某一条缝中或某一块面材上

4. 隐框或半隐框玻璃幕墙安装

隐框或半隐框玻璃幕墙的安装方法见表 6-23。

表 6-23 隐框或半隐框玻璃幕墙安装方法

项　目	内　容
玻璃板块组件安装	玻璃板块组件必须安装牢固,固定点距离应符合设计要求,且不大于 300 mm

续上表

项　目	内　容
密封胶的黏结宽度与厚度	(1)竖向隐框、半隐框玻璃幕墙中玻璃和铝框之间硅酮结构密封胶的黏结宽度 c_s，应根据受力情况分别按下列规定计算。 1)在风荷载作用下，黏结宽度 c_s 应按下式计算： $c_s=\frac{wa}{2\,000f_1}$ 式中　c_s——硅酮结构密封胶的黏结宽度(mm)； w——作用在计算单元上的风荷载设计值(kN/m²)； a——矩形玻璃板的短边长度(mm)； f_1——硅酮结构密封胶在风荷载或地震作用下的强度设计值，取0.2 N/mm²。 2)在风荷载和水平地震作用下，黏结宽度 c_s 应按下式计算： $c_s=\frac{(w+0.5q_E)a}{2\,000f_1}$ 式中　q_E——作用在计算单元上的地震作用设计值(kN/m²)。 3)在玻璃永久荷载作用下，黏结宽度 c_s 应按下式计算： $c_s=\frac{q_G ab}{2\,000(a+b)f_2}$ 式中　q_G——幕墙玻璃单位面积重力荷载设计值(kN/m²)； a、b——分别为矩形玻璃板的短边和长边长度(mm)； f_2——硅硐结构密封胶在永久荷载作用下的强度设计值，取0.01 N/mm²。 (2)水平倒挂的隐框、半隐框玻璃和铝框之间硅酮结构密封胶的黏结宽度 c_s 应按下式计算： $c_s=\frac{wa}{2\,000f_1}+\frac{q_G a}{2\,000f_2}$ (3)硅酮结构密封胶的黏结厚度 t_s 应符合下式的要求： $t_s\geqslant\frac{u_s}{\sqrt{\delta(2+\delta)}}$ $u_s=\theta h_g$ 式中　t_s——硅酮结构密封胶的黏结厚度(mm)； u_s——幕墙玻璃的相对于铝合金框的位移(mm)，由主体结构侧移产生的相对位移可按要求计算，必要时还应考虑温度变化产生的相对位移； θ——风荷载标准值作用下主体结构的楼层弹性层间位移角限值(rad)； h_g——玻璃面板高度(mm)，取其边长 a 或 b； δ——硅酮结构密封胶的变位承受能力，取对应于其受拉应力为0.14 N/mm²时的伸长率
施工要求	(1)每块玻璃下端应设置 2 个铝合金或不锈钢托条，其长度不应小于100 mm，厚度不应小于2 mm，托条外端应低于玻璃外表面 2 mm。 (2)玻璃幕墙四周与主体结构之间的缝隙，应采用防火保温材料严密填塞。

续上表

项　目	内　容
施工要求	(3)水泥砂浆不得与铝型材直接接触，不得采用快干性材料填塞，内外表面应采用密封胶连接封闭，接缝应严密不渗漏，密封胶不应污染周围相邻表面。 (4)幕墙转角、上下、侧边、封口及周边墙体的连接构造应牢固并满足密封防水要求，外表面应整齐美观。 (5)幕墙玻璃与室内装饰物之间的空隙不宜少于 10 mm

5.全玻幕墙安装

全玻幕墙的安装方法见表 6-24。

表 6-24　全玻幕墙的安装方法

项　目	内　容
准备工作	全玻幕墙安装前，应清洁镶嵌槽；中途暂停施工时，应对槽口采取保护措施
空隙要求	全玻幕墙的周边收口槽壁与玻璃面板或玻璃肋的空隙均不宜小于8 mm，吊挂玻璃下端与下槽底的空隙尚应满足玻璃伸长变形的要求，玻璃与下槽底应采用弹性垫块支承或填塞，垫块长度不宜小于 100 mm，厚度不宜小于10 mm，槽壁与玻璃间应采用硅酮建筑密封胶密封
主体结构及板面要求	(1)吊挂全玻幕墙的主体结构或结构构件应有足够的刚度，采用钢桁架或钢梁作为受力构件时，其挠度限值宜取其跨度的 1/250。 (2)全玻幕墙的板面不得与其他刚性材料直接接触。板面与装修面或结构面之间的空隙不应小于 8 mm，且应采用密封胶密封
胶缝的承载力	全玻幕墙胶缝承载力应符合下列要求。 (1)与玻璃面板平齐或突出的玻璃肋： $\frac{ql}{2t_1}\leqslant f_1$ (2)后置或骑缝的玻璃肋： $\frac{ql}{2t_2}\leqslant f_2$ 式中　q——垂直于玻璃面板的分布荷载设计值(N/mm^2)，抗震设计时应包含地震作用计算的分布荷载设计值； l——两肋之间的玻璃面板跨度(mm)； t_1——胶缝宽度，取玻璃面板截面厚度(mm)； t_2——胶缝宽度，取玻璃肋截面厚度(mm)； f_1、f_2——硅酮结构密封胶在风荷载作用下的强度设计值，取 0.2 N/mm^2
玻璃安装要求	(1)全玻幕墙安装过程中，应随时检测和调整面板、玻璃肋的水平度和垂直度，使墙面安装平整。玻璃高度大于表 6-25 限值的全玻幕墙应悬挂在主体结构上。 (2)每块玻璃的吊夹应位于同一平面，吊夹的受力应均匀。 (3)全玻幕墙玻璃两边嵌入槽口深度及预留空隙应符合设计要求，左右空隙尺寸宜相同。 (4)全玻幕墙的玻璃宜采用机械吸盘安装，并应采取必要的安全措施
施工质量	全玻幕墙施工质量要求见表 6-26

表 6-25　下端支承全玻幕墙的最大高度

玻璃厚度(mm)	10,12	15	19
最大高度(mm)	4	5	6

表 6-26　全玻幕墙施工质量要求

项　目		允许偏差	检查方法
幕墙平面的垂直度	幕墙高度 H(m)		用激光仪或经纬仪检查
	$H \leqslant 30$	10 mm	
	$30 < H \leqslant 60$	15 mm	
	$60 < H \leqslant 90$	20 mm	
	$H > 90$	25 mm	
幕墙的平面度		2.5 mm	用 2 m 靠尺,钢板尺检查
竖缝的直线度		2.5 mm	用 2 m 靠尺,钢板尺检查
横缝的直线度		2.5 mm	用 2 m 靠尺,钢板尺检查
接缝宽度(与设计值比较)		±2 mm	用卡尺检查
两相邻面板之间的高低差		1.0 mm	用深度尺检查
玻璃面板与肋板夹角与设计值差		$\leqslant 1°$	用量角器检查

6. 点支承玻璃幕墙安装

点支承玻璃幕墙的安装方法见表 6-27。

表 6-27　点支承玻璃幕墙安装方法

项　目	内　容
钢结构的安装	(1)安装前,应根据甲方提供的基础验收资料复核各项数据,并标注在检测资料上,预埋件、支座面和地脚螺栓的位置、标高的尺寸偏差应符合相关的技术规定及验收规范,钢柱脚下的支承预埋件应符合设计要求,需填垫钢板时,每叠不得多于 3 块。 (2)钢结构的复核定位应使用轴线控制点和测量的标高基准点,保证幕墙主要竖向构件及主要横向构件的尺寸允许偏差符合有关规范及行业标准。 (3)构件安装时,对容易变形的构件应做强度和稳定性验算,必要时采取加固措施,安装后,构件应具有足够的强度和刚度。 (4)确定几何位置的主要构件,如柱、桁架等应吊装在设计位置上,在松开吊挂设备后应做初步校正,构件的连接接头必须经过检查合格后,方可紧固和焊接。 (5)对焊缝要进行打磨,消除棱角和夹角,达到光滑过渡。钢结构表面应根据设计要求喷涂防锈漆、防火漆,或加以其他表面处理。 (6)对于拉杆及拉索结构体系,应保证支承杆位置的准确,一般允许偏差在 ±1 mm,紧固拉杆(索)或调整尺寸偏差时,宜采用先左后右,由上至下的顺序,逐步固定支承杆位置,以单元控制的方法调整校核,消除尺寸偏差,避免误差积累。 (7)支承钢爪安装时,要保证安装位置公差在 ±1 mm 内,支承钢爪在玻璃重量作用下,支承钢系统会有位移,可用以下两种方法进行调整。

续上表

项　目	内　容
钢结构的安装	1)如果位移量较小,可以通过驳接件自行适应,但要考虑支承杆有一个适当的位移能力。 2)如果位移量大,可在结构上加上等同于玻璃重量的预加载荷,待钢结构有足够位移后再逐渐安装玻璃。无论在安装时,还是在偶然事故时,都要防止在玻璃重量下,支承钢爪安装点发生过大位移,所以支承钢爪必须通过高抗张力螺栓、钢钉、楔销固定。支承钢爪的支承点宜设置球铰,支承点的连接方式不应阻碍面板的弯曲变形
拉索及支承杆的安装	(1)根据图纸给定的拉索长度尺寸加1～3 mm,从顶部结构开始挂索,呈自由状态,待全部竖向拉索安装结束后进行调整,调整顺序也是先上后下,按尺寸控制单元逐层将支承杆调整到位。 (2)待竖向拉索安装调整到位后连接横向拉索,横向拉索在安装前应先按图纸给定的长度尺寸加长1～3 mm,呈自由状态,先上后下单元连层安装,待全部安装结束后调整到位。 (3)在支承杆的安装过程中必须对杆件的安装定位几何尺寸进行校核,前后索长度尺寸严格按图纸尺寸调整,保证支承连接杆与玻璃平面的垂直度。按单元控制点为基准对每一根支承杆的中心位置进行核准调整。确保每根支承杆的前端与玻璃平面保持一致,整个平面的误差应控制在≤5 mm/3 m。在支承杆调整时要采用“定位头”来保证支承杆与玻璃的距离和中心定位的准确。 (4)用于固定支承杆的横向和竖向拉索在安装和调整过程中必须提前设置合理的内应力值,才能保证玻璃安装后在受自重荷载的作用下结构变形在允许的范围内。 (5)由于幕墙玻璃的自重荷载和所受力的其他荷载都是通过支承杆传递到支承结构上的,为确保结构安装后玻璃安装时拉杆系统的变形在允许范围内,必须对支承杆上进行配重检测
玻璃安装	(1)安装前,应清洁玻璃及吸盘上的灰尘,根据玻璃重量及吸盘规格确定吸盘个数。检查支承钢爪的安装位置是否准确,确保无误后,方可安装玻璃。 (2)现场安装玻璃时,应先将支承头与玻璃在安装平台上装配好,然后再与支承钢爪进行安装。为确保支承处的气密性和水密性,必须使用扭矩扳手。应根据支承系统的具体规格尺寸来确定扭矩大小,按标准安装玻璃时,应始终将玻璃悬挂在上部的2个支承头上。 (3)现场组装后,应调整上下左右的位置,保证玻璃水平偏差在允许范围内。 (4)玻璃全部调整好后,应进行整体里面平整度的检查,确认无误后,才能进行打胶密封
密封	(1)密封部位的清扫和干燥,采用甲苯对密封进行清扫,清扫时应特别注意不要让溶液散发到接缝以外的场所,清扫所用的纱布脏污后应常更换,以保证清扫效果,最后用干燥清洁的纱布将溶剂蒸发后的痕迹拭去,保持密封面干燥。 (2)为防止密封材料使用时污染装饰面,同时为使密封胶缝与面材交界线平直,应贴好纸胶带,要注意纸胶带本身的平直。 (3)注胶应均匀、密实、饱满、同时注意施胶方法,避免浪费。

续上表

项　目	内　容
密封	(4)注胶后，应将胶缝用小铲沿注胶方向用力施压，将多余的胶刮掉，并将胶缝刮成设计形状，使胶缝光滑，流畅。 (5)胶缝修整好后，应及时去掉保护胶带，并注意撕下的胶带不要污染玻璃面或铝板面，及时清理粘在施工表面上的胶痕
安装允许偏差	(1)点支承玻璃幕墙安装允许偏差见表 6-28。 (2)钢爪安装偏差应符合下列要求。 1)相邻钢爪水平距离和竖向距离的偏差为±1.5 mm。 2)同层钢爪高度允许偏差见表 6-29

表 6-28　点支承玻璃幕墙安装允许偏差

项　目		允许偏差(mm)	检查方法
竖缝及墙面垂直度	高度不大于 30 m	10.0	用激光仪或经纬仪检查
	高度大于 30 m 但不大于 50 m	15.0	
平面度		2.5	用 2 m 靠尺、钢板尺检查
胶缝直线度		2.5	用 2 m 靠尺、钢板尺检查
拼缝宽度		2	用卡尺检查
相邻玻璃平面高低差		1.0	用塞尺检查

表 6-29　同层钢爪高度允许偏差

水平距离 L(m)	$L\leqslant35$	$35<L\leqslant50$	$50<L\leqslant100$
允许偏差(×1 000 mm)	$L/700$	$L/600$	$L/500$

第三节　金属幕墙工程施工

一、施工质量验收标准及施工质量控制要求

(1)金属幕墙工程施工质量验收标准见表 6-30。

表 6-30　金属幕墙工程施工质量验收标准

项　目	内　容
主控项目	(1)金属幕墙工程所使用的各种材料和配件，应符合设计要求及国家现行产品标准和工程技术规范的规定。 检验方法：检查产品合格证书、性能检测报告、材料进场验收记录和复验报告。 (2)金属幕墙的造型和立面分格应符合设计要求。 检验方法：观察；尺量检查。 (3)金属面板的品种、规格、颜色、光泽及安装方向应符合设计要求。

续上表

项　　目	内　　容
主控项目	检验方法:观察;检查进场验收记录。 (4)金属幕墙主体结构上的预埋件、后置埋件的数量、位置及后置埋件的拉拔力必须符合设计要求。 检验方法:检查拉拔力检测报告和隐蔽工程验收记录。 (5)金属幕墙的金属框架立柱与主体结构预埋件的连接、立柱与横梁的连接、金属面板的安装必须符合设计要求,安装必须牢固。 检验方法:手扳检查;检查隐蔽工程验收记录。 (6)金属幕墙的防火、保温、防潮材料的设置应符合设计要求,并应密实、均匀、厚度一致。 检验方法:检查隐蔽工程验收记录。 (7)金属框架及连接件的防腐处理应符合设计要求。 检验方法:检查隐蔽工程验收记录和施工记录。 (8)金属幕墙的防雷装置必须与主体结构的防雷装置可靠连接。 检验方法:检查隐蔽工程验收记录。 (9)各种变形缝、墙角的连接节点应符合设计要求和技术标准的规定。 检验方法:观察;检查隐蔽工程验收记录。 (10)金属幕墙的板缝注胶应饱满、密实、连续、均匀、无气泡,宽度和厚度应符合设计要求和技术标准的规定。 检验方法:观察;尺量检查;检查施工记录。 (11)金属幕墙应无渗漏。 检验方法:在易渗漏部位进行淋水检查
一般项目	(1)金属板表面应平整、洁净、色泽一致。 检验方法:观察。 (2)金属幕墙的压条应平直、洁净,接口严密、安装牢固。 检验方法:观察;手扳检查。 (3)金属幕墙的密封胶缝应横平竖直、深浅一致、宽窄均匀、光滑顺直。 检验方法:观察。 (4)金属幕墙上的滴水线、流水坡向应正确、顺直。 检验方法:观察;用水平尺检查。 (5)每平方米金属板的表面质量和检验方法同表6-8。 (6)金属幕墙安装的允许偏差和检验方法见表6-31

表6-31　金属幕墙安装的允许偏差和检验方法

项　　目		允许偏差(mm)	检验方法
幕墙垂直度	幕墙高度≤30 m	10	用经纬仪检查
	30 m＜幕墙高度≤60 m	15	
	60 m＜幕墙高度≤90 m	20	
	幕墙高度＞90 m	25	

续上表

项目		允许偏差(mm)	检验方法
幕墙水平度	层高≤3 m	3	用水平仪检查
	层高>3 m	5	
幕墙表面平整度		2	用2 m靠尺和塞尺检查
板材立面垂直度		3	用垂直检测尺检查
板材上沿水平度		2	用1 m水平尺和钢直尺检查
相邻板材角错位		1	用钢直尺检查
阳角方正		2	用直角检测尺检查
接缝直线度		3	拉5 m线,不足5 m拉通线,用钢直尺检查
接缝高低差		1	用钢直尺和塞尺检查
接缝宽度		1	用钢直尺检查

(2)金属幕墙工程施工质量控制要求见表6-32。

表6-32 金属幕墙工程施工质量控制要求

项目	内容
幕墙材料	(1)金属幕墙材料应选用耐候性强的材料。金属材料和零配件除不锈钢外,钢材应进行表面热镀锌处理或采取其他有效防腐措施,铝合金应进行表面阳极氧化处理或其他有效的表面处理。 (2)金属幕墙应根据幕墙面积、使用年限及性能要求,分别选用铝合金单板(简称铝单板)、铝塑复合板、铝合金蜂窝板(简称蜂窝铝板);铝合金板材应达到国家相关标准及设计的要求,并有出厂合格证。 (3)幕墙宜采用岩棉、矿棉、玻璃棉、防火板等不燃烧性或难燃烧性材料做隔热保温材料,同时应采用铝箔或塑料薄膜包装的复合材料,作为防水和防潮材料
立柱与横梁的安装	(1)幕墙立柱与横梁之间的连接处,宜加设橡胶片,并应安装严密,或留出1 mm间隙。 (2)金属幕墙立柱安装标高偏差不应大于3 mm,轴线前后偏差不应大于2 mm,左右偏差不应大于3 mm。相邻两根立柱安装标高偏差不应大于3 mm,同层立柱的最大标高偏差不应大于5 mm,相邻两根立柱的距离偏差不应大于2 mm。 (3)金属幕墙横梁安装应将横梁两端的连接件及垫片安装在立柱的预定位置,并应安装牢固,其接缝应严密。相邻两根横梁的水平标高偏差不应大于1 mm。同层标高偏差:当一幅幕墙宽度小于或等于35 m时,不应大于5 mm;当一幅幕墙宽度大于35 m时,不应大于7 mm
金属板安装质量控制要点	(1)应对横竖连接件进行检查、测量、调整。 (2)金属板安装时,左右、上下的偏差不应大于1.5 mm。 (3)金属板宽缝安装时,必须有防水措施,并应有符合设计要求的排水出口。 (4)填充硅酮耐候密封胶时,金属板缝的宽度、厚度应根据硅酮耐候密封胶的技术参数,经计算确定

二、标准的施工方法

1. 构件、金属板加工制作

金属幕墙工程施工中构件和金属板的加工制作要求见表6-33。

表 6-33　构件、金属板加工制作要求

项　目	内　容
构件加工制作	(1)幕墙的金属构件加工制作同表 6-13 中金属构件的加工制作。 (2)幕墙构件中,槽、豁、榫的加工应符合下列规定。 1)构件铣槽尺寸允许偏差见表 6-14。 2)构件铣榫尺寸允许偏差见表 6-16。 3)幕墙构件装配尺寸允许偏差见表 6-17。 (3)钢构件表面防锈处理应符合现行国家标准《钢结构工程施工质量验收规范》(GB 50205－2001)的有关规定。 (4)钢构件焊接、螺栓连接应符合国家现行标准《钢结构设计规范》(GBJ 50017－2003)及《建筑钢结构焊接技术规程》(JGJ 81－2002)的有关规定
金属板加工制作	(1)金属板材的品种、规格及色泽应符合设计要求;铝合金板材表面氟碳树脂涂层厚度应符合设计要求。 (2)金属板材加工允许偏差见表 6-34。 (3)单层铝板的加工应符合下列规定。 1)单层铝板弯折加工时,弯折外圆弧半径不应小于板厚的 1.5 倍。 2)单层铝板加颈肋的固定可采用电栓钉,但应确保铝板外表面不应变形、褪色,固定应牢固。 3)单层铝板的固定耳子应符合设计要求,固定耳子可采用焊接、铆接或铝板上直接冲压而成,并应位置准确,调整方便,固定牢固。 4)单层铝板构件周边应采用铆接、螺栓或胶黏与机械连接相结合的形式固定,并应做到构件刚性好,固定牢固。 (4)蜂窝铝板的加工应符合下列规定。 1)应根据组装要求决定切口的尺寸和形状,在切除铝芯时不得划伤蜂窝铝板外层铝板的内表面;各部位外层铝板上,应保留 0.3～0.5 mm 的铝芯。 2)直角构件的加工,折角应弯成圆弧状;角缝应采用硅酮耐候密封胶密封。 3)大圆弧角构件的加工,圆弧部位应填充防火材料。 4)边缘的加工,应将外层铝板折合 180°,并将铝芯包封。 (5)金属幕墙的女儿墙部分,应用单层铝板或不锈钢板加工成向内倾斜的盖顶。 (6)金属幕墙吊挂件、安装件应符合下列规定。 1)单元金属幕墙使用的吊挂件、支撑件,宜采用铝合金件或不锈钢件,并应具备可调整范围。 2)单元金属幕墙的吊挂件与预埋件的连接,应用穿透螺栓。 3)铝合金立柱的连接部位的局部壁厚不得小于 5 mm

表 6-34　金属板材加工允许偏差　(单位:mm)

项　目		允许偏差
边长	≤2 000	±2.0
	＞2 000	±2.5
对边尺寸	≤2 000	≤2.5
	＞2 000	≤3.0

续上表

项　目		允许偏差
对角线长度	≤2 000	2.5
	>2 000	≤3.0
弯折高度		≤1.0
平面度		≤2/1 000
孔的中心距		±1.5

质量问题

铝合金装饰板安装质量差

质量问题表现

铝合金装饰压板出现变形、波纹、凹凸不平、接缝不均的情况。

质量问题原因

(1)铝合金装饰压板，其面层在出厂时未贴保护膜。

(2)在安装前，未逐块对铝合金压板进行检查。

(3)横竖接缝在安装时未按要求处理。

(4)施工过程中未采取措施防止铝合金装饰板碰撞变形。

质量问题预防

(1)铝合金装饰压板，其面层在出厂时应贴保护膜。在储运过程中应有可靠的防止碰撞的措施。

(2)铝合金装饰压板在安装前，应逐块进行严密检查，应剔除有肉眼可见的变形、波纹和凹凸不平的板块。

(3)安装过程中，或安装完后发现有上述情况的，必须及时调换板块。

(4)横竖接缝应在安装时按要求控制，务必做到均匀严密。

(5)施工过程中应采取措施，防止铝合金装饰压板碰撞变形。

2. 金属幕墙的防火、防雷处理

金属幕墙的防火、防雷处理方法见表6-35。

表6-35　金属幕墙的防火、防雷处理方法

项　目	内　容
防火	(1)安装时应按图纸要求，先将防火镀锌板固定(用螺钉或射钉)，要求牢固可靠，并注意板的接口。

续上表

项　目	内　容
防火	(2)然后铺防火棉,安装时注意防火棉的厚度和均匀度,保证与龙骨和接口处的饱满,且不能挤压,以免影响面材。 (3)最后进行顶部封口处理,即安装封口板。 (4)安装过程中要注意对玻璃、铝板、铝材等成品的保护,以及内装饰的保护。 (5)幕墙的防火层必须采用经防腐处理且厚度不小于1.5 mm的耐热钢板,不得采用铝板。 (6)防火层的密封材料应采用防火密封胶,防火密封胶应有法定检测机构的防火检验报告
防雷	(1)金属框架自身导电回路的连接可采用电焊连接固定,也可以采用螺栓连接固定,但必须保证连接材料与框架接触面紧密可靠,不松动。 (2)主体防雷装置与框架连接应采用电焊焊接或机械连接,接点应紧密可靠,并注意防腐处理,连接点水平间距不大于防雷引下线间距,垂直间距不大于均压环间距

3.金属幕墙安装

金属幕墙安装方法见表6-36。

表6-36 金属幕墙安装方法

项　目	内　容
金属板的计算	(1)金属板在风荷载或地震作用下的最大弯曲应力标准值应分别按下式计算。当板的挠度大于板厚时,应按相关规定考虑大挠度的影响。 $\sigma_{wk}=\frac{6mw_k l^2}{t^2}$ $\sigma_{Ek}=\frac{6mq_{Ek} l^2}{t^2}$ 式中 σ_{wk}、σ_{Ek}——分别为风荷载或垂直于板面方向的地震作用产生的板中最大弯曲应力标准值(MPa); w_k——风荷载标准值(MPa); q_{Ek}——垂直于板面方向的地震作用标准值(MPa); l——金属板区格的边长(mm); m——板的弯距系数,应按其边界条件确定(表6-37); t——金属板的厚度(mm)。 (2)金属板中由各种荷载或作用产生的最大应力标准值,应根据构件受力特点、荷载或作用的情况和产生的应力(内力)作用的方向,选用最不利的组合。荷载和作用效应组合设计值应按下式采用,所得的最大应力设计值不应超过金属板强度设计值。 $\gamma_0 S_0=\gamma_w\varphi_w S_w+\gamma_E\varphi_E S_E+\gamma_T\varphi_T S_T$ 式中 S_0——重力荷载作为永久荷载产生的效应; S_w、S_E、S_T——分别为风荷载、地震作用和温度作用作为可变荷载和作用产生的效应;按不同的组合情况,三者可分别作为第一、第二和第三个可变荷载和作用产生的效应;

续上表

项　　目	内　　容
金属板的计算	γ_0、γ_w、γ_E、γ_T——各效应的分项系数； φ_w、φ_E、φ_T——分别为风荷载、地震作用和温度作用效应的组合导数。 单层铝板的强度设计值见表6-38，不锈钢板的强度设计值见表6-39。 (3)铝塑复合板和蜂窝铝板计算时，厚度应取板的总厚度，其强度见表6-40和表6-41，其弹性模量见表6-42。 (4)考虑金属板在外荷载和作用下大挠度变形的影响时，可将上式计算的应力值乘以折减系数，折减系数见表6-43。 表中θ可按下式计算： $$\theta=\frac{w_k a^4}{Et^4}\text{或}\theta=\frac{(w_k+0.6q_{Ek})a^4}{Et^4}$$ 式中　a——金属板区格短边边长(mm)； E——金属板的弹性模量(MPa)
预埋件制作安装	(1)金属板幕墙的竖框与混凝土结构宜通过预埋件连接，预埋件应在主体结构混凝土施工时埋入。当土建工程施工时，金属板幕墙的施工单位应派出专业技术人员和施工人员进驻施工现场，与主建施工单位配合，严格按照预埋施工图安放预埋件，通过放线确定埋件的位置，其允许位置尺寸偏差为±20 mm，然后进行埋件施工。 (2)预埋件通常是由锚板和对称配置的直锚筋组成，如图6-5所示，受力预埋件的锚板宜采用HPB235级或HRB335级钢筋，并不得采用冷加工钢筋，预埋件的受力直锚筋不宜少于4根，直径不宜小于8 mm，受剪预埋件的直锚筋可用2根。预埋件的锚盘应放在外排主筋的内侧，锚板应与混凝土墙平行且埋板的外表面不应凸出墙的外表面，直锚筋与锚板应采用T形焊，锚筋直径不大于20 mm时宜采用压力埋弧焊，手工焊缝高度不宜小于6 mm及$0.5d$(HPB235级钢筋)或$0.6d$(HRB335级钢筋)，充分利用锚筋的受拉强度时，锚筋的最小锚固长度见表6-44，锚筋的最小锚固长度在任何情况下不应小于250 mm。锚筋按构造配置，未充分利用其受拉强度时，锚固长度可适当减少，但不应小于180 mm，光圆钢筋端部应做弯钩。 (3)锚板的厚度应大于锚盘直径的0.6倍，受拉和受弯预埋件的锚板的厚度尚应大于$b/8$(b为锚筋间距)，锚筋中心至锚板距离应不小于$2d$(d为锚筋直径)及20 mm，对于受拉和受弯预埋件，其钢筋间距和锚筋至构件边缘的距离均应不小于$3d$及45 mm，对受剪预埋件，其锚筋的间距b_1及b应不大于300 mm，其中b_1应不小于$6d$及70 mm，锚筋至构件边缘的距离c_1应不小于$6d$及70 mm。 (4)当主体结构为混凝土结构时，如果没有条件采取预埋件时，应采用其他可靠的连接措施，并应通过试验确定其承载力，这种情况下通常采用膨胀螺栓，但膨胀螺栓是后置连接件，工作可靠性较差，只在不得已时采用。旧建筑改造后加金属板幕墙，当采用膨胀螺栓时，必须确保安全，并留有充分余地，有些旧建筑改造，按计算只需设一个膨胀螺栓，但实际应设置2～4个螺栓，这样安全度大一些。 (5)无论是新建筑还是旧建筑，当主体为实心砖墙时，不允许采用膨胀螺栓来固定后置埋板，必须用钢筋穿透墙体，将钢筋的两端分别焊接到墙内和墙外两块钢板上，做成夹墙板的形式，然后再将外墙板用膨胀螺栓固定到墙体上。钢筋与钢板的

续上表

项　目	内　容
预埋件制作安装	焊接，要符合国家焊接施工规范，当主体为轻体墙时，如空心砖、加气混凝土砖，则不但不能采用膨胀螺栓固定后置埋件，也不能简单地采用夹墙板形式固定，而要根据实际情况，采取其他加固措施，一定要做到万无一失
角码安装与防锈处理	角码安装与防锈处理方法见表6-45
定位放线	放线是将骨架的位置弹线到主体结构上，以保证骨架安装的准确性，这项工作是金属板幕墙安装的准备工作，只有准确地将设计图纸的要求反映到结构的表面上，才能保证设计意图，所以放线前，现场施工技术员必须与设计员互相沟通，研究好设计图纸。 放线是金属板幕墙施工中技术难度较大的一项工作，除了充分掌握设计要求外，还要具定备丰富的施工经验，因为有些细部构造的处理，设计图纸中交代得并不十分明确，而是留给现场技术人员结合现场情况具体处理，特别是面积较大、层数较多的高层建筑和超高层建筑的金属幕墙，其放线的难度更大一些
型材骨架安装	型材骨架安装方法见表6-46
节点构造和收口处理	节点构造和收口处理方法见表6-47
金属板安装	(1)将分放好的金属板分送至各楼层适当位置。 (2)检查铝(钢)框对角线及平整度。 (3)用清洁剂将金属板靠室内面一侧及铝合金(型钢)框表面清洁干净。 (4)按施工图将金属板放置在铝合金(型钢)框架上。 (5)按施工图将金属板用螺栓与铝合金(型钢)骨架固定。 (6)金属板与板之间的间隙一般为10～20 mm，用密封胶或橡胶条等弹性材料封堵。 (7)在垂直接缝内放置衬垫棒。 (8)注胶时需将该部位基材表面用清洁剂清洗干净后，再注入密封胶。 (9)金属板安装完毕，在容易受污染部位用胶纸贴盖或用塑料薄膜覆盖保护，容易被划碰的部位，应设安全护栏保护。 (10)清洁中所使用的清洁剂应对金属板、胶及铝合金(钢)型材等材料无任何腐蚀作用

表6-37　板的弯矩系数

l_x/l_y	四边简支	三边简支 l_y 固定	l_x 对边简支 l_y 对边固定	三边简支 l_x 固定	l_x 对边固定 l_y 对边简支
0.50	0.102 2	−0.121 2	−0.084 3	−0.121 5	−0.119 1
0.55	0.096 1	−0.118 7	−0.084 0	−0.119 3	−0.115 6

续上表

l_x/l_y	四边简支	三边简支 l_y 固定	l_x 对边简支 l_y 对边固定	三边简支 l_x 固定	l_x 对边固定 l_y 对边简支
0.60	0.090 0	−0.115 8	−0.083 4	−0.116 6	−0.111 4
0.65	0.083 9	−0.112 4	−0.082 6	−0.113 3	−0.106 6
0.70	0.078 1	−0.108 7	−0.081 4	−0.109 6	−0.101 3
0.75	0.072 5	−0.104 8	−0.079 9	−0.105 6	−0.095 9
0.80	0.067 1	−0.100 7	−0.078 2	−0.101 4	−0.090 4
0.85	0.062 1	−0.096 5	−0.076 3	−0.097 0	−0.085 0
0.90	0.057 4	−0.092 2	−0.074 3	−0.092 6	−0.079 7
0.95	0.053 0	−0.088 0	−0.072 1	−0.088 2	−0.074 6
1.00	0.048 9	−0.083 9	−0.069 8	−0.083 9	−0.069 8

表 6-38　单层铝合金板强度设计值　(单位:MPa)

牌号	试样状态	厚度(mm)	抗拉强度 f_{a1}^{t}	抗剪强度 f_{a1}^{v}
2A11	T42	0.5～2.9	129.5	75.1
		2.9～10.0	136.5	79.2
2A12		0.5～2.9	171.5	99.5
		2.9～10.0	185.5	107.6
7A04	T62	0.5～2.9	273.0	158.4
		2.9～10.0	287.0	166.5
7A09		0.5～2.9	273.0	158.4
		2.9～10.0	287.0	166.5

表 6-39　不锈钢板的强度设计值　(单位:MPa)

屈服强度标准值 $\sigma_{0.2}$	抗弯、抗拉强度 f_{a1}^{t}	抗剪强度 f_{a1}^{v}
170	154	120
200	180	140
220	200	155
250	226	176

表 6-40　铝塑复合板强度设计值　　(单位:MPa)

板厚 t(mm)	抗拉强度 f_{a2}^{t}	抗剪强度 f_{a2}^{v}
4	70	20

表 6-41　蜂窝铝板强度设计值　　(单位:MPa)

板厚 t(mm)	抗拉强度 f_{a2}^{t}	抗剪强度 f_{a2}^{v}
20	10.5	1.4

表 6-42　幕墙材料的弹性模量　　(单位:MPa)

材料		弹性模量 E
铝合金型材		0.7×10^5
钢,不锈钢		2.1×10^5
单层铝板		0.7×10^5
铝塑复合板	4 mm	0.2×10^5
	6 mm	0.3×10^5
蜂窝铝板	10 mm	0.35×10^5
	15 mm	0.27×10^5
	20 mm	0.21×10^5
花岗石板		0.8×10^5

表 6-43　折减系数

θ	5	10	20	40	60	80	100	120
η	1.00	0.95	0.90	0.81	0.74	0.69	0.64	0.61
θ	150	200	250	300	350	400	—	—
η	0.54	0.50	0.46	0.43	0.41	0.40	—	—

表 6-44　锚筋的最小锚固长度 L_n　　(单位:mm)

钢筋类型	混凝土强度等级	
	C25	≥C30
HPB235 级钢	$30d$	$25d$
HRB335 级钢	$40d$	$35d$

注:1. 当螺纹钢筋 $d\leqslant25$ mm 时,L_n 可以减少 $5d$。

2. 锚固长度不应小于 250 mm。

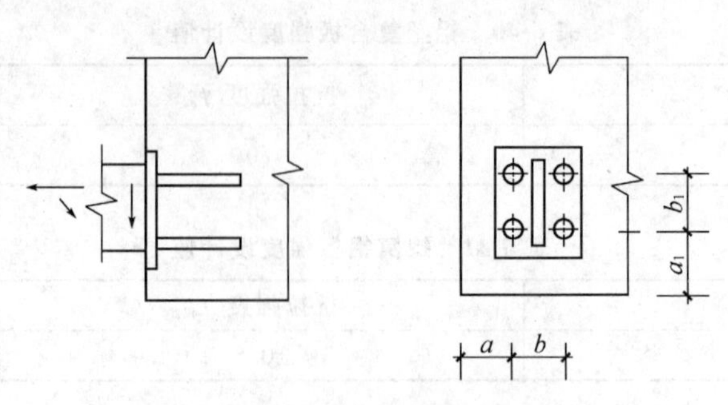

图 6-5　由锚板和直锚筋组成的预埋件

表 6-45　角码安装与防锈处理要求

项　　目	内　　容
角码安装及其技术要求	(1)角码须按设计图加工,表面处理按国家标准的有关规定进行热浸镀锌。 (2)根据图纸检查并调整所放的线。 (3)将角码焊接固定于预埋件上。 (4)待幕墙校准之后,将组件角码用螺栓固定在铁码上。 (5)焊接时,应采用对称焊,以控制因焊接产生的变形。 (6)焊缝不得有夹渣和气孔。 (7)敲掉焊渣后,对焊缝涂防锈漆进行防锈处理
防锈处理的要求	(1)不能于潮湿、多雾及阳光直接暴晒之下涂漆,当表面尚未完全干燥或蒙灰尘表面时,则不能涂漆。 (2)涂第二层漆或以后的涂漆时应确定较早前的涂层已经固化,其表面经砂纸打磨光滑。 (3)涂漆应表面均匀,但勿于角部及接口处涂漆过量。 (4)在涂漆未完全干时,不应在涂漆处进行其他施工

表 6-46　型材骨架安装方法

项　　目	内　　容
准备工作	安装前,首先要清理预埋铁件,由于在实际施工中,结构上所预埋的铁板,有的位置偏差过大,有的钢板被混凝土淹没,有的甚至漏设,影响连接铁件的安装。因此,测量放线前,应逐个检查预埋铁件的位置,并把铁件上的水泥灰渣剔除,所有锚固点中,不能满足锚固要求的位置,应该把混凝土剔平,以便增设埋件
连接件安装	清理工作完成后,开始安装连接件。金属幕墙所有骨架的外立面,要求在同一个垂直平整的立面上。因此,施工时所有连接件与主体结构钢板焊接或膨胀螺栓锚定后,其外伸端面也必须处在同一个垂直平整的立面上
竖框安装	连接件固定好后,开始安装竖框,竖框安装的质量会影响整个金属幕墙的安装质量,因此,竖框的安装是金属幕墙安装施工的关键工序之一。金属幕墙的平面轴线与建筑物外平面轴线距离的允许偏差应控制在±2 mm 以内,特别是建筑物平面呈

续上表

项　目	内　容
	弧形、圆形和四周封闭的金属幕墙，其内外轴线距离会影响到幕墙的周长，应认真对待。
竖框安装	(1)竖框与连接件要用螺栓连接，螺栓要采用不锈钢件，同时要保证足够长度，螺母紧固后，螺栓要长出螺母 3 mm 以上，螺母与连接件之间要加设足够厚度的不锈钢或镀锌垫片和弹簧垫圈。垫片的强度和尺寸一定要满足设计要求，垫片的宽度要大于连接件螺栓孔竖向直径的 1/2，连接件的竖向孔径要小于螺母直径，连接件上的螺栓孔都应是长孔，以利于竖框的前后调整，竖框调整完后，将螺母拧紧，垫片与连接件间要进行点焊，以防止竖框的前后移动，同时螺栓与螺母间也要点焊，连接件与竖框接触处要加设尼龙衬垫隔离，防止电位差腐蚀，尼龙垫片的面积不能小于连接件与竖框接触的面积，第一层竖框安装完后，进行上一层竖框的安装。 (2)一般情况下，都以建筑物的一层高为 1 根竖框。金属幕墙随着温度的变化，材料在不停地伸缩。由于铝板、铝复合板等材料的热胀冷缩系数不同，这些伸缩如果被抑制，材料内部将产生很大应力，严重时会导致幕墙变形，因此，框与框及板与板之间都要留有伸缩缝。伸缩缝处要采用特制插件进行连接，即套筒连接法，可适应和消除建筑挠度变形及温度变形的影响。插件的长度要保证塞入竖框每端 200 mm以上，插件与竖框间用自攻螺钉或铆钉紧固。伸缩缝的尺寸要按设计而定，待竖框调整完毕后，伸缩缝中要用耐老化的硅酮密封胶进行密封，以防潮气及雨水等腐蚀铝合金框的断面及内部。 (3)在竖框的安装过程中，应随时检查竖框的中心线，较高的幕墙采用经纬仪测定，低幕墙可随时用线锤检查，如有偏差，应立即纠正。竖框的尺寸准确与否，将直接关系到幕墙质量，竖框安装的标高偏差应不大于 3 mm；轴线前后偏差应不大于 2 mm，左右偏差应不大于 3 mm；相邻 2 根竖框安装的标高偏差应不大于 3 mm；同层竖框的最大标高偏差应不大于 5 mm；相邻 2 根竖框的距离偏差应不大于 2 mm，竖框调整固定后，就可以进行横梁的安装了
横梁安装	要根据弹线所确定的位置安装横梁。安装横梁时最重要的是要保证横梁与竖框的外表面处于同一立面上。 (1)横梁竖框间通常采用角码进行连接，角码一般用角铝或镀锌铁件制成，角码的一肢固定在横梁上，另一肢固定在竖框上，固定件及角码的强度应满足设计要求。 (2)横梁与竖框间也应设有伸缩缝，待横梁固定后，用硅铜密封胶将伸缩缝密封。 (3)应特别注意，用电钻在铝型材框架上钻孔时，钻头的直径要稍小于自攻螺栓的直径，以保证自攻螺栓的牢固性。 (4)横梁安装时，相邻 2 根横梁的水平标高偏差应不大于 1 mm。同层标高偏差：当一幅金属板幕墙的宽度小于或等于 35 m 时，应不大于 5 mm；当一幅幕墙的宽度大于 35 m 时，应不大于 7 mm。 (5)横梁的安装应自下向上进行，当安装完一层高度时，应进行检查、调整、校正，具体要求见表 6-48

表 6-47　节点构造和收口处理方法

项　目	内　容
墙板节点	对于不同的墙板，其节点处理略有不同，如图 6-6～图 6-8 所示。通常在节点的接缝部位容易出现上下边不齐或板面不平等问题，所以应先将一侧板安装，但螺栓不拧紧，然后用横、竖控制线确定另一侧板安装位置。待两侧板均达到要求后，再依次拧紧螺栓，打密封胶
收口处理	(1)转角部位的处理。通常是用一条直角铝合金(钢、不锈钢)板，与外墙板直接用螺栓连接，或与角位立梃固定，如图 6-9、图 6-10 所示。 (2)不同种材料的交接，通常处于有横、竖料的部位，否则应先固定其骨架，再将定型收口板用螺栓与其连接，且在收口板与上下(或左右)板材交接处加橡胶垫或注密封胶。 (3)女儿墙上部及窗台等部位均属水平部位的压顶处理，即用金属板封盖，使之能阻挡风雨浸透。水平盖板的固定，一般先将骨架固定在基层上，然后再用螺栓将盖板与骨架牢固连接，并适当留缝，打密封胶。 (4)墙面边缘部位的收口，是用金属板或型板将墙板端部及龙骨部位封盖。 (5)墙面下端收口处理，通常用一条特制挡水板，将下端封住，同时将板与墙之间的缝隙盖住，防止雨水渗入室内。 (6)变形缝的处理，其原则应首先满足建筑物伸缩、沉降的需要，同时亦应达到装饰效果，另外，该部位又是防水的薄弱环节，其构造点应周密考虑，现在有专业厂商生产的该种产品，既能保证其使用功能，又能满足装饰要求，通常采用异型金属板与氯丁橡胶带体系

表 6-48　竖框和横梁允许偏差

项　目		允许偏差(mm)	检查方法
幕墙垂直度	幕墙高度不大于 30 m	≤10	用激光或经纬仪检查
	幕墙高度大于 30 m，不大于 60 m	≤15	
	幕墙高度大于 60 m，不大于 90 m	≤20	
	幕墙高度大于 90 m	≤25	
竖向板材直线度		≤3	用 2 m 靠尺、塞尺检查
横向板材水平度不大于 2 000 mm		≤2	用水平仪检查
同高度相邻两根横向构件高度差		≤1	用钢板尺、塞尺检查
幕墙横向水平度	不大于 3m 的层高	≤3	用水平仪检查
	大于 3m 的层高	≤5	
分格框对角线差	对角线长不大于 2 000 mm	≤3	用 3 m 钢卷尺检查
	对角线长大于 2 000 mm	≤3.5	

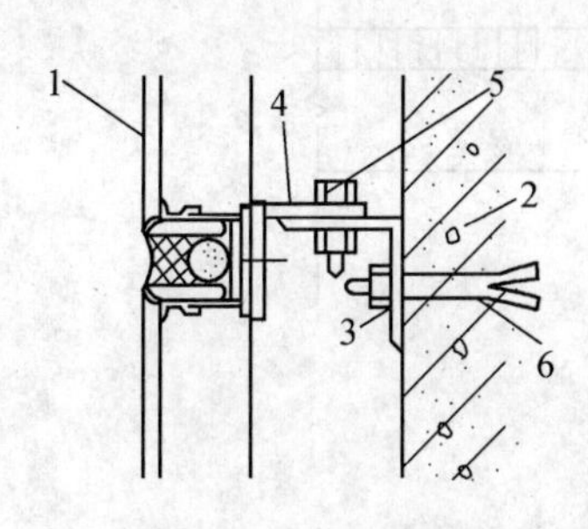

图 6-6　单板或铝塑板节点构造

1—单板或铝塑板；2—承重柱（或墙）；3—角支承；
4—直角型铝材横梁；5—调整螺栓；6—锚固螺栓

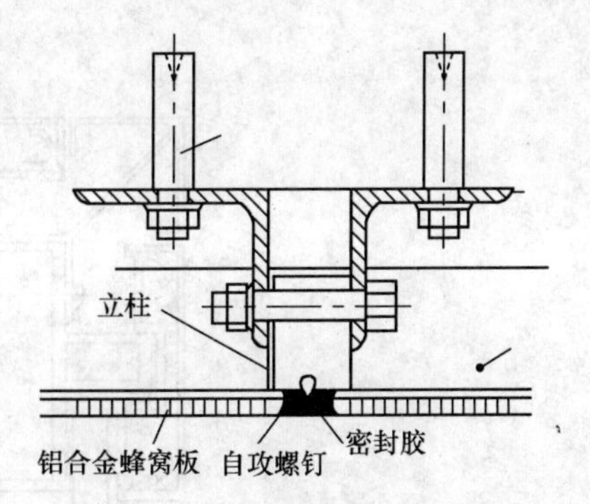

图 6-7　铝合金蜂窝板节点构造(一)

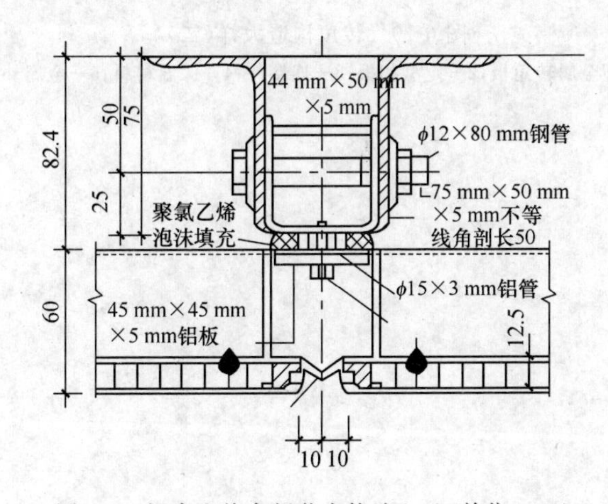

图 6-8　铝合金蜂窝板节点构造(二)(单位：mm)

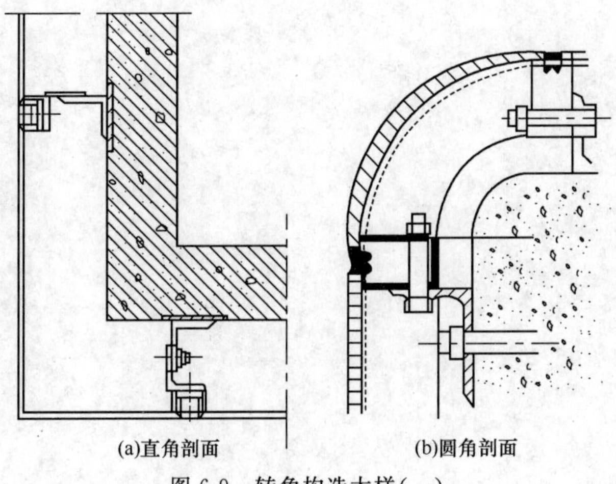

图 6-9　转角构造大样(一)

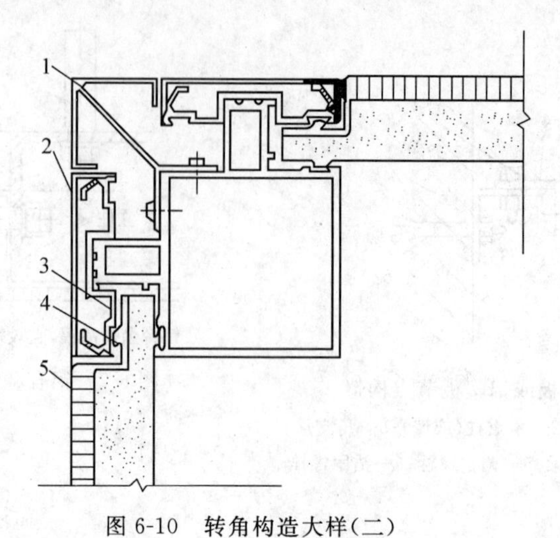

图 6-10　转角构造大样(二)

1—定型金属转角板;2—定型扣板;3—连接件;4—保温材料;5—金属外墙板

第七章　涂饰工程

第一节　美术涂饰工程施工

一、施工质量验收标准及施工质量控制要求

(1)美术涂饰工程施工质量验收标准见表7-1。

表7-1　美术涂饰工程施工质量验收标准

项　　目	内　　容
主控项目	(1)美术涂饰所用材料的品种、型号和性能应符合设计要求。 检验方法:观察;检查产品合格证书、性能检测报告和进场验收记录。 (2)美术涂饰工程应涂饰均匀、黏结牢固,不得漏涂、透底、起皮、掉粉和反锈。 检验方法:观察;手摸检查。 (3)美术涂饰工程的基层处理应符合《建筑装饰装修工程质量验收规范》(GB 50210－2001)中第10.1.5条的要求。 检验方法:观察;手摸检查;检查施工记录。 (4)美术涂饰的套色、花纹和图案应符合设计要求。 检验方法:观察
一般项目	(1)美术涂饰表面应洁净,不得有流坠现象。 检验方法:观察。 (2)仿花纹涂饰的饰面应具有被模仿材料的纹理。 检验方法:观察。 (3)套色涂饰的图案不得移位,纹理和轮廓应清晰。 检验方法:观察

(2)美术涂饰工程施工质量控制要求见表7-2。

表7-2　美术涂饰工程施工质量控制要求

项　　目	内　　容
腻子嵌、批	嵌、批的要点是实、平、光,即做到密实牢固、平整光洁,为涂饰质量打好基础。嵌、批工序要在涂刷底漆并待其干燥后进行,以保证腻子的附着性
木质材料面打磨及着色	(1)对于木质材料表面不易磨除的硬刺、木丝和木毛等,可采用稀释的虫胶漆[虫胶：酒精＝1：(7～9)]进行涂刷,待干后再行打磨;也可用湿布擦抹表面使木材毛刺吸水胀起干后再打磨的方法。 (2)木质材料面显木纹透明涂饰的着色分两个步骤,首先嵌批填孔料,根据木材管孔的特点及温度情况掌握水或油与色质颜料的比例,使稠度适宜。然后再采取用水色、油色或酒色对木质材料表面进行染色

续上表

项　目	内　容
油漆	(1)桶装的成品油漆，一般都较为稠厚，使用时需要酌情加入部分稀料(稀释剂)调节其稠度后方可满足施工要求，但在实际工作中的油漆稠度并非依靠粘度计进行测量定取，而是根据各种施工条件如油漆的性能、环境气温、操作场地、工具及施工方法等因素来决定。 (2)所用油漆品种应是干燥快的挥发性油漆，从贮漆罐中带出，再用压缩空气将油漆涂料吹出雾状，喷在被涂物面上

二、标准的施工方法

1.材料要求

美术涂饰工程施工中材料的要求见表7-3。

表7-3　美术涂饰工程施工中材料的要求

项　目	内　容
水性处理剂	民用建筑工程室内用水性阻燃剂、防水剂、防腐剂等水性处理剂，应测定总挥发性有机化合物(TVOC)和游离甲醛的含量，其限量见表7-4
胶黏剂	(1)民用建筑工程室内用水性胶黏剂，应测定其总挥发性有机化合物(TVOC)和游离甲醛的含量，其限量见表7-5。 (2)民用建筑工程室内用溶剂型胶黏剂，应测定其总挥发性有机化合物(TVOC)和苯的含量，其限量见表7-6

表7-4　室内用水性涂料中总挥发性有机化合物(TVOC)和游离甲醛限量

测定项目	限量	测定项目	限量
TVOC(g/L)	≤200	游离甲醛(g/kg)	≤0.1

表7-5　室内用水性胶黏剂中总挥发性有机化合物(TVOC)和游离甲醛限量

测定项目	限量	测定项目	限量
TVOC(g/L)	≤50	游离甲醛(g/kg)	≤1

表7-6　室内用溶剂型胶黏剂中总挥发性有机化合物(TVOC)和苯限量

测定项目	限量	测定项目	限量
TVOC(g/L)	≤750	苯(g/kg)	≤5

美术涂饰基层处理不符合要求

质量问题表现

美术涂饰基层处理不符合设计要求，涂层表面有飞边、油脂污垢、锈蚀、旧涂膜。

质量问题原因

(1)基层表面手工清除不仔细。

(2)机械清除方式选用不当。

(3)化学清除的处理方法未与打磨工序配合进行。

(4)热清除方法不正确。

质量问题预防

(1)手工清除。使用铲刀、刮刀、剁刀及金属刷具等，对木质面、金属面、抹灰基层上的飞边、凸缘、旧涂层及氧化铁皮等进行清理去除。

(2)机械清除。采用动力钢丝刷、除锈枪、蒸汽剥除器、喷砂及喷水等机械清除方式。

(3)化学清除。当基层表面的油脂污垢、锈蚀和旧涂膜等较为坚实牢固时，可采用化学清除的处理方法与打磨工序配合进行。

(4)热清除。利用石油液化气炬、热吹风刮除器及火焰清除器等设备，清除金属基层表面的锈蚀、氧化铁皮及木质基层表面的旧涂膜。

2.油漆涂饰施工

油漆涂饰的施工方法见表7-7。

表7-7　油漆涂饰施工方法

项　目	内　容
基层处理	(1)手工清除，使用铲刀、刮刀、剁刀及金属刷具等，对木质面、金属面、抹灰基层上的飞边、凸缘、旧涂层及氧化铁皮等进行清理。 (2)机械清除，采用动力钢丝刷、除锈枪、蒸汽剥除器、喷砂及喷水等机械清除方式。 (3)化学清除，当基层表面的油脂污垢、锈蚀和旧涂膜等较为坚实牢固时，可采用化学清除的处理方法与打磨工序配合进行。 (4)热清除，利用石油液化气炬、热吹风刮除器及火焰清除器等设备，清除金属基层表面的锈蚀、氧化铁皮及木质基层表面的旧涂膜

续上表

项　目	内　容
腻子嵌、批	嵌、批的要点是实、平、光。即做到密实牢固，平整光洁，为涂饰质量打好基础，嵌、批工序要在涂刷底漆并待其干燥后进行，以防止腻子中的漆料被基层过多吸收而影响腻子的附着性，为避免腻子出现开裂和脱落，要尽量降低腻子的收缩率，一次填刮不要过厚，最好不超过 0.5 mm，批刮速度宜快，特别是对于快干腻子，不应过多地往返批刮，否则易出现卷皮脱落或将腻子中的漆料挤出封住表面难以干燥，应根据基层、面漆及各涂层材料的特点选择腻子，注意其配套性，以保持整个涂层物理与化学性能的一致性
材质打磨	打磨方式分干磨与湿磨，干磨即是用砂纸或砂布及浮石等直接对物面进行研磨；湿磨是由于卫生防护的需要，以及为防止打磨时漆膜受热变软使漆尘黏附于磨粒间而有损研磨质量，将水砂纸或浮石蘸水（或润滑剂）进行打磨，硬质涂料或含铅涂料一般需采用湿磨方法，如果湿磨易吸水面使得基层或环境湿度大时，可用松香水与生亚麻油（3：1）的混合物做润滑剂打磨。对于木质材料表面不易磨除的硬刺、木丝和木毛等，可采用稀释的虫胶漆[虫胶：酒精＝1：（7～8）]进行涂刷，待干后再行打磨的方法；也可用湿布擦抹表面使木材毛刺吸水胀起干后再打磨的方法。 根据不同要求和打磨目的，分为基层打磨、层间打磨和面层打磨见表 7-8
色漆调配	为满足设计要求，大部分成品色漆需进行现场混合调兑，但参与调配的色漆的漆基应相同或能够混溶，否则掺和后会引起色料上浮、沉淀或树脂分离与析出等。选定基本色漆后应先试配小样与样品色或标准色卡比照，尤其应注意湿漆干燥后的色泽变化，调配浅色漆时若用催干剂，应在配兑之前加入，试配小样时须准确记录其色漆配比值，以备调配大样时参照
透明涂饰配色	木质材料面的透明涂饰配色，一般以水色为主，水色常由酸性、碱性染料等混合配制，常用的底色有水粉底色、油粉底色、豆腐底色、水底色、血料底色等
油漆稠度调配	在实际工作中的油漆稠度并非依靠粘度计进行测量定取，而是根据各种施工条件，如油漆的性能、环境气温、操作场地、工具及施工方法等因素来决定。稠度又直接影响油漆涂膜质量，情况较为复杂，除机械化固定施工条件之外，油漆的稠度往往是不时变动才可适用，油漆工所依照的固定稠度，或称基本稠度，即是机械化涂装或手工操作的稠度基础，常用粘度计测量决定。常用的油基漆的各种底漆的平均稠度喷涂时间为 35～40 s，一般情况下，在此稠度范围内较适宜涂刷，油漆对毛刷的浮力与刷毛的弹力相接近，若刷毛软，还需降低稠度；当刷毛硬时则需提高稠度，常用稠度喷涂时间一般为 25～30 s，在此稠度范围内喷出油漆的速度快，覆盖力强，雾化程度好，中途干燥现象轻微
喷涂	喷涂所用油漆品种应是干燥快的挥发性油漆，如硝基磁漆、过氧乙烯磁漆等，油漆喷涂的类别有空气喷涂、高压无气喷涂、热喷涂及静电喷涂等，在建筑工程中采用最多的是空气喷涂和高压无气喷涂，普通的空气喷涂喷枪种类繁多，一般有吸出式、对嘴式和流出式。高压无气喷涂利用 0.4～0.6 MPa 的压缩空气作动力，带动高压泵将油漆涂料吸入，加压到 15 MPa 左右通过特制喷嘴喷出，当加过高压的涂料喷至空气中时，即剧烈膨胀雾化成扇形气流冲向被涂物面，此设备可以喷涂高黏度油漆，效率高，成膜厚，遮盖率高，涂饰质量好。

续上表

项　　目	内　　容
喷涂	从贮漆罐中带出，再用压缩空气将油漆涂料吹成雾状，喷在被涂物面上(也有直接靠压缩空气的力量将涂料吹出的)。此类喷涂设备简单，操作容易，维修也方便。但也有不足之处：第一，油漆或其他涂料在喷涂前必须稀释，喷涂施工中有相当一部分涂料随着空气的扩散面损耗消失，故此成膜较薄，需反复多遍喷涂才可达到一定厚度；第二，喷涂的渗透性和附着性大都较刷涂差；第三，喷涂时扩散于空气中的漆料和溶剂，对人体有害；第四，在通风不良的现场喷涂施工，存在着不安全因素，漆雾易引起火灾，而溶剂的蒸汽在空气中达到足够浓度时，有酿成爆炸危险的可能

表 7-8　不同阶段的打磨要求

打磨部位	打磨方式	要求及注意事项
基层打磨	干磨	用1～1.5号砂纸打磨。线角处理要用对折砂纸的边角砂磨。边缝棱角要打磨光滑，去其棱角以利涂料的粘附，在纸面石膏板上打磨，不要使纸面起毛
层间打磨	干磨或湿磨	用0号砂纸、1号旧砂纸或230～320号水砂纸，木质面上的透明涂层应顺木纹方向直磨，遇有凹凸线角部位可适当运用直磨、横磨交叉进行的方法轻轻打磨
面漆打磨	湿磨	用400号以上水砂纸蘸清水或肥皂水打磨。磨至从正面看去是暗光，但从水平侧面看去如同镜面。此工序仅适用硬质涂层。打磨边缘、棱角、曲面时不可使用垫块。要轻磨并随时查看以免磨透、磨穿

3.仿天然石料涂饰的施工方法见表7-9。

表 7-9　仿天然石料涂饰的施工方法

项　　目	内　　容
涂底漆	涂底漆，底涂料用量每遍0.3 kg/m² 以上，均匀刷涂或用尼龙毛辊滚涂，直到无渗色现象为止
粘贴线条胶带	放样弹线，粘贴线条胶带，为仿天然石材效果，一般设计均有分块分格要求，施工时弹线粘贴线条胶带，先贴竖直方向，后贴水平方向，在接头处可临时钉上铁钉，便于施涂后找出胶带端头
喷涂中层	喷涂中层，施工采用喷枪喷涂，空气压力在6～9 kg/m² 之间，涂层厚度2～3 mm，涂料用量4～5 kg/m²，喷涂面应与事先选定的样片的感观效果相符合，喷涂硬化24 h，方可进行下道工序
揭除分格线胶带	涂中层后可随即揭除分格胶带，揭除时不得损伤涂膜切角，应将胶带向上拉，面不垂直于墙面牵拉

续上表

项　　目	内　　容
喷制及镶贴石头漆片	喷制及镶贴石头漆片，此做法仅用于室内饰面，一般是对于饰面要求颜色复杂，造型处理图案多变的现场情况。可预先在板片或贴纸类材料上喷成石头漆切片，待涂膜硬化后，即可用强力胶黏剂将其镶贴于既定位置以达到立体感的装饰效果，切片分硬版与软版两种，硬版用于平面镶贴，软版用于曲面或转角处
喷涂罩面层	待中涂层完全硬化，局部粘贴石头漆片胶结牢固后，即全面喷涂罩面涂料，其配套面漆一般为透明搪瓷漆，罩面喷涂用量应在 0.3 kg/m^2 以上。面层喷涂操作中影响表面效果的因素见表 7-10

表 7-10　面层喷涂操作中影响表面效果的因素

因素	对饰面效果的影响	因素	对饰面效果的影响
风压高	花纹较小，出量大，速度快，喷涂均匀	风压低	花纹较大，出量小，速度慢，均匀性较差
喷涂距离远	花纹连续性较差，均匀度差，损耗多，花纹较圆	喷涂距离近	花纹过齐，均匀性较差纹理效果较平
喷涂出口大	花纹较大，出量大，易流坠，耗用量多，涂膜厚	喷涂出口小	花纹较小，出量小，不流坠，耗用量小，涂膜薄
涂料黏度大	花纹颗粒大，纹理粗，耗用量多，出量大，厚度大，易垂流	涂料黏度小	花纹颗粒小，纹理表面较平滑，耗用量小，出量小，涂膜薄，不易垂流

第二节　水性涂料涂饰工程施工

一、施工质量验收标准

水性涂料涂饰工程施工质量验收标准见表 7-11。

表 7-11　水性涂料涂饰工程施工质量验收标准

项　　目	内　　容
主控项目	(1)水性涂料涂饰工程所用涂料的品种、型号和性能应符合设计要求。 检验方法：检查产品合格证书、性能检测报告和进场验收记录。 (2)水性涂料涂饰工程的颜色、图案应符合设计要求。 检验方法：观察。 (3)水性涂料涂饰工程应涂饰均匀、黏结牢固，不得漏涂、透底、起皮和掉粉。 检验方法：观察；手摸检查。

续上表

项　目	内　容
主控项目	(4)水性涂料涂饰工程的基层处理应符合《建筑装饰装修工程质量验收规范》(GB 50210－2001)第10.1.5条的要求。 检验方法：观察；手摸检查；检查施工记录
一般项目	(1)薄涂料的涂饰质量和检验方法见表7-12。 (2)厚涂料的涂饰质量和检验方法见表7-13。 (3)复层涂料的涂饰质量和检验方法见表7-14。 (4)涂层与其他装修材料和设备衔接处应吻合，界面应清晰。 检验方法：观察

表7-12　薄涂料的涂饰质量和检验方法

项　目	普通涂饰	高级涂饰	检验方法
颜色	均匀一致	均匀一致	观察
泛碱、咬色	允许少量轻微	不允许	
流坠、疙瘩			
砂眼、刷纹	允许少量轻微砂眼，刷纹通顺	无砂眼，无刷纹	
装饰线、分色线直线度允许偏差(mm)	2	1	拉5 m线，不足5 m拉通线，用钢直尺检查

表7-13　厚涂料的涂饰质量和检验方法

项　目	普通涂饰	高级涂饰	检验方法
颜色	均匀一致	均匀一致	观察
泛碱、咬色	允许少量轻微	不允许	
点状分布	—	疏密均匀	

表7-14　复层涂料的涂饰质量和检验方法

项　目	质量要求	检验方法
颜色	均匀一致	观察
泛碱、咬色	不允许	
喷点疏密程度	均匀，不允许连片	

二、标准的施工方法

1.材料要求

水性涂料涂饰工程施工中材料的要求见表7-15。

表 7-15　水性涂料涂饰工程施工中材料的要求

项　　目	内　　容
腻子	基层处理选用的腻子应注意其配置品种、性能及适用范围，应用时应根据基体、室内外的区别及功能要求选用适宜的配置腻子或成品腻子进行基层处理，不应将室内外的不同的配置腻子互相代替使用。材料进入现场应有产品合格证，性能检测报告、出厂质量保证书、进场验收记录，对水泥、胶黏剂的质量应按有关规定进行复试，并经试验鉴定合格后方可使用。复试达不到质量标准不得使用，严禁使用安定性不合格的水泥，严禁使用黏结强度不达标的胶黏剂。 (1)水泥。配置腻子所用水泥在品种、强度没有限制时，应选用等级在合格品以上，强度等级不宜低于 42.5 级的普通硅酸盐水泥。 水泥进入施工现场应有出厂质量保证书，对超过 90 d 的水泥应进行复检，复检达不到质量标准的不得使用。 (2)熟石膏。配置腻子所用熟石膏在品种上没有限制时，一般要求时宜选用建筑石膏，有较高强度要求时选用高强度石膏(硬结石膏)。石膏的进场应随用随进，现场放置时间不宜过长。受潮结块石膏不得使用。建筑石膏按 2 h 强度(抗折)分为 3.0 MPa、2.0 MPa、1.6 MPa 三个等级，其物理性能应符合表 7-16 (3)胶黏剂材料。调制胶黏剂用熟桐油、松香水、聚酯酸乙烯乳液、羧甲基纤维素、801 建筑胶、油漆等产品，应符合国家质量标准。超过保质期的材料应进行复试，经试验鉴定后方可使用结块、结皮，搅拌不均匀的材料严禁使用。 民用建筑室内用胶黏剂材料必须符合《民用建筑工程室内环境污染控制规范》(GB 50325—2010)的要求。 (4)水。水应采用饮用水。当采用其他来源的水时，水质必须符合相关标准的规定。 (5)水性涂料常用腻子的种类有石膏腻子、聚酯酸乙烯乳液腻子、大白腻子及大白水泥腻子、内墙涂料腻子、水泥腻子等，其配方见表 7-17
涂料	涂饰乳液型涂料、无机涂料、水溶性涂料等水性涂料的选用，应符合设计要求。 (1)水性涂料涂刷工程所用涂料的品种、型号和性能应符合设计要求。 (2)民用建筑工程室内用水性涂料，应测定总挥发性有机化合物(TVOC)和游离甲醛的含量，其限量见表 7-4 (3)民用建筑工程室内用水性胶黏剂，应测定其总挥发性有机化合物(TVOC)和游离甲醛的含量，其限量见表 7-5。 (4)室外带颜色的涂料，应采用耐碱和耐光的颜料。

表 7-16　建筑石膏物理性能

等　级	细度(0.2 mm 方孔筛筛余)(%)	凝结时间(min)		2 h 强度(MPa)	
		初凝	终凝	抗折	抗压
3.0	≤10	≥3	≤30	≥3.0	≥6.0
2.0				≥2.0	≥4.0
1.6				≥1.6	≥3.0

表 7-17　水性涂料腻子配方

腻子名称	配比形式	配合比例及调剂	用途
石膏腻子	体积比	(1)石膏粉∶熟桐油∶松香水∶水＝16∶5∶1∶(4～6),另加少量催干剂。 (2)石膏粉∶白厚漆∶熟桐油∶松香水＝3∶2∶1∶0.6(或0.7)。 (3)石膏粉∶熟桐油∶水＝8∶5(4～6)	木材及刷过漆的墙面
	质量比	石膏粉∶熟桐油∶水＝20∶7∶50	木材表面
聚酯酸乙烯乳液腻子	质量比	聚酯酸乙烯乳液∶滑石粉∶2%羧甲基纤维素溶液＝1∶5∶35	混凝土表面或抹灰面
内墙涂料腻子	体积比	大白粉∶滑石粉∶内墙涂料＝2∶2∶10	内墙涂料
大白腻子及大白水泥腻子	体积比	(1)大白粉∶滑石粉∶聚酯羧乙烯乳液∶羧甲基纤维素溶液(2%)∶水＝100∶100∶(5～10)∶适量∶适量。 (2)大白粉∶滑石粉∶水泥∶建筑胶水801＝100∶100∶50∶(20～30),适量加入羧甲基纤维素溶液(2%)和水	混凝土表面及抹灰面,常用于内墙
水泥腻子	质量比	(1)水泥∶801胶＝100∶(15～20),适量加入水和羧甲基纤维素。 (2)聚酯酸乙烯乳液∶水泥∶水＝1∶5∶1。 (3)水泥∶建筑801胶∶细砂＝1∶0.2∶2.5,加适量水	外内墙、地面、厨房、厕所墙面涂料

质量问题

基层处理不合要求

质量问题表现

基层处理不符合设计要求,主要表现为:基层表面粗糙,或过于潮湿、光滑,易使涂层局部出现抹痕、斑疤、疙瘩等饰面不均匀,还会出现泪痕样或下垂帷幕状的流坠。

质量问题原因

(1)抹灰面用木抹子搓毛面,致使基层表面粗糙,且粗细不均匀。

(2)混凝土或抹灰墙面未干燥。

(3)未对光滑的墙面进行刷毛处理。

质量问题

质量问题预防

(1)用塑料抹子或木抹子上钉海绵对抹灰面吸光,使之大面平整,粗细均匀。

(2)混凝土或抹灰基层涂刷溶剂型涂料时,含水率不得大于8%;涂刷乳液型涂料时,含水率不得大于10%。木材基层的含水率不得大于12%。

(3)控制好涂料的施工黏度,不同类别的涂料应按其要求的黏度施工,一般应在2 s(涂-4粘度计)以上;控制施涂厚度,一般控制在膜厚20～25 μm(指干膜)为宜。

(4)基层腻子应平整、坚实、牢固,无粉化、起皮和裂缝;内墙腻子的黏结强度应符合《建筑室内用腻子》(JG/T 298—2010)的规定。

(5)对光滑的墙面应进行刷毛处理。

质量问题

涂料涂层黏结不牢,起鼓或脱落

质量问题表现

涂料涂层黏结不牢,出现起鼓或脱落现象。

质量问题原因

(1)基层未处理好。
(2)未选用黏性、韧性好的耐水腻子。
(3)使用的涂料产品不合格。
(4)涂刷的技术间隔时间及施涂成膜时的温度不合理。

质量问题预防

(1)基层应处理好,将酥松层铲掉,浮尘、油污清理干净,并涂两遍配套封闭底涂料。

(2)选择黏性、韧性好的耐水腻子(内墙宜用建筑耐水腻子,外墙用聚合物水泥基腻子),腻子层不可过厚,且等腻子干燥后再施涂涂料。

(3)应使用合格的涂料产品。涂料需进行稀释时,应严格按标准合理配比。

(4)保证涂刷合理的技术间隔时间,一般在20℃时,底涂间隔2 h,中涂间隔4 h,面涂间隔24 h。施涂及成膜时温度应在10℃以上,湿度小于85%,避免雨天及大风天施工。

油漆涂刷后，漆膜慢干、回黏

质量问题表现

油漆涂刷后，漆膜慢干和回黏都容易使漆膜表面碰坏或污染，使施工期延长，严重的还需要返工。

质量问题原因

(1)油漆过稠，涂刷时漆膜太厚，致使漆膜氧化作用仅限于表面，漆膜内部聚合进行缓慢，内层漆膜长时间不能干燥。

(2)前遍漆未完全干透，又涂刷第二遍漆，造成面漆干燥结膜，而底漆不能固结，使漆膜长时间柔软不干固。

(3)催干剂使用不当，品种不符，数量过多或不足。

(4)底漆中含有较多蜡质会使硝基漆出现慢干和发黏，虫胶漆中加有超过10%的松香溶液或乙醇浓度不高。

(5)在雨雾、潮湿、严寒、阴暗、烈日暴晒等恶劣气候条件下施工，涂刷天然漆时，周围潮气过小(天气过分干燥)。

质量问题预防

(1)选用优良的漆料，不使用贮存时间过长的漆料，对于性能不够了解的漆料，要进行试验或做样板，合格后再使用。

(2)选用适当的催干剂。常用的催干剂有铅催干剂、钴催干剂与锰催干剂。铅催干剂可促使漆膜的表面和内层同时干燥；钴催干剂催干能力较强，可使漆膜表面迅速干燥；锰催干剂的催干作用介于铅、钴催干剂之间。这几种催干剂一般需配合使用，效果更好。催干剂的加入量要严格控制，不能主要靠催干剂来加快干燥速度，若想加快涂层漆膜的干燥速度，应改变漆料的类型或采用人工干燥的方法。催干剂加入后要充分搅拌，并放置1～2 h，才能充分发挥催干效能。

(3)硝基漆木器应用低毒的苯类稀释剂，并用不变质的漆料作罩光面漆用。虫胶漆的配制须用95%以上的工业酒精(气候不过分潮湿时，尽量不放松香)。在发黏不干的硝基清漆面上可用棉球蘸稀硝基漆进行涂揩数遍，或用虫胶清漆薄薄涂刷2～3次。

(4)水泥砂浆等潮湿基层不能涂油漆，至少要经过2～3个月的风干时间的基层才允许涂刷油漆，含水率用专门仪器测定。潮湿会影响漆膜正常干燥，尤其物面凝结湿气时，必须擦干，待湿气蒸发后，方可涂漆。具体要求是混凝土和抹灰层的含水率不得大于8%，碱度pH值应在10以下；木材含水率不得大于12%。

(5)应选择良好的施工环境，不得有酸、碱、盐分或其他化学气体；不在雨雾、潮湿、严寒、阴暗、烈日暴晒等恶劣气候条件下进行施工。一般最适宜的条件是空气相对湿度不超过70%。温度低或冬季可酌加一些催干剂。在室内、地下室施工，要使空气流通，促使漆膜干燥。

2. 多彩花纹内墙涂料施工

多彩花纹内墙涂料的施工方法见表 7-18。

表 7-18 多彩花纹内墙涂料施工方法

项　目	内　容
基层处理	(1)新建筑物的混凝土或抹灰基层在涂饰涂料前应涂刷抗碱封闭底漆。 (2)旧墙面在涂饰涂料前应清除疏松的旧装修层,并涂刷界面剂。 (3)涂刷乳液型涂料时,含水率不得大于 10%。木材基层的含水率不得大于 12%。 (4)基层腻子应平整、坚实、牢固,无粉化、起皮和裂缝;内墙腻子的黏结强度应符合《建筑室内用腻子》(JG/T 298—2010)的规定。 (5)厨房、卫生间墙面必须使用耐水腻子
底层涂料喷涂	(1)先将装修表面上的灰块、浮渣等杂物用开刀铲除,如表面有油污,应用清洗剂和清水洗净,干燥后再用棕刷将表面灰尘清扫干净。 (2)表面清扫后,用水与醋酸乙烯乳胶(配合比为 10 : 1)的稀释乳液将 SG821 腻子调至合适的稠度,用它将墙的麻面、蜂窝、洞眼、残缺处填补好,腻子干透后,先用开刀将多余腻子铲平整,然后用粗砂纸打磨平整。 (3)满刮两遍腻子,第一遍应用橡胶刮板满刮,要求横向刮抹平整、均匀、光滑、密实,线角及边棱整齐为止,尽量刮薄,不得漏刮,接头不得留槎,注意不要沾污门窗底及其他部位,否则应及时清理。待第一遍腻子干透后,用粗砂纸打磨平整。注意操作要平稳,保护棱角,磨后用扫帚清扫干净。 第二遍清刮腻子方法同第一遍,但刮抹方向与前遍腻子相垂直。然后用细砂纸打磨平整、光滑为止。 (4)底层涂料施工应在干燥、清洁、牢固的基层表面上进行,喷涂或漆涂一遍,漆层需均匀,不得漏涂
中层涂料喷涂	(1)涂刷第一遍中层涂料。涂料在使用前应用手提电动搅拌枪充分搅拌均匀。如稠度较大,可适当加清水稀释,但每次加水量需一致,不得稀稠不一。然后将涂料倒入托盘,用涂料滚子蘸料涂刷第一遍。滚子应横向涂刷,然后再纵向滚压,将涂料赶开、涂平。滚涂顺序一般为从上到下,从左到右,先远后近,先边角、棱角、小面后大面。滚涂要求厚薄均匀,防止涂料过多流坠,滚子涂不到的阴角处,需用毛刷补齐,不得漏涂,要随时剔除沾在墙上的滚子毛,一面墙要一气呵成,避免接槎刷迹重叠现象,沾污到其他部位的涂料要及时用清水擦净。第一遍中层涂料施工后,一般需干燥 4 h 以上,才能进行下一道磨光工序,如遇天气潮湿,应适当延长间隔时间,然后,用细砂纸进行打磨,打磨时用力要轻而匀,并不得磨穿涂层,磨后将表面清扫干净。 (2)第二遍中层涂料涂刷与第一遍相同,但不再磨光,涂刷后,应达到一般乳胶漆高级刷浆的要求
多彩涂料施工工艺要点	(1)由于基层材质、龄期、碱性、干燥程度不同,应预先在局部墙面上进行试喷,以确定基层与涂料的相容情况,并同时确定合适的涂布量。 多彩涂料在使用前要充分摇动容器,使其充分混合均匀,然后打开容器,用木棍充分搅拌。注意不可使用电动拌枪,以免破坏多彩颗粒。 温度较低时,可在搅拌情况下,用温水加热涂料容器外部。但任何情况下都不可用水或有机溶剂稀释多彩涂料。

续上表

项　目	内　容
多彩涂料施工工艺要点	(2)喷涂时,喷嘴应始终保持与装饰表面垂直(尤其在阴角处),距离约为0.3～0.5 m(根据装修面大小调整),喷嘴压力为0.2～0.3 MPa,喷枪呈Z字形向前推进,横纵交叉进行,如图7-1所示。喷枪移动要平稳,涂布量要一致,不得时停时移,跳跃前进,以免发生堆料、流挂或漏喷现象。 为提高喷涂效率和质量,喷涂顺序应为:墙面部位→柱面部位→顶面部位→门窗部位。该顺序应灵活掌握,以不增加重复遮挡和不影响已完成的饰面为准。 飞溅到其他部位上的涂料应用棉纱蘸水清理。 (3)喷涂完成后,应用清水将料罐洗净,然后灌上清水喷涂,直到喷出的完全是清水为止。用水冲洗不掉的涂料,可用棉纱罐丙酮清洗。 现场遮挡物可在喷涂完成后立即清除,注意不要破坏未干的涂层。遮挡物与装饰面连为一体时,要注意扯离方向,已趋于干燥的漆膜,应用小刀在遮挡物与装饰面之间划开,以免将装饰面破坏

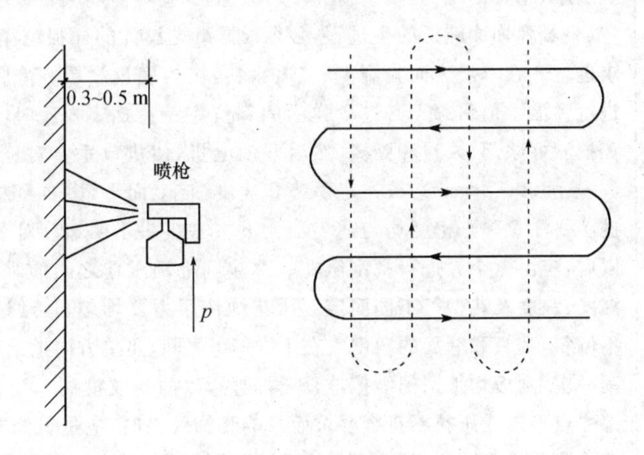

图7-1　多彩涂料喷涂方法

3.104外墙饰面涂料施工

104外墙饰面涂料的施工方法见表7-19。

表7-19　104外墙饰面涂料施工方法

项　目	内　容
基层要求	(1)基层一般要求是混凝土预制板、水泥砂浆或混合砂浆抹面、水泥石棉板、清水砖墙等。 (2)基层表面必须坚固,无酥松、脱皮、起壳、粉化等现象,基层表面的泥土、灰尘、油污、油漆、广告色等杂物脏迹,必须清除干净。 (3)基层要求含水率在10%以下,pH值在10以下,否则会由于基层碱性太大、太湿而使涂料与基层黏结不好,颜色不匀,甚至引起剥落,墙面养护期一般为:现抹砂浆墙面夏季7 d以上,冬季14 d以上;现浇混凝土墙夏季10 d以上,冬季20 d以上。 (4)基层要求平整,但又不能太光滑。太光滑的表面对涂料黏结性能有影响;太粗糙的表面,涂料消耗量大,孔洞和不必要的沟槽应提前进行修补。修补材料可采用108胶加水泥(胶与水泥配比为20∶100)和适量的水调成的腻子

续上表

项　目	内　容
工艺要点	(1)手工涂刷时，其涂刷方向和行程长短均应一致。如涂料干燥快，应勤涂短刷，接槎最好在分格缝处，涂刷层次一般不少于二道，在前一道涂层表面干后才能进行后一道涂刷。前后两次涂刷的相隔时间与施工现场的温度、湿度有密切关系，通常不少于 3 h。 (2)在喷涂施工中，涂料稠度、空气压力、喷射距离、喷枪运行中的角度和速度等方面均有一定的要求。涂料稠度必须适中，太稠不便施工，太稀影响涂层厚度且容易流失。空气压力在 4～8 MPa 之间选择，若压力选得过低或过高，则会导致涂层质感差，涂料损耗多。喷射距离一般为 40～60 cm。喷枪运行中，喷嘴中心线必须与墙面垂直，喷枪应在被涂墙面上平行移动，运行速度要保持一致，快慢要适中。运行过快，涂层较薄，色泽不均；运行过慢，涂料黏附太多，容易流淌。喷涂施工要连续作业，到分格缝处再停歇。 涂层表面均匀布满粗颗粒或云母片等填料，色彩均匀一致，涂层以盖底为佳，不宜过厚，不要出现"虚喷"、"花脸"、"流挂"、"漏喷"等弊病。 (3)彩弹饰面施工的全过程，必须根据事先设计的样板色泽和涂层表面形状的要求进行。在基层表面先刷 1～2 道涂料，作为底色涂层。待底色涂层干燥后，才能进行弹涂。门窗等不必进行弹涂的部位应予遮挡。弹涂时，手提彩弹机。先调整和控制好浆门、浆量和弹棒，然后开动电机，使机口垂直对正墙面。保持适当距离(一般为30～50 cm)，按一定手势和速度，自上而下，由右至左或由左至右，循序渐进。要注意弹点密度均匀适当。上下左右接头不明显。对于压花型彩弹，在弹涂以后，应由一个人进行批刮压花。弹涂到批刮压花之间的时间间隔视施工现场的温度、湿度及花型等不同而定。压花操作用力要均匀，运动速度要适当，方向竖直不偏斜，刮板和墙面的角度宜在 15°～30°之间，要单方向批刮，不能往复操作。每批刮一次，刮板均须用棉纱擦抹，不得间隔，以防花纹模糊。大面积弹涂后，如出现局部弹点不匀或压花不符合要求而影响装饰效果时，应进行修补，修补方法有补弹和笔绘两种。修补所用的涂料，应采用与刷底或弹涂同一颜色的涂料。 (4)色彩花纹应基本符合样板要求。对于仿干粘石彩弹，弹点不应有流淌，对于压花型彩弹，压花厚薄要一致，花纹及边界要清晰，接头处要协调，不污染门窗等

第三节　溶剂型涂料涂饰工程施工

一、施工质量验收标准及施工质量控制要求

(1)溶剂型涂料涂饰工程施工质量验收标准见表 7-20。

表 7-20　溶剂型涂料涂饰工程施工质量验收标准

项　目	内　容
主控项目	(1)溶剂型涂料涂饰工程所选用涂料的品种、型号和性能应符合设计要求。 检验方法：检查产品合格证书、性能检测报告和进场验收记录。 (2)溶剂型涂料涂饰工程的颜色、光泽、图案应符合设计要求。 检验方法：观察。

续上表

项　目	内　容
主控项目	(3)溶剂型涂料涂饰工程应涂饰均匀、黏结牢固,不得漏涂、透底、起皮和反锈。 检验方法:观察;手摸检查。 (4)溶剂型涂料涂饰工程的基层处理应符合《建筑装饰装修工程质量验收规范》(GB 50210—2001)第10.1.5条的要求。 检验方法:观察;手摸检查;检查施工记录。
一般项目	(1)色漆的涂饰质量和检验方法见表7-21。 (2)清漆的涂饰质量和检验方法见表7-22的规定。 (3)涂层与其他装修材料设备衔接处应吻合,界面应清晰。 检验方法:观察

表7-21　色漆的涂饰质量和检验方法

项　目	普通涂饰	高级涂饰	检验方法
颜色	均匀一致	均匀一致	观察
光泽、光滑	光泽基本均匀 光滑无挡手感	光泽均匀一致 光滑	光滑、手摸检查
刷纹	刷纹通顺	无刷纹	观察
裹棱、流坠、皱皮	明显处不允许	不允许	观察
装饰线、分色线直线度允许偏差(mm)	2	1	拉5 m线,不足5 m拉通线,用钢直尺检查

注:无光色漆不检查光泽。

表7-22　清漆的涂饰质量和检验方法

项　目	普通涂饰	高级涂饰	检验方法
颜色	基本一致	均匀一致	观察
木纹	棕眼刮平、木纹清楚	棕眼刮平、木纹清楚	观察
光泽、光滑	光泽基本均匀 光滑无挡手感	光泽均匀一致 光滑	观察、手摸检查
刷纹	无刷纹	无刷纹	观察
裹棱、流坠、皱皮	明显处不允许	不允许	观察

(2)溶剂型涂料涂饰工程施工质量控制要求见表7-23。

表7-23　溶剂型涂料涂饰工程施工质量控制要求

项　目	内　容
混凝土表面和抹灰表面涂饰溶剂型涂料	(1)在涂饰前,基层应充分干燥洁净,不得有起皮、松散等缺陷。粗糙处应磨光,缝隙、小洞及不平处应用油腻子补平。外墙在涂饰前先刷一遍封闭涂层,然后再刷底子涂料、中间层和面层。

续上表

项　目	内　容
混凝土表面和抹灰表面涂饰溶剂型涂料	(2)涂刷乳胶漆时，稀释后的乳胶漆应在规定时间内用完，并不得加入催干剂；外墙表面的缝隙、孔洞和磨面，不得用大白纤维素等低强度的腻子填补，应用水泥乳胶腻子填补。 (3)外墙面涂料，应选用有防水性能的涂料
木材表面涂饰溶剂型混色涂料	(1)刷底涂料时，木料表面、橱柜、门窗等玻璃口四周必须涂刷到位，不可遗漏。 (2)木料表面的缝隙、毛刺、戗茬和脂囊修整后，应用腻子多次填补，并用砂纸磨光。较大的脂囊应用木纹相同的材料用胶镶嵌。 (3)抹腻子时，对于宽缝、深洞要填入压实，抹平刮光。 (4)打磨砂纸要光滑，不能磨穿油底，不可磨损棱角。 (5)橱柜、门窗扇的上冒头顶面和下冒头底面不得漏刷涂料。 (6)涂刷涂料时应横平竖直、纵横交错、均匀一致。涂刷顺序应先上后下，先内后外，先浅色后深色，按木纹方向理平理直。 (7)每遍涂料应涂刷均匀，各层必须结合牢固。每遍涂料施工时，应待前一遍涂料干燥后进行
金属表面涂饰溶剂型涂料	(1)涂饰前，金属面上的油污、鳞皮、锈斑、焊渣、毛刺、浮砂、尘土等，必须清除干净。 (2)防锈涂料不得遗漏，且涂刷要均匀。在镀锌表面涂饰时，应选用 C53-33 锌黄醇酸防锈涂料，其面漆宜用 C04-45 灰醇酸磁涂料。 (3)防锈涂料和第一遍银粉涂料，应在设备、管道安装就位前涂刷，最后一遍银粉涂料应在刷浆工程完工后涂刷。 (4)薄钢板屋面、檐沟、水落管、泛水等涂刷涂料时，可不刮腻子，但涂刷防锈涂料不应少于两遍。 (5)金属构件和半成品安装前，应检查防锈有无损坏，损坏处应补刷。 (6)薄钢板制作的屋脊、檐沟和天沟等咬口处，应用防锈油腻子填抹密实。 (7)金属表面除锈后，应在 8 h 内(湿度大时为 4 h 内)尽快刷底涂料，待底充分干燥后再涂刷下层涂料，其间隔时间视具体条件而定，一般不应少于 48 h。第一和第二层防锈涂料涂刷间隔时间不应超过 7 d。当第二层防锈涂料干后，应尽快涂刷第一层涂饰。 (8)高级涂料做磨退时，应用醇酸磁涂料涂刷，并根据涂膜厚度增加 1～2 遍涂料和磨退，并进行打砂蜡、打油蜡、擦亮的工作。 (9)金属构件在组装前应先涂刷一遍底子油(干性油、防锈涂料)，安装后再涂刷涂料

二、标准的施工方法

1. 材料要求

溶剂型涂料涂饰工程施工中材料的要求见表 7-24。

表 7-24　溶剂型涂料涂饰工程施工中材料的要求

项　目	内　容
腻子	基层处理选用的腻子应注意其配制品种、性能及适用范围，应根据基体的基质适用性及功能要求，选用适宜的材料配制腻子或成品腻子，进行基层处理，不应将不同功效、用途的腻子互相代替使用，不得将不同功效、用途的腻子混合使用。 材料进入现场应有产品合格证书、性能检测报告、出厂质量保证书、进场验收记录，对水泥、胶黏材料的质量应按有关规定进行复试，并经试验鉴定合格后方可使用。复试达不到质量标准不得使用，严禁使用安定性不合格的水泥，严禁使用黏结强度不达标的胶黏材料。 (1)水泥。配制腻子所用水泥在品种、强度没有限制时，应选用袋包装的普通硅酸盐水泥，等级可在合格品以上，强度等级宜高于 42.5 级。 (2)熟石膏。应符合水性涂料涂饰中对熟石膏材料的要求。 (3)胶黏材料、稀释材料。调制用虫胶清漆、油性清漆、骨胶、白厚漆、熟桐油等产品质量应符合国家质量标准。超过保质期的材料应进行复试，经试验鉴定合格后方可使用，结块状、结皮搅拌不均匀的材料严禁使用。应符合《民用建筑工程室内环境污染控制规范》(GB 50325—2010)中的标准。 (4)溶剂型涂料常用腻子的种类有清漆腻子、油粉腻子、水粉腻子、油胶腻子、虫胶腻子、金属面腻子、喷漆腻子、石膏腻子，其配方见表 7-25
涂料	(1)溶剂型涂料涂饰工程所选涂料的品种、型号和性能应符合设计要求。 (2)溶剂型混色涂料质量与技术要求见表 7-26
胶黏剂	民用建筑工程室内用溶剂型胶黏剂，应测定其总挥发性有机化合物(TVOC)和苯的含量，其限量见表 7-6

表 7-25　溶剂型涂料常用腻子的种类及配方

腻子种类	配比形式	配合比例	用途
石膏腻子	质量比	(1)大白粉∶水∶硫酸∶钙脂清漆∶颜料＝51.2∶2.5∶5.8∶23∶17.5。 (2)石膏∶油性清漆∶厚漆∶松香水∶水＝50∶15∶25∶10∶适量水。 (3)石膏∶油性清漆∶颜料∶松香水＝75∶6∶4∶14	木材表面刷清漆
油粉腻子	质量比	大白粉∶松香水∶熟桐油＝24∶15∶2	木材表面刷清漆
油胶腻子	质量比	大白粉∶胶水(6%)∶红土子∶熟桐油∶颜料＝55∶26∶10∶6∶3	
水粉腻子	体积比	大白粉∶骨胶∶土黄(或其他颜料)∶水＝14∶1∶1∶18	
虫胶腻子	质量比	虫胶清漆∶大白粉∶颜料＝24∶75∶1，虫胶清漆浓度为 85%～20%	木器清漆

续上表

腻子种类	配比形式	配合比例	用途
金属面腻子	体积比	氧化锌：碳黑：大白粉(滑石粉)油性腻子：涂料：酚醛涂料：二甲苯＝5：0.1：70：7.9：6：6：5	金属表面油漆
	质量比	石膏粉：熟桐油：油性腻子(或醇酸腻子)：底漆：水＝20：5：10：7：45	
喷漆腻子	质量比	石膏粉：白厚漆：熟桐油：松香水＝3：1.5：1：0.6，加适量水和催干剂(为白厚漆和熟桐油总质量1%～2.5%)	物面喷漆

注：石膏腻子的配方参照水性涂料章节中的石膏粉腻子配方。

表 7-26　溶剂型混色涂料质量及技术要求

项　目		限量值				
		聚氨酯类涂料		硝基类涂料	醇酸类涂料	腻子
		面漆	底漆			
挥发性有机化合物(VOC)含量①(g/L)，≤		光泽(60°)≥80，580 光泽(60°)<80，670	670	720	500	550
苯含量①(%)，≤		0.3				
甲苯、二甲苯、乙苯含量总和①(%)，≤		30		30	5	30
游离二异氰酸酯(TDI、HDI)含量总和②(%)，≤		0.4		—	—	0.4 (限聚氨酯类腻子)
甲醇含量①(%)，≤		—		0.3	—	0.3 (限硝基类腻子)
卤代烃含量①,③(%)，≤		0.1				
可溶性重金属含量(限色漆、腻子和醇酸清漆)(mg/kg)，≤	铅 Pb	90				
	镉 Cd	75				
	铬 Cr	60				
	汞 Hg	60				

①按产品明示的施工配比混合后测定，如稀释剂的使用量为某一范围时，应按照产品施工配比规定的最大稀释比例混合后进行测定。

②如聚氨酯类涂料和腻子规定了稀释比例或由双组分或多组分组成时，应先测定固化剂(含游离二异氰酸酯预聚物)中的含量，再按产品明示的施工配比计算混合后涂料中的含量，如稀释剂的使用量为某一范围时，应按照产品施工配比规定的最小稀释比例进行测定。

③包括二氯甲烷、1，1－二氯乙烷、1，2－二氯乙烷、三氯甲烷、1，1，1－三氯乙烷、1，1，2－三氯乙烷、四氯化碳。

质量问题

溶剂型涂料涂刷时出现透底、流坠

质量问题表现

(1)涂层缺乏覆盖底层的能力，部分大面或边角部位有透露底色的现象或失去光泽呈现干巴现象。

(2)在物体的垂直面或线角的凹槽部位，涂层发生下垂状流淌。

质量问题原因

(1)造成溶剂型涂料涂刷时出现透底的原因。

1)选择的涂料不符合设计要求或质量标准。

2)调配涂料时加入过多稀释剂，破坏了原涂料的黏度。

3)施工时疏忽大意，漏刷、轻刷，任意减少涂刷遍数。

4)底层涂料的颜色过深。

(2)造成溶剂型涂料涂刷时发生流坠的原因。

1)涂料和稀释剂性质不好或稀释过量。

2)基层质量差。

3)施工环境温度低，湿度大。

4)涂刷的漆膜过厚。

5)未掌握涂刷工具的选择及使用方法。

质量问题预防

(1)避免溶剂型涂料涂刷时出现透底的措施。

1)选择符合设计要求和质量标准的涂料，并要有出厂证明和合格证。

2)涂料使用前要搅拌均匀，控制好稠度，使用中不得任意在涂料中加入过量的稀释剂。

3)涂刷的遍数要满足设计要求和规范规定，不得任意减少涂刷遍数，更不能漏刷。

4)底层涂料的颜色不宜过深，一般应浅于面层涂料颜色，底层涂料要涂刷均匀。当发现涂膜太薄、光亮不足，有透底现象时，应将表面适当处理后，再增加面层涂刷遍数。

(2)避免溶剂型涂料涂刷时发生流坠的措施。

1)选用优良的涂料和配套的稀释剂；选用适宜的涂料黏度，一般采用喷涂方法施工黏度要小一些，采用刷涂方法施工黏度要略大些。

2)涂饰前，基层表面处理应平整、洁净、棱角顺直。

3)施工环境温度和湿度要选择适当，一般以温度15℃～25℃、湿度50%～70%为最适宜的施工环境。

质量问题

4)要选用适宜的黏度,温度高时黏度可小些。一般采用喷涂时的黏度要比刷涂的黏度小。每遍涂刷的厚度不能过厚。

5)用喷涂法施工时,选用喷嘴孔径不宜太大,空气压力应为 0.3～0.4 MPa,用大喷枪时为 0.5～0.7 MPa。喷嘴应均匀移动,离物面的距离控制在 200～300 mm,速度为 10～18 m/min。喷涂时喷嘴应垂直于基层表面,每层应往复进行,纵横交错,一次不得喷得过厚。

6)刷涂时要选择适宜的刷子,软硬适中,宽度适当。

质量问题

混凝土和抹灰表面涂刷溶剂型涂料时显刷纹

质量问题表现

混凝土和抹灰表面涂刷溶剂型涂料时,涂料成膜后表面存在一丝丝高低不平的刷纹。

质量问题原因

(1)涂料、稀释剂的性质不好。

(2)涂料的流平性差。

(3)刷子太小或刷毛太硬,刷不开。

(4)工人操作不熟练,针对不同种的涂料未采取相应的操作方法。

质量问题预防

(1)选择优良的涂料,不应使用挥发过快的溶剂,涂料的稠度调配适度,不能太稠以避免刷子拉不开。

(2)应选用黏度适宜的涂料。

(3)选用优质刷子,猪鬃油刷对涂料的吸收性适宜,弹性也好,适宜涂刷各种涂料。

(4)提高操作技术水平。刷磁性漆动作要轻巧,刷醇酸漆动作要快,刷硝基漆、过氯乙烯漆等快干漆也要快,最好采用喷漆或擦漆。

2.彩砂涂料施工

彩砂涂料的施工方法见表 7-27。

表 7-27　彩砂涂料施工方法

项　目	内　容
基层处理	混凝土墙面抹灰找平时，先将混凝土墙表面凿毛，充分浇水湿润，用 1∶1 水泥砂浆抹在基层上并拉毛，待拉毛硬结后，再用 1∶2.5 水泥砂浆罩面抹光。对预制混凝土外墙麻面以及气泡，需进行修补找平。在常温条件下湿润基层，用水∶石灰膏∶胶黏剂＝1∶0.3∶0.3 加适量水泥，拌成石灰水泥浆，抹平压实，这样处理过的墙面的颜色与外墙板的颜色近似
工艺要点	(1)基层封闭乳液刷两遍，第一遍刷完待稍干燥后再刷第二遍，不能漏刷。 (2)基层封闭乳液干燥后，即可喷黏结涂料，厚度在 1.5 mm 左右，要喷匀，过薄则干得快，影响黏结力，遮盖能力低；过厚会造成流坠，接槎处的涂料要厚薄一致，否则也会造成颜色不均匀。 (3)喷黏结涂料和喷石粒工序连续进行，一个人在前喷胶，一个人在后喷石，不能间断操作，否则会起膜，影响黏石效果和产生明显的接槎。 喷斗一般垂直距墙面 40 cm 左右，不得斜喷，喷斗气量要均匀，气压为 0.5～0.7 MPa，保持石粒均匀呈面状地粘在涂料上，喷石的方法以鱼鳞画弧或横线直喷为宜，以免造成竖向印痕。 水平缝内镶嵌的分格条，在喷罩面胶之前要起出，并把缝内的胶和石粒全部刮净。 (4)喷石后 5～10 min 用胶辊滚压两遍。滚压时以涂料不外溢为准，若涂料外溢会发白，造成颜色不匀，第一遍滚压与第一遍滚压间隔时间为 2～3 mm，滚压时用力要均匀，不能漏压，第二遍滚压可比第一遍用力稍大，滚压的作用主要是使饰面密实平整，观感好，并把悬浮的石粒压入涂料中。 (5)喷罩面胶(BC-02)，在现场按配合比配好后过铜箩筛子，防止粗颗粒堵塞喷枪(用万能喷漆斗)，喷完石粒后隔 2 h 左右再喷罩面胶两遍，上午喷石、下午喷罩面胶，当天喷完石粒，当天要罩面，喷涂要均匀，不得漏喷，等罩面胶喷完后形成一定厚度的隔膜，把石碴覆盖住，用手摸感觉光滑不扎手，不掉石粒

3.丙烯酸有光凹凸乳胶漆施工

丙烯酸有光凹凸乳胶漆的施工方法见表 7-28。

表 7-28　丙烯酸有光凹凸乳胶漆施工方法

项　目	内　容
基层处理	丙烯酸有光凹凸乳胶漆可以喷涂在混凝土、水泥石棉板等基体表面，也可以喷涂在水泥砂浆或混合砂浆基层上，其基层含水率不大于 10%，pH 值在 7～10 之间
工艺要点	(1)喷枪口径采用 6～8 mm，喷涂压力 0 4～0.8 MPa，先调整好黏度和压力后，由一个人手持喷枪与饰面成 90°角进行喷涂，其行走路线，可根据施工需要上下或左右进行，花纹与斑点的大小以及涂层薄厚，可根据调节压力和喷枪口径大小进行调整，一般底漆用量为 0.8～1.0 kg/m²。 喷涂后，一般在 25℃±1℃，相对湿度 65%±5%的条件下停 5 min 后，再由一个人用蘸水的铁抹子轻轻抹、轧涂层表面，始终按上下方向操作，使涂层呈现立体感图案，且要花纹均匀一致，不得有空鼓、起皮、漏喷、脱落、裂缝及流坠现象。

续上表

项　目	内　容
工艺要点	(2)喷底漆后，相隔 8 h(25℃±1℃，相对湿度 65%±5%)，即用 1 号喷枪喷涂丙烯酸有光乳胶漆，喷涂压力控制在 0.3～0.5 MPa 之间，喷枪与饰面成 90°，与饰面距离 40～50 cm 为宜，喷出的涂料要成浓雾状，涂层要均匀，不宜过厚，不得漏喷，一般可喷涂两道，一般面漆用量为 0.3 kg/m^2。 (3)喷涂时，一定要注意用遮挡板将门窗等易被污染部位挡好。如已污染应及时清除干净，雨天及风力较大的天气不要施工。 (4)须注意每道涂料在使用之前都需搅拌均匀后方可施工，厚涂料过稠时，可适当加水稀释。 (5)双色型的凹凸复层涂料施工，其一般做法为第一道喷封底涂料，第二道喷带彩色的面涂料，第三道喷涂厚涂料，第四道喷罩光涂料，具体操作时，应依照各厂家的产品说明进行，在一般情况下，丙烯酸凹凸乳胶漆厚涂料作喷涂后数分钟，可采用专用塑料辊蘸煤油滚压，注意掌握压力的均匀，以保持涂层厚度一致

4. 聚氨酯仿瓷涂料施工

聚氨酯仿瓷涂料的施工方法见表 7-29。

表 7-29　聚氨酯仿瓷涂料施工方法

项　目	内　容
基层处理	处理基面的腻子，一般要求用 801 胶水调制(SJ-801 建筑胶黏剂可用于粘贴瓷砖、锦砖、墙纸等，其固体含量高，游离醛少，黏结强度大，耐水、耐酸碱、无味无毒)，也可采用环氧树脂，但严禁与其他油漆混合使用，对于新抹水泥砂浆面层，其常温龄期应大 10 d；普通混凝土的常温龄期应大 20 d
工艺要点	(1)对于底涂的要求，各厂产品不一，有的不要求底涂，并可直接作为丙烯酸树脂、环氧树脂及聚合物水泥等中间层的罩面装饰层；有的产品则包括底涂料。 (2)中涂施工，一般均要求用喷涂，喷涂压力应依照材料使用说明，通常为 0.3～0.4 MPa 或 0.6～0.8 MPa，喷嘴口径也应按要求选择，一般为 4 mm，根据不同品种，将其分为甲乙两组进行混合调制或采用配套中层材料均匀喷涂，如涂料过稠不便施工时，可加入配套溶剂或醋酸丁酯进行稀释，有的则无需加入稀释剂。 (3)面涂施工，一般可用喷涂、滚涂和刷涂的任意一种，施涂的间隔时间视涂料品种而定，一般在 2～4 h 之间，不论采用何种品牌的仿瓷涂料，其涂装施工时的环境温度均不得低于 5℃，环境的相对湿度不得大于 85%。根据产品说明，面层涂装一道或两道后，应注意成品保护，通常要求保养3～5 d

第八章　裱糊与软包工程

第一节　软包工程施工

一、施工质量验收标准及施工质量控制要求

(1)软包工程施工质量验收标准见表 8-1。

表 8-1　软包工程施工质量验收标准

项　目	内　容
主控项目	(1)软包面料、内衬材料及边框的材质、颜色、图案、燃烧性能等级和木材的含水率应符合设计要求及国家现行标准的有关规定。 检验方法:观察;检查产品合格证书、进场验收记录和性能检测报告。 (2)软包工程的安装位置及构造做法应符合设计要求。 检验方法:观察;尺量检查;检查施工记录。 (3)软包工程的龙骨、衬板、边框应安装牢固,无翘曲,拼缝应平直。 检验方法:观察;手扳检查。 (4)单块软包面料不应有接缝,四周应绷压严密。 检验方法:观察;手摸检查
一般项目	(1)软包工程表面应平整、洁净,无凹凸不平及皱折;图案应清晰、无色差,整体应协调美观。 检验方法:观察。 (2)软包边框应平整、顺直、接缝吻合。其表面涂饰质量应符合《建筑装饰装修工程质量验收规范》(GB 50210—2001)中第 10 章的有关规定。 检验方法:观察;手摸检查。 (3)清漆涂饰木制边框的颜色、木纹应协调一致。 检验方法:观察。 (4)软包工程安装的允许偏差和检验方法见表 8-2

表 8-2　软包工程安装的允许偏差和检验方法

项　目	允许偏差(mm)	检验方法
垂直度	3	用 1 m 垂直检测尺检查
边框宽度、高度	0 −2	用钢尺检查
对角线长度差	3	用钢尺检查
裁口、线条接缝高低差	1	用钢直尺和塞尺检查

(2)软包工程施工质量控制要求见表 8-3。

表 8-3　软包工程施工质量控制要求

项　　目	内　　容
软包墙面	(1)软包墙面所用填充材料、纺织面料和龙骨、木基层板等均应进行防火处理。 (2)墙面防潮处理应均匀涂刷一层清油或满铺油纸。不得用沥青油毡做防潮层
预制木龙骨	木龙骨宜采用凹槽榫工艺预制,可整体或分片安装,与墙体连接应紧密、牢固
填充材料制作	填充材料制作尺寸应正确,棱角应方正,应与木基层板黏结紧密
织物面料裁剪	织物面料裁剪时经纬应顺直。安装应紧贴墙面,接缝应严密,花纹应吻合,无波纹起伏、翘边和褶皱,表面应清洁
软包布面	软包布面与压线条、贴脸线、踢脚板、电气盒等交接处应严密、顺直,无毛边。电气盒盖等开洞处,套割尺寸应准确

二、标准的施工方法

1. 材料要求

软包工程施工中材料的要求见表 8-4。

表 8-4　软包工程施工中材料的要求

项　　目	内　　容
软包墙面材料	(1)芯材通常采用阻燃型泡沫塑料或矿渣棉,其主要品种有以下几种。 1)软质聚氯乙烯泡沫塑料板。聚氯乙烯泡沫塑料具有质轻、导热系数低、不吸水、不燃烧、耐酸碱、耐油及良好的保温、隔热、吸声、防震等性能。软质聚氯乙烯泡沫塑料板的产品规格及技术性能见表 8-5。 2)矿渣棉俗称矿棉,是利用工业废料矿渣为主要原料制成的棉丝状无机纤维,其具有质轻、导热系数低、不燃、防蛀、价廉、耐腐蚀、化学稳定性强、吸声性能好等特点。矿渣棉软板和中硬板的规格及技术性能见表 8-6。 (2)面材通常采用装饰织物和皮革(人造革),其主要品种有以下几种。 1)织物。做软包的饰面材料的纺织品的种类繁多,一般来讲,有纯棉装饰墙布,有人造纤维和人造纤维与棉、麻混纺的并经一定处理后而得到功能不同,外观各异的装饰布。人造纤维装饰布及混纺装饰布具有质轻、美观、无毒无味、透气、易清洗、耐用、强度大,耐酸碱腐蚀等特点。但有的面料因人造纤维本身的特性而易起静电吸灰,本身不具有防火难燃性能的人造纤维织物和混纺织物需进行难燃处理。 2)人造革(皮革)可以因需要加工出各种厚薄和色彩的制品,柔韧而富有弹性,有令人舒适的触感,且耐火性、耐擦洗清洁性较好
软包工程材料有害物限量值	(1)民用建筑工程所使用的无机非金属装修材料,其放射性指标限量见表 8-7。 (2)民用建筑工程室内用人造木板及饰面人造木板必须测定游离甲醛含量或游离甲醛释放量。 (3)当采用环境测试舱法测定游离甲醛释放量,并依此对人造木板进行分类时,其限量见表8-8。 (4)当采用穿孔法测定游离甲醛含量,并依此对人造木板进行分类时,其限量见表 8-9。 (5)当采用干燥法测定游离甲醛释放量,并依此对人造木板进行分类时,其限量见表 8-10

表 8-5　软质聚氯乙烯泡沫塑料板的产品规格及技术性能

规格（mm）	技术性能					
	表观密度（kg/m³）	抗压强度（MPa）	体积收缩率（%）	吸水性（kg/m³）	可燃性	导热系数［W/(m·K)］
450×450×17 500×500×55	10.0	≥0.1	≤15	≤1	—	0.054

注：另有厚度为 20 mm、30 mm，长、宽应根据需要加工的产品。

表 8-6　矿渣棉制品规格、性能

产品名称	规格（mm）	技术性能					
		表观密度（kg/m³）	导热系数［W/(m·K)］	吸水率（%）	使用温度（℃）	沥青含量（%）	胶含量（%）
矿棉中硬板	1 000×700×(40～70)	80～120	<0.041	2	<400	—	2.5～3.5
矿棉软板	—	<120	<0.37	—	<400	—	—

表 8-7　无机非金属装修材料放射性指标限量

测定项目	限　量	
	A	B
内照射指数(I_{Rs})	≤1.0	≤1.3
外照射指数(I_T)	≤1.3	≤1.9

表 8-8　环境测试舱法测定游离甲醛释放量限量

类别	限量(mg/m³)
E_1	≤0.12

表 8-9　穿孔法测定游离甲醛含量分类限量

类别	限量(mg/L,干材料)	类别	限量(mg/L,干材料)
E_1	≤9.0	E_2	>9.0,≤30.0

表 8-10　干燥法测定游离甲醛释放量分类限量

类别	限量(mg/L)	类别	限量(mg/L)
E_1	≤1.5	E_2	>1.5,≤5.0

质量问题

软包饰面接缝和边缘处翘边变形

质量问题表现

软包的饰面接缝和边缘处黏结剂涂刷过少，或局部漏刷及边缘未压实，干后出现翘边、翘缝现象。

质量问题原因

(1)材料的含水率过大。

(2)材料的尺寸不规则。

(3)底层和面层有局部松散不平之处。

(4)各处连接不结实。

质量问题预防

(1)底层和面层如有局部不平应及时处理好，不能有松散不平之处，以免局部黏结不平。

(2)粘贴时应将胶黏剂涂刷均匀，接缝部位及边缘处可适当多涂刷些胶黏剂。

(3)黏结时认真压实，并将挤出的多余黏结剂及时用湿毛巾擦净。发现翘边、翘缝后应及时补刷胶并用压辊压实。

质量问题

软包表面常见缺陷

质量问题表现

(1)软包墙面高低不平，垂直度差。

(2)软包工程发生离缝和亏料。

(3)软包面层布料绷压不严密，经过一段时间，软包面料会因失去张力而松垂、出皱；单块软包面料如采用拼接时，在拼接处容易产生开裂，同时拼接部分也影响装饰效果。

质量问题原因

(1)造成软包表面不平整、垂直度差的原因。

1)填充材料不一、混乱。

2)胶黏剂选用不当。

3)龙骨、衬板、边框等安装时位置控制不准，不在同一立面上。

4)填充的密实度、位置掌握不好。

质量问题

(2)造成离缝、亏料的原因。

1)相邻卷材间的连接缝隙超过允许范围。

2)卷材的上口与柱镜线(无挂镜线时为弹的水平线),下口与墙裙上口或踢脚上接缝不严。

(3)造成布料绷压不严密,拼接处容易开裂的原因。

1)软包面层未绷紧、绷严。

2)单块软包上未采用整张的面料。

3)未优先选用张力以及韧性较好的面料。

质量问题预防

(1)避免软包表面不平整、垂直度差的措施。

1)应选用同材质的填充料。

2)黏结用胶应选用中性或其他不含腐蚀成分的胶黏剂。

3)安装龙骨时,在墙面基层上弹垂线,控制龙骨垂直度,横向拉通线,控制龙骨表面在同一立面上。安装衬板、榫条或边框时,同样要通过弹线或吊线坠等器具或仪器来控制垂直度。

4)填充料布置应准确,面料绷压应均匀适度,周边平顺,过渡圆滑美观。

(2)避免离缝、亏料的措施。

1)裁切面料必须严格掌握尺寸,下刀前应复核尺寸有无出入,一般长度尺寸要比实际尺寸放大30～40 mm,粘贴后压紧或裁去多余部分。

2)粘贴面料时要注意吊垂直,不能使其产生斜料现象,相邻两块接缝要严密。

3)裁切时,尺子压紧后不得再移动,刀刃紧贴尺边,一气呵成,中间不得停顿或变换持刀角度,手劲要均匀,刀子要快。

4)粘贴后认真检查,发现有离缝或亏料现象时要返工重做。

(3)避免布料绷压不严密、拼接处容易开裂的措施。

1)按软包分块尺寸裁九厘板,并将四条边用刨子刨出斜面,刨平。

2)单块软包面层要绷紧、绷严。以规格尺寸大于九厘板50～80 mm的织物面料和泡沫塑料块置于九厘板上,将织物面料和泡沫塑料沿九厘板斜边卷到板背,在展平顺后用钉固定,钉好一边,再展平铺顺拉紧织物面料,将其余三边都卷到板背固定,为了使织物面料经纬线有顺序,固定时宜用码钉枪打码钉以备用,码钉间距不大于30 mm。

3)应优先选用张力以及韧性较好的面料。

4)将软包预制块用塑料薄膜包好(成品保护用),镶钉在墙、柱面做软包的位置。用气枪钉钉即可。每钉一颗钉用手摸一摸织物面料,使软包面既无凹陷、起皱现象,又无钉头挡手的感觉。连续铺钉的软包块,接缝要紧密,下凹的缝应宽窄均匀一致且顺直(塑料薄膜待工程交工时撕掉)。

2.直接在木基层上做软包墙面施工

直接在木基层上做软包墙面的施工方法见表8-11。

表 8-11　直接在木基层上做软包墙面的施工方法

项　目	内　容
制作木基层	(1)弹线、预制木龙骨架。用吊垂线法、拉水平线及尺量的办法，借助+500 mm水平线，确定软包墙的厚度、高度及打眼位置等(用 25 mm×30 mm 的方木，按 300 mm或 400 mm 见方分挡)，采用凹槽榫工艺，制作成木龙骨框架。木龙骨架的大小，可根据实际情况加工成一片或几片拼装到墙上。做成的木龙骨架应刷涂防火漆。 (2)钻孔、打入木楔。孔眼位置在墙上弹线的交叉点，孔距 600 mm 左右，孔深 60 mm，用 $\phi6$～$\phi20$ 冲击钻头钻孔。木楔经防腐处理后，打入孔中，塞实塞牢。 (3)防潮层。在抹灰墙面涂刷冷底子油或在砌体墙面、混凝土墙面铺沥青油毡或油纸做防潮层。涂刷冷底子油要满涂、刷匀，不漏涂；铺油毡、油纸，要满铺、铺平，不留缝。 (4)装钉木龙骨。将预制好的木龙骨架靠墙直立，用水准尺找平、找垂直，用铁钉钉在木楔上，边钉边找平、找垂直。凹陷较大处应用木楔垫平钉牢。 (5)铺钉胶合板。木龙骨架与胶合板接触的一面应刨光，使铺钉的三合板平整。用气钉枪将三合板钉在木龙骨上。钉固时从板中向两边固定，接缝应在木龙骨上且钉头没入板内，使其牢固、平整。三合板在铺钉前，应先在其板背涂刷防火涂料，涂满、涂匀
制作软包面层	(1)在木基层上铺钉九厘板。依据设计图在木基层上画出墙、柱面上软包的外框及造型尺寸线，并按此尺寸线锯割九厘板拼装在木基层上，九厘板围出来的部分为准备做软包的部分。钉装造型九厘板的方法同钉三合板一样。 (2)按九厘板围出的软包的尺寸，裁出所需的泡沫塑料块，并用建筑胶粘贴于围出的部分。 (3)从上往下用织锦缎包覆泡沫塑料块。先裁剪织锦缎和压角木线，木线长度尺寸按软包边框裁制，在 90°角处按 45°割角对缝，织锦缎应比泡沫塑料块周边宽 50～80 mm。将裁好的织锦缎连同做保护层用的塑料薄膜覆盖在泡沫塑料块上，用压角木线压住织锦缎的上边缘，展平、展顺织锦缎以后，用气枪钉钉牢木线。然后拉挎展平织锦缎并钉织锦缎下边缘木线，用同样的方法钉左右两边的木线。压角木线要压紧、钉牢，织锦缎面应展平不起皱。最后沿木线的外缘(与九厘板接缝处)裁下多余的织锦缎与塑料薄膜

3. 预制软包块拼装软包墙面施工

预制软包块拼装软包墙面的施工方法见表 8-12。

表 8-12　预制软包块拼装软包墙面的施工方法

项　目	内　容
制作软包块	(1)按软包分块尺寸裁九厘板，并将四条边用刨子刨出斜面并刨平。 (2)以规格尺寸大于九厘板 50～80 mm 的织物面料和泡沫塑料块置于九厘板上，将织物面料和泡沫塑料沿九厘板斜边卷到板背，在展平顺后用钉固定。钉好一边，再展平铺顺拉紧织物面料，将其余三边都卷到板背固定，为了使织物面料经纬线有顺序，固定时宜用码钉枪打码钉以备用，码钉间距不大于 30 mm

续上表

项　目	内　容
安装软包预制块	(1)在木基层上按设计图画线,标明软包预制块及装饰木线(板)的位置。 (2)将软包预制块用塑料薄膜包好(成品保护用),镶钉在墙、柱面做软包的位置,用气枪钉钉即可。每钉一颗钉用手抚一抚织物面料,使软包面即无凹陷、起皱现象,又无钉头挡手的感觉。连续铺钉的软包块,接缝要紧密,下凹的缝应宽窄均匀一致且顺直(塑料薄膜待工程交工时撕掉)
镶钉装饰木线及饰面板	在墙面软包部分的四周有木压线条、盖缝条及饰面板等装饰处理,这一部分的材料可先于装软包预制块,也可以在软包预制块上墙后制作

第二节　裱糊工程施工

一、施工质量验收标准及施工质量控制要求

(1)裱糊工程施工质量验收标准见表 8-13。

表 8-13　裱糊工程施工质量验收标准

项　目	内　容
主控项目	(1)壁纸、墙布的种类、规格、图案、颜色和燃烧性能等级必须符合设计要求及国家现行标准的有关规定。 检验方法:观察;检查产品合格证书、进场验收记录和性能检测报告。 (2)裱糊工程基层处理质量应符合《建筑装饰修工程质量验收规范》(GB 50210—2001)第 11.1.5 条的要求。 检验方法:观察;手摸检查;检查施工记录。 (3)裱糊后各幅拼接应横平竖直,拼接处花纹、图案应吻合,不离缝,不搭接,不显拼缝。 检验方法:观察;拼缝检查距离墙面 1.5 m 处正视。 (4)壁纸、墙布应粘贴牢固,不得有漏贴、补贴、脱层、空鼓和翘边。 检验方法:观察;手摸检查
一般项目	(1)裱糊后的壁纸、墙布表面应平整,色泽应一致,不得有波纹起伏、气泡、裂缝、皱折及斑污,斜视时应无胶痕。 检验方法:观察;手摸检查。 (2)复合压花壁纸的压痕及发泡壁纸的发泡层应无损坏。 检验方法:观察。 (3)壁纸、墙布与各种装饰线、设备线盒应交接严密。 检验方法:观察。 (4)壁纸、墙布边缘应平直整齐,不得有纸毛、飞刺。 检验方法:观察。 (5)壁纸、墙布阴角处搭接应顺光,阳角处应无接缝。 检验方法:观察

(2)裱糊工程施工质量控制要求见表 8-14。

表 8-14　裱糊工程施工质量控制要求

项　目	内　容
基层表面	基层表面应平整，不得有粉化、起皮、裂缝和突出物，色泽应一致。有防潮要求的应进行防潮处理
壁纸裱糊	(1)裱糊前应按壁纸、墙布的品种、花色、规格进行选配、拼花、裁切、编号，裱糊时应按编号顺序粘贴。 (2)墙面应采用整幅裱糊，先垂直面后水平面，先细部后大面，先保证垂直后对花拼缝，垂直面是先上后下，先长墙面后短墙面，水平面是先高后低。阴角处接缝应搭接，阳角处应包角不得有接缝。 (3)聚氯乙烯塑料壁纸裱糊前应先将壁纸用水润湿数分钟，墙面裱糊时应在基层表面涂刷胶黏剂，顶棚裱糊时，基层和壁纸背面均应涂刷胶黏剂。 (4)复合壁纸不得浸水，裱糊前应先在壁纸背面涂刷胶黏剂，放置数分钟，裱糊时，基层表面应涂刷胶黏剂。 (5)纺织纤维壁纸不宜在水中浸泡，裱糊前宜用湿布清洁背面。 (6)带背胶的壁纸裱糊前应在水中浸泡数分钟。裱糊顶棚时应涂刷一层稀释的胶黏剂。 (7)金属壁纸裱糊前应浸水 1～2 min，阴干 5～8 min 后在其背面刷胶。刷胶应使用专用的壁纸粉胶，一边刷胶，一边将刷过胶的部分，向上卷在发泡壁纸卷上。 (8)玻璃纤维基材壁纸、无纺墙布无需进行浸润。应选用黏结强度较高的胶黏剂，裱糊前应在基层表面涂胶，墙布背面不涂胶。玻璃纤维墙布裱糊对花时不得横拉斜扯，避免变形脱落
墙面裱糊	开关、插座等突出墙面的电气盒，裱糊前应先卸去盒盖

二、标准的施工方法

1. 材料要求

(1)聚氯乙烯壁纸的规格尺寸要求见表 8-15。

表 8-15　聚氯乙烯壁纸规格尺寸要求

<table>
<tr><th>项　目</th><th colspan="3">说明及标准</th></tr>
<tr><td>宽度和每卷长度</td><td colspan="3">(1)宽度：(530±5) mm 或(900～1 000±10) mm。
(2)每卷长度，530 mm 宽者，(10+0.05) m；900～1 000 mm 宽者，(50 +0.50) m。
(3)其他规格尺寸由供需双方协商或以以上标准尺寸的倍数供应</td></tr>
<tr><td rowspan="5">每卷段数和段长</td><td colspan="3">(1)10 m(卷)的成品壁纸每卷为 1 段。
(2)50 m(卷)的成品壁纸的段数及其段应符合下列规定</td></tr>
<tr><td>级别</td><td>每卷段数不多于</td><td>最小段长不小于</td></tr>
<tr><td>优等品</td><td>2 段</td><td>10 m</td></tr>
<tr><td>一等品</td><td>3 段</td><td>3 m</td></tr>
<tr><td>合格品</td><td>6 段</td><td>3 m</td></tr>
</table>

(2)聚氯乙烯壁纸的外观质量要求见表8-16。

表8-16　聚氯乙烯壁纸的外观质量要求

项目名称	等级		
	优等品	一等品	合格品
色　差	不允许有	不允许有明显差异	允许有差异,但不影响使用
伤痕和皱褶	不允许有	不允许有	允许基纸有明显折印,但壁纸表面不许有死折
气　泡	不允许有	不允许有	不允许有影响外观的气泡
套印精度	偏差不大于0.7 m	偏差不大于1 mm	偏差不大于2 mm
露　底	不允许有	不允许有	允许有2 mm的露底,但不允许密集
漏　印	不允许有	不允许有	不允许有影响外观的漏印
污染点	不允许有	不允许有目视明显的污染点	允许有目视明显污染点,但不允许密集

(3)其他壁纸、壁布的技术性能见表8-17。

表8-17　其他壁纸、壁布的技术性能

产品种类	项　目	指　标	备　注
织物复合壁纸	耐光色牢度(级) 耐摩擦色牢度(级) 不透明度(%) 湿强度(N/1.5 cm)	>4 >1(干、湿摩擦) >90 4(纵向) 2(横向)	—
金属壁纸	剥离强度(MPa) 耐擦洗(次) 耐水性(30℃,软水,24 h)	>0.15 >1 000 不变色	—
玻璃纤维壁布	产品符合德国标准	—	—
装饰壁布	断裂强度(N/5×200 mm)	770(纵向) 490(横向)	—
	断裂伸长率(%)	3(纵向) 8(横向)	—

(4)聚氯乙烯壁纸的物理性能指标表8-18。

表8-18　聚氯乙烯壁纸的物理性能指标

项目名称			等级		
			优等品	一等品	合格品
耐摩擦色牢度试验(级)	干摩擦	纵　向	>4	≥4	≥3
		横　向			
	湿摩擦	纵　向			
		横　向			

续上表

项目名称		等级		
		优等品	一等品	合格品
退色性(级)		＞4	≥4	≥3
遮蔽性(级)		4	≥4	≥3
湿润拉伸负荷(N/15 mm)	纵 向	＞2.0	≥2.0	≥2.0
	横 向			
壁纸可洗性	可 洗	30 次无外观上的损伤和变化		
	特别可洗	100 次无外观上的损伤和变化		
	可刷洗	40 次无外观上的损伤和变化		
胶黏剂可拭性	横 向	20 次无外观上的损伤和变化		

注:1. 可洗性是壁纸在黏结后的使用期内可洗涤的性能。可洗性按使用要求分可洗、特别可洗和可刷洗3个等级。

2. 可拭性是指黏结壁纸的胶黏剂附在壁纸的正面,在胶壁剂未干时,应有可能用湿布或海绵擦去,而不留下明显痕迹。

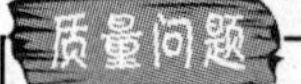

墙纸裱糊方法不正确

质量问题表现

墙纸进行裱糊的方法不正确。

质量问题原因

(1)裱糊时,分幅顺序不正确。
(2)墙纸粘贴完毕后,未随即将挤出的胶液擦干净。
(3)在阳角处甩缝,墙纸裹过阳角尺寸不符合要求。

质量问题预防

(1)裱糊时分幅顺序一般为从垂直线起至墙面阴角收口处止,由上而下,先立面(墙面)后平面(顶棚),先小面(细部)后大面。如果顶棚梁板有高度差时,墙纸裱贴应由低到高进行。须注意每次裱糊2～3幅墙纸后,都应吊垂线检查垂直度,以避免造成累计误差。

(2)对于每一幅上墙的墙纸要注意纸幅垂直,先拼缝、对花形,拼缝到底压实后再刮大面。一般无花纹的墙纸,纸幅间可拼缝重叠2 cm,并用铝合金直尺在接缝处由上而下以割纸刀切割。有花纹图案的墙纸,则采取两幅墙纸花饰重叠对准的方法,用铝合金直尺在重叠处拍实,从上而下切割。切去余纸后,对准纸缝粘贴。阴、阳角处应增涂胶黏剂1～2遍,阳角要包实,不得留缝,阴角要贴平。与顶棚交接的阴角处应作出记号,然后用刀修齐,如图8-1所示。按上述方法同样修齐踢脚板及墙壁间的角落,如图8-2所示。

质量问题

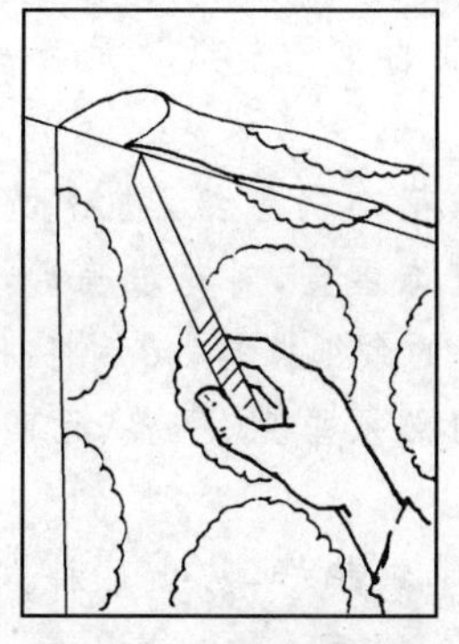

图 8-1　顶端修齐

图 8-2　修齐下端

(3)每张墙纸粘贴完毕后，应随即用清水浸湿的毛巾将拼缝中挤出的胶液全部擦干净，并可进一步做好敷平工作。墙纸的敷干即是依靠薄钢片刮板或橡胶刮板由上而下抹刮，对较厚的墙纸则是用胶辊滚压。

(4)为了防止使用时碰、划使墙纸开胶，严禁在阳角处甩缝，墙纸裹过阳角尺寸应不小于 20 mm。阴角墙纸搭缝时，应先裱糊压在里面的墙纸，再粘贴搭在上面的墙纸，搭接面应根据阴角垂直度而定，搭接宽度一般不小于 2～3 mm。但搭接的宽度也不宜过大，否则会形成一个不够美观的折痕，注意保持垂直无毛边。遇有墙面卸不下来的设备或附件，裱糊墙纸时，可在墙纸上剪口。

质量问题

壁纸裱贴不垂直

质量问题表现

壁纸裱糊时纸幅不垂直，花饰图案不连贯。

质量问题原因

(1)裱糊壁纸前未吊垂线，第一张贴得不垂直，依次继续裱糊多张壁纸后，偏离更厉害，有花饰的壁纸问题更严重。

(2)壁纸本身的花饰与纸边不平行，未经处理就进行裱贴。

(3)基层表面阴阳角抹灰垂直偏差较大，影响壁纸裱贴的接缝和花饰的垂直。

(4)搭缝裱贴的花饰壁纸，对花不准确，重叠对裁后，花饰与纸边不平行。

质量问题预防

(1)壁纸裱贴前，应先在贴纸的墙面上吊一条垂直线，并弹上粉线，裱贴的第一张壁纸纸边必须紧靠此线边缘，检查垂直无偏差后方可裱贴第二张壁纸。

质量问题

(2)采用接缝法裱贴花饰壁纸时，应先检查壁纸的花饰与纸边是否平行，如果不平行，应将斜移的多余纸边裁割平整，然后再裱贴。

(3)采用搭接法裱糊第二张壁纸时，对一般无花饰的壁纸，拼缝处只需重叠 2～3 cm；对有花饰的壁纸，可将两张壁纸的纸边相对花饰重叠，对花准确后，在拼缝处用钢直尺将重叠处压实，由上而下一刀裁割到底，将切断的余纸撕掉，然后将拼缝敷平压实。

(4)裱贴壁纸的基层裱贴前应先作检查，阴阳角必须垂直、平整、无凹凸。对不符合要求之处，必须修整后才能施工。

(5)裱糊壁纸的每一墙面都必须弹出垂直线，越细越好，防止贴斜。最好裱贴 2～3 张壁纸后，即用线锤在接缝处检查垂直度，及时纠正偏差。

(6)对于裱贴不垂直的壁纸应撕掉，把基层处理平整后，再重新裱贴壁纸。

质量问题

裱糊工程腻子产生裂纹

质量问题表现

裱糊工程部分或大面积腻子黏结不牢，出现小裂缝，特别是在凹陷坑洼处裂缝较严重，甚至脱落。

质量问题原因

(1)腻子胶性小，稠度较大，失水快，腻子面层出现裂纹。

(2)凹隐坑洼处的灰尘、杂物等未清理干净，干缩脱落。

(3)凹陷洞孔较大时，刮抹的腻子有半眼、蒙头等缺陷，造成腻子不生根或一次刮抹腻子太厚，形成干缩裂纹。

质量问题预防

(1)调制腻子时严格掌握好配合比，胶性适中，稠度适合。

(2)基层表面特别是孔洞凹陷处，应将灰尘、浮土等清除干净，并涂刷一遍胶黏剂，增加腻子黏结力。当洞孔较大时，腻子胶性要略大些，并分层进行，反复刮抹平整、坚实、牢固。

(3)对于裂纹较大且已脱落的腻子，要铲除干净，对基层处理后重新刮抹腻子，对于凹陷坑洼处的半眼、蒙头腻子必须挖出，处理后分层刮抹腻子直至凹陷坑洼饱满平整。

2. 基层处理

不同材质的基层处理方法见表 8-19。

表 8-19　不同材质的基层处理方法

项　目	内　容
混凝土及抹灰基层处理	裱糊壁纸的基层是混凝土面、抹灰面(如水泥砂浆、水泥混合砂浆、石灰砂浆等)，要满刮腻子一遍，但有的混凝土面、抹灰面有气孔、麻点、凸凹不平的现象时，为了保证质量，应增加满刮腻子和打磨遍数。 刮腻子时，将混凝土或抹灰面清扫干净，使用橡胶刮板满刮一遍。刮时要有规律，要一板排一板，两板中间顺一板。既要刮严，又不得有明显接槎和凸痕，做到凸处薄刮，凹处厚刮，大面积找平。待腻子干固后，砂纸打磨并扫净。需要增加满刮腻子遍数的基层表面，应先将表面裂缝及凹面部分刮平，然后砂纸打磨、扫净，再满刮一遍后砂纸打磨，处理好的底层应该平整光滑，阴阳角线通畅、顺直、无裂痕、崩角，无砂眼、麻点
木质基层处理	木质基层要求接缝不显接槎，接缝、钉眼应用腻子补平并满刮油性腻子一遍(第一遍)，用砂纸磨平。木夹板的不平整主要是钉接造成的，在钉接处木夹板往往下凹，非钉接处向外凸。所以第一遍满刮腻子主要是找平大面。第二遍可用石膏腻子找平，腻子的厚度应减薄，可在该腻子 5～6 成干时，用塑料刮板有规律地压光，最后用干净的抹布轻轻将表面灰粒擦净。 对要贴金属壁纸的木基面处理，第二遍刮腻子时应采用石膏粉调配猪血料的腻子，其配比为10∶3(质量比)。金属壁纸对木基面的平整度要求很高，稍有不平处或粉尘，都会在金属壁纸裱贴后明显地看出。所以金属壁纸的木基面处理，应与木家具打底方法基本相同，批抹腻子的遍数要求在三遍以上。批抹最后一遍腻子并打平后，用软布擦净
石膏板基层处理	纸面石膏板比较平整，批抹腻子主要是在对缝处和螺钉孔位处。对缝批抹腻子后，还需用棉纸带贴缝，以防止对缝处的开裂。在纸面石膏板上，应用腻子满刮一遍，找平大面，再抹第二遍腻子进行修整
不同基层对接处的处理	不同基层材料的相接处，如石膏板与木夹板、水泥或抹灰基面与木夹板、水泥基面与石膏板之间的对缝，应用棉纸带或穿孔纸带粘贴封口，以防止裱糊后的壁纸面层被拉裂撕开
涂刷防潮底漆和底胶	为了防止壁纸受潮脱胶，一般对要裱糊塑料壁纸、壁布、纸基塑料壁纸、金属壁纸的墙面，涂刷防潮底漆。防潮底漆用酚醛清漆与汽油或松节油来调配，其配比为清漆∶汽油(或松节油)＝1∶3。该底漆可涂刷，也可喷刷，漆液不宜厚，且要均匀一致。 涂刷底胶是为了增加黏结力，防止处理好的基层受潮弄污。底胶一般用 108 胶配少许甲醛纤维素加水调成，其配比为 108 胶∶水∶甲醛纤维素＝10∶10∶0.20。底胶可涂刷，也可喷刷。在涂刷防潮底漆和底胶时，室内应无灰尘，且防止灰尘和杂物混入该底漆或底胶中。底胶一般是一遍成活，但不能漏刷、漏喷。 若面层贴波音软片，基层处理最后要做到硬、干、光。通常要在做完基层处理后，还需增加打磨和刷第二遍清漆

续上表

项　　目	内　　容
底灰腻子配合比	基层处理中的底灰腻子有乳胶腻子与油性腻子之分。 (1)乳胶腻子的配合(重量比)要求如下。 1)白乳胶(聚醋酸乙烯乳液)：滑石粉：甲醛纤维素(2%溶液)=1：10：2.5。 2)白乳胶：石膏粉：甲醛纤维素(2%溶液)=1：6：0.6。 (2)油性腻子的配合比(重量比)要求如下。 1)石膏粉：熟桐油：清漆(酚醛)=10：1：2。 2)复粉：熟桐油：松节油=10：2：1

3.裱糊施工工艺

裱糊工程的施工工艺见表8-20。

表8-20　裱糊工程施工工艺

项　　目	内　　容
弹线	(1)弹垂线时,先在墙顶钉一钉,系一铅垂下吊到踢脚板上缘处,垂线稳定后用铅笔在底部墙上画一印记,然后在墙顶的钉和墙脚印记两点间用粉线包弹好垂线,弹线要细、直。 (2)对于无窗口的墙面,可挑一个靠近窗台的角落,在距壁纸幅宽5 cm处弹垂线。有窗口的墙面,为了使壁纸花纹对称,应在窗口弹好中线,再往两边分线;如果窗口不在中间,为保证窗间墙的阳角花饰对称,应在窗间墙上弹好中线,由中心线向两侧再分格弹垂线。 (3)斜式裱贴时,先弹出一面墙的中心垂线,从这条线的底部,沿着墙底,测出与墙高相等的距离,由这一点再和墙顶中心点间弹出一条斜线(图8-3)。 (4)顶棚裱贴时,应弹一条平行于房间长度方向并面临主窗的基准线
裁纸	裁纸时,应统筹规划进行编号,以便按顺序粘贴,裁纸最好由专人负责,在工作台上进行。下料长度应比粘贴部位略大10～30 mm。如果壁纸、墙布带花纹图案时,应分张裁割,每张从上至下对好花饰,不得错位,小心裁割。如果室内净空较高,墙面宜分段进行,一次粘贴的高度宜在3 m左右
润纸	润纸是对裱糊壁纸的事先湿润,传统上称为焖水,主要是针对纸胎的塑料壁纸。对于玻璃纤维基材及无纺贴墙布类裱糊材料,遇水无伸缩,故无需进行湿润;而复合纸质壁纸则严禁进行焖水处理。 (1)塑料壁纸遇水或胶液即膨胀,约5～10 min胀足,干燥后自行收缩。其幅宽方向的膨胀率为0.5%～1.2%,收缩率为0.2%～0.8%。掌握和利用这个特性是保证塑料壁纸裱糊质量的重要一环。如果在干纸上刷胶后立即上墙,由于此类壁纸虽被胶固定但继续吸湿膨胀,因而在裱糊面就会出现大量气泡、褶皱,不能成活。润纸处理的一般做法是将塑料壁纸置于水槽中浸泡2～3 min,取出后抖掉多余的水,再静置20 min,然后再刷胶裱糊。 (2)对于金属壁纸,在裱糊前也需做润纸处理,但焖水的时间较短。将其浸入水槽1～2 min,取出后抖落明水,静置5～8 min,然后涂胶上墙裱糊。

续上表

项　目	内　容
润纸	(3)复合纸质壁纸的湿强度较差，严禁进行裱糊前的浸水处理。为达到软化壁纸的目的，可在壁纸背面均匀涂刷胶黏剂，然后将其胶面对胶面对叠静置4～8 min，即可上墙裱糊。 (4)带背胶的壁纸，应在水槽中浸泡数分钟再进行裱糊。 (5)纺织纤维壁纸不能在水中浸泡，可先用湿布在其背面稍做擦拭，然后即进行裱糊操作
涂刷胶黏剂	壁纸和墙布裱糊胶黏剂的涂刷，应薄而均匀，不得漏刷；墙面阴角部位应增刷1～2遍。对于带背胶的壁纸，无需再使用胶黏剂，将其在水槽中浸泡后，由底部开始将图案面朝外卷成一卷，静置1 min即可上墙裱糊。不同壁纸和墙布涂刷胶黏剂的方法见表8-21
裱糊	壁纸裱贴以前，先将突出基层表面的设备或附件卸下，钉帽应钉入基层表面并涂防锈漆，钉眼用油性腻子填平。 裱糊施工过程中以及裱糊后的壁纸未干燥前，房间应封闭，以防止穿堂风劲吹和气温的突然变化。冬期施工应在采暖条件下进行。 壁纸裱贴是一项细活，如果将一幅一幅的壁纸拼成一个整体，要做到图案的完整性和图案的连续性比较理想，拼缝处1.5 m正视不显拼缝，斜视无胶痕。首先要做到基层平整，因为只有基层比较理想，裱糊后的装饰效果才会令人满意，基层质量是壁纸裱贴的第一道质量关；其次是裱贴工艺，应根据不同种类的壁纸，裱贴不同部位，采用不同的裱贴工艺，做到既快又好。 裱湖的原则是先垂直(先上后下、先长墙后短墙)后水平(先高后低)，先细部后大面，保证垂直后对花拼缝
修整	壁纸裱糊后，若出现个别翘边张口现象，应加刷胶黏剂，重新粘贴压实。若出现气泡，则可将泡面切开，挤出气体加胶黏剂压实。对于因胶黏剂聚集而产生的鼓包，可在切口后将多余胶黏剂挤出压实即可
裱糊锦缎	锦缎直接粘贴在水泥类基层表面。基层必须干燥，表面刮腻子并使之光平，先在锦缎背面裱一层厚纸，使锦缎梃括。然后刷胶黏剂，裱糊锦缎。由中心呈放射状，赶压、刮平、压实。 锦缎直接粘贴在木基层上的操作方法同上。周边做压条(或压框)收边。 锦缎制成拼块挂贴。根据设计图案划分若干单元拼块，先表面裱糊上锦缎，再按图案拼挂在墙上，完成内墙面装饰。拼块用木(铝合金)骨架钉胶合板制作，表面裱糊锦缎，或在胶合板上先衬一层软毡泡沫塑料，表面罩一层锦缎并拉平绷紧，钉牢在骨架上。拼块可以固定在基体上或木龙骨框格上，也可以制成摘挂式，以方便更换锦缎
清洁收尾	壁纸表面的胶水和斑污，应随手揩擦干净。仔细检查拼缝，不能有翘角、翘边现象。 壁纸裱糊要求基层平整、光洁、干净，粘贴壁纸花纹图案完整，纵横连贯一致，色泽均匀一致，无空鼓、气泡、皱褶、翘边、污痕等缺陷。表面平整，黏结紧密，无离缝及搭缝现象，与顶棚、挂镜线、踢脚线等交接处黏结应顺直。为达到上述效果，施工时要求按下述做法进行。

续上表

项　目	内　容
清洁收尾	(1)应用的壁纸需检查颜色、花纹是否一致，裁纸时统一安排，按照粘贴顺序编号。主要墙面应用整幅壁纸，不足幅宽的窄幅，应用在不明显的部位。 (2)不需拼花的壁纸两幅间可重叠 20 mm，然后用直钢尺在重叠处从上而下一刀切断，避免重割二刀，撕去余纸后粘贴密实即可。有花纹的壁纸，需要对花，两幅壁纸以花纹重叠对花为准，割去重叠部分拼花粘牢。阳角处不允许留拼接缝，应做包角压实。阴角拼缝宜留在暗面。如遇纸面出现气泡或胶黏剂聚集而产生鼓泡时，可用裁刀在泡面切开，放掉气泡和挤出多余的胶黏剂，再压实刮平。纸面有气泡而纸下无胶，可用医用注射针注入一些稀的胶黏剂再行压实刮平。壁纸接缝如因干缩露有白茬时，可用乳胶漆调色补槎

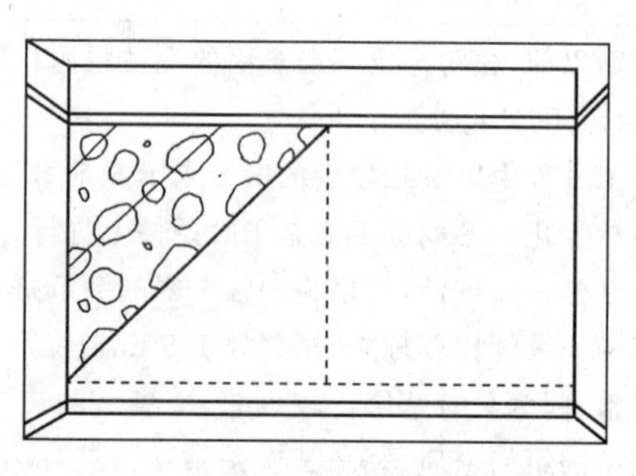

图 8-3　斜式裱贴

表 8-21　不同壁纸和墙布涂刷胶黏剂的方法

项　目	内　容
塑料、纺织纤维壁纸	塑料壁纸、纺织纤维壁纸、化纤贴墙布等品种，为了增强其裱贴黏结能力，材料背面及装饰基层表面均应涂刷胶黏剂。基层表面的涂胶宽度，要比壁纸墙布宽出 2～3 cm。胶黏剂不要刷得过厚、裹边或起堆，以防裱贴时胶液溢出过多而污染饰面，但也不可刷得过少，涂胶不能够均匀到位会造成裱糊面起泡、离壳或黏结不牢。一般抹灰面用胶量为 0.15 kg/m^2 左右，气温较高时用胶量可相对增加。壁纸墙布背面的涂胶量一般为 0.12 kg/m^2，根据现场气温情况略作调节。纸(布)背面涂刷胶黏剂后，将其胶面对胶面对叠，正、背面分别相靠平放，以避免胶液过快干燥及造成图案面污染，同时也便于拿起上墙
玻璃纤维墙布、无纺贴墙布	对于玻璃纤维墙布和无纺贴墙布，只需将胶黏剂涂刷于裱贴面基层上，而不必同时在布的背面涂胶。这是因为玻璃纤维墙布和无纺贴墙布的基材分别是玻璃纤维和合成纤维等，本身吸水极少，又有细小孔隙，如果在其背面涂胶会使胶液浸透表面而影响美观。玻璃纤维墙布的裱贴基层用胶量一般为 0.12 kg/m^2(抹灰墙面)，无纺贴墙布的用胶量一般为 0.15 kg/m^2(抹灰墙面)
织棉墙布	织锦墙布涂刷胶黏剂时，由于基材性柔软，通常的做法是先在其背面衬糊一层厚纸，使之略有梃韧平整以方便操作，而后在基层上涂刷胶黏剂进行裱糊
金属壁纸	金属壁纸质脆而薄，在其纸背涂刷胶黏剂之前应准备一卷未开封的发泡壁纸或一个长度大于金属壁纸宽度的圆筒，然后一边在剪裁好并已浸过水的金属壁纸背面刷胶，一边将刷过胶的部分向上卷在发泡壁纸卷或圆筒上

4. 壁纸裱糊的施工

(1)塑料墙纸裱糊的施工方法见表 8-22。

表 8-22　塑料墙纸裱糊的施工的方法

项　目	内　容
弹线	为保证墙纸裱糊工程质量,便于施工操作,必须在墙面基层上弹标志线。分格弹线工作在基层预涂胶液干燥后即可进行。取线位置从墙的阴角起,用粉线在墙面上弹出垂线,宽度以小于墙纸幅 1～2 cm 为宜。每个墙面的第 1 条墙纸位置都要挂垂线找直,作为裱糊时的准线,以保证第 1 幅墙纸垂直,这样可以使裱糊面分幅一致,裱糊的质量效果好(图 8-4)。为了使墙纸花纹对称,应在窗口弹好中心线,由中心线往两边分线。如果窗口不在中间,为保证窗间墙的阳角花纹对称,应弹窗间墙中心线,再向其两侧分格弹线。在墙纸粘贴之前,应先预拼试贴,观察其接缝效果,以便准确地按尺寸裁纸边及对好花纹图案
裁纸及浸水润湿	根据在裱糊基层上弹线预排分格尺寸裁割墙纸的要求,需注意高度方向预留余量 50 mm 左右,以便上口对齐顶棚,下口对齐踢脚线并修剪平直。同时,必须按照接缝、阴阳角等情况,决定预留墙纸宽度,如果有花纹图案,还需要考虑花纹图案接缝问题。裁纸应用较重钢板尺或铝型材压住裁纸线,用夹具夹紧,刀刃垂直并贴紧尺边行刀,保证纸边整齐。裁好的墙纸应立即进行编号,对号裱糊。PVC 墙纸(包括带背胶墙纸)必须经浸水湿润处理,即将裁好的墙纸卷成筒放入水槽中浸泡 3～5 min,再将水抖掉静置 20 min 左右后使用;或用排笔蘸水均匀刷 1～2 遍,不得漏刷,静置使之充分胀开(俗称焖水)后使用;也可将墙纸刷胶后叠起静置 10 min 左右(快干胶黏剂不适用此法)再使用。墙纸充分湿润后,其幅度方向膨胀率为 0.5%～1.2%,干后收缩率为0.2%～0.8%,利用此特性可使墙纸裱糊以后绷紧匀称,无褶皱、无气泡。 因复合(复塑)墙纸上下两层均为纸基,现行规范规定“严禁浸水”
刷涂胶黏剂	对于没有底胶的墙纸,在其背面先刷一道胶黏剂,要求厚薄均匀。同时在墙面也同样均匀地涂刷一道胶黏剂,涂刷的宽度要比墙纸宽约 2～3 cm。所用胶黏剂要集中调制,并通过 400 孔/cm^2 筛子过滤,除去胶料中的块粒及杂物。调制后的胶液,应于当日用完。墙纸背面均匀刷胶后,可将其重叠成 S 状静置,正、背面分别相靠。这样放置可避免胶液干得过快,不污染墙纸并便于上墙裱贴(图 8-5)。对于有背胶的墙纸,其产品一般会附有一个水槽,槽中盛水,将裁割好的墙纸浸入其中,由底部开始,图案面向外卷成一卷,过 2 min 后即可上墙裱湖。若有必要,也可在其背胶面刷涂一道均匀稀薄的胶黏剂,以保证粘贴质量
裱糊墙纸	裱糊时分幅顺序一般为从垂直线起至墙面阴角收口处止,由上而下,先立面(墙面)后平面(顶棚),先小面(细部)后大面。如果顶棚梁板有高度差时,墙纸裱贴应由低到高进行。须注意每次裱糊 2～3 幅墙纸后,都应吊垂线检查垂直度,以避免造成累计误差。对于每一幅上墙的墙纸要注意纸幅垂直,先拼缝、对花形,拼缝到底压实后再刮大面。一般无花纹的墙纸,纸幅间可拼缝重叠2 cm,并用铝合金直尺在接缝处由上而下以割纸刀切割。有花纹图案的墙纸,则采取两幅墙纸花饰重叠对准的方法,用铝合金直尺在重叠处拍实,从上而下切割。切去余纸后,对准纸缝粘贴。阴、阳角处应增涂胶黏剂 1～2 遍,阳角要包实,不得留缝,阴角要贴平。与

续上表

项　目	内　容
裱糊墙纸	顶棚交接的阴角处应做出记号，然后用刀修齐。按上述方法同样修齐踢脚板及墙壁间的角落。每张墙纸粘贴完毕后，应随即用清水浸湿的毛巾将拼缝中挤出的胶液全部擦干净，并可进一步做好敷平工作。墙纸的敷干即是依靠薄钢片刮板或胶皮刮板由上而下抹刮，对较厚的墙纸则是用胶辊滚压。 为了防止使用时碰、划而使墙纸开胶，严禁在阳角处甩缝，墙纸裹过阳角尺寸应不小于 20 mm。阴角墙纸搭缝时，应先裱糊压在里面的墙纸，再粘贴搭在上面的墙纸，搭接面应根据阴角垂直度而定，搭接宽度一般不小于 2～3 mm。但搭接的宽度也不宜过大，否则会形成一个不够美观的折痕，注意保持垂直无毛边。遇有墙面卸不下来的设备或附件，裱糊墙纸时，可在墙纸上剪口。剪口方法是将墙纸轻轻糊于墙面突出物件上，找到中心点，从中心往外剪，使墙纸舒平并裱于墙面上。然后用笔轻轻标出物件的轮廓位置，慢慢拉起多做的墙纸，剪去不需要的部分，四周不得留有缝隙(图 8-6)。顶棚裱糊，通常应将第一张纸从房间长墙与顶棚相交之阴角处开始裱糊，以减少接缝数量，非整幅纸应排在光线不足处，裱糊前亦应事先在顶棚上弹线分格，并从顶棚与墙顶端交接处开始分排，接缝可类似墙阴角搭接处理。裱糊时，将已刷好胶并按 S 形叠好的墙纸用木板支托起来，依弹线位置裱糊在顶棚上，裱糊一段，展开一段，直至全部裱糊至顶棚后，用滚筒滚压平实赶出空气(图 8-7)
清理与修整	墙纸上墙后，若发现局部不符合质量要求，应及时采取补救措施。如纸面出现褶皱、死折时，应趁墙纸未干，用湿毛巾轻拭纸面，使之润湿，用手慢慢将墙纸舒平，待无皱褶时，再用橡胶滚或橡胶刮板赶压平整。如墙纸已干结，则要将纸撕下，把基层清理干净后再重新裱糊。如果已贴好的墙纸边缘因脱胶而卷翘起来，应将翘边墙纸翻起认真检查，属于基层有污物者，应清理干净，再补贴胶液粘牢。若胶黏剂黏性小的，应换用黏性较大的胶黏剂粘贴；若墙纸翘边已坚硬，应使用黏结力较强的胶黏剂粘贴，还需加压粘牢、粘实。对于轻微的离缝或亏纸现象，可用与墙纸颜色相同的乳胶漆点描在缝隙内，漆膜干后一般不易显露；离缝或亏纸较严重的部位，可用相同的墙纸补贴，以不显露补贴痕迹为好。如纸面出现气泡，可用注射针管将气抽出，再注射胶液贴平、贴实。也可以采取用刀将气泡表面切开，挤出气体后再用胶黏剂补粘压实的方法。若凸起的部分系由胶黏剂聚集所致，则用刀开口后将多余胶黏剂刮去压实即可。对于在施工中不慎碰撞损坏的墙纸，可采取挖空填补的办法，将损坏的部分割去，然后按形状和大小，对好花纹并补贴，要求不留填补痕迹

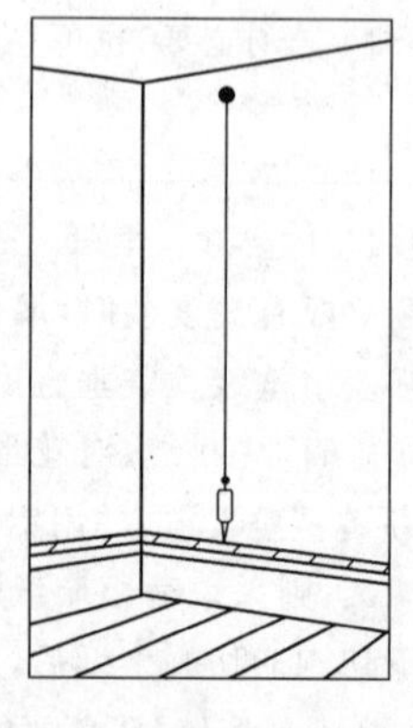

图 8-4　垂线定位示意图

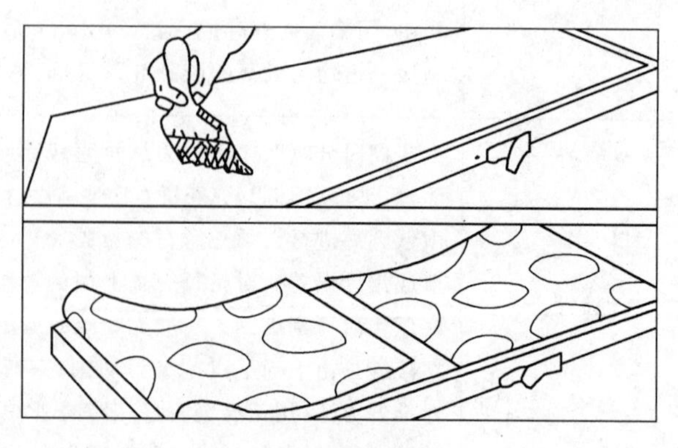

图 8-5　刷胶

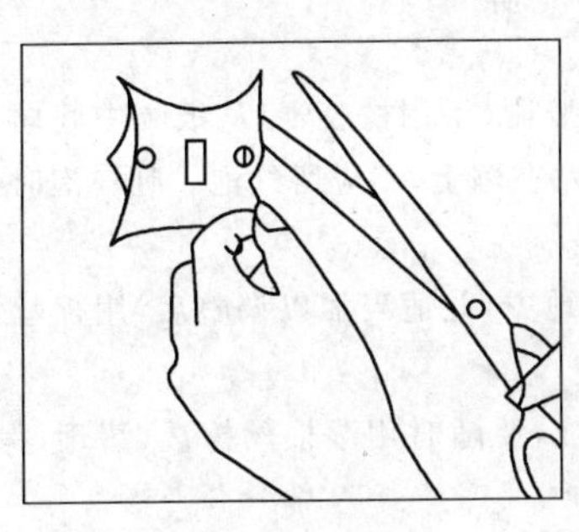

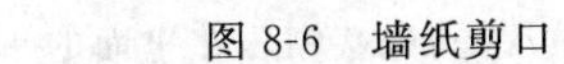

图 8-6　墙纸剪口

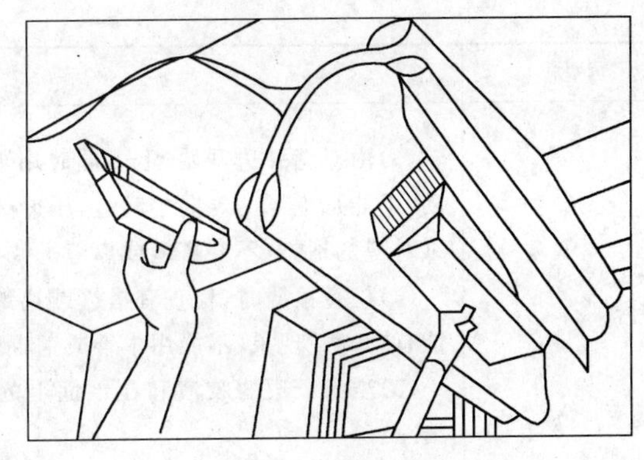

图 8-7　裱糊顶棚

(2)发泡壁纸裱糊的施工方法见表 8-23。

表 8-23　发泡壁纸裱糊的施工方法

项　目	内　容
画垂线	施工时，待基层底胶干燥后画垂直线。起线位置从墙的阴角开始，以小于壁纸 1～2 cm 为宜
裁纸	(1)注意花纹的上下方向，使每条纸上端的印花对应，在花纹循环的同一部位裁，并应裁成方角，长度根据墙的高度而定。 (2)比较每条纸的颜色，如有微小差别，应予以分类，分别安排在不同的墙面上。 (3)裁纸时，主要墙面花纹应对称完整，当一个墙面剩下不足一幅壁纸宽的窄条时，窄条应贴在较暗的阴角处。 (4)窄条纸宜现用现下料，这是由于裱糊后，壁纸在宽度方向能胀出 1 cm 左右，墙面阴阳角处难免有误差，下料时应核对窄条上下端所需宽度。窄条下料时，应考虑对缝和搭缝关系，手裁的一边只能搭缝不能对缝
焖水	发泡塑料壁纸吸水后能胀出 1 cm 左右，如在干壁纸上刷胶后马上上墙，则会出现大量褶皱，不能成活。因此，应先把发泡壁纸放在水槽中浸泡，拿出水槽后把多余水抖掉，静置 20 min，使壁纸充分伸胀
刷胶	在墙面和壁纸背面应同时刷胶。 (1)壁纸背面刷胶时，纸上不应有明胶，多余的胶应用干燥棉丝擦去。 (2)刷胶不宜太厚，应均匀一致，纸背刷胶后，胶面与胶面应对叠，以避免胶干得太快，也便于上墙
裱糊	裱糊是壁纸裱糊工程中最主要的工序，直接决定墙面质量的好坏。 (1)根据阴角搭缝的里外关系，决定先做哪一片墙面。贴每一片墙的第一条壁纸前，要先在墙上吊一条垂直线，弹上粉线后用铅笔在粉线上描一条直线。垂直线的位置可以一幅壁纸宽并再让宽 0.5 cm 左右，每片墙先从较宽的一角以整幅纸开始，将窄条甩在较暗的一端或门两侧阴角处。 (2)裱糊应先从一侧由上而下开始，上端不留余量，对花接缝到底。要求接缝严实，用手或棉丝将接缝处 10 cm 左右的位置压一下，以达到相对固定。

续上表

项　目	内　容
裱糊	(3)由对缝一边开始,上下同时用干净胶刷(不用橡胶辊)从纸幅中间向上、下划动,不能从上下两端向中间赶,压迫壁纸贴在墙上,不应留气泡。赶气泡时,应注意纸对缝的地方,不要搭缝或离缝。 (4)检查接缝时,检查有搭缝或离缝的地方,并适当加以调整后,用棉丝压实,不能有"张嘴"现象(不能用木辊或铜辊压缝)。 (5)溢出纸边的胶液和在纸面上的胶液,要随时用湿棉丝擦洗、清理,保持纸面洁净。 (6)阴角不对缝,宜采用搭缝做法。阴角搭缝做法是:先裱糊压在里面的一幅纸,在阴角处转过0.5 cm左右。阴角有时不垂直,要核对上下头再决定转过多少。阴角处和纸边要压实,无空鼓,然后糊搭缝在外面的一幅纸,纸边应在阴角处。 (7)阳角处不甩缝。包角要严实,没有空鼓、气泡,注意花纹和阳角的直线关系。 (8)壁纸上端应在挂镜线下沿,下端收头在踢脚板上沿。踢脚板处多余部分,应先贴上,用剪刀顺踢脚板上沿划一折线,将壁纸下端揭起,用剪刀将多余部分剪去,再将壁纸贴回并压实。 (9)壁纸表面轧有花纹。当压缝赶气泡时用力要适度,除胶刷和棉丝外,不得使用其他硬质工具,以避免压平纸面的凹凸、纹理而影响质感

(3)金属壁纸裱糊的施工方法见表8-24。

表 8-24　金属壁纸裱糊的施工方法

项　目	内　容
浸水	金属壁纸在裱糊前也需浸水,但浸水时间较短,1～2 min 即可。将浸水的金属壁纸抖去水,阴面处放 5～8 min,在其背面涂胶
涂胶	金属壁纸涂胶的胶液是专用的壁纸粉胶。涂胶时,准备一卷未开封的发泡壁纸或长度大于壁纸宽的圆筒,一边在裁剪好并浸过水的金属壁纸背面涂胶,一边将刷过胶的部分向上卷,并卷在发泡壁纸卷上,如图 8-8 所示
裱糊	裱糊前用干净布,再擦一下基层面,对不平处再次刮平。金属壁纸的收缩量很少,在裱糊时可采用对缝裱糊,也可用搭缝裱糊
对缝	金属壁纸对缝时,都有对花纹拼缝的要求。裱糊时,先从顶面开始对花纹拼缝,操作时需要两人同时配合,一人负责对花纹拼缝,另一人负责手托金属壁纸卷,逐渐放展。一边对缝,一边用橡胶刮板刮平金属壁纸,刮时由纸的中部往两边压刮,使胶液向两边滑动而粘贴均匀,刮平时用力要均匀适中,刮板面要放平,不可用刮板的尖端来刮金属壁纸,以防刮伤纸面。若两幅间有小缝时,则应用刮板在刚粘的这幅壁纸面上,向先粘好的壁纸这边刮,直到无缝为止

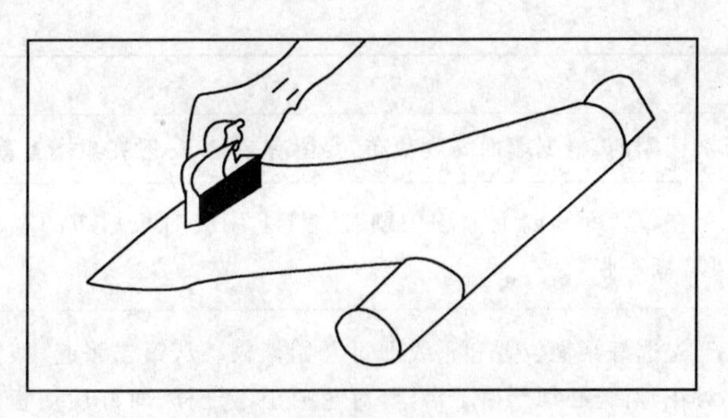

图 8-8　金属壁纸涂胶方法

(4)特殊壁纸裱糊的施工方法见表 8-25。

表 8-25　特殊壁纸裱糊的施工方法

项　目	内　容
刷胶	(1)裱糊时,墙面和纸背均须刷胶,要求薄,而且均匀一致,不裹边。纸背刷胶后,胶面与胶面应对叠,避免胶干得太快,便于上墙。 (2)特种塑料壁纸刷胶 5～10 min 后,约能胀出 0.5%～1.2%,干后收缩0.2%～0.8%。这个特点使壁纸裱糊干燥后能抽缩绷紧,小的凸起处干后会自行平服。因此,刷胶后应静置 5 min,使其充分吸湿伸胀后再上墙,否则会出现大量褶折,不能成活。裱糊后纸面上有的凸包为胶黏剂积聚形成的,干缩后不会自行平服,可用棉丝或胶辊挤压使之平服,因此要注意刷胶量不宜过多
贴壁纸	根据阴角搭缝的里外关系,决定先做哪一片墙面。贴每片墙第一条壁纸时,要先在墙上用铅笔画垂直线,其位置可比一幅壁纸宽并再让出 0.5 cm 左右。每片大墙面均先从较亮的一角以整幅壁纸开始,将窄幅甩在较暗一端的阴角处
裱糊	(1)裱糊时应由上而下,上端不留余量,一侧先对花接缝到底,后贴大面。用棉丝沿水平方向向外赶胶及气泡。对缝时,可让两幅纸边有一发丝的重叠,再往外赶使其恰好对接,不能先留空隙后往里凑,若这样做,则在纸干缩后接缝处会露白茬。纸边应用铜辊或棉丝压实,不能有"张嘴"现象。溢出纸边的余胶,应随时清理。 (2)上端一般在挂镜线处收头,纸端用剪刀刃背一类工具压实。下端一般在踢脚线处收头,先用剪刀刃背压实,画出折印,再扯开按折印剪去余量,重新贴实

5. 墙布裱糊施工

(1)装饰墙布的裱糊方法见表 8-26。

表 8-26　装饰墙布的裱糊方法

项　目	内　容
清理墙面刮腻子	首先把墙上的灰浆疙瘩、灰渣清理并打扫干净,用水、石膏或胶腻子把磕碰坏的麻面抹平,再用刮腻子板把墙面满刮胶腻子(滑石粉∶羧甲基纤维素∶聚酯酸乙烯乳液∶水＝1∶0.3∶0.1∶适量),待腻子干燥后用砂纸(布)磨平,并打扫干净,再刮一道底胶

续上表

项　目	内　容
裁布	裱糊前，根据墙面高度裁布，要留有余量，一般在桌子上裁布，也可以在墙上裁
刷胶	在布背面和墙上面均匀刷胶。墙上刷胶时根据布的宽窄，不可刷得过宽，刷一段，糊一张
裱糊	先选好裱糊位置和垂线即可开始裱糊。从第二张起，裱糊应先上后下进行对缝对花，对缝必须严格不搭槎，对花端正不走样，对好后用板式鬃刷舒展压实。挤出的胶液用湿毛巾擦干净，多出的上下边用刀割整齐。裱糊时，在电门、插销处裁破布面露出设施。裱糊布时阳角不允许对缝，更不允许搭槎，客厅、明柱正面不允许对缝。门、窗口面上下不允许加压条

(2)无纺贴墙布的施工方法见表8-27。

表8-27　无纺贴墙布的施工方法

项　目	内　容
清除墙面	墙面应清除干净，如墙面曾刷过灰浆或涂过涂料，应用刮刀将其适当刮除。墙面凹凸不平之处，应用腻子填平
裁剪墙布	根据墙面高度，加放出10～15 cm余量，再根据贴墙布花型图案整数裁取，裁剪后的贴墙布应成卷堆放，以免布边损伤
刷胶黏剂	粘贴墙布时，先用排笔将配好的胶黏剂刷在墙上，涂时必须涂刷均匀，稀稠适度，比墙布稍宽2～3 cm
挂线	在墙顶处敲进一枚钉并将线锤系在其上，用吊线锤悬吊的办法来保证第一张墙布与地面垂直。决不能以墙角为准，因为墙角不一定与地面垂直
粘贴	将卷好的墙布自上而下粘贴，粘贴时除上边应留出50 mm左右的空隙外，布上的花纹图案应严格对好，不得错位，并须用干净软布将墙布抹平贴实，用刀片裁去多余部分

(3)玻璃纤维墙布的施工方法见表8-28。

表8-28　玻璃纤维墙布的施工方法

项　目	内　容
施工工序	玻璃布裱糊的施工工序见表8-29
基层处理	基层墙面应平整，打扫清洁，明显凹凸不平处应抹平，较小的麻面、污斑，应刮腻子填补磨平，使基层基本达到面直、角直、洁净，并要求与原墙面的色泽基本一致
调制胶液	在粘贴前一天，先将羧甲基纤维素用水溶化，经10 h左右用细眼滤纱过滤使之均匀，次日再按质量配合比与聚酯酸乙烯乳液调配，搅拌均匀。胶液稀稠程度，以便于操作为度。调制数量，一般以当天施工用量为限，不宜过多，随用随配

续上表

项　目	内　容
墙布裁剪	按墙面的实际长度适当放长 10 cm 左右。有花色图案的玻璃纤维墙布，裁剪时应注意花色图案的拼接。并根据图案的整倍数裁取，用刀片裁成段，裁成段的花布应卷成卷，横放盒内，以防止污染与碰坏毛布边而影响对花
裱糊粘贴	墙布裱糊粘贴是最重要的工序，具体实施方案如下。 (1)选好位置吊垂直线，保证第一块墙布粘贴垂直平坦。 (2)用排笔把胶液均匀涂刷到墙上，然后把裁好的成卷墙布自上而下严格按对花要求渐渐放下，然后用湿毛巾将墙布抹平贴实，再用刀片割去上下多余布料。 (3)对于阴阳角、线脚以及偏斜过多的地方，可以开裁拼接，进行叠接，对花纹要求略可放宽，但切忌将布横向硬拉，以致整块墙布歪斜甚至脱落，影响质量

表 8-29　玻璃纤维墙布裱糊施工工序

工序名称	抹灰面混凝土	石膏板面	木料面
清扫基层、填补缝隙磨砂纸	+	+	+
接缝处糊条		+	+
找补腻子、磨砂纸		+	+
满刮腻子、磨平	+		
涂刷涂料一遍	+	+	+
涂刷底胶一遍	+	+	+
墙面画准线	+	+	+
基层涂刷胶黏剂	+	+	+
布上墙、裱糊	+	+	+
拼缝、搭接、对花	+	+	+
赶压胶缝剂、气泡	+	+	+
擦净挤出的胶液	+	+	+
清理修整	+	+	+

注：1. 表中“+”号表示进行的工序。

2. 不同材料的基层相接处应糊条。

3. 混凝土表面和抹灰面必要时可增加满刮腻子的遍数。

(4)压纤装饰墙布的裱糊方法见表 8-30。

表 8-30　压纤装饰墙布的裱糊方法

项　目	内　容
裁布	按墙面垂直高度设计用料，并加长 5～10 cm，以备竣工切齐。裁布时应按图案对花裁取，卷成小卷横放盒内备用

续上表

项　　目	内　　容
吊垂直线	应选室内面积最大的墙面，以整幅墙布开始裱糊粘贴，自墙角起在第一、二块墙布间吊垂直线，并用铅笔做好记号，以后第三、第四……与第二块布保持垂直对花，必须准确
刷胶	将墙布专用胶用排笔均匀地刷在墙上，不要满刷及防止干涸，也不要刷到已贴好的墙布上去
开始贴布	先贴距墙角的第二块布，墙布要伸出画镜线 5～10 cm，然后沿垂直线记号自上而下放贴布卷，布卷的一面用湿毛巾将墙布由中间向四周抹平，注意不要起皱，不能有气泡
继续贴布	与第二块布严格对花，保持垂直，用湿毛巾抹平，边对花边抹平，慢慢往下放卷
贴墙角	凡遇墙角处相邻的墙布可以在拐角处重叠，其重叠宽度约2 cm左右，并要求对花
贴电源开关	遇电源开关应将面板除去，在墙布上画对角线，剪去多余部分，然后盖上面板使墙面完整
裁边整理	用小刀片将上下端多余部分裁除干净，并用湿布抹平，墙面布如果沾有胶液应立即用湿布擦净

6. 墙毡裱糊施工

墙毡裱糊的施工方法见表 8-31。

表 8-31　墙毡裱糊的施工方法

项　　目	内　　容
准备工作	(1)板材基层的龙骨骨架，一般可选用成品木龙骨呈交错排列，用高强水泥钉钉于墙上。 (2)墙体与木龙骨之间，宜设防潮层，或在罩面胶合板背面及龙骨与墙面等处涂刷防腐剂，应由设计根据要求及现场情况事先考虑这类工程的防腐、防火等问题。 (3)龙骨架表面要平整，横竖木方相交处应是半槽咬口拼接。 (4)如果基层为纸面石膏板墙面，其施工做法应按照石膏板贴面墙、石膏板吊顶及纸面石膏板隔墙做法进行。 (5)裱贴墙毡的胶黏剂可有多种选择，目前应用较多的是聚酯酸乙烯乳液，即白乳胶
裱贴	(1)粘贴时，先用光油(光油：溶剂＝1：3)涂刷基层，然后在基层与墙毡背面分别涂胶，而后即可进行裱贴操作，基本方法与 PVC 墙纸的裱糊操作相同，但由于墙毡比墙纸重，所以墙毡上墙后应使用小木条钉住并作临时固定，待其胶黏剂具备一定强度后再拆除木条。 (2)对于在裱贴时溢出的胶液要随时清理干净，但不可用力反复擦拭，否则容易使毡毛受损，出现明显擦痕而影响装饰质量
拼缝	拼缝时除了注意剪切顺直准确、不损伤毡毛外，还需注意将相拼接的两片墙毡结合处靠紧，而后用蒸汽熨斗熨平

第九章　细部工程

第一节　护栏和扶手制作与安装工程施工

一、施工质量验收标准及施工质量控制要求

(1)护栏和扶手制作与安装工程施工质量验收标准见表9-1。

表9-1　护栏和扶手制作与安装工程施工质量验收标准

项　　目	内　　容
主控项目	(1)护栏和扶手制作与安装所使用材料的材质、规格、数量和木材、塑料的燃烧性能等级应符合设计要求。 检验方法:观察;检查产品合格证书、进场验收记录和性能检测报告。 (2)护栏和扶手的造型、尺寸及安装位置应符合设计要求。 检验方法:观察;尺量检查;检查进场验收记录。 (3)护栏和扶手安装预埋件的数量、规格、位置以及护栏与预埋件的连接节点应符合设计要求。 检验方法:检查隐蔽工程验收记录和施工记录。 (4)护栏高度、栏杆间距、安装位置必须符合设计要求。护栏安装必须牢固。 检验方法:观察;尺量检查;手扳检查。 (5)护栏玻璃应使用公称厚度不小于12 mm的钢化玻璃或钢化夹层玻璃。当护栏一侧距楼地面高度为5 m及以上时,应使用钢化夹层玻璃。 检验方法:观察;尺量检查;检查产品合格证书和进场验收记录
一般项目	(1)护栏和扶手转角弧度应符合设计要求,接缝应严密,表面应光滑,色泽应一致,不得有裂缝、翘曲及损坏。 检验方法:观察;手摸检查。 (2)护栏和扶手安装的允许偏差和检验方法见表9-2

表9-2　护栏和扶手安装的允许偏差和检验方法

项　　目	允许偏差(mm)	检验方法
护栏垂直度	3	用1 m垂直检测尺检查
栏杆间距	3	用钢尺检查
扶手直线度	4	拉通线,用钢直尺检查
扶手高度	3	用钢尺检查

(2)护栏和扶手制作与安装工程施工质量控制要求见表 9-3。

表 9-3 护栏和扶手制作与安装工程施工质量控制要求

项　　目	内　　容
木扶手与弯头的接头	木扶手与弯头的接头要在下部连接牢固。木扶手的宽度或厚度超过70 mm时，其接头应黏结加强
扶手与垂直杆件连接	扶手与垂直杆件连接牢固，紧固件不得外露
整体弯头制作	整体弯头制作前应做足尺样板，按样板画线。弯头黏结时，温度不宜低于 5℃。弯头下部应与栏杆扁钢结合紧密、牢固
木扶手弯头加工	木扶手弯头加工成形应刨光，弯曲应自然，表面应磨光
金属扶手与预埋件连接	金属扶手、护栏垂直杆件与预埋件连接应牢固、垂直，如焊接，则表面应打磨抛光
玻璃栏板	玻璃栏板应使用夹层玻璃或安全玻璃

二、标准的施工方法

1. 螺旋楼梯木扶手的制作与安装

(1)常用木栏杆立柱如图 9-1 所示，常用木扶手断面如图 9-2 所示。

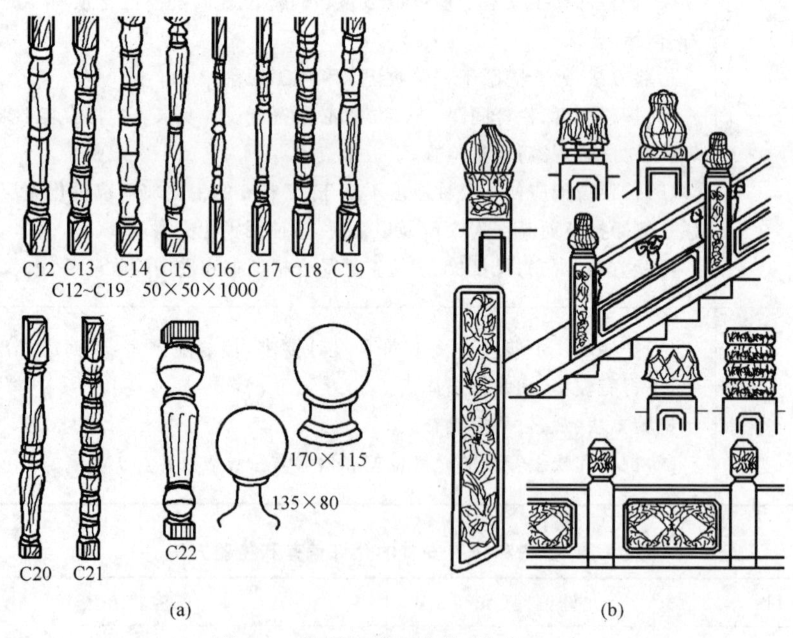

图 9-1 常用木栏杆立柱(单位:mm)

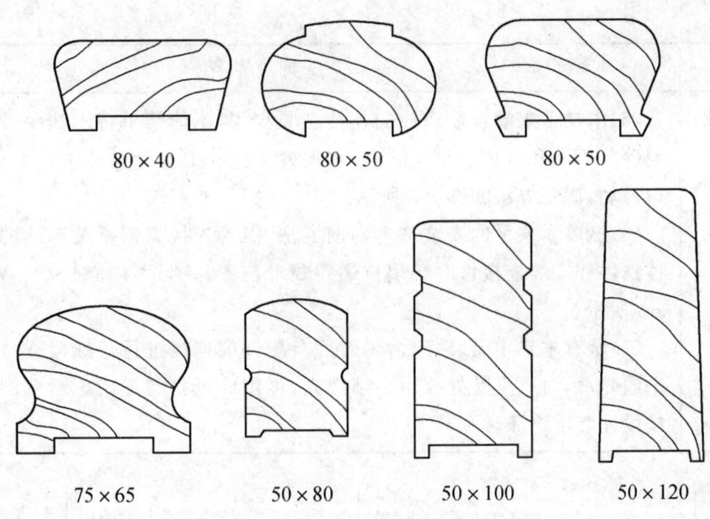

图 9-2　常用木扶手断面(单位:mm)

(2)木扶手的制作与安装方法见表 9-4。

表 9-4　木扶手的制作与安装方法

项　目	内　容
木扶手的制作	(1)首先应按设计图纸要求将金属栏杆就位和固定,安装好固定木扶手的扁钢,检查栏杆构件安装的位置和高度,扁钢安装要平顺和牢固。 (2)按照螺旋楼梯扶手内外环不同的弧度和坡度,制作木扶手的分段木坯。木坯可在厚木板上裁切出近似弧线段,但是这样做比较浪费木材,而且木纹不通顺。最好将木材锯成可弯曲的薄木条并双面刨平,按照近似圆弧做成模具,将薄木条涂胶后逐片放入模具内,形成组合木坯段。将木坯段的底部刨平再按顺序编号和拼缝,在栏杆上试装和画出底部线。将木坯段的底部按画线先刨出螺旋曲面和槽口,并按照编号由下部开始逐段安装固定,同时要再次仔细修整拼缝,使接头的斜面拼缝紧密。 (3)用预制好的模板在木坯扶手上画出扶手的中线,根据扶手断面的设计尺寸,用手刨由粗至细将扶手逐次成型。 (4)对扶手的拐点弯头应根据设计要求和现场实际尺寸在整料上画线,用窄锯条锯出雏形毛坯,毛坯的尺寸约比实际尺寸大 10 mm 左右,然后用手工锯和刨逐渐将其加工成型。一般拐点弯头要由拐点伸出 100～150 mm。 (5)用抛光机、细木锉和砂纸将整个扶手打磨光滑,然后刮油漆腻子和补色,喷刷油漆
木扶手的安装	(1)先检查固定木扶手的扁钢是否平顺和牢固,扁钢上要先钻好固定木螺钉的小孔,并刷好防锈漆。 (2)测量好各段楼梯实际需要的木扶手的长度,按所需长度尺寸略加富余量下料。当扶手长度较长而需要拼接时,最好先在工厂用专用开榫机开手指榫,每一梯段上的榫接头不超过一个。 (3)安装扶手应由下往上进行。首先按设计要求做好起步点的弯头,再接着安装扶手。固定木扶手的木螺钉应拧紧,螺钉帽不能外露,螺钉间距宜小于 400 mm。 (4)当木扶手断面的宽度或高度超过 70 mm 时,如果在现场做斜面拼缝,最好加做暗木榫并加固。

续上表

项　目	内　容
木扶手的安装	(5)木扶手末端与墙或柱的连接必须牢固,不能简单将木扶手伸入墙内,因为水泥砂浆不能和木扶手牢固结合,水泥砂浆的收缩裂缝会使木扶手伸入墙内部分变得松动,固定方法如图 9-3 所示。 (6)沿墙木扶手的安装基本同前方法,因为连接扁钢不是连续的,所以在固定预埋铁件和安装连接件时必须拉通线找准位置,并且不能有松动。常用的做法如图 9-4 所示。 (7)所有木扶手安装好后,要对所有构件的连接进行仔细检查,木扶手的拼接要平顺光滑,对不平整处要用小刨清光,再用砂纸打磨光滑。然后刮腻子补色,最后按设计要求刷漆

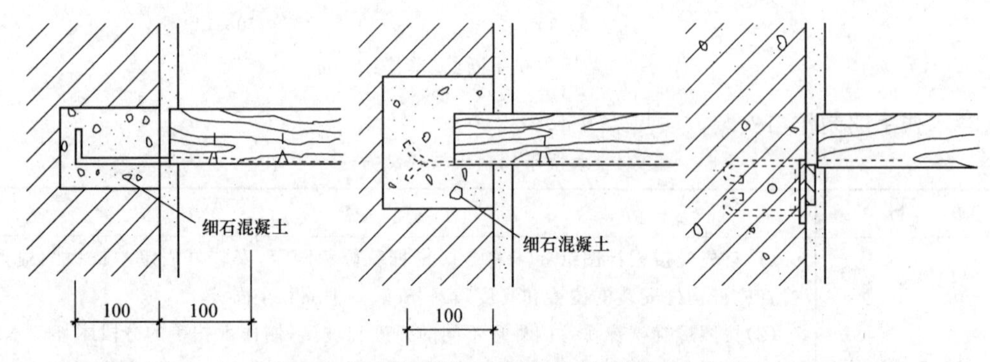

图 9-3　木扶手与墙(柱)的连接(单位:mm)

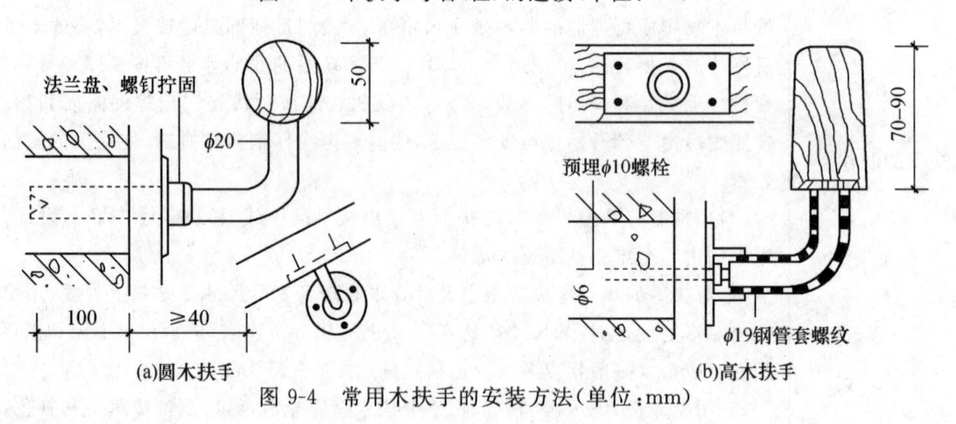

图 9-4　常用木扶手的安装方法(单位:mm)

质量问题

楼梯扶手接头处不严密、不平整

质量问题表现

楼梯木扶手接缝处理不当,黏结不良,造成扶手接槎不平,接缝开裂。

质量问题

质量问题原因

(1)材料的材质规格、尺寸、形状不符合要求。
(2)接头的切割面不平整、角度不合适。
(3)采用胶黏时,温度过高、过低或操作不当。

质量问题预防

(1)木扶手材料的材质规格、尺寸、形状要符合设计要求。木料材质应纹理通顺,颜色一致,不得有腐朽、节疤、裂缝扭曲等缺陷,含水率不得大于12%。

(2)木扶手安装由下向上进行,先按栏杆斜度配好起步弯头。一般木扶手宽度在70 mm以内的可以用扶手料配制弯头,采用45°角断面黏结,断块的黏结区段内最少要有三个螺钉与支撑件连接固定;宽度大于70 mm的扶手,接头除黏结外,还应在下边作暗榫,也可用铁件铆固。

(3)高级装修中的楼梯扶手采用整块弯头。整体弯头应做足尺大样的样板,在弯头料上按样板划线制作。

(4)接头处以45°角断面黏结时,应使用符合要求的黏结剂,操作环境温度不应低于5℃。

(5)木扶手安装完毕后,需对所有构件的连接进行检查,木扶手的拼接要平顺光滑,对不平整处要用小刨净光,使其折角清晰,坡度合适,弯曲自然,断面一致,再用砂纸打磨光滑,并宜刷一道底子油,以防受潮变色。

质量问题

护栏高度不够、栏杆间距过大

质量问题表现

护栏高度不够或栏杆间距过大,易造成严重的安全隐患。

质量问题原因

(1)护栏高度、栏杆间距不符合设计要求。
(2)未严格按设计文件施工。

质量问题预防

(1)护栏应采用坚固、耐久材料制作,并能承受规范允许的水平荷载。

(2)安装前应对照图纸检查护栏高度、栏杆间距和安装位置是否符合设计要求。如设计无具体规定时,扶手高度不应小于0.9 m,栏杆间距不应大于0.11 m。

(3)施工单位必须严格按设计文件施工。

2. 木扶手玻璃栏板的安装

木扶手玻璃栏板的安装方法见表 9-5。

表 9-5　木扶手玻璃栏板的安装方法

项　　目	内　　容
固定扶手	扶手是玻璃栏板的收口，其材料的质量不仅对使用功能影响较大，同时对整个玻璃栏板的立面效果产生较大影响。因此，对木扶手的要求是，其材质要好，纹理较美观，例如采用柚木、水曲柳等。 扶手两端的固定。扶手两端锚固点应该是不发生变形的牢固部位，例如墙、柱或金属附加柱等。对于墙体或柱，可以预先在主体结构上埋铁件，然后将扶手与铁件连接如图 9-5 所示
安装玻璃栏板	玻璃块与玻璃块之间，宜留出 8 mm 的间隙。玻璃与其他材料相交部位，不宜贴得很紧，而应留出 8 mm 的间隙，然后注入硅酮系列密封胶。 玻璃栏板底座，主要是解决玻璃固定和踢脚部位的饰面处理的问题。 玻璃固定的固定铁件，如图 9-6 所示。一侧用角钢，另一侧用一块与角钢长度相等的扁钢，然后在钢板上钻 2 个孔，再套螺纹。安装时，玻璃与钢板之间填上氯丁橡胶板，拧紧螺钉将玻璃挤紧。玻璃的下面，不能直接落在金属板上，而是用氯丁橡胶块将其垫起

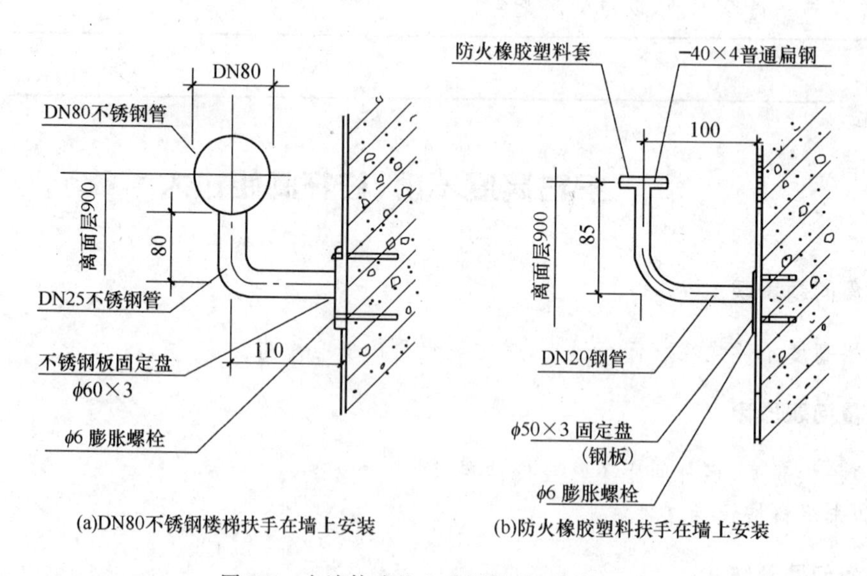

图 9-5　在墙体或柱上安装扶手(单位:mm)

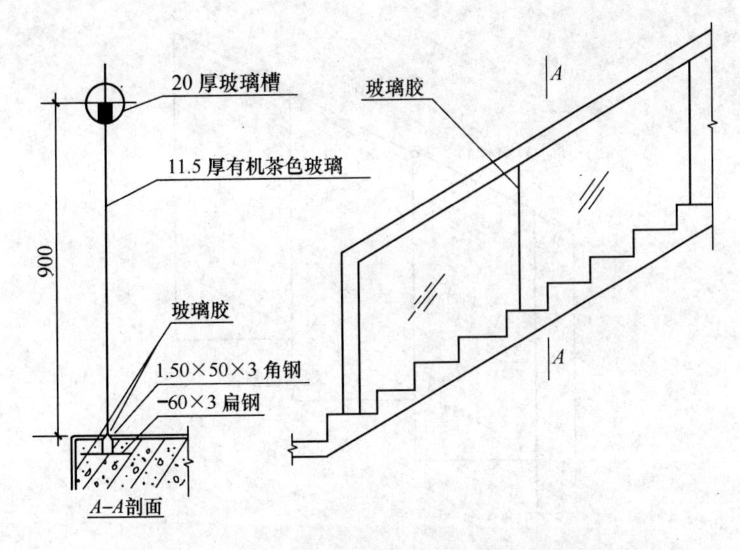

图 9-6　DN80 不锈钢管全玻璃扶手(单位:mm)

3. 石材栏板和扶手的安装

石材栏板和扶手的安装方法见表 9-6。

表 9-6　石材栏板和扶手的安装方法

项　目	内　容
石材栏板的安装	现在许多装饰设计中很少绘制楼梯栏板内外立面图,旋转曲线楼梯内外圈的开展平面图也不相同。所以应根据装饰设计图和实测尺寸绘制各个内外侧面展开图,并将栏板石材进行合理的分格。一般分格宽度不宜大于 1 000 mm,并应考虑所选用石材品种大板的规格尺寸。外侧栏板最好先不切割成斜边,以便在施工时可方便支撑在支撑木上,上端最好也适当留出富裕量,以便施工时可以拼对花纹和调整尺寸,最后才在统一弹线现场进行切割,如图 9-7 所示
石材扶手的安装	现在石材楼梯或栏杆扶手仅在少数豪华宾馆内使用,采用比较多的是圆形断面,这主要取决于石材加工的方便。材料也以雪花白大理石为主,因为白色更容易与其他颜色相配,加工后的大理石扶手细腻光滑,更显豪华气质。由于加工机械能力的限制,现在只能加工直线形和圆弧曲线形的扶手,还不能加工螺旋曲线形的扶手。所以在旋转曲线楼梯中,还只能用圆弧曲线形扶手来近似替代螺旋曲线形扶手,相当于平面几何中用多边形来近似圆形一样。应当注意的是圆弧曲线形扶手的分段尺寸不宜太大,否则在安装时扶手会出现明显的死弯硬角。扶手立柱支点的排列要均匀美观,其间距的大小也和石材扶手的直径有关。旋转曲线楼梯,其内外圈栏板(杆)和扶手要分别绘制出内外立面展开图,才能确定扶手等石材的安装定位尺寸。实际订货时,对起始和拐折处需现场加工拼接的扶手长度要留出足够的余量

4. 金属圆管扶手玻璃栏板安装

金属圆管扶手玻璃栏板的安装方法见表 9-7。

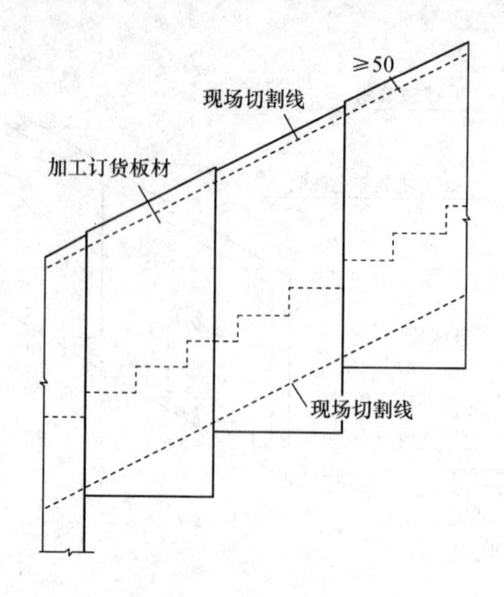

图 9-7　楼梯栏板外侧立板示意图(单位:mm)

表 9-7　金属圆管扶手玻璃栏板的安装方法

项　目	内　容
焊接扶手	金属圆管扶手一般是通长的,接长要焊接,焊口部位打磨修平后,再进行抛光。为了提高扶手刚度及满足安装玻璃栏板需要,常在圆管内部加设型钢,型钢与外表圆管焊成整体,如图 9-8 所示
固定玻璃	玻璃固定如图 9-8 所示,多采用角钢焊成的连接铁件。两条角钢之间,应留出适当的间隙。一般考虑玻璃的厚度,再加上每侧 3～5 mm 的填缝间距。固定玻璃的铁件高度不宜小于100 mm,铁件的中距不宜大于 450 mm

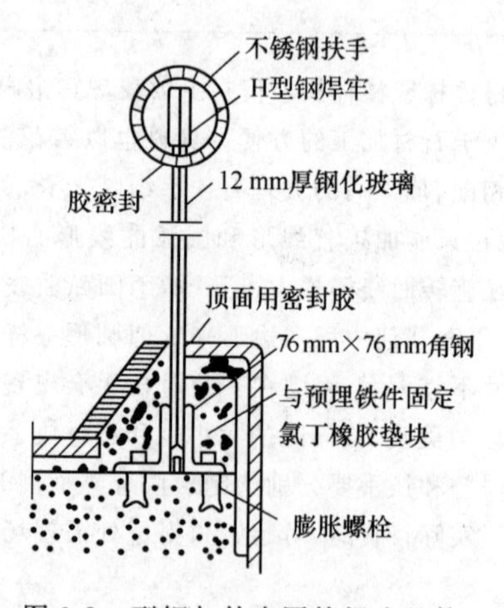

图 9-8　型钢与外表圆管焊成整体

5. 不锈钢扶手和栏板安装

(1)楼梯扶手及栏板安装的厚玻璃可分为全玻璃和半玻璃两种。全玻璃楼梯扶手如图 9-9 所示,半玻璃楼梯扶手如图 9-10 所示。

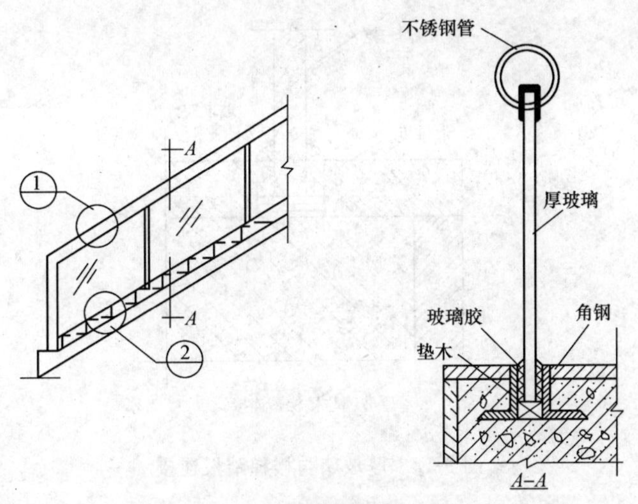

图 9-9　全玻璃楼梯扶手

注：细部做法参见图 9-11 和图 9-12

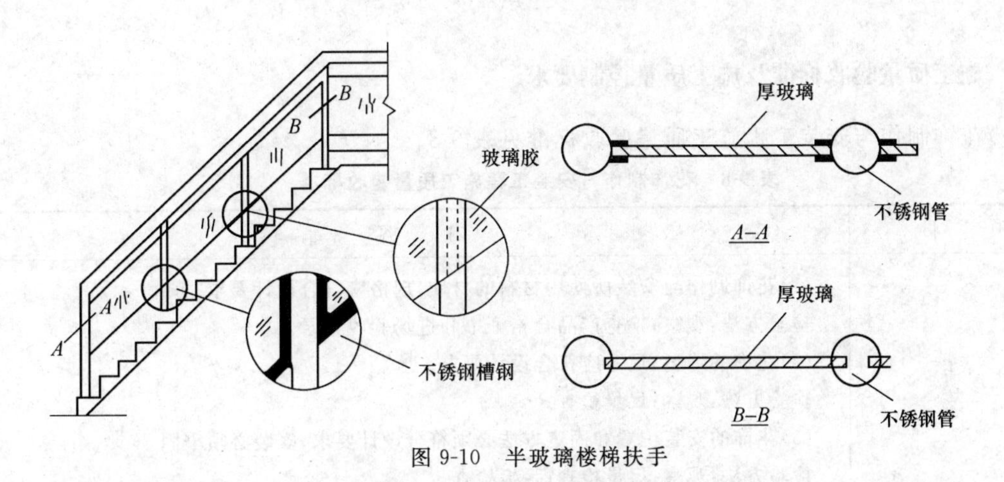

图 9-10　半玻璃楼梯扶手

(2)全玻璃楼梯扶手中厚玻璃与扶手的连接做法如图 9-11 所示。厚玻璃与楼梯踏板的连接如图 9-12 所示。

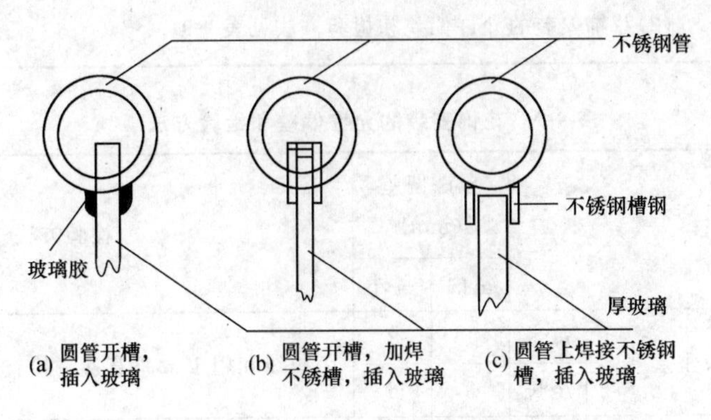

图 9-11　玻璃与扶手连接做法

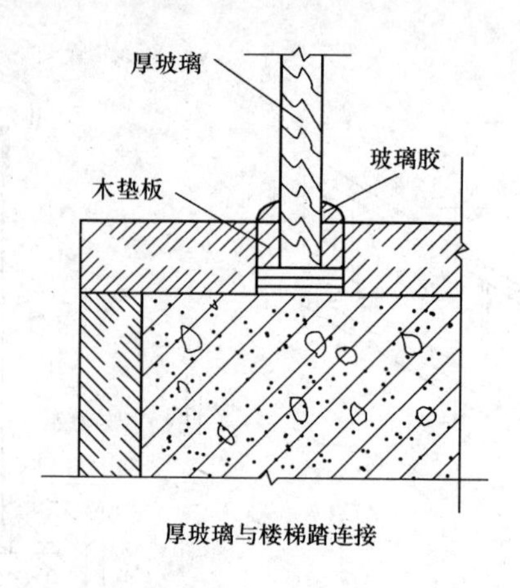

图 9-12 厚玻璃与楼梯踏板连接

第二节 花饰制作与安装工程施工

一、施工质量验收标准及施工质量控制要求

(1)花饰制作与安装工程施工质量验收标准见表 9-8。

表 9-8 花饰制作与安装工程施工质量验收标准

项目	内容
主控项目	(1)花饰制作与安装所使用材料的材质、规格应符合设计要求。 检验方法:观察;检查产品合格证书和进场验收记录。 (2)花饰的造型、尺寸应符合设计要求。 检验方法:观察;尺量检查。 (3)花饰的安装位置和固定方法必须符合设计要求,安装必须牢固。 检验方法:观察;尺量检查;手扳检查
一般项目	(1)花饰表面应洁净,接缝应严密吻合,不得有歪斜、裂缝、翘曲及损坏。 检验方法:观察。 (2)花饰安装的允许偏差和检验方法见表 9-9

表 9-9 花饰安装的允许偏差和检验方法

项目		允许偏差(mm)		检验方法
		室内	室外	
条型花饰的水平度或垂直度	每米	1	2	拉线和用 1 m 垂直检测检查
	全长	3	6	
单独花饰中心位置偏移		10	15	拉线和用钢直尺检查

(2)花饰制作与安装工程施工质量控制要求见表 9-10。

表 9-10　花饰制作与安装工程施工质量控制要求

项　目	内　容
装饰线、装饰件的安装	(1)装饰线安装的基层必须平整、坚实,装饰线不得随基层起伏。 (2)装饰线、装饰件的安装应根据不同基层,采用相应的连接方式。 (3)石膏装饰线、装饰件安装的基层应干燥,石膏线与基层连接的水平线和定位线的位置、距离应一致,接缝应45°角拼接。当使用螺钉固定花件时,应用电钻打孔,螺钉钉头应沉入孔内,螺钉应做防锈处理。当使用胶黏剂固定花件时,应选用短时间固化的胶黏材料。 (4)金属类装饰线、装饰件安装前应做防腐处理。基层应干燥、坚实。铆接、焊接或紧固件连接时,紧固件位置应整齐,焊接点应在隐蔽处,焊接表面应无毛刺。刷漆前应去除氧化层
木质装饰线、装饰件的接口	木(竹)质装饰线、装饰件的接口应拼对花纹,拐弯接口应整齐无缝,同一种房间的颜色应一致,封口压边条与装饰线、装饰件应连接紧密牢固

三、标准的施工方法

1. 水泥制品花格制作与安装

(1)水泥制品花格的制作方法见表 9-11。

表 9-11　水泥制品花格的制作方法

项　目	内　容
水泥砂浆花格制作	(1)安放钢筋。将已制作成型的钢筋或钢筋网片放置于模板中,钢筋不能直接放在地上,要先垫砂浆或混凝土后再将其放入,使得浇筑后钢筋不能外漏。 (2)灌注砂浆。用钢抹子将砂浆注入模板中,随注随用钢筋棒捣实,待注满后用钢抹子抹平表面。 (3)拆模。水泥砂浆初凝后即可拆模,以拆模后构件不变形为度。拆模后的构件要浇水养护
混凝土花格制作	(1)混凝土花格的制作方法基本同水泥砂浆花格的制作方法。 (2)常选用C20预制混凝土,断面最小宽度尺寸应在25 mm以上。其配筋除设计有注明外,一般采用ϕ4冷拔低碳钢丝,水泥用42.5级普通硅酸盐水泥。 (3)水泥初凝时拆模,拆模后如发现局部有麻面、掉角现象,应用水泥砂浆修补
水磨石花格制作	(1)水磨石花格多用于室内,要求表面平整光洁。 (2)制作材料可选用1∶(1.25～2)水泥石碴浆,浇筑后石碴浆表面要经过钢抹子多次刮压使石碴排列均匀,表面出浆。 (3)水泥初凝后即可拆模,然后浇水养护。 (4)待水泥石碴达一定强度后即可打磨,打磨前应在同批构件中选样试磨,以打磨时不掉石子为度

(2)水泥制品花格的安装方法见表 9-12。

表 9-12　水泥制品花格的安装方法

项　目	内　容
单一或多种构件拼装	单一或多种构件的拼装程序：预排→拉线→拼装→刷面。 (1)预排。先在拟定装花格部位，按构件排列形状和尺寸标定位置，然后用构件进行预排调缝。 (2)拉线。调整好构件的位置后，再横向拉画线，画线应用水平尺和线锤找平找直，以保证安装后构件位置准确，表面平整，不致出现前后错动、缝隙不均等现象。 (3)拼装。从下而上地将构件拼装在一起，拼装缝用(1∶2)～(1∶2.5)水泥砂浆砌筑。构件相互之间连接是在 2 个构件的预留孔内插入 $\phi6$ 钢筋销子系固，然后用水泥砂浆灌实。拼砌的花格饰件四周，应用锚固件与墙、柱或梁连接牢固。 (4)刷面。拼装后的花格应刷各种涂料。水磨石花格因在制作时已用彩色石子或颜料调出装饰色，可不必刷涂。如果需要刷涂时，刷涂方法同墙面施工
竖向混凝土组装花格	竖向混凝土花格的组装程序：预埋件留槽→立板连接→安装花格。 (1)预埋件留槽。竖向板与上下墙体或梁连接时，在上下连接点，要根据竖板间隔尺寸埋入预埋件或留凹槽。若竖向板间插入花饰，板上也应埋件或留槽。 (2)立板连接。在拟安装板部位将板立起，用线锤吊直，并与墙、梁上埋件或凹槽连在一起，连接节点可采用焊、拧等方法。 (3)安装花格。竖板中加花格也采用焊、拧和插入凹槽的方法。焊接花格可在竖板立完固定后进行，插入凹槽的安装应与装竖板同时进行

质量问题

水泥花饰未按水泥、混凝土特征进行操作安装

质量问题表现

水泥花饰没有按水泥、混凝土特性的操作，使花饰的黏结力减弱或破坏，将造成严重安全隐患。

质量问题原因

(1)安装前，基层未清理干净或润水不足。
(2)花饰背面未清除浮灰及隔离剂等污物。
(3)未控制好黏结砂浆配比。
(4)砂浆充填不密实。
(5)夏、冬期施工时，未做好保护措施。

质量问题预防

(1)基层应清理干净，并隔天洒水湿润。
(2)清除水泥花饰背面的浮灰与隔离剂，并事先洒水润湿。
(3)控制黏结砂浆配比，并均匀批抹结合层砂浆，应随批抹随粘贴。
(4)分层填塞砂浆，必须饱满。
(5)夏期施工要注意遮阳防暴晒和洒水养护；冬期施工要注意保温、防冻，防止黏结砂浆在硬化前受冻。

2. 木花饰制作与安装

木花饰制作与安装方法见表 9-13。

表 9-13　木花饰制作与安装方法

项　目	内　容
木花饰制作	(1)按设计要求选择合适的木材。选材时，毛料尺寸应大于净料尺寸 3～5 mm，按设计尺寸锯割成段，存放备用。 (2)用木工刨将毛料刨平、刨光，使其符合设计净尺寸，然后用线刨做装饰线。 (3)用锯子、凿子在要求连接部位开榫头、榫眼、榫槽，尺寸一定要准确，保证组装后无缝隙。 (4)竖向板式木花饰常用连接件与墙、梁固定，连接件应在安装前按设计做好，竖向板间的花饰也应做好
木花饰安装	(1)在拟安装的墙、梁、柱上预埋铁件或预留凹槽。 (2)小面积木花饰可像制作木窗一样，先制作好，再安装到位。 (3)竖向板式花饰则应将竖向饰件逐一定位安装，先用尺量出每一构件位置，检查是否与预埋件相对应，并做出标记。将竖板立正吊直，并与连接件拧紧，随立竖板随安装木花饰，如图 9-13 所示

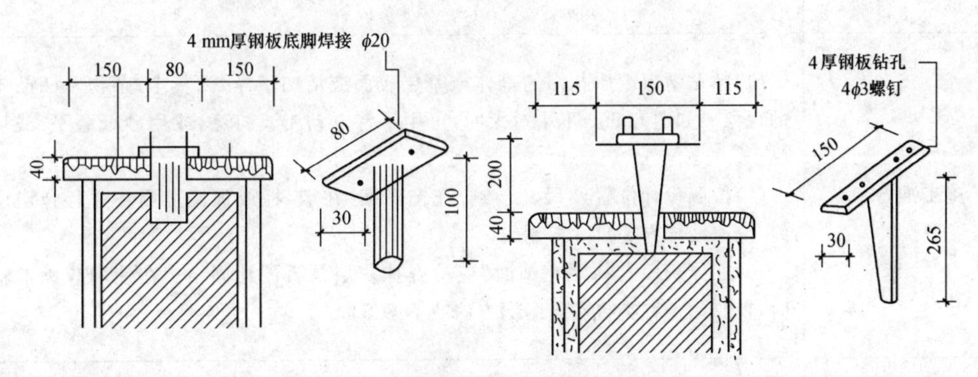

图 9-13　木质花饰安装示意图(单位:mm)

质量问题

木花饰弯曲变形，有刨痕

质量问题表现

木花饰弯曲变形，有刨痕，手感粗糙不光滑。

质量问题原因

(1)木材含水率超过规定。
(2)选材不适当。
(3)未进行构造设计，手工加工不精细。

质量问题

(4)堆放不平,露天堆放无遮盖。

质量问题预防

(1)木材含水率应符合设计规定。

(2)选用符合等级要求的优质木材加工花格。

(3)必须进行构造设计,用料断面应确保花格刚度和连接牢固。

(4)调整木材加工参数,手工加工必须精细。

(5)花饰应认真检验、挑选,进场后不得露天堆放。安装好的花饰经检验不符合要求的应返工纠正。

3.塑料纸质花饰粘贴

塑料纸质花饰的粘贴方法见表9-14。

表9-14 塑料纸质花饰的粘贴方法

项目	内容
施工准备	(1)粘贴塑料纸质花饰的基体或基层表面应清扫干净,无灰尘、杂物及凹凸不平的现象。如遇有凹凸不平过大时,可用手持电动工具打磨,或用砂纸磨平,或填刮腻子。 (2)按照设计位置及尺寸,结合花饰图案,在墙、柱或顶棚上测量并且弹出中心线、分格线或有关尺寸控制线。 (3)在抹灰面上粘贴花饰时,应检查抹灰层是否硬化固结。在使用胶黏剂粘贴时,视胶黏剂种类再确定湿润方法或不必湿润
粘贴施工	(1)胶黏剂选择。根据塑料、纸质花饰的不同性质,以及不同质地的基面,施工时要按照其特点和要求,选购或自行配制胶黏剂。粘贴塑料纸质花饰常用的胶黏剂有橡胶胶黏剂、聚酯酸乙烯胶黏剂、聚异氰酸酯胶黏剂等。 (2)粘贴工艺。塑料纸质花饰的粘贴工艺参考裱糊工程

4.玻璃花格制作与安装

(1)银光玻璃的加工制作方法见表9-15。玻璃花格的安装如图9-14所示。

表9-15 银光玻璃的加工制作方法

项目	内容
涂沥青	先将玻璃洗净,干燥后涂一层厚沥青漆
贴锡箔	待沥青漆干至不粘手时,将锡箔贴于沥青漆上,要求粘贴平整,尽量减少皱纹和空隙,以防漏酸
贴纸样	将绘在打字纸上的设计图样,用浆糊裱在锡箔上

续上表

项　目	内　容
刻纹样	待纸样干透后,用刻刀按纹样刻出要求腐蚀的花纹,并用汽油或煤油将该处的沥青洗净
腐蚀	用木框封边,涂上石蜡,用1∶5浓度的氢氟酸倒于需要腐蚀的玻璃面,并根据刻花深度的要求控制腐蚀时间
洗涤	倒去氢氟酸后,用水冲洗数次,把多余的锡箔及沥青漆用小铁铲铲去,并用汽油擦掉,再用水冲洗干净为止
磨砂	将未进行腐蚀的部分用金刚砂打磨,打磨时加少量的水,最终做成透光而不透视线的乳白色玻璃

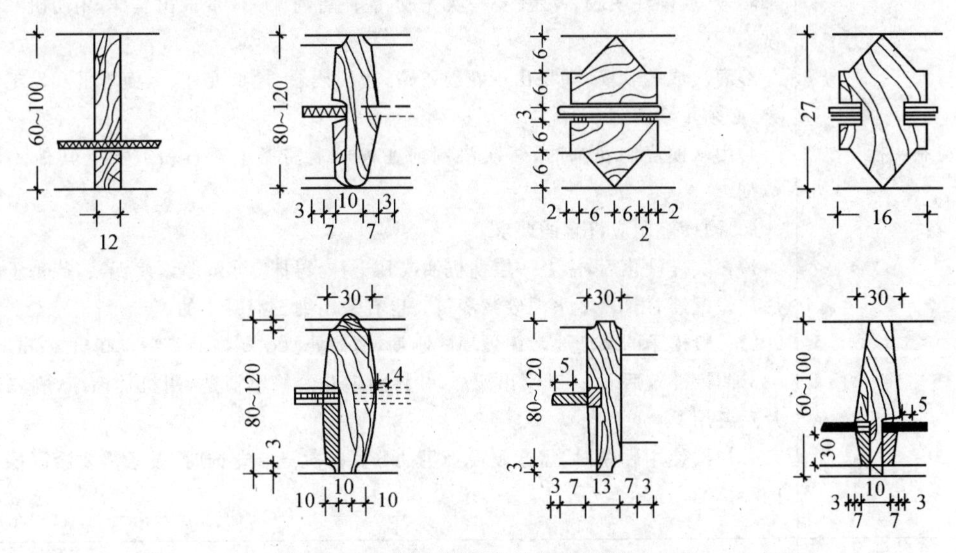

图 9-14　玻璃花格安装示意图(单位:mm)

5.石膏花饰制作与安装

石膏花饰制作与安装的方法见表9-16。

表9-16　石膏花饰制作与安装的方法

项　目	内　容
塑制实样(阳模)	(1)阳模干燥后,表面应刷凡立水(或油脂)2～3遍,若阳模是泥塑的,应刷3～5遍。每次刷凡立水,必须待前一次干燥后才能涂刷,否则凡立水易起皱皮,影响阳模及花饰的质量。刷凡立水的作用:其一,作为隔离层,使阳模易于在阳模中脱出;其二,在阳模中的残余水分,不致在制作阴模时蒸发,使阴模表面产生小气孔,降低阴模的质量。 (2)实样(阳模)做好后,在纸筋灰或石膏实样上刷三遍漆片(为防止尚未蒸发的水分),使模子光滑,再抹上调和好的油(凡士林掺煤油),用明胶制模。 (3)刻花。按设计图纸做成实样即可满足要求。一般采用石膏灰浆,或采用木材雕刻。

续上表

项　目	内　容
塑制实样(阳模)	(4)垛花。一般用较稠的纸筋灰按设计花样轮廓垛出,用钢片或黄棉木做成的塑花板雕塑而成。由于纸筋灰的干缩率大,垛成的花样轮廓会缩小,因此,垛花时应比实样大出2%左右。 (5)泥塑。用石膏灰浆或纸筋灰按设计图做成实样即可
浇制阴模	(1)软模浇制应符合的要求。 1)明胶的配制。先将明胶隔水加热至30℃,明胶开始熔化,温度达到70℃时停止加热,并调拌均匀稍凉后即可灌注。其配合比为明胶∶水∶工业甘油=1∶1∶0.125。 2)软模的浇制方法。当实样硬化后,先刷三遍漆片,再抹上掺煤油的凡士林调和油料,然后灌注明胶。灌注要一次完成,灌注后约8～12 h取出实样,用明矾和碱水洗净。 3)灌注成的软模,如果出现花纹不清,边棱残缺、模型变样、表面不平和发毛等现象,必须重新浇制。 4)用软模浇制花饰时,每次浇制前在模子上需撒上滑石粉或涂上其他无色隔离剂。 (2)硬模浇制应符合的要求。 1)在实样硬化后,涂上一层稀机油或凡士林,再抹5 mm厚素水泥浆,待稍干收水后放好配筋,用1∶2水泥砂浆浇筑。也有采用细石混凝土的。 2)一般模子的厚度要考虑硬模的刚度,最薄处要比花饰的最高点高出2 cm。 3)阴模浇筑后3～5 d倒出实样,并将阴模花纹修整清楚,用机油擦净,刷三遍漆片后备用。 4)初次使用硬模时,需让硬模吸足油分。每次浇制花饰时,模子需要涂刷掺煤油的稀机油
花饰浇制	(1)花饰中的加固筋和锚固件的位置必须准确。加固筋可用麻丝、木板或竹片,不宜用钢筋,以免其生锈时,石膏花饰被污染而泛黄。 (2)明胶阴模内应刷清油和无色纯净的润滑油各一遍,涂刷要均匀,不应刷得过厚或漏刷,要防止清油和油脂聚积在阴模的低凹处,造成烧制的石膏花饰出现细部不清晰和孔洞等缺陷。 (3)将浇制好的软模放在石膏垫板上,表面涂刷隔离剂并不得有遗漏,也不可使隔离剂聚积在阴模低洼处,以防花饰产生孔眼。下面平放一块稍大的板子,然后将所用的麻丝、板条、竹条均匀分布放入,随即将石膏浆倒入明胶模,灌后刮平表面。待其硬化后,用尖刀将背面划毛,使花饰安装时易与基层黏结牢固。 (4)石膏浆浇筑后,一般经10～15 min即可脱模,具体时间以手摸略有热度时为准。脱模时还应注意从何处着手起翻比较方便,又不致损坏花饰,脱模后须修理不齐之处。 (5)脱模后的花饰,应平放在木板上,在花脚、花叶、花面、花角等处,如果有麻洞、不齐、不清、多角、凸出不平等现象,应用石膏补满,并用多式凿子雕刻清晰光整

续上表

项　目	内　容
石膏花饰安装	(1)按石膏花饰的型号、尺寸和安装位置,在每块石膏花饰的边缘抹好石膏腻子,然后平稳地支顶于楼板下。安装时,紧贴龙骨并用竹片或木片临时支住并加以固定,随后用镀锌木螺钉拧住固定,不宜拧得过紧,以防石膏花饰损坏。 (2)视石膏腻子的凝结时间而决定拆除支架的时间,一般以 12 h 拆除为宜。 (3)拆除支架后,用石膏腻子将 2 块相邻花饰的缝填满抹平,待凝固后打磨平整。螺钉拧的孔,应用白水泥浆填嵌密实,螺钉孔用石膏修平。 (4)花饰的安装,应与预埋在结构中的锚固件连接牢固。薄浮雕和高凸浮雕安装宜与镶贴饰面板、饰面砖同时进行。 (5)在抹灰面上安装花饰,应待抹灰层硬化后进行。安装时应防止灰浆流坠污染墙面。 (6)花饰安装后,不得有歪斜、装反和镶接处的花枝、花叶、花瓣错乱、花面不清等现象

石膏花饰拼装接缝不平、缝隙不匀、整体饰面不平,影响装饰观感效果和粘贴牢固

质量问题表现

石膏花饰拼装接缝不平、缝隙不匀、整体饰面不平。

质量问题原因

(1)花饰制品本身厚薄不一或有翘曲变形,事先未认真挑选。

(2)用螺钉或螺栓固定时没有认真找平。

(3)砂浆未凝固前碰动。

质量问题预防

(1)安装前,事先应对花饰制品进行挑选,对翘曲变形大、厚薄差距大而又不能调整的应剔除,把误差接近的组合后安装。

(2)安装时必须接缝平整、整体线条顺直,饰面平整后进行固定。

(3)对黏结剂未固化前避免碰动花饰,要加强成品保护。

第三节　橱柜制作与安装工程施工

一、施工质量验收标准及施工质量控制要求

(1)橱柜制作与安装工程施工质量验收标准见表 9-17。

表 9-17 橱柜制作与安装工程施工质量验收标准

项　目	内　容
主控项目	(1)橱柜制作与安装所用材料的材质和规格、木材的燃烧性能等级和含水率、花岗石的放射性及人造木板的甲醛含量应符合设计要求及国家现行标准的有关规定。 检验方法:观察;检查产品合格证书、进场验收记录、性能检测报告和复验报告。 (2)橱柜安装预埋件或后置埋件的数量、规格、位置应符合设计要求。 检验方法:检查隐蔽工程验收记录和施工记录。 (3)橱柜的造型、尺寸、安装位置、制作和固定方法应符合设计要求。橱柜安装必须牢固。 检验方法:观察;尺量检查;手扳检查 (4)橱柜配件的品种、规格应符合设计要求。配件应齐全,安装应牢固。 检验方法:观察;手扳检查;检查进场验收记录。 (5)橱柜的抽屉和柜门应开关灵活、回位正确。 检验方法:观察;开启和关闭检查
一般项目	(1)橱柜表面应平整、洁净、色泽一致,不得有裂缝、翘曲及损坏。 检验方法:观察。 (2)橱柜裁口应顺直、拼缝应严密。 检验方法:观察。 (3)橱柜安装的允许偏差和检验方法见表 9-18

表 9-18 橱柜安装的允许偏差和检验方法

项　目	允许偏差(mm)	检验方法
外形尺寸	3	用钢尺检查
立面垂直度	2	用 1 m 垂直检测尺检查
门与框架的平行度	2	用钢尺检查

(2)橱柜制作与安装工程施工质量控制要求见表 9-19。

表 9-19 橱柜制作与安装工程施工质量控制要求

项　目	内　容
配料	(1)按设计图纸选择合适材料,根据图纸要求的规格、结构、式样、材种列出所需木方料及人造木板材料。 (2)配坯料时,应先配长料、宽料,后配短料;先配大料,后配小料;先配主料后配次料。木方料长向按净尺寸放 30~50 mm 截取。截面尺寸按净料尺寸放 3~5 mm 以便刨削加工。板料坯向横向按净尺寸放 3~5 mm 以便刨削加工。 (3)刨料应顺木纹方向,先刨大面,再刨小面,相邻的面形成 90°直角
画线	画线前应认真看懂图纸,根据纹理、色调、节疤等因素确定其内外面
榫的配制	榫的种类有多样式,根据设计要求进行配制。榫头与榫眼配合时,榫眼长度比榫头短 1 mm 左右,使之不过紧又不过松

续上表

项　　目	内　　容
橱柜组装	橱柜组(拼)装前,应将所有的结构件用细刨刨光,然后按顺序逐件依次装配
外露端口	对外露端口用包边木条进行装饰收口,饰面板在大部位的材种应相同,纹理相似并通顺,色调相同无色差的尤佳

二、标准的施工方法

橱柜的制作与安装方法见表9-20。

表9-20　橱柜的制作与安装方法

项　　目	内　　容
配料	见表9-19中配料的内容
画线	(1)首先检查加工件的规格、数量,并根据各工件的表面颜色、纹理、节疤等因素确定其正反面,并做好临时标记。 (2)在需要对接的端头留出加工余量,用直角尺和木工铅笔画一条基准线。若端头平直,又属作开榫一端,即不画此线。 (3)根据基准线,用量尺量画出所需的总长尺寸线或榫肩线。再以总长尺寸线和榫肩线为基准,完成其他所需的榫眼线。 (4)可将两根或两块相对应位置的木料拼合在一起进行画线,画好一面后,用直角尺把线引向侧面。 (5)所画线条必须准确、清楚。画线之后,应将空格相等的两根或两块木料颠倒并列进行校对,检查画线和空格是否准确相符,如有差别,即说明其中有错,应及时查对校正
榫槽及拼板	(1)榫的种类主要分为木方连接榫和木板连接榫两大类,但其具体形式较多,分别适用于木方和木质板材的不同构件连接。如木方中榫、木方边榫、燕尾榫、扣合榫、大小榫、双头榫等。 (2)在室内家具制作中,采用木质板材较多,如台面板、橱面板、搁板、抽屉板等,都需要拼缝结合。常采用的拼缝结合形式有高低缝、平缝、拉拼缝、马牙缝。 (3)板式家具的连接方法较多,主要分为固定式结构连接与拆装式结构连接两种
木橱柜组装	木家具组装分部件组装和整体组装。组装前,应将所有的结构件用细刨刨光,然后按顺序逐渐进行装配,装配时,应注意构件的部位和正反面。衔接部位需涂胶时,应刷涂均匀并及时擦净挤出的胶液。锤击装拼时,应将锤击部位垫上木板,不可猛击;如有拼合不严处,应查找原因并采取修整或补救措施,不可硬敲硬装而使其就位。各种五金配件的安装位置应定位准确,安装严密、方正牢靠,结合处不得崩槎、歪扭、松动,不得缺件、漏钉和漏装
面板安装	如果橱柜的表面做油漆涂饰,其框架的外封板一般即同时是面板;如果橱柜的表面使用的是装饰细木夹板来进行饰面的,或是用塑料板做贴面,那么家具框架外封板就是其饰面的基层板。饰面板与基层板之间多是采用胶黏剂粘合。饰面板与基层粘合后,需在其侧边使用封边木条、木线、塑料条等材料进行封边收口,其原则是:凡直观的边部,都应封堵严密和美观

续上表

项　目	内　容
线脚收口	(1)实木封边收口。常用钉胶结合的方法,胶黏剂可用立时得、白乳胶、木胶粉。 (2)塑料条封边收口。一般是采用嵌槽加胶的方法进行固定。 (3)铝合金条封边收口。铝合金封口条有L形和槽形两种,可用钉或木螺钉直接固定。 (4)薄木单片和塑料带封边收口。先用砂纸磨除封边处的木渣、胶迹等并清理干净,在封口边刷一道稀甲醛作填缝封闭层,然后在封边薄木片或塑料带上涂万能胶,对齐边口贴放。用干净抹布擦净胶迹后再用熨斗烫压,固化后切除毛边和多余处即可。对于微薄木封边条,可以直接用白乳胶粘贴;对于硬质封边木片,也可采用镶装或加胶加钉安装的方法

质量问题

橱柜安装时不弹线套方、不找正

质量问题表现

橱柜安装时不弹线套方、找正吊直,致使橱柜安装不平、不正,造成橱柜边框与墙缝、楼板底缝大小不一,同时还容易造成橱柜框架翘曲(皮棱)、框扇关不严或局部不严。

质量问题原因

(1)未利用室内统一标高线和柜的尺寸,弹出柜框安装线。

(2)框架固定前未先校正、套方、吊直。

(3)弹线找正后未仔细检查。

质量问题预防

(1)利用室内统一标高线和柜的尺寸,弹出柜框安装线。

(2)框架固定前应先校正、套方、吊直,核对标高、尺寸、位置准确无误后,才可进行固定。

(3)如果遇到基体施工留洞不准,造成墙不方正,或楼板底高低不平时,不能在安装框时顺墙、板走,所造成的墙和板不平、不正问题单独处理。

(4)弹线找方正后进行检查,发现问题应及时解决。

橱柜安装常见缺陷

质量问题表现

(1)橱柜发生变形翘曲现象。

(2)盖口条、压缝条加工、采购、安装时不认真,造成宽窄不一、颜色不一、接缝明显。

(3)框扇开关不灵活。

质量问题原因

(1)造成橱柜变形翘曲的原因。

1)木材、板材的挑选不严格、湿度大。

2)操作时不注意木材的天然缺陷。

3)操作工艺掌握不好。

(2)造成压条宽窄不一、颜色不一、接缝明显的原因。

1)盖口条和压缝条的规格、尺寸不符合设计要求。

2)盖口条和压缝条进场后未涂刷底油漆。

3)安装盖、压条时未认真操作。

(3)造成框扇开关不灵活的原因。

1)未正确选用合页及安装用螺钉。

2)扇与框对扇缝隙不均匀。

3)口扇不密封。

质量问题预防

(1)避免橱柜变形翘曲的措施。

1)所用材料要经过挑选,木材要特别注意含水率的大小,现场能够准确地测定<12%为好。

2)木材要避免节子、斜裂等天然缺陷。

3)人造木板应用不潮湿、无空鼓、无脱胶开裂的板材。

4)木龙骨需要开槽时则要双面错开,槽深为龙骨的一半。

5)现场粘贴夹板时,操作平台必须水平,重物要适当。

(2)避免压条宽窄不一、颜色不一、接缝明显的措施。

1)盖口条和压缝条的规格、尺寸应符合设计要求,进场时要进行核对。

2)盖口条、压缝条进场后各面应涂刷底油漆一道,存放应平整,保持通风。

3)如果涂刷清漆的柜子,在安装盖压条时,要将材料的颜色、色差大的应挑出来,并进行修色处理。

4)安装盖、压条时要仔细认真,做到接缝平整严密,拐角处做成八字角。

(3)避免框扇开关不灵活的措施。

质量问题

1)正确选用合页及安装用螺钉。合页的规格尺寸应根据框扇大小选用;螺钉的规格、数量应与合页配套。

2)扇与框架对扇缝隙要均匀,上缝要小,夏天安装时缝隙可适当减少 0.5 mm,冬天安装时缝隙要放大 0.5 mm,以防冬夏变形。

3)柜子在刷交活油前要再认真检查一遍,发现有不灵活的活扇要修理后再刷交活油。

第四节 窗帘盒、窗台板和散热器罩制作与安装工程施工

一、施工质量验收标准及施工质量控制要求

(1)窗帘盒、窗台板和散热器罩制作与安装工程施工质量验收标准见表 9-21。

表 9-21 窗帘盒、窗台板和散热器罩制作与安装工程施工质量验收标准

项 目	内 容
主控项目	(1)窗帘盒、窗台板和散热器罩制作与安装所使用材料的材质和规格、木材的燃烧性能等级和含水率、花岗石的放射性及人造木板的甲醛含量应符合设计要求及国家现行标准的有关规定。 检验方法:观察;检查产品合格证书、进场验收记录、性能检测报告和复验报告。 (2)窗帘盒、窗台板和散热器罩的造型、规格、尺寸、安装位置和固定方法必须符合设计要求。窗帘盒、窗台板和散热器罩的安装必须牢固。 检验方法:观察;尺量检查;手扳检查。 (3)窗帘盒配件的品种、规格应符合设计要求,安装应牢固。 检验方法:手扳检查;检查进场验收记录
一般项目	(1)窗帘盒、窗台板和散热器罩表面应平整、洁净、线条顺直、接缝严密、色泽一致,不得有裂缝、翘曲及损坏。 检验方法:观察。 (2)窗帘盒、窗台板和散热器罩与墙面、窗框的衔接应严密,密封胶缝应顺直、光滑。 检验方法:观察。 (3)窗帘盒、窗台板和散热器罩安装的允许偏差和检验方法见表 9-22

表 9-22 窗帘盒、窗台板和散热器罩安装的允许偏差和检验方法

项 目	允许偏差(mm)	检验方法
水平度	2	用 1 m 水平尺和塞尺检查
上口、下口直线度	3	拉 5 m 线,不足 5 m 拉通线,用钢直尺检查

续上表

项　　目	允许偏差（mm）	检验方法
两端距窗洞口长度差	2	用钢直尺检查
两端出墙厚度差	3	用钢直尺检查

(2)窗帘盒、窗台板和散热器罩制作与安装工程施工质量控制要求见表 9-23。

表 9-23　窗帘盒、窗台板和散热器罩制作与安装工程施工质量控制要求

项　　目	内　　容
窗帘盒安装	(1)在装窗帘盒的砖墙上或过梁上应预埋 2～3 个木砖或螺栓，如用燕尾扁钢时，应在砌墙时留洞后埋设。 (2)窗帘盒安装离窗口尺寸由设计规定，但两端应高低一致，离窗洞距离一致，盒身与墙面垂直。在同一房间内同标高的窗帘盒应拉线找平找齐，使其标高一致
窗台板安装	安装窗台板时，其出墙与两侧伸出窗洞以外的长度要求一致，在同一房间内，安装标高应相同，并各自保持水平。宽度大于 150 mm 的窗台板，拼合时应穿暗带
散热器罩制作	(1)散热器罩可采用实木板上下刻孔的做法，也可采用胶合板、硬质纤维板、硬木条等制作成格片，还可以作木雕装饰。 (2)为便于散热器及管道的维修，散热器罩既要安装牢固，又要摘挂方便，因此与主体连接宜采用插装、挂接、钉接等方法

二、标准的施工方法

1. 一般窗帘盒制作安装

(1)单轨明窗帘盒结构尺寸如图 9-15 所示，单轨暗窗帘盒结构尺寸如图 9-16 所示。

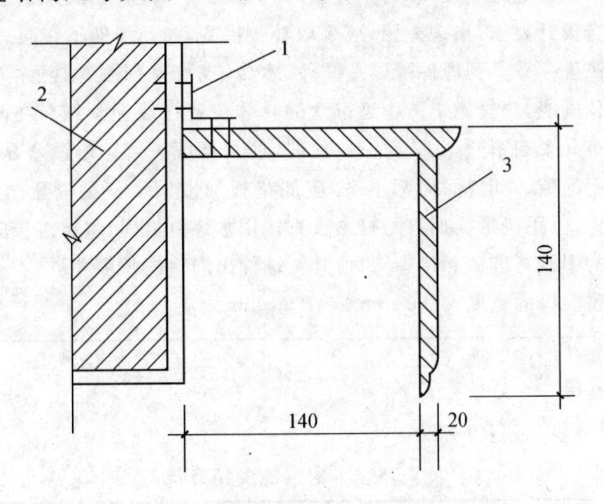

图 9-15　单轨明窗帘盒尺寸(单位：mm)

1—角钢；2—墙体；3—窗帘盒

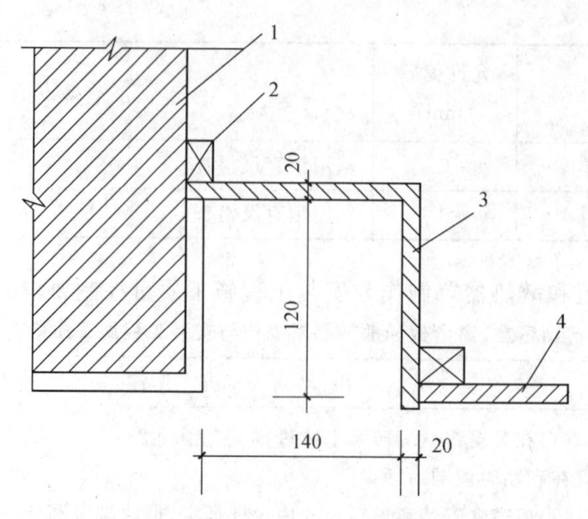

图 9-16　单轨暗窗帘盒尺寸(单位:mm)

1—墙体;2—木挡;3—窗帘盒;4—吊顶面板

(2)窗帘盒的制作与安装方法见表 9-24。

表 9-24　窗帘盒的制作与安装方法

项　　目	内　　容
窗帘盒的制作	根据施工图或标准图的要求,进行选料、配料,先加工成半成品,再细致加工成形,加工的式样应与整体装饰式样风格一致。用刨子将木料刨平直、光滑,再用线刨子顺着木纹起线,线条光滑顺直、深浅一致,线型清秀。然后根据图纸进行组装,组装时先抹胶后用钉子钉牢,将溢胶及时擦净,不得有明榫,不得露钉帽。如果用木棍、钢筋棍做窗帘杆时,在窗帘箱两端头板钻孔,孔径大小应与木棍、钢筋棍的直径一致
窗帘盒的安装	窗帘盒应安装牢固,位置正确。先检查预埋件,预埋件的尺寸、位置及数量应符合设计要求,出现差错,应采取补救措施,如预埋件不在同一标高,应进行调整使其高度一致。预埋件可以是铁件、木砖,也可是膨胀螺栓、木楔或射钉枪直接钉。定位画线,根据施工图中窗帘盒的具体位置在墙上画线。在同一墙体上或一间房内有几个窗帘盒,安装时应拉通线,使其高度一致。窗帘盒靠墙部分应与墙面紧贴,无缝隙。如墙面局部不平,应加垫板加以调整。窗帘盒固定,根据不同埋件及位置,可用机螺栓加垫圈拧紧或直接用木螺钉钉固,木螺钉长应大于 3.8 cm。窗帘盒的中线对准窗洞口中线,使其两端伸出洞口的长度相同,一般窗帘盒的长度最小比窗洞口的宽度大300 mm或者 360 mm

2.木窗帘盒制作安装

(1)木窗盒的制作方法见表 9-25。

表 9-25　木窗盒的制作方法

项　　目	内　　容
选料、配料	木窗帘盒制作时,首先根据施工图或标准图的要求,进行选料、配料,先加工成半成品,再细致加工成型

续上表

项目	内容
加工	在加工时,多层胶合板按设计施工图要求下料,细刨净面。需要起线时,多采用粘贴木线的方法。线条要光滑顺直、深浅一致,线型要清秀
组装	(1)根据图纸进行组装。组装时,先抹胶,再用钉钉牢,将溢胶及时擦净。不得有明榫,不得露钉帽。 (2)如采用金属管、木棍、钢筋棍作窗帘杆时,在窗帘盒两端头板上钻孔,孔径大小应与金属管、木棍、钢筋棍的直径一致。镀锌钢丝不能用于悬挂窗帘。 (3)目前窗帘盒常在工厂用机械加工成半成品,在现场组装即可

(2)木窗帘盒的安装方法见表9-26。

表9-26 木窗帘盒的安装方法

项目	内容
检查预埋件	为将窗帘盒安装牢固,位置正确,应先检查预埋件。木窗帘盒与墙固定,少数在墙内砌入木砖,多数为预埋铁件。预埋铁件的尺寸、位置及数量应符合设计要求。如果出现差错应采取补救措施,如预埋件不在同一标高时,应进行调整使其高度一致;如预制过梁上漏放预埋件,可利用射钉枪或胀管螺栓将铁件补充固定,或者将铁件焊在过梁的箍筋上
轨道安装	窗帘轨道在安装前,先检查其是否平直,如果有弯曲应调直后再安装,使其在一条直线上,以便于使用。明窗帘盒宜先安装轨道,暗窗帘盒可后安装轨道。当窗宽度大于1.2 m时,窗帘轨中间应断开,断头处煨弯错开,弯曲度应平缓,搭接长度不少于200 mm
确定标高	根据室内50 cm高的标准水平线往上量,确定窗帘盒安装的标高。在同一墙面上有几个窗帘盒的情况下,安装时应拉通线,使其高度一致。将窗帘盒的中线对准窗洞口中线,使其两端伸出洞口的长度尺寸相同。用水平尺检查,使其两端高度一致。窗帘盒靠墙部分应与墙面紧贴,无缝隙。如果墙面局部不平,应刨盖板加以调整。根据预埋铁件的位置,在盖板上钻孔,用平头机螺栓加垫圈拧紧。如果挂较重的窗帘时,明装窗帘盒安装轨道应采用平头机螺钉;若采用暗装窗帘盒安装轨道时,轨道小角应加密,木螺钉规格不应小于31.75 mm
检查净尺寸	窗帘盒的尺寸包括净宽度和净高度,在安装前,根据施工图中对窗帘层次的要求来检查这两个净尺寸。如果宽度不足时,会造成窗帘过紧,不易拉动闭启;反之,宽度过大,窗帘与窗帘盒间因空隙过大而破坏美观。如果净高度不足时,不能起到遮挡窗帘上结构的作用;反之,高度过高时,会造成窗帘盒的下坠感
下料	下料时,单层窗帘的窗帘盒的净宽度一般为100～120 mm,双层窗帘的窗帘盒净宽度一般为140～160 mm,窗帘盒的净高度要根据不同的窗帘来定。一般布料窗帘,其窗帘盒的净高为120 mm左右,垂直百叶窗帘和铝合金百叶窗帘的窗帘盒净高度一般为150 mm左右。窗帘盒的长度由窗洞口的宽度来决定,一般窗帘盒的长度比窗洞口的宽度大300 mm或360 mm

(3)明窗帘盒(单体窗帘盒)的固定方法见表 9-27。

表 9-27　明窗帘盒(单体窗帘盒)的固定方法

项　目	内　容
定位画线	将施工图中窗帘盒的具体位置画在墙面上,用木螺钉将两个铁脚固定于窗帘盒顶面的两端。按窗帘盒的定位位置和两个铁脚的间距,画出墙面固定铁脚的孔位
打孔	用冲击钻在墙面画线位置打孔。如用 M6 膨胀螺钉固定窗帘盒,需要用 ϕ8.5 冲击钻头,孔深大于 40 mm。如果用木楔木螺钉固定,其打孔直径必须大于 ϕ18,孔深大于 50 mm
固定窗帘盒	常用固定窗帘盒的方法是膨胀螺栓或木楔配木螺钉固定法。膨胀螺栓是将连接于窗帘盒上面的铁脚固定在墙面上,而铁脚又用木螺钉连接在窗帘盒的木结构上。一般情况下,塑料窗帘盒、铝合金窗帘盒都自身具有固定耳,可通过固定耳将窗帘盒用膨胀螺栓或木螺钉固定于墙面。常见固定窗帘盒的方法如图 9-17 所示

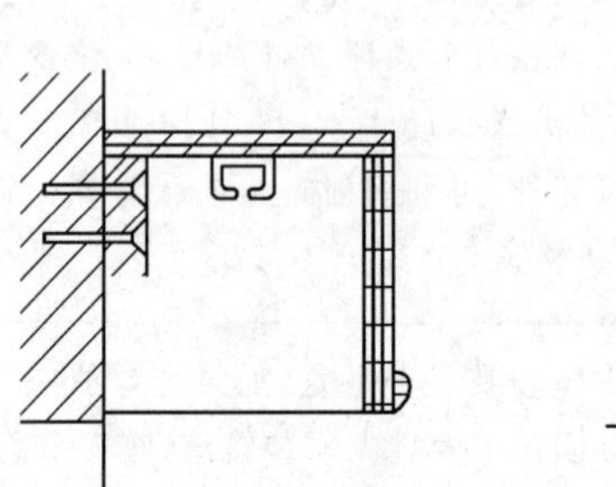
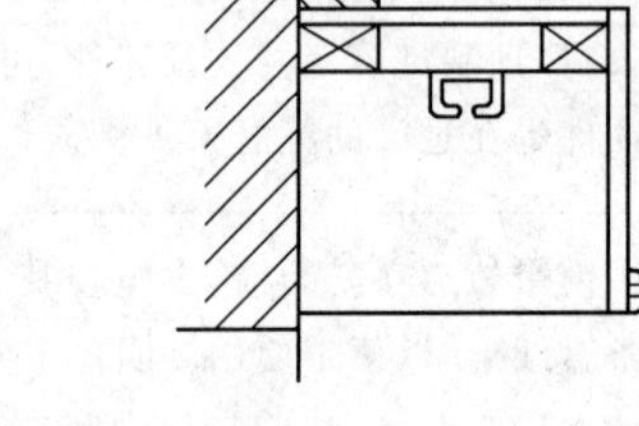

图 9-17　窗帘盒的固定

(4)暗装窗帘盒的固定形式见表 9-28。

表 9-28　暗装窗帘盒的固定形式

项　目	内　容
暗装内藏式窗帘盒	窗帘盒需要在吊顶施工时一并做好,其主要形式是在窗顶部位的吊顶处做出一条凹槽,以便在此安装窗帘导轨,如图 9-18 所示
暗装外接式窗帘盒	外接式是在平面吊顶上做出一条通贯墙面长度的遮挡板,窗帘就装在吊顶平面上,如图 9-19 所示。但由于施工质量难以控制,目前较少采用

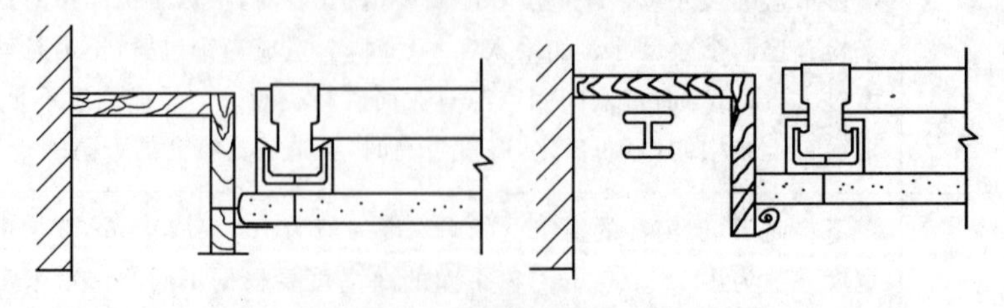

图 9-18　暗装内藏式窗帘盒

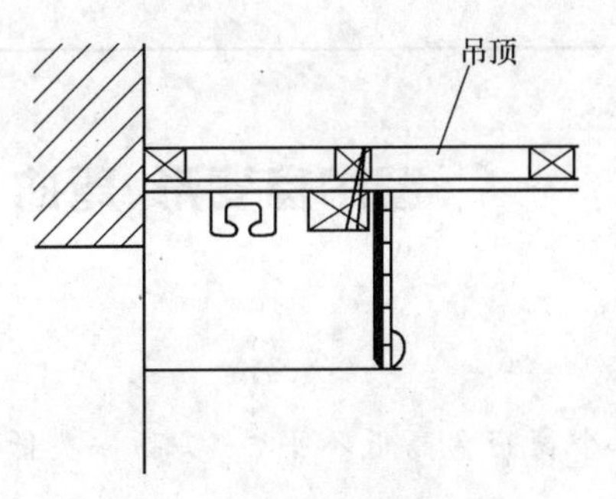

图 9-19　暗装外接式窗帘盒

(5)落地窗帘盒的安装方法见表 9-29。

表 9-29　落地窗帘盒安装方法

项　目	内　容
钉木楔	沿立板与墙、顶棚中心线每隔 500 mm 作一标记,在标记处用电钻钻孔,孔径为 14 mm,深度为 50 mm,再打入直径为 16 mm 的木楔,用刀切平表面
制作骨架	木骨架由 24 mm×24 mm 上下横方和立方组成,立方间距 350 mm。制作时横方与立方用65 mm铁钉结合。骨架表面要刨光,不允许有毛刺和锤印。横、立方向应互相垂直,对角线偏差不大于 5 mm
钉里层面板	骨架面层分里、外两层,应选用三层胶合板。根据已完工的骨架尺寸下料,用净刨将板的四周刨光,接着可上胶合板。为方便安装,先贴里层面板。安装过程如下:清除骨架、面层板表面的木屑、尘土,随后各刷一层白乳胶,再把里层面板贴上,贴板后沿四边用 10 mm 铁钉作临时固定,铁钉间距 120 mm,以避免上胶后面板翘曲、离缝
钉垫板	垫板为 100 mm×100 mm×20 mm 的木方,主要用作安装窗帘杆,同样采用墙上预埋木楔铁钉固定的做法,每块垫板下使用 2 个木楔即可
安装窗帘杆	窗帘杆可到市场购买成品。根据家庭喜爱可装单轨式或双轨式。单轨式比较实用,窗帘杆安装简便,用户一看即明白。如果房间净宽大于 3.0 m,为保持轨道平面,窗帘轨中心处需增设一支点
安装骨架	先检查骨架里层面板,如粘贴牢固,即可拆除临时固定的铁钉,起钉时要小心,不能硬拔。再检查预留木楔位置是否准确,然后拉通线安装,骨架与预埋木楔用 75 mm铁钉固定。先固定顶棚部分,然后固定两侧。安装后,骨架立面应平整,并应垂直顶棚面,不允许倾斜,误差不大于 3 mm,做到随时安装随时修正
钉外层面板	外层面板与骨架四周应吻合,保持整齐、规正,其操作方法与钉里层面板相同
装饰	只需对落地窗帘盒立板进行装饰。可采用与室内顶棚和墙面相同的做法,使窗帘盒成为顶棚、墙面的延续,如贴壁纸、墙布或作多彩喷涂。但也可根据自己的爱好,将室内家具、顶棚和墙面的色彩作油漆涂饰

质量问题

窗帘盒变形、弯曲

质量问题表现

窗帘盒安装时，发生单个窗帘盒高低不平，一头高一头低，窗帘盒两端伸出窗口的长度不一致等变形、弯曲现象。

质量问题原因

(1)木材含水率控制不好。

(2)安装时确定标高、水平位置不用基准线，不拉通线，控制不准。

(3)用料尺寸偏小。

质量问题预防

(1)宜选用不宜开裂变形、收缩小的木材制作，其含水率必须控制在12%以内。

(2)同一墙面上有若干个窗帘盒时，要拉通线找平。

(3)洞口或预埋件位置不准时，应先予以调整，使预埋连接件处于同一水平上。

(4)安装窗帘盒前，先将窗框的边线用方尺引到墙上，再在窗帘盒上画好窗框的位置线，安装时使两者重合。

(5)窗帘杆安装在顶盖板上时，为了保证强度和刚度，顶盖板的厚度不宜小于15 mm。

3. 窗台板安装

(1)木窗台板的截面形状、构造尺寸应按施工图施工，如图9-20所示。

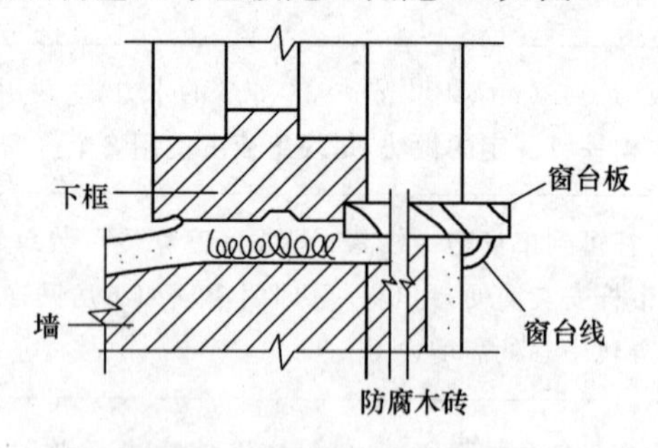

图9-20 木窗台板装钉示意图

(2)窗台板的安装方法见表9-30。

表9-30 窗台板的安装方法

项 目	内 容
定位	在窗台墙上，预先砌入防腐木砖，木砖间距500 mm左右，每樘窗不少于2块。 (1)在窗框的下框裁口或打槽，槽宽度为10 mm、深度为12 mm。 (2)将窗台板刨光起线后，放在窗台墙顶上居中，里边嵌入下框槽内。 (3)窗台板的长度一般比窗樘宽度长120 mm左右，两端伸出的长度应一致；在同

续上表

项　　目	内　　容
定位	一房间内同标高的窗台板应拉线找平找齐，使其标高一致，突出墙面尺寸应一致。 (4)窗台板上表面向室内略有倾斜(即泛水)，坡度约1%
拼接	如果窗台板的宽度大于150 mm，拼接时，背面应穿暗带，防止翘曲
固定	用铁钉把窗台板与木砖钉牢，钉帽砸扁，顺木纹冲入板的表面，在窗台板的下面与墙交角处，要钉窗台线(三角压条)。窗台线预先刨光，按窗台板长度两端刨成弧形线角，用铁钉与窗台板斜向钉牢，钉帽砸扁，冲入板内
防腐	木窗台板的厚度为25 mm，表面应刷油漆，木砖和垫木均应做防腐处理

(3)水磨石、大理石及磨光花岗石窗台板的安装要求见表9-31。

表9-31　水磨石、大理石及磨光花岗石窗台板的安装要求

项　　目	内　　容
水磨石窗台板	(1)水磨石窗台板净跨比洞口少10 mm，板厚度为40 mm。应用于240 mm厚的墙时，窗台板宽度为140 mm；应用于360 mm厚的墙时，窗台板宽度为200 mm或260 mm；应用于490 mm厚的墙时，窗台板宽度为330 mm。 (2)水磨石窗台板的安装采用角铁支架，其中距为500 mm，混凝土窗台梁端部应伸入墙120 mm，若端部为钢筋混凝土柱时，应留插铁。 (3)窗台板的明露部分均应打蜡
大理石、磨光花岗石窗台板	大理石或磨光花岗石窗台板，厚度为35 mm，采用1：3水泥砂浆固定，如图9-21所示

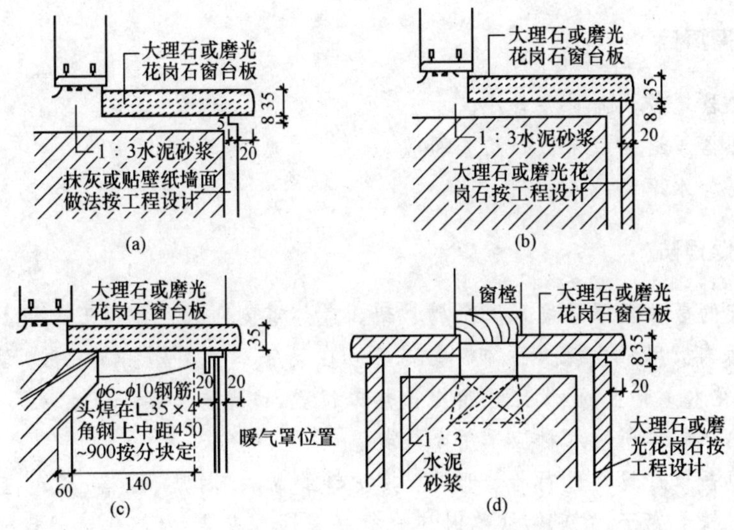

图9-21　大理石或磨光花岗石窗台板细部做法(单位：mm)

4.散热器罩安装

散热器罩的安装方法见表9-32。

表 9-32　散热器罩的安装方法

项　目	内　容
固定式散热器罩的安装	安装前应先在墙面、地面弹线，确定散热器罩的位置，散热器罩的长度应比散热片长 100 mm，高度应在窗台以下或与窗台接平，厚度应比散热器宽 10 mm 以上，散热器罩面积应占散热片面积 80%以上。 在墙面、地面安装线上打孔下木模，木模应进行防腐处理。按安装线的尺寸制作木龙骨架，将木龙骨架用圆钉固定在墙、地面上，木模距墙面小于200 mm，距地面小于150 mm，圆钉应钉在木模上。散热罩的框架应刨光、平正。散热器罩侧面板可使用五合板。顶面应加大悬板底衬，面饰板用三合板。面饰板安装前应在暖气罩框架外侧刷乳胶，面饰板对正后用射钉固定在木龙骨上，面板应预留出散热罩位置，边缘与框架平齐。 侧面及正面顶部用木线条收口。制作散热罩框，框架应刨光、平正，尺寸应与木龙骨上的框架吻合，侧面压线条收口，框内可做造型
活动式散热器罩的安装	活动式散热器罩应视为家具制作，根据散热片的长、宽、高尺寸，按长度大于 100 mm、高度大于 50 mm、宽度大于 15 mm 的尺寸，预先制作三面有侧板及散热网的罩框，将罩框直接安装在散热片上即可

散热器罩制作粗糙、翘曲

质量问题表现

散热器罩制作粗糙，翘曲不平。

质量问题原因

(1)散热器罩较大而骨架较小。
(2)散热器罩进场后未进行检查验收。
(3)木材含水率大。

质量问题预防

(1)较大的散热器罩最好采用金属骨架。散热罩侧面板可使用五合板。顶面应加大悬板底衬，面饰板用三合板。面饰板安装前应在暖气罩框架外侧刷乳胶，面饰板对正后用射钉固定在木龙骨上，面板应预留出散热罩位置，边缘与框架平齐。

(2)散热罩制作所用木材应采用干燥料。

(3)散热器罩进场要进行检查验收，其材料的品种、材质、规格、颜色应符合设计要求，不允许有扭曲变形，发现有缺陷时应进行修理后再安装，对制作过于粗糙或扭曲变形严重者应做退货处理。

第五节　门窗套制作与安装工程施工

一、施工质量验收标准及施工质量控制要求

(1)门窗套制作与安装工程施工质量验收标准见表9-33。

表9-33　门窗套制作与安装工程施工质量验收标准

项　目	内　容
主控项目	(1)门窗套制作与安装所使用材料的材质、规格、花纹和颜色、木材的燃烧性能等级和含水率、花岗石的放射性及人造木板的甲醛含量应符合设计要求及国家现行标准的有关规定。 检验方法:观察;检查产品合格证书、进场验收记录、性能检测报告和复验报告。 (2)门窗套的造型、尺寸和固定方法应符合设计要求,安装应牢固。 检验方法:观察;尺量检查;手扳检查
一般项目	(1)门窗套表面应平整、洁净、线条顺直、接缝严密、色泽一致,不得有裂缝、翘曲及损坏。 检验方法:观察。 (2)门窗套安装的允许偏差和检验方法见表9-34

表9-34　门窗套安装的允许偏差和检验方法

项　目	允许偏差(mm)	检验方法
正、侧面垂直度	3	用1 m垂直检测尺检查
门窗套上口水平度	1	用1 m水平检测尺和塞尺检查
门窗套上口直线度	3	拉5 m线,不足5 m拉通线,用钢直尺检查

(2)门窗套制作与安装工程施工质量控制要求见表9-35。

表9-35　门窗套制作与安装工程施工质量控制要求

项　目	内　容
制作木龙骨架	(1)根据门窗洞口实际尺寸,先用木方制成木龙骨架。一般骨架分三片,两侧各一片。每片两根立杆,当筒子板宽度大于500 mm需要拼缝时,中间适当增加立杆。 (2)木龙骨架直接用圆钉钉成,并将朝外的一面刨光。其他三面涂刷防火剂与防腐剂。 (3)为了防潮,龙骨架与墙之间应干铺一层油毡,龙骨架必须牢固、方整
横撑间距	横撑间距根据筒子板厚度决定。当面板厚度为10 mm时,横撑间距不大于400 mm;板厚为5 mm时,横撑不大于300 mm。横撑间距必须与预埋件间距位置对应
面板	(1)面板的颜色和木纹应进行挑选,近似者用在同一房间。接缝应避开视线位置,同时应注意木纹通顺,接头应留在横撑上。 (2)当使用厚板作面板时,为防止板面变形弯曲,应在板背面做宽10 mm,深5～8 mm,间距为100 mm的卸力槽。

续上表

项　目	内　容
面板	(3)板面与木龙骨间要涂胶。固定板面所用钉子的长度为面板厚度的3倍,间距一般为100 mm,钉帽砸扁后冲进木材面层1～2 mm
筒子板	筒子板里侧要装进门、窗框预先做好的凹槽里。外侧要与墙面齐平,割角要严密方正

二、标准的施工方法

1. 筒子板的制作与装钉

筒子板的制作与装钉方法见表9-36。

表9-36　筒子板的制作与装钉方法

项　目	内　容
检查门窗洞口及埋件	检查门窗洞口尺寸是否符合要求,是否垂直方正,预埋木砖或连接铁件是否齐全,位置是否准确,如发现问题,必须修理或校正
制作与安装木龙骨	(1)根据门窗洞口实际尺寸,先用木方制成龙骨架,一般骨架分三片:洞口上部一片,两侧各一片。每片一般为2根立杆,当木筒子板宽度大于500 mm需要拼缝时,中间适当增加立杆。 (2)横撑间距根据木筒子板厚度决定(见表9-35关于横撑间距的内容)。安装龙骨架一般先上端后两侧,洞口上部骨架应与预埋螺栓或钢丝拧紧。 (3)龙骨架表面刨光,其他三面刷防腐剂(氟化钠)。为了防潮,龙骨架与墙之间应干铺一层油毡。龙骨架必须平整牢固,为安装面板打好基础。 (4)安装时首先在墙面做防潮层,可干铺一层油毡,也可涂沥青。然后安装上端龙骨,找出水平。不平时用木楔垫实打牢。再安装两侧龙骨架,找出垂直部分并垫实打牢

2. 装钉面板

面板的装钉方法见表9-37。

表9-37　面板的装钉方法

项　目	内　容
裁割	(1)面板应挑选木纹和颜色近似者用于同一房间。 (2)板的裁割要使其略大于龙骨架的实际尺寸,大面净光,小面刮直,木纹根部向下;长度方向需要对接时,木纹应通顺,其接头位置应避开视线范围
拼缝	一般窗筒子板拼缝应在室内地坪2 m以上;门筒子板拼缝一般离地坪1.2 m以下。同时,接头位置必须留在横撑上
厚木板材做卸力槽	当采用厚木板材,板背应做卸力槽,以免板面弯曲,卸力槽一般间距为100 mm,槽宽度为10 mm,深度为5～8 mm

续上表

项　　目	内　　容
固定面板	固定面板所用钉子的长度为面板厚度的3倍，间距一般为100 mm，钉帽要砸扁，并用较尖的冲子将钉帽顺木纹方向冲入面层1～2 mm
筒子板安装	筒子板内侧要装进门窗框预先做好的凹槽里。外侧要与墙面齐平，割角严密方正
门窗面板	门窗套用五层板作面板时，其构造如图9-22所示

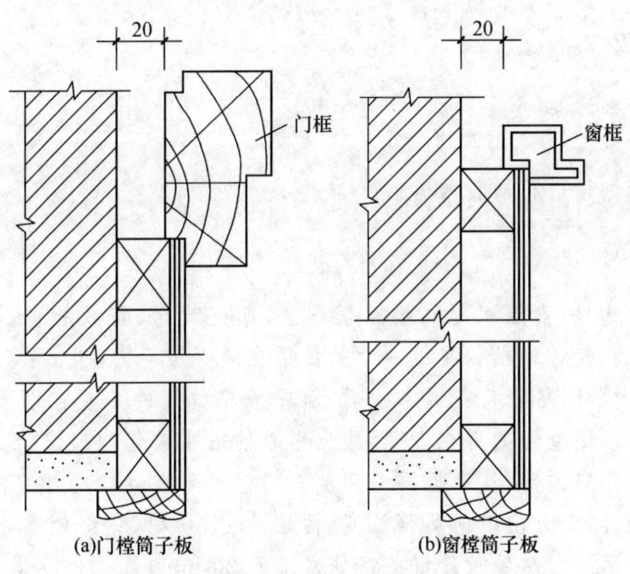

图 9-22　门窗木筒子板（单位：mm）

3. 木门窗套的制作安装

木门窗套的制作安装要求见表9-38

表 9-38　木门窗套的制作安装要求

项　　目	内　　容
防腐处理	(1)门窗洞口应方正垂直，预埋木砖应符合设计要求，并应进行防腐处理。 (2)根据洞口尺寸、门窗中心线和位置线，用方木制成搁栅骨架并应做防腐处理，横撑位置必须与预埋件位置重合
搁栅骨架安装	搁栅骨架应平整牢固，表面刨平。安装搁栅骨架应方正，除预留出板面厚度外，搁栅骨架与木砖间的间隙应垫以木垫，连接牢固。安装洞口搁栅骨架时，一般先上端后两侧，洞口上部骨架应与紧固件连接牢固
基层板处理	与墙体对应的基层板板面应进行防腐处理，基层板安装应牢固
饰面板处理	(1)饰面板颜色、花纹应协调。板面应略大于搁栅骨架，大面应净光，小面应刮直。木纹根部应向下，长度方向需要对接时，花纹应通顺，其接头位置应避开视线平视范围，宜在室内地面2 m以上或1.2 m以下，接头应留在横撑上。 (2)饰面板应与贴脸、线条的品种、颜色、花纹协调。贴脸接头应成45°角，贴脸与门窗套板面结合应紧密、平整，贴脸或线条盖住抹灰墙面应不小于10 mm

木门窗套未对色对花，接缝处有黑纹

质量问题表现

木门窗套未对色对花，接缝处难以达到颜色均匀、木纹通顺美观的效果，出现黑斑、黑纹，盖不住缝隙，造成结合不严。

质量问题原因

(1)未进行仔细选材。
(2)操作工艺有误。
(3)未认真仔细地进行质量检验。

质量问题预防

(1)认真进行选材，面层板材均要纹理顺直，颜色均匀、花纹相似。不得有节疤、扭曲、裂缝等疵病。将树种、颜色、花纹一致的使用在同一房间内。

(2)使用切片板时，尽量将花纹木心对上，一般花纹大的安装在下面，花纹小的安装在上面，防止倒装。颜色好的用在迎面，颜色稍差的用在较背的部位。

(3)门窗套板先安顶部，找平后再安两侧。门窗框要有裁口或打槽。

(4)安装贴脸时，先量出横向所需长度，两端放出45°角，锯好刨平，紧贴在樘子上冒头钉牢，再配两侧贴脸。贴脸板最好盖好抹灰墙面20 mm，最少也不得小于10 mm。贴脸下部要有贴脸墩，贴脸墩应稍厚于踢脚板厚度，不用贴脸墩时，贴脸板的厚度不能小于踢脚板，以免踢脚板冒出。

质量问题

木门窗面层钉眼过大、钉帽外露

质量问题表现

硬木装修采用明钉安装装饰件时，钉眼过大；贴脸、压缝条、墙裙压顶条等端头劈裂以及钉帽外露等。

质量问题原因

(1)钉子的长度选用不当。
(2)钉子位置未确定好。
(3)操作方法不正确。
(4)对露出的钉帽未做认真处理。

质量问题

质量问题预防

(1)打扁后的钉帽宽度要略小于钉子直径,扁钉帽应顺着木纹往里卧入。钉子位置应在两根木筋(年轮)之间。

(2)铁冲头要呈圆锥形,不要太尖,但应保持略小于钉帽的状态。将钉帽冲入板面下1 mm左右。

(3)遇到比较硬的木料,应先用木钻引个小眼,再钉钉子。

(4)钉子的长度以不超过面层厚度的两倍为宜。

(5)钉劈的部位,将钉子起出来,劈裂处用胶粘好,待牢固后,用木钻在两边各引小孔,补钉牢固。

(6)面板拉缝处木搁栅露出的钉帽,可用铁冲将其冲进5 mm左右,再用腻子刮平。

4.木贴脸板的制作与装钉

木贴脸板的制作与装钉方法见表9-39。

表9-39 木贴脸板的制作与装钉方法

项 目	内 容
木贴脸板的制作	(1)检查配料的规格、质量和数量,符合要求后,先用粗刨刮一遍,再用细刨刨光;先刨大面,后刨小面;刨得平直、光滑。背面打凹槽。 (2)用线刨顺木纹起线,线条要深浅一致,清晰、美观。 (3)如果做圆贴脸时,必须先套出样板,然后根据样板画线刮料
木贴脸板的装钉	(1)在门窗框安装完毕及墙面做好后即可装钉。门窗贴脸构造如图9-23所示。 (2)贴脸板距门窗口边15～20 mm。贴脸板的宽度大于80 mm时,其接头应做暗榫;其四周与抹灰墙面须接触严密,搭盖墙的宽度一般为20 mm,不应少于10 mm。 (3)装钉贴脸板,一般是先钉横向的,后钉竖向的。先量出横向贴脸板所需的长度,两端锯成45°斜角(即割角),紧贴在框的上坎,其两端伸出的长度应一致。将钉帽砸扁,顺木纹冲入板表面1～3 mm,钉长宜是板厚的2倍,钉距不大于500 mm,接着量出竖向贴脸板长度,钉在边框上。 (4)贴脸板下部宜设贴脸墩,贴脸墩要稍厚于踢脚板。不设贴脸墩时,贴脸板的厚度不能小于踢脚板的厚度,以免踢脚板冒出而影响美观。 (5)横竖贴脸板的线条要对正,割角应准确平整,对缝严密,安装牢固

5.门的镶板及榫接

门的镶板及榫接方法见表9-40。

表9-40 门的镶板及榫接方法

项 目	内 容
镶板	为了掩盖门框与墙面抹灰之间的裂缝,提高室内装饰的质量,门框四周应加钉带有装饰线条的贴脸板,高级装修还要在沿门框外侧墙面处包钉筒子板,如图9-24所示
榫接	筒子板与贴脸板、门框之间的镶合均用平缝平榫筒子板或贴脸板本身转角处的接合,常用合角榫接。高标准的建筑可采用合角留肩及合角销板等榫接方法。这些榫接方法也适用于窗帘盒及各种木板的直角相接处

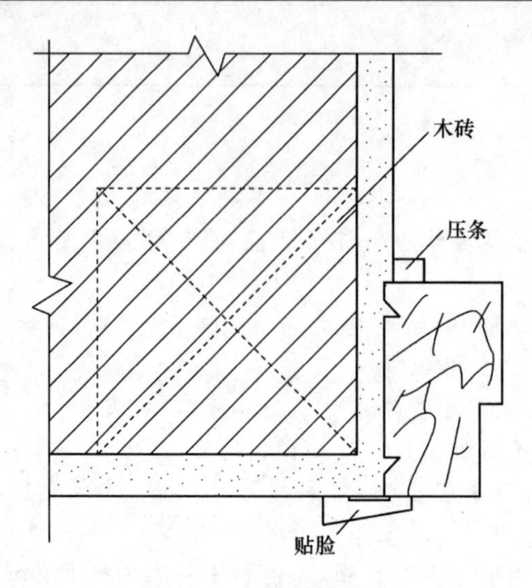

图 9-23 门窗贴脸构造

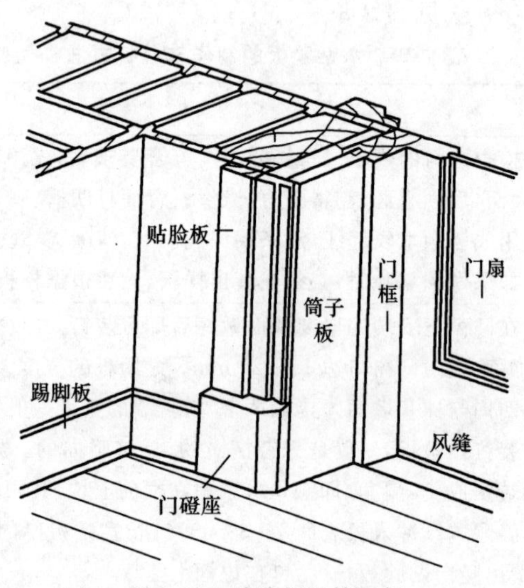

图 9-24 贴脸板及筒子板

参 考 文 献

[1] 中华人民共和国建设部. GB 50210—2001 建筑装饰装修工程质量验收规范[S]. 北京：中国标准出版社，2002.

[2] 中华人民共和国建设部. GB 50205—2001 钢结构工程施工质量验收规范[S]. 北京：中国计划出版社，2002.

[3] 中华人民共和国建设部. JG/T 122—2000 建筑木门、木窗[S]. 北京：中国标准出版社，2005.

[4] 中华人民共和国住房和城乡建设部. JGJ/T 220—2010 抹灰砂浆技术规程[S]. 北京：中国建筑工业出版社，2011.

[5] 中华人民共和国建设部. JGJ 102—2003 玻璃幕墙工程技术规范[S]. 北京：中国建筑工业出版社，2004.

[6] 中华人民共和国建设部. JGJ 133—2001 金属与石材幕墙工程技术规范[S]. 北京：中国建筑工业出版社，2004.

[7] 中华人民共和国国家质量监督检验检疫总局. GB/T 11944—2002 中空玻璃[S]. 北京：中国标准出版社，2004.

[8] 中华人民共和国建设部. JG/T 298—2010 建筑室内用腻子[S]. 北京：中国标准出版社，2012.

[9] 中国国家标准化管理委员会. GB/T 12754—2006 彩色涂层钢板及钢带[S]. 北京：中国标准出版社，2006.

[10] 北京土木建筑学会. 建筑工人实用技术便携手册—装饰装修工[M]. 北京：中国计划出版社，2004.

[11] 饶勃. 装饰工手册[M]. 北京：中国建筑工业出版社，2005.

[12] 中国建筑装饰协会. 建筑实用手册[M]. 北京：中国建筑工业出版社，2000.

[13] 北京建工集团有限责任公司. 建筑分项工程施工工艺标准[M]. 北京：中国建筑工业出版社，2008.